Ergebnisse der Mathematik und ihrer Grenzgebiete

Band 7

Hans-Heinrich Ostmann

Additive Zahlentheorie

Erster Teil

Allgemeine Untersuchungen

Unveränderter Nachdruck der 1. Auflage von 1956

Springer-Verlag Berlin Heidelberg GmbH 1968

ISBN 978-3-662-11031-7 ISBN 978-3-662-11030-0 (eBook)
DOI 10.1007/978-3-662-11030-0

Ursprünglich erschienen bei Springer-Verlag OHG, Berlin · Göttingen · Heidelberg 1956.
Softcover reprint of the hardcover 1st edition 1956

Library of Congress Catalog Card Number 56-4590.

Titel-Nr. 4551

Vorwort.

Bereits seit längerer Zeit hat sich die additive Zahlentheorie als gesonderter Zweig innerhalb der Zahlentheorie herausgebildet; aber erst in den letzten Jahrzehnten hat dieses Gebiet neue Antriebe erhalten. In der klassischen additiven Zahlentheorie waren die Untersuchungsobjekte im wesentlichen solche Fragestellungen, die an ganz spezielle Zahlenmengen geknüpft sind, wie etwa das GOLDBACHsche oder das WARINGsche Problem. Diese beiden Probleme waren es aber auch, die den Anstoß zu einer neuen Entwicklung in der additiven Zahlentheorie gaben, als 1930 SCHNIRELMANN in seiner fundamentalen Arbeit „Über additive Eigenschaften von Zahlen" [1] einen neuen Zugang zu den genannten Problemen fand. SCHNIRELMANN entwickelte nämlich zunächst eine Theorie, die ganz von der speziellen Natur der Primzahlen bzw. der k-ten Potenzen absah und sich allgemein auf Mengen natürlicher Zahlen bezog. Jeder solchen Menge wird eine reelle Zahl, die „Dichte" zugeordnet, die in gewissem Sinn ein Maß dafür ist, welcher Anteil aus der Gesamtheit aller natürlichen Zahlen der gegebenen Menge angehört. An Stelle der arithmetischen Natur der Zahlenmenge tritt also ein in dieser Weise zu verstehender metrischer Gesichtspunkt. Indem ferner noch die Summe solcher Mengen eingeführt wurde, zeigte sich, daß bereits in großer Allgemeinheit wesentliche Aussagen gemacht werden konnten. In Anschluß an SCHNIRELMANN hat diese allgemeine Theorie der Zahlmengen immer neue Impulse erhalten; somit schien für den vorliegenden Bericht ziemlich zwangsläufig eine grobe Gliederung durch die Stichworte „Summe", „Dichte", bzw. „spezielle Mengen" gegeben zu sein. Die Bedeutung, die der Dichtebegriff inzwischen erlangt hat, verwischt nun naturgemäß die Abgrenzung zwischen rein dichtetheoretischen Fragen einerseits und der additiven Zahlentheorie andererseits, so daß es sachlich gerechtfertigt schien, auch die Dichtetheorie von Mengen, die nicht ausschließlich durch Summenbildung entstehen, zu berücksichtigen. Überhaupt wird eine Abgrenzung der additiven Zahlentheorie wohl niemals frei von persönlichem Geschmack sein können.

Der erwähnten Gliederung entspricht auch die Aufspaltung dieses Berichtes in die zwei inhaltlich in sich abgeschlossenen Teile, von denen der hier vorliegende erste Teil die allgemeine Theorie berücksichtigt, während der zweite Teil spezielle Mengen bzw. Klassen von Mengen behandelt. Lediglich für die Partitionentheorie (Abschnitt 7) erschien eine zusammenhängende Darstellung angebracht.

Auf alle im Literaturverzeichnis zusammengestellten Arbeiten ist auch innerhalb des Textes jeweils noch hingewiesen worden. Für die Mitteilung von Literaturlücken sowie sonstiger Ergänzungen bzw. Hinweise wäre ich sehr zu Dank verpflichtet. — Das Literaturverzeichnis ist beiden Teilen dieses Berichtes beigefügt.

Es war mein Bemühen, die Darstellung so zu halten, daß sie Studierenden etwa von den mittleren Semestern an zugänglich ist. Daher habe ich es vermieden, Beweise — soweit solche überhaupt gegeben werden konnten — nur zu skizzieren.

Für zahlreiche Verbesserungsvorschläge und stoffliche Ergänzungen sowie für das mühevolle Lesen des Manuskriptes und der Korrekturen bin ich den Herren Dr. B. Hornfeck und Studienreferendar E. Wirsing zu größtem Dank verpflichtet. Ferner gebührt mein besonderer Dank Herrn Dipl.-Math. P. Winkler für die umfangreiche Arbeit des Lesens der Korrekturen und seine wertvollen Ratschläge. Ebenfalls herzlich danken möchte ich den Herren Dipl.-Math. K. André und Dozent Dr. Joachim Nitsche, die einige Teile des Manuskripts einer sehr gründlichen Durchsicht unterzogen haben.

Herrn Prof. Dr. F. K. Schmidt sowie dem Springer-Verlag danke ich sehr für ihr stetes und bereitwilliges Entgegenkommen während meiner Arbeit. Die ausgezeichnete Ausstattung des Buches durch den Springer-Verlag verdient besondere Anerkennung.

Berlin und Oberwolfach (Mathematisches Forschungsinstitut),
im Herbst 1955.

Hans-Heinrich Ostmann.

Inhaltsverzeichnis.

Bezeichnungen.

$[a]$ bedeutet für reelles a die größte ganze Zahl $g \leq a$, dagegen $\langle a \rangle$ die kleinste ganze Zahl $g \geq a$; es ist $\langle a \rangle = -[-a]$.

p heißt *Primteiler* von n, wenn $p \mid n$, $p > 1$ und p Primzahl ist; hingegen werden im vorliegenden Text $p = 1$ und $p = 0$ zumeist zu den Primzahlen mitgerechnet werden.

$\langle a, b \rangle$ ist die Menge aller reellen x mit $a \leq x \leq b$, dagegen (a, b) die Menge der x mit $a < x < b$.

$\sum_{\nu=1}^{x} = \sum_{\nu=1}^{[x]}$, $\prod_{\nu=1}^{x} = \prod_{\nu=1}^{[x]}$; leere Summen $\left(\text{z. B. } \sum_{\nu=1}^{0}\right)$ sind gleich Null, leere Produkte gleich Eins zu setzen.

$f(x)$ heißt *monoton wachsend (fallend)*, wenn aus $x \leq y$ stets $f(x) \leq f(y)$ (bzw. $f(x) \geq f(y)$) folgt, dagegen *streng monoton wachsend (fallend)*, wenn aus $x < y$ stets $f(x) < f(y)$ (bzw. $f(x) > f(y)$) folgt.

$f(x)\Big|_a^b = f(b) - f(a)$.

$x \to a+$ bedeutet „$x \to a$ und $x > a$", entsprechend $x \to a-$, wenn $x \to a$ und $x < a$ gilt.

$f(a+) = \lim\limits_{x \to a+} f(x)$, $f(a-) = \lim\limits_{x \to a-} f(x)$.

$f(\infty) = \lim\limits_{x \to \infty} f(x)$, $f(-\infty) = \lim\limits_{x \to -\infty} f(x)$ (falls vorhanden).

$f(x) \sim g(x)$ $(x \to a \equiv\!\!\!\!\!\!\;\mp \pm \infty)$ bedeutet $\lim\limits_{x \to a} \frac{f(x)}{g(x)} = 1$ (lies etwa: $f(x)$ *ist asymptotisch gleich* $g(x)$ *für* $x \to a$).

$\cup, \bigcup$ bzw. $\cap, \bigcap$ bedeuten Vereinigung bzw. Durchschnitt von Mengen.

$\mathfrak{A} \subset \mathfrak{B}$ heißt: $\mathfrak{A}$ ist echte Teilmenge von $\mathfrak{B}$; $\mathfrak{A} \subseteq \mathfrak{B}$ bedeutet $\mathfrak{A}$ ist Teilmenge von $\mathfrak{B}$.

Ist Γ eine Menge, so bezeichne (wenn nichts anderes gesagt ist) Γ^n die Menge aller *n-tupel* $(g_1, g_2, \ldots, g_n)$, $g_i \in \Gamma$ $(i = 1, 2, \ldots, n)$.

$\wedge$ bezeichnet das *Konjunktionssymbol „und"*.

$\curvearrowright$ bedeutet die *Implikation*; für „$A \curvearrowright B$" lies etwa „mit A ist auch B richtig" oder „aus A folgt B" usw. $\leftrightarrow$ bezeichnet die in beiden Richtungen gültige Implikation.

$\underset{x \in \mathfrak{A}}{\in} [E(x)]$ bedeutet die Menge aller $x \in \mathfrak{A}$, die zugleich der Bedingung $E(x)$ genügen; beispielsweise bedeutet, wenn $\mathfrak{C}$ die Menge aller ganzen Zahlen ist, $\underset{x \in \mathfrak{C}}{\in} [x \geq 2 \wedge 3 \mid x]$ die Menge aller durch drei teilbaren ganzen Zahlen $x \geq 2$.

$=_{\mathrm{Df}}$ (lies etwa *„per definitionem gleich"*) führt eine Abkürzung ein; ist beispielsweise B ein bereits bekannter Ausdruck, so bedeutet $A =_{\mathrm{Df}} B$ (oder: $B =_{\mathrm{Df}} A$), daß für den Ausdruck B abkürzend auch A geschrieben wird.

Weitere Bezeichnungen siehe in 1.1.

1. Der Summenbegriff; allgemeine Eigenschaften.

1. 1. Gegenstand der folgenden Betrachtungen seien endliche oder unendliche Mengen nicht negativer ganzrationaler Zahlen; ihre Elemente sollen nach wachsender Größe hingeschrieben sein. Mengen dieser Art seien durch große Frakturbuchstaben bezeichnet: $\mathfrak{M} = \{m_0, m_1, m_2, \ldots\}$ usw. Speziell bedeute $\mathfrak{Z}$ stets die Menge aller nicht negativen ganzen Zahlen:

$$\mathfrak{Z} = \{0, 1, 2, \ldots, n, \ldots\}.$$

$\mathfrak{Z}^{(0)}$ bedeute die Menge aller natürlichen Zahlen: $\mathfrak{Z}^{(0)} = \{1, 2, \ldots\}$. Allgemein werde noch

$$\mathfrak{M}^{(0)} = \mathfrak{M} \cap \mathfrak{Z}^{(0)}$$

gesetzt; $\mathfrak{M}^{(0)}$ ist also die Menge aller positiven Zahlen aus $\mathfrak{M}$. Schließlich werde noch abkürzend

$$[x, y] = \begin{cases} \{x, x+1, x+2, \ldots, x+k = y\}, & 0 \leqq x \leqq y < \infty \\ 0, & x > y \end{cases} \quad (x, y \text{ ganz}),$$

$$[x, \infty) = \{x, x+1, x+2, \ldots\} \quad (x \text{ ganz})$$

gesetzt, worin „0" die leere Menge bedeuten soll.

Ein in $\mathfrak{M}$ enthaltenes Intervall $[x, x+k-1]$, $k \geqq 1$. möge auch kurz eine *k-gliedrige Kette* in $\mathfrak{M}$ genannt werden. Ist $\mathfrak{M} \subseteq \mathfrak{N}$, so bedeute $\mathfrak{N} - \mathfrak{M}$ die Komplementärmenge von $\mathfrak{M}$ in $\mathfrak{N}$; $\overline{\mathfrak{M}} = \mathfrak{Z} - \mathfrak{M}$ schlechthin das Komplement bezüglich $\mathfrak{Z}$. *Lücken* in $\mathfrak{M}$ seien dann die Ketten in $\overline{\mathfrak{M}}$.

Zwei Mengen $\mathfrak{A}, \mathfrak{B}$ heißen *asymptotisch gleich*: $\mathfrak{A} \sim \mathfrak{B}$, wenn $\mathfrak{A} \cap [n, \infty) = \mathfrak{B} \cap [n, \infty)$ für genügend große n gilt. Die asymptotische Gleichheit ist offensichtlich eine Äquivalenzrelation.

Mit Σ soll die Gesamtheit aller Mengen $\mathfrak{M}$ einschließlich der leeren Menge bezeichnet werden; Σ_0 bedeute die Menge aller $\mathfrak{M}$ mit $0 \in \mathfrak{M}$.

Auf SCHNIRELMANN [1] geht der Begriff der Summe von Mengen zurück.

Definition 1. *Für n, $0 \leqq n < \infty$, beliebige Mengen $\mathfrak{A}_i$ $(i = 1, 2, \ldots, n)$ versteht man unter ihrer Summe*

$$\mathfrak{C} = \mathfrak{A}_1 + \mathfrak{A}_2 + \cdots + \mathfrak{A}_n = \sum_{i=1}^{n} \mathfrak{A}_i \tag{1}$$

die Gesamtheit aller c der Form

$$c = \sum_{i=1}^{n} a_{i k_i}, \quad a_{i k_i} \in \mathfrak{A}_i, \; 1 \leqq i \leqq n.$$

Die $\mathfrak{A}_i$ heißen Summanden von $\mathfrak{C}$.

Hiernach ist $\mathfrak{C}$ leer, wenn schon mindestens ein $\mathfrak{A}_i$ leer ist. — Man erkennt ohne weiteres:

Satz 1: *Der durch* (1) *in Σ eingeführte Summenbegriff ist kommutativ und assoziativ.*

Satz 2: *Es gibt in Σ ein eindeutig bestimmtes Nullelement, nämlich die Menge* $\{0\}$.

Satz 3: *Σ und Σ_0 sind kommutative Halbgruppen mit Identität (Nullelement).*

Nach Definition 1 ist die leere Summe (d. h. $n = 0$) gleich $\{0\}$, also — wie üblich — das Nullelement der Halbgruppen Σ bzw. Σ_0.

Bemerkung. Die leere Menge spielt, wie im folgenden noch deutlich werden wird, die Rolle eines unendlichen Elementes (d. h. eines Elementes mit der Eigenschaft $\mathfrak{M} + 0 = 0$ für alle $\mathfrak{M}$). Man denke z. B. an die — später noch zu behandelnden — unendlichen Reihen $\sum_{n=1}^{\infty} \mathfrak{A}_n$, insonderheit etwa an den Spezialfall $\mathfrak{A}_n = \{1\}$. Offensichtlich wird $\sum_{n=1}^{\infty} \{1\}$ als leer anzusehen sein, und für beliebiges $\mathfrak{M}$ erscheint dann nur

$$\mathfrak{M} + 0 = \mathfrak{M} + \sum_{x=1}^{\infty} \{1\} = 0 \; (= \textit{leere Menge})$$

sinnvoll, was die Auffassung der leeren Menge etwa als Nullelement ausschließt[1].

Wie man an Hand arithmetischer Zahlenfolgen erster Ordnung leicht erkennt, gibt es Mengen $\mathfrak{M}$ mit *Relativnullen* $\mathfrak{O}_{\mathfrak{M}}$, für die also

$$\mathfrak{M} + \mathfrak{O}_{\mathfrak{M}} = \mathfrak{M}$$

gilt, ohne daß $\mathfrak{O}_{\mathfrak{M}} = \{0\}$ ist. Für $\mathfrak{Z}$ ist beispielsweise jede Menge $\mathfrak{A}$ mit $0 \in \mathfrak{A}$ — also jedes Element von Σ_0 — Relativnull.

Weiter sieht man unmittelbar:

$$\begin{aligned} 0 \in \mathfrak{A}_i &\curvearrowright \sum_{\substack{\nu=1 \\ \nu \neq i}}^{n} \mathfrak{A}_\nu \subseteq \sum_{\nu=1}^{n} \mathfrak{A}_\nu, \\ 0 \in \bigcap_{\nu=1}^{n} \mathfrak{A}_\nu &\curvearrowright \bigcup_{\nu=1}^{n} \mathfrak{A}_\nu \subseteq \sum_{\nu=1}^{n} \mathfrak{A}_\nu. \end{aligned} \tag{2}$$

[1] Würde man für die Verknüpfung (1) die multiplikative Terminologie wählen, so würde natürlich die leere Menge das Nullelement, hingegen $\{0\}$ das Einselement in der Halbgruppe Σ sein. Jedoch ist die additive Schreibweise die allein übliche.

Es ist zuweilen zweckmäßig, noch Durchschnitte verschiedener Stufen einzuführen.

Definition 2. *Es seien* $\mathfrak{A}_1, \mathfrak{A}_2, \ldots, \mathfrak{A}_n$ $(n \geqq 0)$ *Mengen aus* Σ. *Unter dem Durchschnitt k-ter Stufe,* $k \geqq 0$, *dieses Mengensystems — in Zeichen* $\mathfrak{D}_k = \mathfrak{D}_k(\mathfrak{A}_1, \mathfrak{A}_2, \ldots, \mathfrak{A}_n)$ — *versteht man die Gesamtheit aller nicht negativen ganzen Zahlen, die in wenigstens k Mengen des Systems, jede so oft gezählt, wie sie im System auftritt, als Elemente enthalten sind.*

Folgerung. Hiernach ist speziell

$$\mathfrak{D}_1 = \bigcup_{i=1}^{n} \mathfrak{A}_i, \quad \mathfrak{D}_n = \bigcap_{i=1}^{n} \mathfrak{A}_i, \quad \mathfrak{D}_0 = \mathfrak{Z}, \quad \mathfrak{D}_{n+\varkappa} = 0 \textit{ für alle } \varkappa \geqq 1.$$

In der Literatur finden sich noch weitere Summenbegriffe, doch lassen sie sich in der Regel auf (1) zurückführen. So z. B.

$$\mathfrak{C} = \mathfrak{A} \dotplus \mathfrak{B} = \mathfrak{A}^{(0)} + (\mathfrak{B} \cup \{0\}) \text{ (Besicovitch-Summe [3])}, \tag{3}$$

oder

$$\mathfrak{C} = \mathfrak{A} \ddot{+} \mathfrak{B} = (\mathfrak{A} + \mathfrak{B})^{(0)}, \quad 0 \in \mathfrak{A} \cap \mathfrak{B}. \tag{4}$$

(3) zieht lediglich $\mathfrak{A}^{(0)} \subseteqq \mathfrak{C}$ nach sich und ist weder kommutativ noch assoziativ. In (4) ist lediglich die Null nicht in $\mathfrak{C}$ mit aufgenommen.

Für $a \geqq b \geqq 0$ sieht man sofort

$$\{a\} + \mathfrak{A} = \{b\} + \mathfrak{B} \curvearrowright \{a - b\} + \mathfrak{A} = \mathfrak{B}.$$

Hieraus und aus der immer möglichen Zerlegung

$$\mathfrak{M} = \{m_0, m_1, m_2, \ldots\} = \{m_0\} + \{0, m_1 - m_0, m_2 - m_0, \ldots\} \tag{5}$$

folgt unmittelbar, daß man sich zumeist auf die Betrachtung der Halbgruppe Σ_0 beschränken kann, soweit Spezialfragen dies nicht unzweckmäßig erscheinen lassen. Schließlich besitzt $\mathfrak{M} = \{m_0, m_1, \ldots\}$ für jedes $0 \leqq a \leqq m_0$ offenbar die Zerlegung

$$\mathfrak{M} = \{a\} + \{m_0 - a,\ m_1 - a,\ m_2 - a, \ldots\}. \tag{6}$$

Zerlegungen dieser Art sollen triviale Zerlegungen von $\mathfrak{M}$ genannt werden.

Definition 3. $h\,\mathfrak{M} = \sum_{\nu=1}^{h} \mathfrak{M}$, $h \in \mathfrak{Z}$, $\mathfrak{M} \in \Sigma$.

Ferner sei

$$\lambda \times \mathfrak{M} = \lambda \times \{m_0, m_1, m_2, \ldots\} = \{\lambda\, m_0, \lambda\, m_1, \lambda\, m_2, \ldots\}, \ \lambda \in \mathfrak{Z},$$

so daß $\mathfrak{Z}$ *auf zweifache Weise als Operatorenbereich von* Σ *(bzw.* Σ_0*) erklärt wird (im letzteren Fall ist es genauer die multiplikative Halbgruppe*[1] $\mathfrak{Z}$*).*

---

[1] Für die Verknüpfung „$\times$" gilt offensichtlich nicht mehr notwendig

$$(\lambda_1 + \lambda_2) \times \mathfrak{M} = (\lambda_1 \times \mathfrak{M}) + (\lambda_2 \times \mathfrak{M}).$$

Es folgt offensichtlich

$$\begin{aligned}
(h_1 h_2)\,\mathfrak{M} &= h_1(h_2\,\mathfrak{M}) =_{\mathrm{Df}} h_1 h_2\,\mathfrak{M} = h_2 h_1\,\mathfrak{M},\\
(h_1 + h_2)\,\mathfrak{M} &= h_1\,\mathfrak{M} + h_2\,\mathfrak{M},\\
h\,(\mathfrak{M}_1 + \mathfrak{M}_2) &= h\,\mathfrak{M}_1 + h\,\mathfrak{M}_2,\\
1\,\mathfrak{M} &= \mathfrak{M},\ 0\,\mathfrak{M} = \{0\},\\
(\lambda_1 \lambda_2) \times \mathfrak{M} &= \lambda_1 \times (\lambda_2 \times \mathfrak{M}),\\
\lambda \times (\mathfrak{M}_1 + \mathfrak{M}_2) &= \lambda \times \mathfrak{M}_1 + \lambda \times \mathfrak{M}_2,\\
1 \times \mathfrak{M} &= \mathfrak{M},\ 0 \times \mathfrak{M} = \begin{cases}\{0\}, & \mathfrak{M} \neq 0,\\ 0, & \mathfrak{M} = 0,\end{cases}\\
(\lambda_1 + \lambda_2) \times \mathfrak{M} &\subseteq (\lambda_1 \times \mathfrak{M}) + (\lambda_2 \times \mathfrak{M}),\\
\lambda \times h\,\mathfrak{M} &= h(\lambda \times \mathfrak{M}),\ \lambda \times \mathfrak{M} \subseteq \lambda\,\mathfrak{M}.
\end{aligned} \tag{7}$$

Definition 4. *$\lambda \in \mathfrak{Z}^{(0)}$ heißt ein Teiler der Menge $\mathfrak{M} = \{m_0, m_1, \ldots\}$ — in Zeichen $\lambda \mid \mathfrak{M}$ —, wenn λ Teiler aller Elemente von $\mathfrak{M}$ ist. Der* g. g. T. *aller m_ν heißt größter Teiler von $\mathfrak{M}$. Ist $\lambda \mid \mathfrak{M}$, so werde noch*

$$\frac{\mathfrak{M}}{\lambda} = \left\{\frac{m_0}{\lambda}, \frac{m_1}{\lambda}, \frac{m_2}{\lambda}, \ldots\right\}$$

gesetzt.

Offensichtlich gilt

$$1 \mid \mathfrak{M},\ \frac{\mathfrak{M}}{1} = \mathfrak{M},\quad \lambda \mid \lambda \times \mathfrak{M},\ \lambda \times \frac{\mathfrak{M}}{\lambda} = \frac{\lambda \times \mathfrak{M}}{\lambda} = \mathfrak{M}\quad (\lambda \mid \mathfrak{M}).$$

Ist $\mathfrak{S}$ Summand von $\mathfrak{M}$ (d. h. also, es gilt mindestens eine Relation der Form $\mathfrak{M} = \mathfrak{S} + \mathfrak{A}$), so werde noch

$$\mathfrak{S} \int \mathfrak{M}$$

geschrieben.

Man erkennt dann unmittelbar:

Satz 4. $0 \in \mathfrak{A} \wedge \mathfrak{B} \int \mathfrak{A} \curvearrowright \mathfrak{B} \subseteq \mathfrak{A}$.

Satz 5. *Reflexivgesetz*: $\mathfrak{M} \int \mathfrak{M}$ *für alle* $\mathfrak{M} \in \Sigma$;

Transitivgesetz: $\mathfrak{A} \int \mathfrak{B} \wedge \mathfrak{B} \int \mathfrak{C} \curvearrowright \mathfrak{A} \int \mathfrak{C}$;

ferner:

$$\mathfrak{A} \int \mathfrak{B} \wedge \mathfrak{B} \int \mathfrak{A} \curvearrowright \mathfrak{A} = \mathfrak{B},$$

$$0 \in \mathfrak{M} \wedge \mathfrak{S} \int \mathfrak{M} \curvearrowright 0 \in \mathfrak{S},$$

$$\{0\} \int \mathfrak{M} \quad \textit{sowie} \quad \mathfrak{M} \int 0 \quad \textit{für alle} \quad \mathfrak{M} \in \Sigma.$$

Besitzt $\mathfrak{M}$ keine Relativnullen, so besitzt auch kein Summand Relativnullen.

Beweis: Es genügt, die dritte Behauptung für $\mathfrak{A} \neq 0$ zu bestätigen; die übrigen sind evident.

$$\mathfrak{A} \int \mathfrak{B} \curvearrowright \mathfrak{B} = \mathfrak{A} + \mathfrak{C};\quad \mathfrak{B} \int \mathfrak{A} \curvearrowright \mathfrak{A} = \mathfrak{B} + \mathfrak{D}.$$

Sei etwa $\mathfrak{A} = \{a_0, a_1, a_2, \ldots\}$, $\mathfrak{B} = \{b_0, b_1, b_2, \ldots\}$, $\mathfrak{C} = \{c_0, c_1, c_2, \ldots\}$, $\mathfrak{D} = \{d_0, d_1, d_2, \ldots\}$. Es folgt $a_0 + c_0 = b_0$ nebst $b_0 + d_0 = a_0$; somit ist $c_0 = d_0 = 0$. Aus den Implikationen

$$c_0 = 0 \curvearrowright \mathfrak{A} \subseteqq \mathfrak{B}; \quad d_0 = 0 \curvearrowright \mathfrak{B} \subseteqq \mathfrak{A}$$

ergibt sich unmittelbar die Behauptung.

Aus den drei ersten Aussagen von Satz 5 folgt sofort

Satz 6. *Vermittels der Summandenrelation wird Σ zu einer teilweise geordneten Menge.*

Der Begriff *assoziierte Elemente* in Analogie zur gewöhnlichen Teilbarkeitstheorie ist der dritten Aussage von Satz 5 zufolge in Σ gegenstandslos.

Es sei noch bemerkt, daß Σ kein Verband ist, wie das Beispiel (M. Kneser)

$$\mathfrak{A} = \{0, 1, 2, 3\}, \quad \mathfrak{B} = \{0, 1, 2, 3, 5, 6, 8, 9, 10, 11\}$$

zeigt; es ist offenbar

$$\{0, 1\} \int \mathfrak{A},\ \{0, 1\} \int \mathfrak{B},\ \{0, 2\} \int \mathfrak{A},\ \{0, 2\} \int \mathfrak{B},\ \mathfrak{A} \not\int \mathfrak{B};$$

ein größter gemeinsamer Summand aber müßte mindestens $\{0, 1\} \cup \{0, 2\} = \{0, 1, 2\}$ umfassen, was offenbar nicht angängig ist.

Mühelos erkennt man

Satz 7. $\lambda \mid \mathfrak{M} \wedge \mathfrak{S} \int \mathfrak{M} \wedge 0 \in \mathfrak{M} \curvearrowright \lambda \mid \mathfrak{S}$ *(da ja $\mathfrak{S} \subseteqq \mathfrak{M}$ folgt). Ist hingegen $0 \notin \mathfrak{M}$, so ist $\mathfrak{S}$ in genau einer Restklasse modulo λ enthalten.*

Definition 5 (Ostmann [4]). *$\mathfrak{P} \in \Sigma$ heißt primitiv (irreduzibel), wenn $\mathfrak{P}$ nur triviale Zerlegungen im Sinne von* (6) *besitzt; andernfalls heißt $\mathfrak{P}$ imprimitiv (reduzibel). Eine primitive Menge heißt totalprimitiv* (Wirsing [1]), *wenn jede zu ihr asymptotisch gleiche Menge primitiv ist.*

Man erkennt leicht:

Satz 8. $\mathfrak{P}$ *(total-)primitiv* $\curvearrowright \lambda \times \mathfrak{P}$ *(total-)primitiv,*

$$\lambda \mid \mathfrak{P} \wedge \mathfrak{P} \text{ (total-)primitiv} \curvearrowright \frac{\mathfrak{P}}{\lambda} \text{ (total-)primitiv.}$$

1.2. Σ läßt sich zu einem *Konvergenzraum* machen (Ostmann [4]), der mit der Topologie eines Hausdorffschen Raumes verträglich ist.

Definition 6. *Eine Mengenfolge $\mathfrak{A}_1, \mathfrak{A}_2, \ldots, \mathfrak{A}_n, \ldots$ (etwa in Σ bzw. Σ_0) heißt Fundamentalfolge, wenn zu jedem ganzen $k \geqq 0$ ein $N(k) = N$ existiert, so daß*

$$\mathfrak{A}_n \cap [0, k] = \mathfrak{A}_N \cap [0, k] \text{ für alle } n \geqq N$$

gilt. Die Folge heißt konvergent, wenn eine Menge $\mathfrak{A}$ existiert, so daß

$$\mathfrak{A} \cap [0, k] = \mathfrak{A}_n \cap [0, k] \text{ für alle } n \geqq N(k)$$

ist.

Beispielsweise ist die Folge $\mathfrak{A}_n = \{n\}$ konvergent ($n \to \infty$):

$$\lim_{n\to\infty} \mathfrak{A}_n = 0.$$

Das Auftreten der leeren Menge als Grenzmenge entspricht der bestimmten Divergenz im Reellen.

Man erkennt mühelos:

Satz 9. *Jede Fundamentalfolge ist konvergent und umgekehrt. Σ und Σ_0 sind somit vollständig.*

Bezeichnet man in Anlehnung an die Theorie der linearen Koordinatenräume die Elemente einer Menge auch als ihre Koordinaten, so ist obiger Konvergenzbegriff identisch mit koordinatenweiser Konvergenz[1].

Zu einem Umgebungsraum gelangt man wie folgt:

Definition 7. *Für jedes $\mathfrak{A} \in \Sigma$ (bzw. Σ_0) und jedes ganze $k \geqq 0$ heiße die Gesamtheit aller $\mathfrak{B} \in \Sigma$ (bzw. Σ_0) mit*

$$\mathfrak{A} \wedge [0, k] = \mathfrak{B} \wedge [0, k]$$

eine Umgebung von $\mathfrak{A}$[2], in Zeichen $\mathfrak{U}_k(\mathfrak{A})$.

Satz 10. *Σ (bzw. Σ_0) ist bezüglich des Umgebungssystems aller $\mathfrak{U}_k$ ein* Hausdorff*scher Raum. Der hierdurch induzierte Konvergenzbegriff ist identisch mit dem aus Definition 6.*

Beweis: Offenbar gilt:

$$\mathfrak{B} \in \mathfrak{U}_k(\mathfrak{A}) \curvearrowright \mathfrak{U}_k(\mathfrak{A}) = \mathfrak{U}_k(\mathfrak{B}),$$

$$0 \leqq k_1 \leqq k_2 \curvearrowright \mathfrak{U}_{k_1}(\mathfrak{A}) \wedge \mathfrak{U}_{k_2}(\mathfrak{A}) = \mathfrak{U}_{k_2}(\mathfrak{A}).$$

Da ferner jedes $\mathfrak{A} \in \Sigma$ (bzw. Σ_0) mindestens eine Umgebung besitzt und in jeder seiner Umgebungen enthalten ist, bleibt noch das Trennungsaxiom zu beweisen. Sind $\mathfrak{A} \neq \mathfrak{B}$ beliebige Elemente von Σ, so existiert

---

[1] Dabei sei im vorliegenden Fall unter koordinatenweiser Konvergenz folgendes verstanden: Besitzen für jedes $i \geq 0$ unendlich viele Mengen der Folge $\mathfrak{A}_n = \{a_{n0}, a_{n1}, \ldots\}$ eine i-te Koordinate, so soll dies bereits für alle hinreichend großen n zutreffen, und überdies soll der Grenzwert dieser a_{ni} ($n \to \infty$) existieren bzw. $= \infty$ sein. Unter der Grenzmenge $\mathfrak{A}$ sei dann

$$\mathfrak{A} = \bigvee_i \{\lim_{n\to\infty} a_{ni}\} \quad (\lim_{n\to\infty} a_{ni} < \infty)$$

verstanden. Die Definitionsgleichheit hiervon mit der oben im Text gegebenen ist offensichtlich.

[2] Im Gegensatz zu Bourbaki, wo die Bezeichnung „*fundamentale Umgebung*" gewählt ist. Der kürzeren Ausdrucksweise und dem häufigeren Auftreten zuliebe ist die übliche Terminologie verwendet worden.

sicher ein $m \geqq 0$ so, daß

$$\mathfrak{A} \cap [0, m] \neq \mathfrak{B} \cap [0, m]$$

ist, woraus sofort

$$\mathfrak{U}_m(\mathfrak{A}) \cap \mathfrak{U}_m(\mathfrak{B}) = 0$$

folgt.

Wählt man überdies m minimal, so erhält man eine mit dieser Topologie verträgliche Metrik in Σ (bzw. Σ_0) vermittels

$$|\mathfrak{A}, \mathfrak{B}| = \begin{cases} 0, \text{ falls } \mathfrak{A} = \mathfrak{B}, \\ \dfrac{1}{m+1} \quad \text{sonst.} \end{cases} \tag{8}$$

Man erkennt mühelos

Satz 11. *Die durch* (8) *definierte Metrik ist nichtarchimedisch*[1], *d. h.*

$$|\mathfrak{A}, \mathfrak{B}| \leqq \operatorname{Max}(|\mathfrak{A}, \mathfrak{C}|, |\mathfrak{C}, \mathfrak{B}|) \text{ für beliebiges } \mathfrak{C} \in \Sigma \text{ (bzw. } \Sigma_0).$$

Die Gesamtheit aller möglichen Abstandswerte sowie die Gesamtheit aller Umgebungen in Σ sind abzählbar.

In Σ_0 kann, da hier stets $m \geqq 1$ ausfällt, auch $|\mathfrak{A}, \mathfrak{B}| = \frac{1}{m}$ gewählt werden.

Schließlich erkennt man noch unschwer (Rohrbach-Volkmann [1]), daß obiger Konvergenzbegriff mit dem in der Mengenlehre (s. Hausdorff [1], Kap. 1, § 9) für beliebige Mengen geläufigen Begriff konvergenter Mengenfolgen zusammenfällt: Unter $\overline{\lim\limits_{n=1,2,\ldots}} \mathfrak{M}_n$ versteht man die Gesamtheit aller Elemente, die in unendlich vielen $\mathfrak{M}_\lambda$ enthalten sind, unter $\underline{\lim\limits_{n=1,2,\ldots}} \mathfrak{M}_n$ die Gesamtheit aller in fast allen[2] Mengen enthaltenen Elemente, und $\lim\limits_{n\to\infty} \mathfrak{M}_n = \mathfrak{M}$ bedeute, daß $\underline{\lim} \mathfrak{M}_n = \overline{\lim} \mathfrak{M}_n = \mathfrak{M}$ ausfällt, d. h. jedes unendlich oft vorkommende Element gehört bereits fast allen Mengen an.

Aus der koordinatenweisen Konvergenz folgt unmittelbar

Satz 12.

$$\mathfrak{A}_1 \subseteqq \mathfrak{A}_2 \subseteqq \cdots \subseteqq \mathfrak{A}_n \subseteqq \cdots \curvearrowright \lim_{n\to\infty} \mathfrak{A}_n = \bigcup_{n=1}^{\infty} \mathfrak{A}_n,$$

$$\mathfrak{A}_1 \supseteqq \mathfrak{A}_2 \supseteqq \cdots \supseteqq \mathfrak{A}_n \supseteqq \cdots \curvearrowright \lim_{n\to\infty} \mathfrak{A}_n = \bigcap_{n=1}^{\infty} \mathfrak{A}_n.$$

Satz 13. *Für jede beliebige Folge $\mathfrak{A}_1, \mathfrak{A}_2, \ldots$ existiert*

$$\lim_{n\to\infty} \sum_{\nu=1}^{n} \mathfrak{A}_\nu.$$

---

[1] Bei Bourbaki auch „*Ultrametrik*" genannt.

[2] D. h. bis auf höchstens endlich viele.

Beweis: Ist die Null in unendlich vielen $\mathfrak{A}_n$ nicht enthalten, so ist offenbar

$$\lim_{n\to\infty} \sum_{\nu=1}^{n} \mathfrak{A}_\nu = 0.$$

Andernfalls ist die Folge $\mathfrak{S}_n = \sum_{\nu=1}^{n} \mathfrak{A}_\nu$ spätestens von dem größten n mit $0 \notin \mathfrak{A}_n$ an aufsteigend: $\mathfrak{S}_n \subseteq \mathfrak{S}_{n+1} \subseteq \cdots$.

Zufolge Satz 13 kann der Summenbegriff auf *unendliche Reihen* erweitert werden:

$$\sum_{\nu=1}^{\infty} \mathfrak{A}_\nu = \lim_{n\to\infty} \sum_{\nu=1}^{n} \mathfrak{A}_\nu.$$

Folgerung. Läßt man in dem durch Definition 1 eingeführten Summenbegriff auch $n = \infty$ zu, so erkennt man leicht die Gleichwertigkeit mit der eben erklärten unendlichen Reihe. Entsprechend ist nun in $h\,\mathfrak{A}$ auch noch $h = \infty$ sinnvoll.

Satz 14. *Sind* $\mathfrak{A}_{\varrho 1}, \mathfrak{A}_{\varrho 2}, \ldots$ $(\varrho = 1, 2, \ldots, k)$ *endlich viele konvergente Mengenfolgen, so gilt*

$$\sum_{\varrho=1}^{k} \lim_{n\to\infty} \mathfrak{A}_{\varrho n} = \lim_{n\to\infty} \sum_{\varrho=1}^{k} \mathfrak{A}_{\varrho n}. \tag{9}$$

Ferner

$$\mathfrak{A}_n \to \mathfrak{A} \wedge h_n \to h \curvearrowright h_n \mathfrak{A}_n \to h\,\mathfrak{A} \quad (h \leqq \infty), \tag{10}$$

$$\mathfrak{A}_n \to \mathfrak{A} \wedge \lambda_n \to \lambda \curvearrowright \lambda_n \times \mathfrak{A}_n \to \lambda \times \mathfrak{A} \quad (\lambda < \infty). \tag{11}$$

Beweis: (10), (11) sind evident. (9) folgt sofort daraus, daß bei beliebigem x für hinreichend große n, zufolge der vorausgesetzten Konvergenz, für alle $\varrho = 1, 2, \ldots, k$

$$\mathfrak{A}_{\varrho n} \cap [0, x]$$

von n unabhängig ist.

Satz 15. *Gilt für alle hinreichend großen* n

$$\mathfrak{A}_n \int \mathfrak{A}_{n+1},$$

so ist die Folge $\mathfrak{A}_1, \mathfrak{A}_2, \ldots$ *konvergent, und überdies ist für alle genügend großen* n

$$\mathfrak{A}_n \int \lim_{\nu\to\infty} \mathfrak{A}_\nu.$$

Gilt entsprechend

$$\mathfrak{A}_{n+1} \int \mathfrak{A}_n,$$

so ist ebenfalls die Folge $\mathfrak{A}_1, \mathfrak{A}_2, \ldots$ *konvergent, und es ist*

$$\lim_{\nu\to\infty} \mathfrak{A}_\nu \int \mathfrak{A}_n$$

für fast alle n.

Beweis: Sei etwa $\mathfrak{A}_n \int \mathfrak{A}_{n+1}$ für alle $n \geqq N$. Es folgt

$$\mathfrak{A}_{n+1} = \mathfrak{A}_n + \mathfrak{B}_n = \cdots = \mathfrak{A}_{n_0} + \sum_{\nu=n_0}^{n} \mathfrak{B}_\nu \; (n_0 \geqq N).$$

Die Konvergenz von $\sum_{\nu=N}^{\infty} \mathfrak{B}_\nu$ ergibt die Behauptung des ersten Falles. Für die zweite Behauptung zerlege man gemäß (5):

$$\mathfrak{A}_n = \{a_{n0}\} + \mathfrak{A}_n^* \quad (n = 1, 2, \ldots);$$

dies ergibt $(n \geqq N)$

$$\{a_{n0}\} + \mathfrak{A}_n^* = \mathfrak{A}_{n+1} + \mathfrak{B}_{n+1} = \mathfrak{A}_{n+1}^* + \mathfrak{B}_{n+1}^* + \{a_{n+1,0} + b_{n+1,0}\},$$

also wegen $a_{n0} = a_{n+1,0} + b_{n+1,0}$

$$\mathfrak{A}_{n+1}^* \int \mathfrak{A}_n^*,$$

und nach Satz 4 ist $\mathfrak{A}_{n+1}^* \subseteqq \mathfrak{A}_n^*$; nach Satz 12 existiert daher $\lim_{n\to\infty} \mathfrak{A}_n^* = \mathfrak{A}^*$. Die Implikation

$$a_{n0} = a_{n+1,0} + b_{n+1,0} \frown 0 \leqq a_{n+1,0} \leqq a_{n0}$$

liefert in Verbindung mit der Ganzzahligkeit aller a_{n0}

$$a_{n0} = a \text{ für alle hinreichend großen } n;$$

also ist

$$\{a\} + \mathfrak{A}^* = \lim_{n\to\infty} \{a_{n0}\} + \lim_{n\to\infty} \mathfrak{A}_n^* = \lim_{n\to\infty} (\{a_{n0}\} + \mathfrak{A}_n^*) = \lim_{n\to\infty} \mathfrak{A}_n.$$

Der letzte Teil der zweiten Behauptung folgt nun sofort aus der für alle hinreichend großen n und alle $k > 0$ gültigen Zerlegung

$$\mathfrak{A}_n = \mathfrak{A}_{n+k} + \sum_{\lambda=1}^{k} \mathfrak{B}_{n+\lambda}$$

nach Durchführung des Grenzübergangs $k \to \infty$.

Leicht bestätigt man

Satz 16.

$$\sum_{\varkappa=1}^{\infty} \sum_{\lambda=1}^{\infty} \mathfrak{A}_{\varkappa\lambda} = \sum_{\lambda=1}^{\infty} \sum_{\varkappa=1}^{\infty} \mathfrak{A}_{\varkappa\lambda} = \sum_{n=1}^{\infty} \mathfrak{B}_n,$$

wobei die Folge $\mathfrak{B}_1, \mathfrak{B}_2, \ldots$ genau aus der Gesamtheit aller $\mathfrak{A}_{\varkappa\lambda}$ in beliebiger Reihenfolge besteht und gleiche $\mathfrak{A}_{\varkappa\lambda}$ mit derselben Mächtigkeit in der Folge der $\mathfrak{B}_n$ vertreten sind.

Folgerung. Da in Satz 16 die Reihenfolge der $\mathfrak{B}_n$ beliebig sein kann, ergibt sich sofort, daß jede unendliche Mengenreihe unbedingt konvergent ist. Leicht erkennt man auch, daß Klammern beliebig eingestreut oder weggelassen werden können.

Satz 17. $\mathfrak{A}_n \int \mathfrak{C}$ $(n \geqq N) \wedge \mathfrak{A}_n \subseteqq \mathfrak{A}_{n+1}$ (*bzw.* $\mathfrak{A}_n \supseteqq \mathfrak{A}_{n+1}$)

$$\frown \lim_{n\to\infty} \mathfrak{A}_n \int \mathfrak{C}.$$

Beweis: Für alle $n \geqq N$ gibt es Darstellungen der Form

$$\mathfrak{C} = \mathfrak{A}_n + \mathfrak{B}_n.$$

$\mathfrak{B}_n$ sei die Vereinigung aller möglichen $\mathfrak{B}_n$ bei festem $\mathfrak{A}_n$. Es folgt leicht

$$\mathfrak{C} = \mathfrak{A}_n + \mathfrak{B}_n.$$

$$\mathfrak{A}_n \subseteqq \mathfrak{A}_{n+1} \curvearrowright \mathfrak{B}_n \supseteqq \mathfrak{B}_{n+1} \ (bzw.\ \mathfrak{A}_n \supseteqq \mathfrak{A}_{n+1} \curvearrowright \mathfrak{B}_n \subseteqq \mathfrak{B}_{n+1})$$

zieht die Existenz von $\lim\limits_{n \to \infty} \mathfrak{B}_n$ nach sich; man hat daher

$$\lim_{n \to \infty} \mathfrak{A}_n + \lim_{n \to \infty} \mathfrak{B}_n = \lim_{n \to \infty} (\mathfrak{A}_n + \mathfrak{B}_n) = \lim_{n \to \infty} \mathfrak{C} = \mathfrak{C}.$$

1.3. In diesem Abschnitt werden zunächst einige *Irreduzibilitätskriterien* angegeben; anschließend wird die Darstellbarkeit beliebiger Mengen als Summe primitiver Mengen nachgewiesen.

Indirekt ergibt sich

Satz 18. *$\mathfrak{M} = \{m_0, m_1, \ldots, m_l\}$, $l \geqq 1$, ist primitiv, wenn*

$$m_l - m_1 < m_1 - m_0 \ oder\ m_l - m_{l-1} > m_{l-1} - m_0$$

ist.

$l = 2$ liefert speziell, daß alle dreielementigen Mengen $\{a, b, c\}$ mit $c - b \neq b - a$ primitiv sind. Andererseits ist aber auch $\{a, a + d, a + 2d\}$ schon nichttrival zerlegbar ($= \{a, a + d\} + \{0, d\}$).

Ebenfalls leicht zu bestätigen ist:

Satz 19. *$\mathfrak{M} = \{m_0, m_1, m_2, \ldots\}$ ist totalprimitiv, wenn $\lim\limits_{\varkappa \to \infty} (m_{\varkappa+1} - m_\varkappa) = \infty$ ist.*

Hiernach sind beispielsweise die folgenden Mengen totalprimitiv:

$$\mathfrak{Z}^{(k)} = \{0, 1, 2^k, 3^k, \ldots, n^k, \ldots\}, \quad k > 1,$$

$$\mathfrak{M}_a = \{1, a, a^2, a^3, \ldots, a^n, \ldots\}, \quad a > 1;$$

die Menge $\mathfrak{F}_k$ aller Potenzprodukte von k festen Primzahlen (Polya [1]):

$$\mathfrak{F}_k = \{1, p_1, \ldots, p_1^{\alpha_1} p_2^{\alpha_2} \cdots p_k^{\alpha_k}, \ldots\}, \ \alpha_\varkappa \geqq 0 \ (\varkappa = 1, 2, \ldots, k).$$

Auf indirektem Weg bestätigt man noch leicht den

Zusatz. *Gibt es zu jedem $l > 0$ Elemente m in $\mathfrak{M}$, so daß $\mathfrak{M} \cap [m - l, m + l] = \{m\}$ ist, so besitzt $\mathfrak{M}$ keinen nichttrivialen Summanden mit endlich vielen Elementen.*

Weitergehend ist (Ostmann [4]):

Satz 20. *$\mathfrak{M} = \{m_0, m_1, m_2, \ldots\}$ (endlich oder unendlich) ist primitiv, wenn die folgenden Voraussetzungen gelten:*

1. *Es gibt ein $\varkappa_0 \geqq 2$ so, daß $m_{\varkappa+1} - m_\varkappa \geqq m_{\varkappa_0} - m_0$ ist für alle $\varkappa > \varkappa_0$;*

2. *es gibt ein* $\varkappa_1 > \varkappa_0$, *so daß* $m_{\varkappa_1+1}$ *existiert und überdies*

$$\operatorname{Min}(m_{\varkappa_1+1} - m_{\varkappa_1},\ m_{\varkappa_1} - m_{\varkappa_1-1}) > m_{\varkappa_0} - m_0$$

ist.

Bemerkung. Die Voraussetzung $\varkappa_0 \geq 2$ kann nicht ohne weiteres auf $\varkappa_0 \geq 1$ abgeschwächt werden, wie das folgende Beispiel zeigt:

$$\mathfrak{M} = \{0, 1, 3, 5, 6, 7, 8, \ldots\} = \{0, 1, 3\} + \{0, 5, 6, 7, 8, \ldots\};$$

es ist $\varkappa_0 = 1$, $m_{\varkappa_0} = 1$, $m_{\varkappa_1} = 3$, d. h. $\varkappa_1 = 2$.

Beweis von Satz 20. Ohne Einschränkung kann nach (5) $m_0 = 0$ gesetzt werden. Aus der Voraussetzung 1. und aus der Existenz von $m_{\varkappa_1+1}$ folgt sofort

$$2\,m_{\varkappa_0} < m_{\varkappa_0} + m_{\varkappa_0+1} \leqq m_{\varkappa_0+2}.$$

Besäße nun $\mathfrak{M}$ eine nichttriviale Zerlegung, etwa

$$\mathfrak{M} = \mathfrak{A} + \mathfrak{B},$$

so müßte wenigstens eines der beiden Elemente $m_{\varkappa_0+1}, m_{\varkappa_0+2}$ — etwa $m_{\varkappa_0+i}$ ($i = 1$ oder 2) — in mindestens einem der beiden Summanden — etwa $\mathfrak{A}$ — enthalten sein, da sonst $m_{\varkappa_0+2} \notin \mathfrak{M}$ wäre.

1. Fall: $\mathfrak{B} \frown [1, m_{\varkappa_0-1}] \neq 0$.
Es sei $b \in \mathfrak{B} \frown [1, m_{\varkappa_0-1}]$. Da nun $m_{\varkappa_0+i} + b \in \mathfrak{M}$ und $b > 0$ ist, muß $m_{\varkappa_0+i+1} \in \mathfrak{M}$ existieren, so daß wegen $i \geqq 1$

$$m_{\varkappa_0+i+1} - m_{\varkappa_0+i} \leqq m_{\varkappa_0+i} + b - m_{\varkappa_0+i} = b \leqq m_{\varkappa_0-1} < m_{\varkappa_0}$$

ist, was der Voraussetzung 1. widerspricht.

2. Fall: $\mathfrak{B} \frown [1, m_{\varkappa_0-1}] = 0$.
Es sei $b \neq 0$ und $b \in \mathfrak{B}$, also $b = m_\varkappa \geqq m_{\varkappa_0}$. Man hat:

$$\mathfrak{M} \frown [0, m_{\varkappa_0-1}] = \mathfrak{A} \frown [0, m_{\varkappa_0-1}] \curvearrowright m_{\varkappa_0-1} \in \mathfrak{A} \curvearrowright m_{\varkappa_0-1} + b \in \mathfrak{M}$$
$$\curvearrowright m_{\varkappa_0-1} + m_\varkappa \geqq m_{\varkappa+1} \curvearrowright m_{\varkappa+1} - m_\varkappa \leqq m_{\varkappa_0-1} < m_{\varkappa_0} \curvearrowright \varkappa \leqq \varkappa_0,$$

letzteres nach Voraussetzung 1.; insgesamt also $\varkappa = \varkappa_0$. Enthielte $\mathfrak{B}$ noch ein b' mit $b' > b$, so erhielte man mit b' an Stelle von b einen Widerspruch. Somit muß $\mathfrak{B}$ die Gestalt $\mathfrak{B} = \{0, m_{\varkappa_0}\}$ haben. Die Implikation

$$\varkappa \leqq \varkappa_1 - 1 \curvearrowright m_\varkappa + m_{\varkappa_0} \leqq m_{\varkappa_1-1} + m_{\varkappa_0} < m_{\varkappa_1}$$

bedingt, daß für $m_{\varkappa_1}$ nur die triviale Darstellung existiert. Es folgt $m_{\varkappa_1} + m_{\varkappa_0} \in \mathfrak{M}$, also

$$m_{\varkappa_1+1} - m_{\varkappa_1} \leqq m_{\varkappa_1} + m_{\varkappa_0} - m_{\varkappa_1} = m_{\varkappa_0}$$

im Widerspruch zur Voraussetzung 2.

Satz 21. *Existiert in* $\mathfrak{M} = \{m_0, m_1, \ldots\}$ *ein Element* $m_{\varkappa_0}$ *mit* $\varkappa_0 \geqq 1$ *derart, daß*

$$m_{\varkappa+1} - m_\varkappa > m_{\varkappa_0} - m_0 \text{ für alle } \varkappa > \varkappa_0$$

gilt, und existiert wenigstens noch $m_{\varkappa_0+2}$, *so ist* $\mathfrak{M}$ *primitiv.*

Den Beweis kann man durch eine Beweismodifikation des vorangegangenen Satzes erhalten, indem man die Fälle $\mathfrak{B} \frown [1, m_{\varkappa_0}] = 0$ bzw. $\neq 0$ unterscheidet (Ostmann [4]). Eine weitere Modifikation dieser Überlegung liefert

Satz 22. *Existiert in* $\mathfrak{M} = \{m_0, m_1, \ldots\}$ *ein* $m_{\varkappa_0}$ *mit* $\varkappa_0 \geqq 1$, *so daß*

$$m_{\varkappa+1} - m_\varkappa > m_{\varkappa_0} - m_0 \text{ für alle } \varkappa \geqq \varkappa_0$$

ist, existiert ferner noch $m_{\varkappa_0+1}$ *in* $\mathfrak{M}$, *so ist* $\mathfrak{M}$ *primitiv.*

Ein Spezialfall von Satz 21 sei noch hervorgehoben:

Satz 23. *Ist* $\mathfrak{M} = \{m_0, m_1 = m_0 + 1, m_2, m_3, \ldots\}$ *mindestens vierelementig und gilt*

$$m_{\varkappa+1} - m_\varkappa \geqq 2 \text{ für alle } \varkappa \geqq 2,$$

so ist $\mathfrak{M}$ *primitiv.*

Beweis: Man setze $\varkappa_0 = 1$. Da $\mathfrak{M}$ aus mindestens vier Elementen besteht, existiert gewiß $m_{\varkappa_0+2} = m_3$, so daß alle Voraussetzungen von Satz 21 erfüllt sind.

Satz 24 (Hornfeck). *Es sei* $\mathfrak{M} = \{m_0, m_1, \ldots\}$ *eine nicht leere Menge, deren Elementeanzahl von drei verschieden ist. Wenn es ein* m *gibt, so daß mit genau einer Ausnahme alle übrigen Elemente von* $\mathfrak{M}$ *einer festen Restklasse* mod m *angehören, so ist* $\mathfrak{M}$ *primitiv.*

Beweis: Für zweielementige Mengen $\{a, b\}$ ist z. B. $b + 1$ stets ein solcher Modul, die Primitivität aber ohnehin evident. Besitze also $\mathfrak{M}$ mindestens vier Elemente. Ist x das Ausnahmeelement, so muß es — $m_0 = 0$ vorausgesetzt — in mindestens einem Summanden einer etwa vorhandenen nichttrivialen Zerlegung $\mathfrak{M} = \mathfrak{A} + \mathfrak{B}$ enthalten sein; sei $x \in \mathfrak{A}$. Ist zunächst $x > 0$, also

$$\mathfrak{M} = \{0, \lambda_1 m, \lambda_2 m, \ldots\} \smile \{x\},$$

so folgt aus $\lambda m \in \mathfrak{B}$, $\lambda > 0$, wegen $x + \lambda m \in \mathfrak{M}$ ein Widerspruch zur Voraussetzung. Mithin $\mathfrak{B} = \{0, x\}$. Da $\mathfrak{M}$ mindestens vier Elemente besitzt, muß es aber ein λm, $\lambda > 0$, in $\mathfrak{A}$ geben, was jedoch wie eben unmöglich ist. Ist nun $x = 0$, also

$$\mathfrak{M} = \{0, \lambda_1 m + a, \lambda_2 m + a, \ldots\}, \; a \not\equiv 0 \pmod{m},$$

so liefern $\lambda_i m + a \in \mathfrak{A}$, $\lambda_j m + a \in \mathfrak{B}$

$$(\lambda_i + \lambda_j) m + 2a \equiv a \pmod{m},$$

also $a \equiv 0 \pmod{m}$, was unmöglich ist.

In den folgenden Beispielen sind sowohl die Voraussetzungen von Satz 23 wie auch die von Satz 24 erfüllt.

$$\left.\begin{array}{l}\mathfrak{U} = \{0, 1, 3, 5, \ldots, 2n+1, \ldots\},\\ \mathfrak{G} = \{0, 1, 2, 4, \ldots, 2n, \ldots\},\end{array}\right|\begin{array}{l} n = 0, 1, 2, \ldots;\ \textit{es ist}\ \varkappa_0 = 1,\\ \textit{bzw. der Modul}\ m = 2.\end{array}$$

Die Menge aller Primzahlen $p_n > 1$:

$\mathfrak{P}^{(0,1)} = \{2, 3, 5, 7, \cdots, p_n, \cdots\}$; es ist $\varkappa_0 = 1$, d. h. $m_{\varkappa_0} = 3$, bzw. $m = 2$;

ferner $\mathfrak{P}^{(0)} = \{1, 2, 3, \ldots, p_n, \ldots\}$; desgleichen $\mathfrak{P}^{(2)} = \{0, 1, 3, \ldots, p_n, \ldots\}$, p_n ungerade Primzahl.

Nach Satz 20 ist die Menge aller Primzahlen p_n (einschließlich der Null) primitiv: $\mathfrak{P} = \{0, 1, 2, 3, 5, \ldots, p_n, \ldots\}$; es ist $\varkappa_0 = 2$, d. h. $m_{\varkappa_0} = 2$; $\varkappa_1 = 10$, d. h. $m_{\varkappa_1} = 23$.

Direkt bestätigt man noch unschwer, daß die Menge der ungeraden Primzahlen $p \geqq 3$ primitiv ist. Auf ähnliche Weise, nur mit weitergehenden Fallunterscheidungen, zeigt man die Primitivität aller ungeraden Primzahlen (einschließlich der Eins). — Vermutlich ist $\mathfrak{P}$ sogar totalprimitiv. Einen endlichen Summanden kann jedenfalls keine zu $\mathfrak{P}$ asymptotisch gleiche Menge besitzen (HORNFECK); es treffen nämlich die Voraussetzungen des Zusatzes zu Satz 19 auf $\mathfrak{P}$ zu: Für jede ungerade Primzahl p erkennt man vermittels des WILSONschen Satzes $((p-1)! - 1, p!) = 1$, und aus dem DIRICHLETschen Primzahlsatz folgt hieraus für $p \geqq 3$ die Existenz unendlich vieler Primzahlen $p' \equiv (p-1)! - 1 \pmod{p!}$. In $[p' - (p-2), p' + p - 2]$ liegt aber als einzige Primzahl p' selbst.

Nach Definition der Irreduzibilität sind Mengen mit Relativnullen nicht primitiv. Darüber hinaus gilt

Satz 25. *Jede nicht leere Menge $\mathfrak{M}$, die Relativnullen besitzt, ermöglicht nichttriviale Zerlegungen der Form $\mathfrak{M} = \mathfrak{A} + \mathfrak{B}$, $\mathfrak{A} \neq \mathfrak{M}$, $\mathfrak{B} \neq \mathfrak{M}$. Überdies läßt es sich stets so einrichten, daß einer der Summanden primitiv ist.*

Beweis: Es sei $0 \in \mathfrak{M}$. Offensichtlich ist mit jeder Relativnull auch jede ihrer die Null enthaltenden Teilmengen wieder Relativnull von $\mathfrak{M}$. Sei daher $\{0, a\} = \mathfrak{B}$, $a > 0$, Relativnull von $\mathfrak{M}$. Aus $\mathfrak{M} + \{0, a\} = \mathfrak{M}$ folgt nebst $\mathfrak{B} \neq \mathfrak{M}$ leicht $\{a, 2a, \ldots, ka, \ldots\} \subseteqq \mathfrak{M}$. Bezeichnet $\mathfrak{A}$ die Menge, die aus $\mathfrak{M}$ durch Streichung von a entsteht, so hat man in $\mathfrak{M} = \mathfrak{A} + \mathfrak{B}$ eine Zerlegung der behaupteten Art, da $\mathfrak{B}$ primitiv ist.

Vermittels des Konvergenzbegriffs läßt sich der letzte Teil von Satz 25 auch für beliebige Mengen beweisen (OSTMANN [4]). Es gilt nämlich

Satz 26. *Jede beliebige Menge $\mathfrak{M}$ besitzt mindestens einen nichttrivialen primitiven Summanden.*

Beweis: Ist $\mathfrak{M}$ leer, so braucht man, da für jedes $\mathfrak{A} \in \Sigma$ stets $0 = \mathfrak{A} + 0$ gilt, lediglich $\mathfrak{A}$ beliebig primitiv zu wählen. Es kann daher $\mathfrak{M} \neq 0$ sowie nicht primitiv und ohne Relativnullen vorausgesetzt werden, ferner $0 \in \mathfrak{M}$. Es sei m_1 das kleinste positive Element von $\mathfrak{M} = \{0, m_1, \ldots\}$. Nach Voraussetzung existiert mindestens eine nichttriviale Zerlegung $\mathfrak{M} = \mathfrak{A} + \mathfrak{B}$, und offensichtlich muß m_1 in wenigstens einem der Summanden enthalten sein; $\mathfrak{A} = \mathfrak{A}_{m_1}$ sei dieser, und man schreibe $\mathfrak{M} = \mathfrak{A}_{m_1} + \mathfrak{B}_{m_1}$. Ist $\mathfrak{A}_{m_1}$ noch nicht primitiv, so betrachte man alle Zerlegungen der Form

$$\mathfrak{A}_{m_1} = \mathfrak{A}^* + \mathfrak{B}^* \ mit \ m_1 \in \mathfrak{A}^*.$$

Falls es Zerlegungen mit $(m_1 + 1) \notin \mathfrak{A}^*$ gibt, so sei

$$\mathfrak{A}_{m_1} = \mathfrak{A}_{m_1+1} + \mathfrak{B}'_{m_1+1} \tag{12}$$

eine solche, andernfalls bedeute (12) eine beliebige Zerlegung mit $m_1 \in \mathfrak{A}_{m_1+1}$. Indem $\mathfrak{B}_{m_1+1} = \mathfrak{B}'_{m_1+1} + \mathfrak{B}_{m_1}$ gesetzt wird, ergibt sich

$$\mathfrak{M} = \mathfrak{A}_{m_1} + \mathfrak{B}_{m_1} = \mathfrak{A}_{m_1+1} + \mathfrak{B}_{m_1+1}, \ \mathfrak{A}_{m_1+1} \int \mathfrak{A}_{m_1}, \ m_1 \in \mathfrak{A}_{m_1} \cap \mathfrak{A}_{m_1+1}.$$

Ist nun für ein gewisses ganzes $n \geqq 1$ bereits

$$\mathfrak{M} = \mathfrak{A}_{m_1+\mu} + \mathfrak{B}_{m_1+\mu} \ \text{für alle} \ 0 \leqq \mu \leqq n \tag{13}$$

definiert, und ist $\mathfrak{A}_{m_1+n}$ noch nicht primitiv, so sei

$$\mathfrak{A}_{m_1+n} = \mathfrak{A}_{m_1+n+1} + \mathfrak{B}'_{m_1+n+1} \tag{12'}$$

eine Zerlegung mit $m_1 \in \mathfrak{A}_{m_1+n+1}$, und überdies sei $m_1 + n + 1 \notin \mathfrak{A}_{m_1+n+1}$, sofern eine derartige Zerlegung überhaupt existiert, andernfalls sei die Zerlegung beliebig, jedoch $m_1 \in \mathfrak{A}_{m_1+n+1}$. Um eine kurze Ausdrucksweise zu haben, heiße (12') bzw. 12 eine Zerlegung, in der $\mathfrak{A}_{m_1+n+1}$ bezüglich $m_1 + n + 1$ minimal ist. Mit

$$\mathfrak{B}_{m_1+n+1} = \mathfrak{B}'_{m_1+n+1} + \mathfrak{B}_{m_1+n}$$

gilt dann (13) auch noch für $\mu = n + 1$. Bricht das Verfahren ab, d. h. ist ein gewisses $\mathfrak{A}_{m_1+\mu}$ primitiv, so ist man fertig. Andernfalls sind auf diesem Wege die beiden unendlichen Folgen $\mathfrak{A}_{m_1}, \mathfrak{A}_{m_1+1}, \cdots$ und $\mathfrak{B}_{m_1}, \mathfrak{B}_{m_1+1}, \cdots$ definiert mit

$$\mathfrak{A}_{\varrho+1} \int \mathfrak{A}_{\varrho}, \ \mathfrak{B}_{\varrho} \int \mathfrak{B}_{\varrho+1} \quad (\varrho \geqq m_1).$$

Nach Satz 15 existieren daher $\lim\limits_{\varrho \to \infty} \mathfrak{A}_{\varrho} = \mathfrak{P}$ und $\lim\limits_{\varrho \to \infty} \mathfrak{B}_{\varrho} = \mathfrak{B}$, und ebenfalls nach Satz 15 ist $\mathfrak{P} \int \mathfrak{A}_\varrho$, $\varrho \geqq m_1$. Schließlich hat man noch

$$\mathfrak{P} + \mathfrak{B} = \lim_{\varrho\to\infty} \mathfrak{A}_\varrho + \lim_{\varrho\to\infty} \mathfrak{B}_\varrho = \lim_{\varrho\to\infty} (\mathfrak{A}_\varrho + \mathfrak{B}_\varrho) = \mathfrak{M},\ m_1 \in \mathfrak{P}$$

nebst:

$$m_1 \in \mathfrak{P} \curvearrowright \mathfrak{P} \neq \{0\}.$$

Besäße $\mathfrak{P}$ eine nichttriviale Zerlegung $\mathfrak{P} = \mathfrak{S} + \mathfrak{T}$, so sei etwa $m_1 \in \mathfrak{S}$. Wegen $\mathfrak{S} \neq \mathfrak{P}$ ist $\mathfrak{S} \subset \mathfrak{P}$. Ferner gilt die Implikation

$$\mathfrak{S} \int \mathfrak{P} \int \mathfrak{A}_\varrho \wedge \mathfrak{S} \subset \mathfrak{P} \curvearrowright \mathfrak{S} \subset \mathfrak{A}_\varrho \quad (\varrho = m_1, m_1 + 1, \ldots).$$

Aus $\mathfrak{S} \subset \mathfrak{P}$ folgt die eindeutige Existenz eines ganzen $k \geqq m_1$, so daß

$$\mathfrak{S} \cap [0, k] = \mathfrak{P} \cap [0, k], \quad \mathfrak{S} \cap [0, k+1] \subset \mathfrak{P} \cap [0, k+1]$$

ist, mithin $k + 1 \in \mathfrak{P}$, $k + 1 \notin \mathfrak{S}$. Für alle $\varrho \geqq m_1$ gilt $\mathfrak{P} \subseteqq \mathfrak{A}_\varrho$ sowie $\mathfrak{S} \int \mathfrak{A}_\varrho$; mithin wäre $k + 1 \in \mathfrak{A}_{k+1}$ sowie $\mathfrak{A}_k = \mathfrak{S} + \mathfrak{B}'$, was aber wegen $(k + 1) \notin \mathfrak{S}$ der Definition von $\mathfrak{A}_{k+1}$ widerspricht. Damit ist alles bewiesen.

Der letzte Satz ermöglicht den Nachweis eines allgemeinen Zerlegungssatzes (Ostmann [4]):

Satz 27. *Jedes $\mathfrak{A} \in \Sigma$ läßt sich stets auf mindestens eine Art als Summe von — eventuell unendlich vielen — primitiven Mengen darstellen.*

Beweis: Ist $\mathfrak{M} = 0$, also leer, so ist $0 = \sum_{n=1}^{\infty} \{n\}$ eine solche Darstellung. Sei daher im folgenden $\mathfrak{M} \neq 0$, $0 \in \mathfrak{M}$, und $\mathfrak{M}$ nicht primitiv. Aus Satz 26 in Verbindung mit Satz 25 ergibt sich daher stets eine Darstellung der Form

$$\mathfrak{M} = \mathfrak{P}_1 + \mathfrak{C}_1 \quad (\mathfrak{P}_1 \textit{ primitiv},\ \mathfrak{C}_1 \neq \mathfrak{M}). \tag{14}$$

Ist $\mathfrak{C}_1$ noch nicht primitiv, so werde (14) auf $\mathfrak{C}_1$ angewandt:

$$\mathfrak{C}_1 = \mathfrak{P}_2 + \mathfrak{C}_2.$$

So fortfahrend erhält man für $\mathfrak{M}$ eine Zerlegung der Gestalt

$$\mathfrak{M} = \mathfrak{C}_n + \sum_{\varkappa=1}^{n} \mathfrak{P}_\varkappa, \textit{ alle } \mathfrak{P}_\varkappa \textit{ primitiv},\ \mathfrak{C}_n \neq \mathfrak{M}.$$

Die Folge der $\mathfrak{C}_n$ bricht ab, sobald man auf eine primitive Menge stößt. Für den weiteren Beweis ist daher die Folge $\mathfrak{C}_n$ als unendlich anzunehmen. Offensichtlich ist $\mathfrak{C}_{n+1} \int \mathfrak{C}_n$, so daß $\lim\limits_{n\to\infty} \mathfrak{C}_n = \mathfrak{C}$ existiert. In Verbindung mit Satz 14 gilt somit

$$\mathfrak{C} + \sum_{n=1}^{\infty} \mathfrak{P}_n = \lim_{\varkappa\to\infty} \left(\mathfrak{C}_\varkappa + \sum_{n=1}^{\varkappa} \mathfrak{P}_n\right) = \mathfrak{M} \ (\mathfrak{C} \neq \mathfrak{M}, \textit{alle } \mathfrak{P}_n \textit{ primitiv}). \tag{15}$$

Mit der im Beweis von Satz 26 eingeführten Bezeichnung sei

$$\mathfrak{M} = \mathfrak{D}_1 + \sum_{\varkappa=1}^{\infty} \mathfrak{P}_{1,\varkappa} \tag{16}$$

eine solche Darstellung gemäß (15), daß $\mathfrak{D}_1$ bezüglich 1 minimal ist. (16) auf $\mathfrak{D}_1$ angewandt und entsprechend sukzessiv fortgesetzt liefert mit der Maßgabe, daß jeweils $\mathfrak{D}_\nu$ bezüglich ν minimal ist, allgemein

$$\mathfrak{M} = \mathfrak{D}_n + \sum_{\lambda=1}^{n} \sum_{k=1}^{\infty} \mathfrak{P}_{\lambda\varkappa}.$$

Die Folge $\mathfrak{D}_1, \mathfrak{D}_2, \ldots$ bricht ab, sobald ein $\mathfrak{D}_n$ keine Darstellung gemäß (15) bzw. (16) besitzt, also bereits Summe endlich vieler primitiver Mengen ist. Für diesen Fall ist der Beweis zufolge Satz 16 erbracht, so daß $\mathfrak{D}_1, \mathfrak{D}_2, \ldots$ als unendliche Folge angenommen werden kann. Wegen $\mathfrak{D}_{n+1} \int \mathfrak{D}_n$ existiert $\lim\limits_{n\to\infty} \mathfrak{D}_n = \mathfrak{Q}_0$, und es ist $\mathfrak{Q}_0 \int \mathfrak{D}_n$, beides nach Satz 15. Somit ergibt sich

$$\mathfrak{M} = \mathfrak{Q}_0 + \sum_{\lambda=1}^{\infty} \sum_{\varkappa=1}^{\infty} \mathfrak{P}_{\varkappa\lambda} \;(\textit{alle } \mathfrak{P}_{\varkappa\lambda} \textit{ primitiv}, \; \mathfrak{Q}_0 \neq \mathfrak{M}). \tag{17}$$

Zur Weiterführung des Beweises kann offenbar $\mathfrak{Q}_0$ als nicht primitiv angenommen werden. Wäre $\mathfrak{Q}_0$ keine Summe endlich vieler primitiver Mengen, so besäße es eine Darstellung gemäß (15):

$$\mathfrak{Q}_0 = \mathfrak{Q}_1 + \sum_{\varkappa=1}^{\infty} \mathfrak{P}'_\varkappa, \quad \mathfrak{Q}_1 \subset \mathfrak{Q}_0 \;(\textit{alle } \mathfrak{P}'_\varkappa \textit{ primitiv}).$$

Genau wie am Schluß des Beweises von Satz 26 ergäbe sich aus $\mathfrak{Q}_1 \int \mathfrak{Q}_0 \int \mathfrak{D}_n$ wegen $\mathfrak{Q}_1 \subset \mathfrak{D}_n$ ein Widerspruch zur Definition der Folge $\mathfrak{D}_1, \mathfrak{D}_2, \ldots$. Mit Satz 16 liefert (17) alles Gewünschte.

Satz 28. *In zwei Zerlegungen einer Menge $\mathfrak{M}$ gemäß Satz 27 sind die Anzahlen der primitiven Summanden nicht notwendig einander gleich (es gilt also erst recht kein sogenannter ZPE-Satz). Es gibt Mengen, die keine Darstellung als Summe von endlich vielen primitiven Summanden besitzen.*

Beweis: Die erste Behauptung bestätigt das Beispiel $\mathfrak{M} = \{0, 2, 3, 4, 5, 7, 8, 9, 10\}$. Es sind nämlich in

$$\mathfrak{M} = \{0, 2\} + \{0, 2, 3, 7, 8\} = \{0, 2\} + \{0, 5\} + \{0, 2, 3\} \tag{18}$$

sämtliche Summanden primitiv. — Die letzte Behauptung ergibt sich aus dem folgenden Beispiel:

$$\mathfrak{M} = \left\{0, 1, 10, 11, 100, 101, \ldots, \sum_{\varkappa=0}^{\infty} \varepsilon_\varkappa 10^\varkappa, \ldots\right\}, \quad \varepsilon_\varkappa = 0 \textit{ oder } 1,$$

d. h. $\mathfrak{M}$ besteht aus allen ganzen Zahlen, in deren dekadischer Zifferndarstellung nur die Ziffern Null oder Eins auftreten. Offensichtlich ist

$$\mathfrak{M} = \sum_{\varkappa=0}^{\infty} \{0, 10^\varkappa\}, \tag{19}$$

und dies ist sogar die einzig mögliche Zerlegung von $\mathfrak{M}$ in primitive Summanden: man sieht nämlich zunächst leicht, daß irgendzwei verschiedene Summanden ein und derselben Zerlegung von $\mathfrak{M}$ nur die Null gemeinsam haben; aus der eindeutigen Zifferndarstellung aller ganzen Zahlen folgt dann weiter unschwer, daß mit $10^{\varkappa_1}, 10^{\varkappa_2}, \ldots, 10^{\varkappa_n}$ in $\mathfrak{S}$, $\mathfrak{S} \int \mathfrak{M}$, auch notwendig alle Zahlen der Form $\sum_{\nu=1}^{n} \varepsilon_{\varkappa_\nu} 10^{\varkappa_\nu}$, $\varepsilon_{\varkappa_\nu} = 0$ oder 1, in $\mathfrak{S}$ enthalten sind, und auch umgekehrt zieht $\sum_{\nu=1}^{n} 10^{\varkappa_\nu} \in \mathfrak{S}$ stets $10^{\varkappa_\nu} \in \mathfrak{S}\,(\nu = 1, 2, \ldots, n)$ nach sich. Für $n \geqq 2$ ist aber sicher $\mathfrak{S}$ nicht mehr primitiv.

Folgerung. Aus (18) folgt speziell noch, daß zwar $\mathfrak{C} \int (\mathfrak{A} + \mathfrak{B})$, jedoch $\mathfrak{C} \int \mathfrak{A}$, $\mathfrak{C} \int \mathfrak{B}$ möglich ist, auch wenn $\mathfrak{C}$ primitiv ist. Ferner ergibt sich wegen

$$\mathfrak{B}_1 =_{\mathrm{Df}} \{0, 5\} + \{0, 2, 3\} = \{0, 2, 3, 5, 7, 8\} \neq \{0, 2, 3, 7, 8\} =_{\mathrm{Df}} \mathfrak{B},$$

daß aus $\mathfrak{A} + \mathfrak{B} = \mathfrak{A} + \mathfrak{B}_1$ selbst bei primitivem $\mathfrak{A}$ nicht notwendig $\mathfrak{B} = \mathfrak{B}_1$ folgt.

1.4. Über die Verteilung der primitiven und reduziblen Mengen in Σ kann man vermittels der Topologie aus 1.2. Aufschluß erhalten. Es gilt (Wirsing):

Satz 29. *Sowohl die primitiven wie auch die reduziblen Mengen liegen in Σ (bzw. Σ_0) dicht.*

Beweis: Sei $\mathfrak{A}$ eine beliebige Menge, $\mathfrak{U}_k(\mathfrak{A})$ eine beliebige Umgebung und ferner $0 < m_1 < m_2 < \cdots$ eine unendliche Folge mit der Eigenschaft $m_{\varkappa+1} - m_\varkappa \to \infty$ $(\varkappa \to \infty)$. Dann ist offenbar

$$\mathfrak{B} =_{\mathrm{Df}} (\mathfrak{A} \cap [0, k]) \cup \{k + m_1, k + m_2, \ldots\} \in \mathfrak{U}_k(\mathfrak{A}),$$

und nach Satz 19 ist $\mathfrak{B}$ primitiv. Eine in $\mathfrak{U}_k(\mathfrak{A})$ gelegene reduzible Menge gewinnt man in $\mathfrak{B} + \{0, k+1\}$, womit alles gezeigt ist, da sich erforderlichenfalls durch Einschieben einer passend gewählten genügend großen Lücke in $\mathfrak{B}$ sofort $\mathfrak{A} \neq \mathfrak{B}$ und $\mathfrak{A} \neq \mathfrak{B} + \{0, k+1\}$ erreichen läßt.

1.5. Nach folgender Vorschrift läßt sich jedem $\mathfrak{A} \in \Sigma$ eine in $\langle 0, 1\rangle$ enthaltene *dyadische Bruchentwicklung* zuordnen:

$$\mathfrak{A} = \{a_0, a_1, a_2, \ldots\} \to \varrho(\mathfrak{A}) = \sum_{i \geqq 0} 2^{-a_i - 1} = \frac{1}{2} \sum_{n \geqq 0} \frac{\varepsilon_n}{2^n}, \quad \varepsilon_n = \begin{cases} 1, n \in \mathfrak{A}, \\ 0, n \notin \mathfrak{A}. \end{cases} \tag{20}$$

Ist Γ eine Menge von Mengen, so bedeute $\varrho(\Gamma)$ die Menge der den Elementen von Γ zugeordneten reellen Zahlen. — Betrachtet man lediglich Σ_0, so genügt schon die Verwendung der Zuordnung

$$\mathfrak{A} \to \sum_{\nu \geqq 1} 2^{-a_\nu}, \quad \mathfrak{A} = \{a_0 = 0, a_1, a_2, \ldots\}. \tag{20'}$$

Beschränkt man sich auf das Teilsystem der unendlichen Mengen aus Σ, so ist diese Zuordnung offensichtlich eineindeutig; der leeren Menge entspricht die Null.

Betrachtet man die durch (20) formal zugeordnete Ziffernfolge als Koordinaten eines Vektors in einem linearen Koordinatenraum, so entspricht offensichtlich den konvergenten Folgen im Sinne der Topologie 1.2. genau die koordinatenweise Konvergenz der zugeordneten Vektorenfolge (vgl. Fußnote 1, S. 6).

Vermittels der Zuordnung (20) läßt sich noch der folgende Sachverhalt bestätigen (OSTMANN).

Satz 30. *Das System aller totalprimitiven Mengen in Σ_0 besitzt die Mächtigkeit des Kontinuums, desgleichen die Gesamtheit aller reduziblen Mengen.*

Beweis: Ist $\mathfrak{A} = \{a_1 > 0, a_2, \ldots\}$ eine beliebige Menge, so ordne man ihr zunächst die Menge

$$\mathfrak{B} = \{b_0 = 0, b_1, b_2, \ldots\},\ b_1 - b_0 = a_1,\ b_2 - b_1 = a_2, \ldots, b_\varkappa - b_{\varkappa-1} = a_\varkappa, \ldots,$$

zu. Diese Zuordnung ist offensichtlich eineindeutig. Ist $\mathfrak{A}$ eine unendliche Menge, so ist $\mathfrak{B}$ nach Satz 19 totalprimitiv. Der Gesamtheit der unendlichen Mengen $\mathfrak{A}$ entspricht vermöge (20) offenbar das ganze Intervall $(0, \frac{1}{2}\rangle$, da sich ja jede Zahl aus $(0, 1\rangle$ als unendlicher dyadischer Bruch schreiben läßt. Somit besitzen Σ und die Menge aller primitiven Mengen die Mächtigkeit des Kontinuums. Aus der eineindeutigen Zuordnung

$$\mathfrak{A} \leftrightarrow \{2\} + \mathfrak{A} \leftrightarrow \mathfrak{B} = \{0, b_1, b_2, \ldots\} \quad (b_\varkappa - b_{\varkappa-1} = a_\varkappa + 2)$$

in Verbindung mit der wegen $b_1 \geqq 2$, $b_\varkappa - b_{\varkappa-1} \geqq 2$ bestehenden eineindeutigen Beziehung

$$\mathfrak{B} \leftrightarrow \{0, 1\} + \mathfrak{B}$$

folgt, daß auch die Gesamtheit aller reduziblen Mengen die behauptete Mächtigkeit besitzt.

Weitere Aussagen ergeben sich dadurch, daß man die Menge der gemäß (20) zugeordneten reellen Zahlen inhalts- bzw. maßtheoretisch untersucht[1].

Man setze für $\Gamma_i \subseteqq \Sigma$ $(i = 1, 2, \ldots, n)$

$$\Gamma_1 + \Gamma_2 + \cdots + \Gamma_n = \underset{\mathfrak{C} \in \Sigma}{\in} \left[\mathfrak{C} = \sum_{i=1}^{n} \mathfrak{A}_i,\ \mathfrak{A}_i \in \Gamma_i\right]. \tag{21}$$

[1] Da im allgemeinen die Invarianz gegenüber kongruenten Abbildungen in diesem Zusammenhang nicht sehr wesentlich ist, genügt an sich der maßtheoretische Standpunkt; doch handelt es sich zumeist ohnehin nur um Betrachtungen im JORDANschen oder LEBESGUEschen Sinn, so daß dieser Unterschied entfällt.

So bedeutet z. B. $\{\mathfrak{A}\} + \Sigma$ die Gesamtheit aller reduziblen Mengen mit dem gemeinsamen Summanden $\mathfrak{A}$ ($\mathfrak{A}$ mindestens zweielementig). Hiermit gilt

Satz 31 (WIRSING). *Ist $\mathfrak{A}$ mindestens zweielementig, so besitzt $\varrho\,(\{\mathfrak{A}\} + \Sigma)$ den* JORDAN*schen Inhalt Null. Bedeutet Γ_e die Gesamtheit aller endlichen Mengen, so gilt für $\varrho\,(\Gamma_e + \Sigma)$ das nämliche im* LEBESGUE*schen Sinn.*

Beweis: Ohne Einschränkung kann $0 \in \mathfrak{A}$ angenommen werden, da der trivialen Zerlegung 1.1. (5) lediglich eine Ähnlichkeitstransformation der zugeordneten Zahlenmenge (mit einem Faktor der Form 2^{-k}) entspricht. Sei zunächst $\mathfrak{A}$ eine endliche Menge; a sei das größte Element von $\mathfrak{A}$. Offenbar kann für kein $\mathfrak{C} \in \{\mathfrak{A}\} + \Sigma$ in der zugeordneten dyadisch entwickelten reellen Zahl die Ziffernfolge

$$0\,0 \cdots 0\,1\,0 \cdots 0 \quad (\textit{links und rechts je a Nullen}) \tag{22}$$

irgendwo erscheinen, und dies trifft auch noch zu, wenn der einer endlichen Menge $\mathfrak{C}$ entsprechende abbrechende Bruch in einen nicht abbrechenden umgeschrieben wird. Hieraus ersieht man auch sofort, daß die der Gesamtheit aller endlichen $\mathfrak{C}$ entsprechende Punktmenge in der den unendlichen $\mathfrak{C}$ entsprechenden enthalten ist. Es genügt daher, den Satz für die unendlichen Mengen $\mathfrak{C}$ aus $\{\mathfrak{A}\} + \Sigma$ zu beweisen. Der Ziffernkomplex (22) besteht aus $2\,a + 1$ Stellen. Setzt man $g = 2^{2a+1}$ und entwickelt die Zahlen aus $\langle 0;\, 1\rangle$ auch noch g-adisch, so stellt der Komplex (22) eine g-adische Ziffer f dar. Wegen $g \geqq 3$ fällt diese Entwicklung mit der dyadischen nicht zusammen. Die den in Rede stehenden $\mathfrak{C}$ zugeordnete dyadisch geschriebene Zahlenmenge ist nun offensichtlich enthalten in der Menge aller derjenigen g-adisch geschriebenen Zahlen aus $\langle 0;\, 1\rangle$, die die Ziffer f nicht aufweisen. Letztere Menge ist aber vom Typus des CANTORschen Diskontinuums und besitzt, wie leicht zu sehen ist, den JORDANschen Inhalt Null. Bleibt also noch der Fall einer unendlichen Menge $\mathfrak{A}$ zu betrachten. Es werde zunächst $\{\mathfrak{A}\} + \Sigma_0$ untersucht, $\mathfrak{A} = \{a_0 = 0,\, a_1,\, a_2, \ldots\}$. Für jedes $\mathfrak{C} \in \{\mathfrak{A}\} + \Sigma_0$ gilt dann $\mathfrak{A} \subseteqq \mathfrak{C}$, so daß $\varrho\,(\mathfrak{C})$ an der $(a_n + 1)$-ten Stelle für jedes $n \geqq 0$ die Ziffer Eins aufweist, und $\{\mathfrak{A}\} + \Sigma_0$ ist in der Gesamtheit Γ aller derartiger Mengen enthalten. Bezeichnet man für $\varrho \in \varrho\,(\Gamma)$ mit ϱ_ν den nach der ν-ten Stelle abgebrochenen dyadischen Bruch, so wird die Menge aller ϱ, die in ϱ_ν übereinstimmen, offenbar durch das Intervall $\langle \varrho_\nu,\, \varrho_\nu + 2^{-\nu}\rangle$ überdeckt, und die Anzahl der verschiedenen ϱ_ν ($\varrho \in \varrho\,(\Gamma)$, ν fest) ist genau $2^{\nu-\mu}$ ($\mu = \mu\,(\nu) =$ Anzahl aller $a_\varrho \leqq \nu - 1$ in $\mathfrak{A}$), der Inhalt der Vereinigung aller dieser Intervalle also höchstens gleich $\dfrac{2^{\nu-\mu}}{2^\nu} = 2^{-\mu(\nu)}$, der äußere JORDAN-Inhalt von $\varrho\,(\Gamma)$ mithin ebenfalls höchstens gleich $2^{-\mu(\nu)}$ für jedes ν. Da $\mathfrak{A}$

als unendlich vorausgesetzt war, ist $\lim\limits_{\nu \to \infty} 2^{-\mu(\nu)} = 0$, der JORDAN-Inhalt von $\varrho(\Gamma)$ also Null. Hiermit ist offenbar auch der JORDAN-Inhalt von $\varrho(\{n\} + \{\mathfrak{A}\} + \Sigma_0)$ gleich Null. Bezüglich

$$\{\mathfrak{A}\} + \Sigma = \bigcup_{\nu=0}^{\infty} (\{\nu\} + \{\mathfrak{A}\} + \Sigma_0) = \bigcup_{\nu=1}^{N} \cup \bigcup_{\nu=N}^{\infty}$$

sind die Zahlen von $\varrho\left(\bigcup\limits_{\nu=N}^{\infty}\right)$ offenbar sämtlich im Intervall $\langle 0; 2^{-N}\rangle$ gelegen, dessen Länge mit wachsendem N beliebig klein wird. Da der Inhalt von $\varrho\left(\bigcup\limits_{\nu=1}^{N}\right)$ gleich Null ist, ergibt sich insgesamt für $\varrho(\{\mathfrak{A}\} + \Sigma)$ der JORDAN-Inhalt Null, womit der erste Teil des Satzes bewiesen ist. Da Γ_e abzählbar ist, folgt sofort die restliche Behauptung.

Hinsichtlich der Erweiterung des letzten Satzes auf die Gesamtheit aller reduziblen Mengen s. 17.2., Satz 15.

1.6. Definition 8. *Eine Menge $\mathfrak{R}$ heißt rational, wenn $\varrho(\mathfrak{R})$ rational ist; speziell heißt $\{a\} + \mathfrak{R}$, $a \geqq 0$ beliebig, reinperiodisch, wenn $\varrho(\mathfrak{R})$ reinperiodisch ist. Entsprechend heiße eine Menge $\mathfrak{A}$ irrational bzw. algebraisch bzw. transzendent usw., wenn für $\varrho(\mathfrak{A})$ das nämliche zutrifft.*

Hiernach sind speziell alle endlichen Mengen rational; die leere Menge ist überdies reinperiodisch. Man bestätigt leicht die im folgenden Satz angegebenen Eigenschaften rationaler Mengen (VOLKMANN [1]).

Satz 32. *Ist $\mathfrak{R}$ unendlich und rational, ferner l eine (beliebige) Periodenlänge von $\varrho(\mathfrak{R})$, so enthält $\mathfrak{R}$ von einer Stelle N an lediglich gewisse volle Restklassen modulo l. Sind $r_i \geqq N$ $(i = 1, 2, \ldots, s)$ die diesbezüglich kleinsten Elemente von $\mathfrak{R}$ in allen diesen Restklassen, und setzt man*

$$\mathfrak{R}_l = \bigcup_{\sigma=1}^{s} \{r_\sigma, r_\sigma + l, r_\sigma + 2l, \ldots, r_\sigma + x\,l, \ldots\},$$

so besitzt $\mathfrak{R}$ eine Darstellung der Form

$$\mathfrak{R} = \mathfrak{E} \cup \mathfrak{R}_l, \tag{23}$$

worin $\mathfrak{E}$ endlich und $\mathfrak{R}_l$ reinperiodisch ist; und umgekehrt ist (23) auch hinreichend für die Rationalität von $\mathfrak{R}$. Mit $\mathfrak{R}$ ist auch $d \times \mathfrak{R}$ rational (bzw. reinperiodisch) und umgekehrt. Mit $\mathfrak{R}$ ist auch $\overline{\mathfrak{R}}$ rational. Die Gesamtheit aller rationalen Mengen bildet einen BOOLEschen Mengenverband[1], und in diesem bildet die Gesamtheit Γ_a derjenigen reinperiodischen

[1] D. h. einen distributiven, relativ-komplementären Verband mit Null- und Einselement.

Mengen $\mathfrak{C}$, die von der Form $\mathfrak{C} = \{a\} + \mathfrak{A}$ mit reinperiodischen $\varrho(\mathfrak{A})$ sind, für jedes ganze $a \geqq 0$ einen BOOLE*schen Unterverband; die leere Menge bzw. $[a, \infty)$ sind das (verbandstheoretische) Null- bzw. Einselement.*

Ferner gilt (VOLKMANN [1]):

Satz 33. *Ist mindestens eine der Mengen der (endlichen oder unendlichen) Folge $\mathfrak{A}_1, \mathfrak{A}_2, \ldots$ reinperiodisch, so ist $\sum_{i \geqq 1} \mathfrak{A}_i$ rational.*

Beweis: Sei etwa $\mathfrak{A}_1$ reinperiodisch mit $0 \in \mathfrak{A}_1$ und $\mathfrak{B} = \sum_{i \geqq 2} \mathfrak{A}_i$. Als reinperiodische Menge besteht $\mathfrak{A}_1$ aus den vollen Positivteilen von Restklassen modulo der Periodenlänge l. Ist $\mathfrak{B} = \{b\}$, also einelementig, so besteht $\mathfrak{A}_1 + \mathfrak{B}$ aus den um b verschobenen Restklassenteilen von $\mathfrak{A}_1$, so daß auch $\mathfrak{A}_1 + \mathfrak{B}$ reinperiodisch ist. Ist $\mathfrak{B}$ beliebig, so seien $b_1, b_2, \ldots, b_s$ die kleinsten Elemente von $\mathfrak{B}$ in den in $\mathfrak{B}$ vertretenen Restklassen modulo l. Dann ist offensichtlich

$$\mathfrak{A}_1 + \mathfrak{B} = \bigcup_{\sigma=1}^{s} (\mathfrak{A}_1 + \{b_\sigma\}),$$

also $\mathfrak{A}_1 + \mathfrak{B}$ Vereinigung reinperiodischer Mengen, zufolge der Verbandseigenschaft mithin rational.

Zusatz. Ist in Satz 33 lediglich eine der Mengen rational, so gilt dasselbe von $\sum \mathfrak{A}_i$ nicht mehr notwendig, wie das folgende Beispiel (VOLKMANN [1]) zeigt. Es sei

$$\mathfrak{A} = \{0, 1, 4, \ldots, 3\lambda + 1, \ldots\}, \quad \mathfrak{B} = 3 \times \{0, 1, 2^2, 3^2, \ldots, \lambda^2, \ldots\}.$$

Offensichtlich ist $\mathfrak{A} + \mathfrak{B} = \mathfrak{A} \cup \mathfrak{B}$; in der Restklasse 0 mod 3 sind mithin nur die Elemente von $\mathfrak{B}$ enthalten, also $\mathfrak{A} + \mathfrak{B}$ irrational.

Satz 34. (VOLKMANN [1]). *$\sum_{i=1}^{n} \mathfrak{R}_i$, $n < \infty$, ist rational, wenn alle $\mathfrak{R}_i$ rational sind.*

Beweis: Für $n = 0, 1$ ist die Behauptung trivial, sei also, was ja genügt, $n = 2$. Die Darstellungen (23) für $\mathfrak{R}_1$ und $\mathfrak{R}_2$ mögen

$$\mathfrak{R}_1 = \mathfrak{E}_1 \cup \mathfrak{R}_{1l}, \quad \mathfrak{R}_2 = \mathfrak{E}_2 \cup \mathfrak{R}_{2l}$$

lauten. Dann ist offensichtlich

$$\mathfrak{R}_1 + \mathfrak{R}_2 = (\mathfrak{E}_1 + \mathfrak{E}_2) \cup (\mathfrak{E}_1 + \mathfrak{R}_{2l}) \cup (\mathfrak{E}_2 + \mathfrak{R}_{1l}) \cup (\mathfrak{R}_{1l} + \mathfrak{R}_{2l}),$$

und hierin sind die letzten drei Terme rechter Hand nach Satz 33 und $\mathfrak{E}_1 + \mathfrak{E}_2$ als endliche Menge rational, auf Grund der Verbandseigenschaft der rationalen Mengen ist dann auch $\mathfrak{R}_1 + \mathfrak{R}_2$ rational.

Folgerung. Die Gesamtheit aller rationalen Mengen bildet bezüglich Vereinigungs-, Durchschnitts- und Summenbildung eine algebraische Struktur dreifacher Komposition.

2. Mengen mit Relativnullen.

Im Gegensatz zu dem Beispiel in 1.3. (19) besitzen Mengen mit Relativnullen jedoch stets sowohl *unverkürzbare* Zerlegungen in endlich viele als auch solche in unendlich viele primitive Summanden, wie sich leicht aus ihrer allgemeinen sehr einfachen Struktur ergibt, die zunächst abgeleitet werden soll.

Man bestätigt leicht:

Satz 1. *Für jede Relativnull $\mathfrak{O}_{\mathfrak{M}}$ gilt $0 \in \mathfrak{O}_{\mathfrak{M}}$. Vereinigung und Summe von Relativnullen sowie jede die Null enthaltende Teilmenge einer solchen ist wieder Relativnull. Mit $\mathfrak{O}_{\mathfrak{M}}$ ist auch $d \times \mathfrak{O}_{\mathfrak{M}}$ für jedes ganze $d > 0$ Relativnull (so daß $\mathfrak{M}$ unendlich ist).*

Nun sei $o_\lambda \in \mathfrak{O}_{\mathfrak{M}}$, $o_\lambda \neq 0$; für jedes $m \in \mathfrak{M}$ enthält $\mathfrak{M}$ offenbar alle Elemente $a \geqq m$ der Restklasse $m \pmod{o_\lambda}$. Für jede Restklasse $\mu \pmod{o_\lambda}$, $0 \leqq \mu \leqq o_\lambda - 1$, die Elemente von $\mathfrak{M}$ enthält, sei $r_\mu \in \mathfrak{M}$ das kleinste dieser Elemente; speziell ist somit $r_0 = 0$, falls $0 \in \mathfrak{M}$ ist. Setzt man

$$\mathfrak{R}_\mu = \{r_\mu, r_\mu + o_\lambda, r_\mu + 2\,o_\lambda, \ldots, r_\mu + x\,o_\lambda, \ldots\},$$

so ergibt sich sofort

$$\mathfrak{R}_\mu = \{r_\mu\} + \{0, o_\lambda, 2\,o_\lambda, \ldots\} = \{r_\mu\} + (o_\lambda \times \mathfrak{Z}) \subseteqq \mathfrak{M}.$$

Sind $\mathfrak{R}_{\mu_1}, \mathfrak{R}_{\mu_2}, \ldots, \mathfrak{R}_{\mu_l}$, $0 \leqq \mu_1 < \mu_2 < \cdots < \mu_l \leqq o_\lambda - 1$ sämtliche in $\mathfrak{M}$ enthaltenen Restklassenteile, so ergibt sich

$$\mathfrak{M} = \bigcup_{\varrho=1}^{l} \mathfrak{R}_{\mu_\varrho} = \bigcup_{\varrho=1}^{l} \left(\{r_{\mu_\varrho}\} + (o_\lambda \times \mathfrak{Z})\right) = \{r_{\mu_1}, r_{\mu_2}, \ldots, r_{\mu_l}\} + (o_\lambda \times \mathfrak{Z}),$$

und aus der ersten hierin enthaltenen Gleichung folgt nach 1.4., Satz 32, daß $\mathfrak{M}$ rational ist. Indem man noch den o_λ*-Kern*

$$\mathfrak{R}(o_\lambda) = \{r_{\mu_1}, r_{\mu_2}, \ldots, r_{\mu_l}\}$$

einführt, erhält man

$$\mathfrak{M} = \mathfrak{R}(o_\lambda) + (o_\lambda \times \mathfrak{Z}), \tag{1}$$

worin also die Elemente der Menge $\mathfrak{R}(o_\lambda)$ paarweise inkongruent modulo o_λ sind und ihre Anzahl $l \leqq o_\lambda$ ist. Offensichtlich besitzt auch umgekehrt jedes $\mathfrak{M}$ der Form (1) Relativnullen, z. B. $\{0, o_\lambda\}$. Betrachtet man ferner noch die zu $\mathfrak{M}$ gehörige dyadische Entwicklung 1.4. (20), so gilt insgesamt, wie leicht zu sehen:

Satz 2. *Notwendig und hinreichend dafür, daß eine Menge $\mathfrak{M}$ Relativnullen besitzt, ist, daß $\mathfrak{M}$ die Gestalt* (1) *hat. Hiermit ist gleichwertig*

(VOLKMANN [1]), *daß* $\varrho(\mathfrak{M})$ *von der Form*

$$\varrho(\mathfrak{M}) = 0, \varepsilon_1 \varepsilon_2 \cdots \varepsilon_{v-1} \overline{\varepsilon_v \cdots \varepsilon_{v+o_\lambda-1}},$$

$$v \geqq 1, o_\lambda \geqq 1, \varepsilon_v = 1, \varepsilon_{i+o_\lambda} \geqq \varepsilon_i \qquad (i \geqq 1),$$

ist.

Zusatz. Speziell besitzen die reinperiodischen Mengen Relativnullen. Ist $\mathfrak{R}$ rational, so enthält $\mathfrak{R}$ eine eindeutig bestimmte größte Teilmenge $\mathfrak{A}$, die Relativnullen besitzt. Ist l eine Periodenlänge von $\varrho(\mathfrak{R})$, so erhält man $\mathfrak{A}$, indem man in $\mathfrak{R}$ alle die Elemente streicht, in deren zugehörigen Restklassen mod l nur endlich viele Elemente von $\mathfrak{R}$ liegen.

Da $\mathfrak{U} = \{0, 1, 3, \ldots, 2n + 1, \ldots\}$, $n \geqq 0$, primitiv ist (siehe das erste Beispiel zu 1.2., Satz 24), so stellt

$$\mathfrak{Z} = \mathfrak{U} + \{0, 1\}$$

eine Zerlegung in primitive Summanden dar. $\mathfrak{R}(o_\lambda)$ ist als endliche Menge trivialerweise nur als Summe endlich vieler primitiver Summanden darstellbar. Andrerseits ist offensichtlich auch $\mathfrak{Z} = \sum_{\nu=1}^{\infty} \{0, 1\}$. Daher gilt nach (1):

Satz 3. *Die nicht leeren Mengen mit Relativnullen besitzen stets sowohl Darstellungen als Summe von endlich vielen, als auch solche von unendlich vielen primitiven Summanden.*

Schließlich läßt sich noch leicht ein Überblick über die umfassendste Relativnull einer Menge $\mathfrak{M}$ geben. Es sei $\{0, o\}$ Relativnull. Ist $\{0, a\}$, $a \neq 0$, eine andere Relativnull — nach Satz 1 gibt es sicher welche —, so ist offenbar auch jede Menge $\{0, x\}$, $x \equiv a \pmod{o}$, $x \geqq a$, eine Relativnull[1]. Ist nun $\mathfrak{R}_a$ die Restklasse, die a enthält, so ist zu beachten, daß nicht für sämtliche $r \in \mathfrak{R}_a$ notwendig $\{0, r\}$ Relativnull ist, wie folgendes Beispiel zeigt:

$$\mathfrak{M} = \{0, 5, 6, 10, 11, 15, 16, 17, \ldots, n, \ldots\};$$

hier ist etwa $o = 5$, aber in der Restklasse 1 mod 5 liefern erst die Elemente $x > 6$ Relativnullen $\{0, x\}$, während $\{0, 6\}$ noch keine ist. Eine Abschätzung der Stelle, von der an in den in Frage kommenden Restklassen sämtliche Elemente Relativnullen liefern, erhält man, wie ohne weiteres zu sehen ist, in dem größten Element des o-Kerns von $\mathfrak{M}$; es sei dies etwa gleich r. Setzt man dann abkürzend

$$\mathfrak{R}^*_{\mu_\varrho} = \mathfrak{R}_{\mu_\varrho} \cap [r, \infty), \varrho = 1, 2, \ldots, l,$$

so erkennt man mühelos

---

[1] Dabei braucht a keineswegs ein Vielfaches des kleinsten $o > 0$ zu sein, wie man an Hand des Beispiels $\mathfrak{M} = \{0, 10, 11, 12, \ldots\}$ erkennt.

Satz 4. *Notwendig und hinreichend dafür, daß in einer Restklasse* μ_ϱ (mod o) *Elemente aus Relativnullen enthalten sind, ist die Bedingung*[1]:

$$\mathfrak{N}^*_{\mu_\varrho} + \mathfrak{N}_{\mu_\lambda} \subseteqq \mathfrak{M} \text{ für alle } \lambda = 1, 2, \ldots, l. \tag{2}$$

Definition 1. *Es seien* $\mu'_1, \mu'_2, \ldots, \mu'_{k-1}$ (mod o) *die durch* (2) *definierten von der Nullklasse verschiedenen Restklassen* μ_ϱ *und* $o_1, o_2, \ldots, o_{k-1}$ *ihre jeweils kleinsten Elemente, für welche die* $\{0, o_\lambda\}$ $(\lambda = 1, 2, \ldots, k-1)$ *Relativnullen sind, dann heiße die Menge*

$$\mathfrak{O}_{\mathfrak{M}, o} = \{0, o_1, o_2, \ldots, o_{k-1}\}$$

die erzeugende Relativnull mod o, *oder schlechthin erzeugende Relativnull, wenn* o *minimal gewählt war.*

Bezeichnet $\mathfrak{O}_{\mathfrak{M}, u}$ die umfassendste Relativnull, so erkennt man vermittels (1) ohne weiteres

Satz 5. $\mathfrak{O}_{\mathfrak{M}, u}$ *hat die Gestalt*

$$\mathfrak{O}_{\mathfrak{M}, u} = \mathfrak{O}_{\mathfrak{M}, o} + (o \times \mathfrak{Z}),$$

und $\mathfrak{O}_{\mathfrak{M}, u}$ *ist selbst wieder eine Menge mit Relativnullen und zugleich ihre eigene umfassendste Relativnull:* $\mathfrak{O}_{\mathfrak{O}_{\mathfrak{M}, u}, u} = \mathfrak{O}_{\mathfrak{M}, u} = n\, \mathfrak{O}_{\mathfrak{M}, u}$, $n > 0$.

3. Basismengen.

Als besonders wichtiger Begriff für die additive Zahlentheorie hat sich der auf SCHNIRELMANN [1] zurückgehende Begriff der Basis einer Menge erwiesen.

Definition 1. *Eine Menge* $\mathfrak{B}$ *heißt eine Basis* h*-ter Ordnung* $(0 \leqq h \leqq \infty)$ *der Menge* $\mathfrak{M}$, *wenn*

$$\mathfrak{M} \subseteqq h\,\mathfrak{B}, \quad \mathfrak{M} \nsubseteq l\,\mathfrak{B} \text{ für alle } l < h$$

gilt. $\mathfrak{B}$ *heißt schlechthin eine Basis* h*-ter Ordnung, wenn*

$$\mathfrak{M} = \mathfrak{Z}$$

ist.

Im Falle $\mathfrak{M} = \mathfrak{Z}$ gilt natürlich $h\,\mathfrak{B} = \mathfrak{Z}$.

Eine Menge kann mehrere Basen besitzen; z. B. sind

$$\mathfrak{U} = \{0, 1, 3, 5, \ldots, 2n+1, \ldots\}, \quad \mathfrak{U}_1 = \{0, 1, 2, 5, 7, \ldots, 2n+1, \ldots\}$$

verschiedene Basen zweiter Ordnung; $\{0, 1\}$ ist eine Basis unendlicher Ordnung.

Definition 2. $\mathfrak{B}$ *heißt asymptotische Basis* h*-ter Ordnung* $(0 \leqq h \leqq \infty)$ *von* $\mathfrak{M}$, *wenn für ein hinreichend großes* m

$$\mathfrak{M} \cap [m, \infty] \subseteqq h\,\mathfrak{B},$$

jedoch für kein m'

$$\mathfrak{M} \cap [m', \infty] \subseteqq l\,\mathfrak{B}, \quad 0 \leqq l < h,$$

---

[1] Falls $\mathfrak{M}$ leer ist, also gar keine $\mathfrak{N}_{\mu_\lambda}$ existieren, ist (2) trivialerweise erfüllt.

ist. Für $\mathfrak{M} = \mathfrak{Z}$ *(bzw.* $\mathfrak{M} = \mathfrak{Z}^{(0)}$*) heißt* $\mathfrak{B}$ *auch schlechthin eine asymptotische Basis h-ter Ordnung:* $h\,\mathfrak{B} \sim \mathfrak{Z}$, $l\,\mathfrak{B} \nsim \mathfrak{Z}$ $(l < h)$.

Jede Basis von $\mathfrak{M}$ ist trivialerweise auch asymptotische Basis von $\mathfrak{M}$. Die leere Menge sowie die Menge $\{0\}$ sind offensichtlich die einzigen Mengen, für die jede Menge eine Basis nullter Ordnung ist bzw. die überhaupt Basen nullter Ordnung haben; und alle $\mathfrak{B} \supseteq \mathfrak{M}$, $\mathfrak{M} \neq 0$ und $\neq \{0\}$ sind die einzigen Basen erster Ordnung von $\mathfrak{M}$.

Da jede Basis einer Menge $\mathfrak{M}$ auch Basis jeder Teilmenge von $\mathfrak{M}$ ist (von eventuell kleinerer Ordnung), und somit jede Basis von $\mathfrak{Z}$ auch eine solche jeder beliebigen Menge $\mathfrak{M}$ ist, erhellt unmittelbar, daß die Basen von $\mathfrak{Z}$ von besonderem Interesse sind. Das nämliche gilt natürlich auch für asymptotische Basen.

Eine Kennzeichnung von Basismengen gibt I. SCHUR:

Satz 1. *Ist* $0 \in \mathfrak{B}$, *so ist* $\mathfrak{B}$ *dann und nur dann eine asymptotische Basis von* $\mathfrak{Z}$ *(von eventuell unendlicher Ordnung), wenn der größte Teiler d von* $\mathfrak{B}$ *gleich Eins ist. Ist* $d > 1$, *so ist* $\mathfrak{B}$ *asymptotische Basis von* $d \times \mathfrak{Z}$. *Notwendig und hinreichend dafür, daß* $\mathfrak{B}$ *Basis von* $\mathfrak{Z}$ *ist, ist* $\{0, 1\} \subseteqq \mathfrak{B}$.

Beweis: Offenbar bedarf nur der erste Teil des Satzes eines Beweises. Man wähle zunächst in $\mathfrak{B}$ irgendein System $b^{(1)}, b^{(2)}, \ldots, b^{(s)}$ $(1 \leqq s < \infty)$ von Elementen mit

$$(b^{(1)}, b^{(2)}, \ldots, b^{(s)}) = 1,$$

das nach Voraussetzung gewiß existiert[1]. Jede Lösung des Systems der beiden DIOPHANTischen Gleichungen

$$\begin{aligned} b^{(1)} x_1 + b^{(2)} x_2 + \cdots + b^{(s)} x_s &= x_0, \\ b^{(1)} y_1 + b^{(2)} y_2 + \cdots + b^{(s)} y_s &= x_0 + 1 \end{aligned} \tag{1}$$

in nicht negativen ganzen $x_0, x_1, \ldots, x_s, y_1, y_2, \ldots, y_s$ liefert dann vermittels

$$l = \operatorname{Max}\left(\sum_{\sigma=1}^{s} x_\sigma, \sum_{\sigma=1}^{s} y_\sigma\right)$$

in $l\,\mathfrak{B}$ die zweigliedrige Kette $\{x_0, x_0 + 1\}$. Subtraktion der Gleichungen (1) ergibt

$$b^{(1)}(y_1 - x_1) + b^{(2)}(y_2 - x_2) + \cdots + b^{(s)}(y_s - x_s) = 1.$$

Aus $(b^{(1)}, b^{(2)}, \ldots, b^{(s)}) = 1$ folgt nun die Lösbarkeit von

$$b^{(1)} z_1 + b^{(2)} z_2 + \cdots + b^{(s)} z_s = 1$$

in ganzen $z_1, z_2, \ldots, z_s$. Setzt man

$$y_\sigma = \operatorname{Max}(0, z_\sigma),\ x_\sigma = y_\sigma - z_\sigma \quad (\sigma = 1, 2, \ldots, s),\ x_0 = \sum_{\varrho=1}^{s} b^{(\varrho)} x_\varrho,$$

[1] Ist $1 \in \mathfrak{B}$, so kann $s = 1$, $b^{(1)} = 1$ gewählt werden. In diesem Fall ist die Behauptung ohnehin evident.

so hat man eine Lösung von (1). Die asymptotische Basiseigenschaft von $\mathfrak{B}_1 = l\,\mathfrak{B}$ erhält man wegen $0 \in \mathfrak{B}$ offensichtlich durch den Nachweis, daß

$$x_0\,x + (x_0 + 1)\,y = z \tag{2}$$

für alle hinreichend großen z nichtnegative ganze Lösungen x, y besitzt. Mit $x + y = u$ ist an Stelle von (2)

$$z = x_0\,x + (x_0 + 1)\,y = x_0\,u + y,\; u \geqq y \geqq 0$$

in ganzen u, y zu lösen. Für alle $z \geqq x_0^2$ liefert aber der gewöhnliche Divisionsalgorithmus bez. (z, x_0) alles Verlangte, da dann $u \geqq x_0$ und $x_0 > y$ ist. Wegen $0 \in \mathfrak{B}$ ist daher insgesamt sicher

$$\infty\,\mathfrak{B} \cap [x_0^2, \infty] = \infty\,\mathfrak{B}_1 \cap [x_0^2, \infty] = [x_0^2, \infty].$$

Bemerkung. Satz 1 ist offensichtlich verwandt mit dem bekannten zahlentheoretischen Satz, daß sich alle hinreichend großen ganzen Zahlen als Vielfachsummen der teilerfremden $b^{(1)}, b^{(2)}, \ldots, b^{(s)}$ mit nichtnegativen Koeffizienten darstellen lassen. — Bezüglich einer Abschätzung von x_0^2 vgl. A. BRAUER [3], A. BRAUER-SEELBINDER [1].

Leicht erkennt man nach STÖHR [5] noch, daß *die Gesamtheit der Basen h-ter Ordnung die Mächtigkeit des Kontinuums besitzt:* $\{0, 1, h+1, \ldots, \lambda h+1, \ldots\}$ und $\{0, 1\} \cup [h + 1, \infty)$ sind offensichtlich Basen h-ter Ordnung, folglich auch jede Zwischenmenge, und deren Gesamtheit hat bereits die behauptete Mächtigkeit.

Auf den besonders wichtigen Fall der (bzw. asymptotischen) Basen endlicher Ordnung wird später (s. 14. und 15.) unter Heranziehung metrischer Gesichtspunkte noch eingegangen werden.

4. Zusammenhang mit DIOPHANTischen Gleichungen.

Auf einen Zusammenhang mit DIOPHANTischen Gleichungen kommt man bei der Frage nach Überschneidungen, die zwei Mengensummen miteinander bilden. Es seien $\mathfrak{A}_1, \mathfrak{A}_2, \ldots, \mathfrak{A}_n$; $\mathfrak{B}_1, \mathfrak{B}_2, \ldots, \mathfrak{B}_k$ gegebene Mengen und $\lambda_1, \lambda_2, \ldots, \lambda_n$; $\mu_1, \mu_2, \ldots, \mu_k$ gegebene positive ganze Zahlen. Dann wird der Durchschnitt

$$\begin{aligned}\mathfrak{D} = (\lambda_1 \times \mathfrak{A}_1 + \lambda_2 \times \mathfrak{A}_2 + \cdots + \lambda_n \times \mathfrak{A}_n)\\ \cap (\mu_1 \times \mathfrak{B}_1 + \mu_2 \times \mathfrak{B}_2 + \cdots + \mu_k \times \mathfrak{B}_k)\end{aligned} \tag{1}$$

gesucht. Setzt man beispielsweise $n = 2$, $k = 1$,

$$\mathfrak{A}_1 = \mathfrak{B}_1 = \mathfrak{Z}^{(2)} =_{\mathrm{Df}} \{0, 1^2, 2^2, 3^2, \ldots, x^2, \ldots\},\; \lambda_1 = d > 0, \mu_1 = 1,$$

$$\mathfrak{A}_2 = \{4\},\; \lambda_2 = 1,$$

so ist

$$\mathfrak{D} = (d \times \mathfrak{Z}^{(2)} + \{4\}) \cap \mathfrak{Z}^{(2)}$$

die Menge aller derjenigen Quadratzahlen, die der bekannten PELLschen Gleichung $dx^2 + 4 = y^2$ d. h. $y^2 - dx^2 = 4$ genügen.

Je nachdem $\mathfrak{D}$ endlich, unendlich oder leer ist, besitzt die DIOPHANTische Gleichung (1) nur endlich bzw. unendlich viele Lösungen, oder sie ist unlösbar in ganzen nichtnegativen Zahlen. Da ein gesonderter Band dieser Ergebnisberichte sich mit den DIOPHANTischen Gleichungen beschäftigt (SKOLEM [2]), soll hierauf im folgenden nicht eingegangen werden. Lediglich ein Spezialfall von (1), welcher der additiven Zahlentheorie unmittelbar angehört und zugleich ein charakteristisches Merkmal bezüglich einer einzigen fest gegebenen Menge zum Ausdruck bringt, wird im folgenden Abschnitt besprochen werden.

5. FERMATindizes.

Es sei für $0 \notin \mathfrak{A}$

$$\mathfrak{D} = n\,\mathfrak{A} \frown \mathfrak{A} \tag{1}$$

gesucht. (1) ist offenbar ein Spezialfall von 4.(1). — $\mathfrak{D}$ enthält wegen $0 \notin \mathfrak{A}$ diejenigen Elemente von $\mathfrak{A}$, die auch als Summen von genau n Elementen der Menge $\mathfrak{A}$ selbst darstellbar sind. Wäre $0 \in \mathfrak{A}$, so ist $\mathfrak{D} = \mathfrak{A}$ trivial. In diesem Fall ergibt sich jedoch die neue Aufgabe, daß man nämlich nach den durch höchstens n Summanden nichttrivial darstellbaren Elementen von $\mathfrak{A}$ fragt. Eines der bekanntesten Probleme, die unter (1) fallen, ist die große FERMATsche Vermutung. Ist nämlich $n = 2$, $\mathfrak{A} = \mathfrak{Z}^{(k)} =_{\mathrm{Df}} \{1^k, 2^k, \ldots, x^k, \ldots\}$, so besagt (1), daß $\mathfrak{D}$ die Menge derjenigen k-ten Potenzen z^k ist, die sich in der Form $x^k + y^k$ darstellen lassen. Gesucht ist also die Gesamtheit aller nichttrivialen ganzzahligen Lösungen von $x^k + y^k = z^k$. (1) bringt also eine innere Struktureigenschaft von $\mathfrak{A}$ zum Ausdruck. Von Interesse wird, wenn $0 \notin \mathfrak{A}$ ist, noch das kleinste ganze $n =_{\mathrm{Df}} f(\mathfrak{A}) \geqq 2$, sein, für welches $\mathfrak{D} \neq 0$ ist. Für $n = 1$ ist $\mathfrak{D} = \mathfrak{A}$ trivial. Falls $0 \in \mathfrak{A}$ ist, so werde $f(\mathfrak{A}) = f(\mathfrak{A}^{(0)})$ gesetzt. Bezüglich der FERMATschen-Vermutung $f(\mathfrak{Z}^{(k)}) > 2$ führt dies auf die allgemeinere Fragestellung: Wie groß muß $f = f(\mathfrak{Z}^{(k)})$ sein, damit

$$x_1^k + x_2^k + \cdots + x_f^k = z^k \quad (x_i \geqq 0;\ i = 1, 2, \cdots, f) \tag{2}$$

nichttrivial lösbar ist, während $x_1^k + x_2^k + \cdots + x_{f-1}^k = z^k$ noch unlösbar ist mit $x_i > 0$ $(i = 1, 2, \ldots, f-1)$.

Definition 1. *Die Zahl $f(\mathfrak{A})$ heißt der* FERMAT*sche Index von $\mathfrak{A}$.*

Es gilt nun (OSTMANN) der

Satz 1. *Für jede unendliche Menge $\mathfrak{A}$ existiert der* FERMAT*sche Index und ist endlich.*

Beweis: Es sei d der größte Teiler von $\mathfrak{A}$, also der von $\frac{\mathfrak{A}}{d}$ gleich Eins. Es gibt also ein Elementesystem $a^{(1)} < a^{(2)} < \cdots < a^{(l)}$ in $\frac{\mathfrak{A}}{d}$, so daß $(a^{(1)}, a^{(2)}, \ldots, a^{(l)}) = 1$ ist. Auf Grund der Bemerkung am Schluß von 3. lassen sich dann alle hinreichend großen n, etwa $n \geqq$

$n_0 > a^{(l)}$, in der Form

$$n = a^{(1)} x_1 + a^{(2)} x_2 + \cdots + a^{(l)} x_l, \quad x_1 \geqq 0, x_2 \geqq 0, \ldots, x_l \geqq 0, \qquad (3)$$

darstellen. Da $\frac{\mathfrak{A}}{d}$ unendlich ist, gibt es ein $a \in \frac{\mathfrak{A}}{d} \frown [n_0, \infty)$. Wendet man (3) auf a an, so ist wegen $a > a^{(l)}$ die Darstellung nicht die triviale. Ferner ist $a \in \left(\sum_{\lambda=1}^{l} x_\lambda\right) \frac{\mathfrak{A}}{d}$, gleichgültig, ob $0 \in \mathfrak{A}$ oder nicht. Somit ist $f(\mathfrak{A}) = f\left(\frac{\mathfrak{A}}{d}\right) \leqq \sum_{\lambda=1}^{l} x_\lambda$, also endlich.

Bemerkung 1. Ist $1 \in \mathfrak{A}$, so ist der Satz offenbar trivial.

Bemerkung 2. Bezüglich einer Basis etwa h-ter Ordnung kann durchaus $f > h$ ausfallen; z. B.: $\mathfrak{B} = \{0, 1, 3, 5, \ldots, 2n + 1, \ldots\}$; es ist $2\,\mathfrak{B} = \mathfrak{Z}$, also $h = 2$; da jedoch jedes Element von $\mathfrak{B}$ in $2\,\mathfrak{B}$ nur trivial darstellbar ist, wird z. B. wegen $11 = 3 + 3 + 5$ hier $f(\mathfrak{B}) = 3 > h$.

Es gilt bezüglich des Zusammenhangs zwischen f und h

Satz 2. Ist $\mathfrak{A}$ eine asymptotische Basis h-ter Ordnung, so gilt stets

$$f(\mathfrak{A}) < h + 2 \quad (1 \leqq h \leqq \infty). \qquad (4)$$

Beweis: Der Fall $h = \infty$ ist durch Satz 1 erledigt; für $h < \infty$ gilt mit einem beliebigen, positiven $a_{\lambda_0} \in \mathfrak{A}$ für alle hinreichend großen n

$$n - a_{\lambda_0} \in h\,\mathfrak{A} \frown n - a_{\lambda_0} = \sum_{i=1}^{h} a_{\lambda_i} \frown n = a_{\lambda_0} + \sum_{i=1}^{h} a_{\lambda_i} = \sum_{i=0}^{h} a_{\lambda_i} \quad (a_{\lambda_i} \in \mathfrak{A}).$$

Das Beispiel in Bemerkung 2 oben zeigt, daß (4) allgemein nicht verbessert werden kann.

Zur weiteren Kennzeichnung sei neben f noch ein $f^* = f^*(\mathfrak{A}^{(0)})$ definiert als kleinster Multiplikator ($\leqq \infty$), für den $f^* \cdot \mathfrak{A}^{(0)} \frown \mathfrak{A}^{(0)} = \mathfrak{D}$ eine unendliche Menge ist (während ja $f \cdot \mathfrak{A}^{(0)} \frown \mathfrak{A}^{(0)}$ durchaus endlich sein konnte). Es ist offenbar $2 \leqq f \leqq f^* < \infty$, letzteres wegen $0 \notin \mathfrak{A}^{(0)}$. Ist $0 \in \mathfrak{A}$, so setze man entsprechend wie oben: $f^*(\mathfrak{A}) = f^*(\mathfrak{A}^{(0)})$.

Definition 2. *$f^*(\mathfrak{A})$ heißt asymptotischer* FERMAT-*Index von $\mathfrak{A}$.*

Man findet leicht Beispiele, für die f^* nicht mehr existiert. Man braucht $\mathfrak{A} = \{a_0, a_1, a_2, \ldots, a_n, \ldots\}$ ja nur so zu wählen, daß die Elemente a_n mit n rasch genug wachsen; z. B. $a_{n+1} \geqq n\,a_n$, $n \geqq 1$. Speziell besitzt somit $\mathfrak{A} = \{1!, 2!, \ldots, n!, \ldots\}$ keinen asymptotischen FERMAT-Index.

Die Bestimmung oder auch nur Abschätzungen der FERMAT-Indizes stoßen schon bei relativ einfach gebauten Mengen oft auf größte Schwierigkeiten, wie das Beispiel von $\mathfrak{Z}^{(n)}$ zeigt, das die FERMAT-Vermutung umfaßt, die in 22.4. näher behandelt werden wird.

6. Verallgemeinerungen von Σ.

Wie die Behandlung des FERMAT-Problems (siehe 22.4.) zeigt, ist es häufig nützlich, die Beschränkung auf den Bereich der nichtnegativen ganzen Zahlen, die bisher ausschließlich als Elemente der Mengen von Σ zugelassen waren, fallen zu lassen — doch geschieht dies zumeist nur bei Problemen, die sich auf speziell gegebene Mengen beziehen, während die Übertragung allgemeiner Sätze bislang nur in ganz vereinzelten Fällen mehr formal erfolgte, worauf gegebenenfalls kurz hingewiesen werden wird. Im Fall des FERMAT-Problems ist es der Ring aller ganzen Elemente eines algebraischen Zahlkörpers über dem Körper P der rationalen Zahlen.

SCHNIRELMANN [2] selbst betrachtete auch bereits Mengen nichtnegativer reeller Zahlen. Um lediglich den Summenbegriff nebst einigen weiteren mit ihm zusammenhängenden Definitionen und Eigenschaften aufrechterhalten zu können, genügt es offenbar schon, Mengen zu betrachten, deren Elemente einer kommutativen Halbgruppe angehören. Dies umfaßt dann schon beispielsweise den in der Algebra geläufigen Begriff der *direkten* (bzw. auch *nicht direkten*) *Summen* etwa bei Moduln, Ringen, Idealen usw. Doch dürfte ein so weit gefaßtes verallgemeinertes Σ kaum ein Interesse für sich allein lohnen. Legt man andererseits den nichtnegativen Bereich eines archimedisch angeordneten Moduls ohne Häufungspunkte zugrunde, so erlaubt dessen Isomorphie zum Bereich aller nichtnegativen ganzen Zahlen sofort die Übertragung der bez. Σ gewonnenen rein additiven Sätze, gegebenenfalls vermittels leichter Modifikationen der Formulierung. So wäre beispielsweise unter einem Teiler d einer Menge $\{0, \lambda_1 \mathfrak{v}, \lambda_2 \mathfrak{v}, \ldots\}$ ($\mathfrak{v}$ bedeute hierbei das kleinste positive Modulelement, die Operatoren $\lambda_1, \lambda_2, \ldots$ hingegen natürliche Zahlen) lediglich ein Teiler von $\{\lambda_1, \lambda_2, \ldots\}$ zu verstehen[1]. Als Verallgemeinerung liegt daher eine solche auf mehrgliedrige Moduln nahe, womit dann auch die algebraischen Zahlringe erfaßt würden.

7. Anzahlfunktion, Kompositionen, Partitionen.

7.1. Anstatt durch Angabe ihrer Elemente kann eine Menge $\mathfrak{M} \in \Sigma$ auch durch ihre sogenannte *Anzahlfunktion* beschrieben werden. Zu diesem Zwecke bezeichne $M(x, y)$ — es möge stets der entsprechende große lateinische Buchstabe gewählt werden — die Anzahl aller $m \in \mathfrak{M} \frown [x+1, y]$ [2]. Ist $\mathfrak{J} = [x+1, y]$, so setzt man auch $M(x, y) = M(\mathfrak{J})$.

[1] Man beachte, daß jeder Modul die Elemente von $\mathfrak{Z}$ als Operatoren gestattet.

[2] Es hat sich zum Teil eingebürgert, die linke Schranke x nicht mitzurechnen.

Ist $x \geqq y$, also gemäß früherer Festsetzung $[x+1, y] = 0$, so ist $M(x, y) = 0$. Sind x und y reell, so setzt man noch

$$M(x, y) = M([x], [y]).$$

Es gilt offenbar

$$x \leqq y \leqq z \curvearrowright M(x, y) + M(y, z) = M(x, z).$$

Weiter setzt man abkürzend $M(x) = M(0, x)$, $x \geqq 0$; $M(x)$ bedeutet also die Anzahl aller positiven $m \leqq x$, $m \in \mathfrak{M}$, während $M(-1, x)$ alle Zahlen in $\mathfrak{M} \cap [0, x]$ zählt. Ferner hat man

$$\begin{gathered} 0 \leqq M(-1, 0) \leqq 1, \quad 0 \leqq M(a, x+1) - M(a, x) \leqq 1 \\ (a \geqq -1 \quad \textit{beliebig ganz}; \quad x = 0, 1, \ldots). \end{gathered} \tag{1}$$

Für die Anzahlfunktion von $\mathfrak{A} + \mathfrak{B} + \mathfrak{C} + \cdots$ schreibt man auch

$$(A + B + C + \cdots)(x) \ \textit{bzw.} \ (A + B + C + \cdots)(x, y).$$

Geht man umgekehrt von irgendeiner ganzwertigen Funktion $M(-1, x)$ aus, für die (1) mit $a = -1$ erfüllt ist, so gibt es offenbar stets genau eine Menge $\mathfrak{M}$, deren Anzahlfunktion[1] gleich $M(-1, x)$ ist.

Im folgenden bezeichne wieder $\mathfrak{D}_k$ den Durchschnitt k-ter Stufe eines Mengensystems $\mathfrak{M}_1, \mathfrak{M}_2, \ldots, \mathfrak{M}_n$ (siehe 1.1., Definition 2); $\mathfrak{M}_\nu$ sei gleich $\{m_{\nu 0}, m_{\nu 1}, \ldots\} \neq 0$.

Definition 1. *Charakteristische Funktion eines gegebenen Mengensystems* $\mathfrak{M}_1, \mathfrak{M}_2, \ldots, \mathfrak{M}_n$, $0 < n < \infty$, *heißt die Funktion*

$$\begin{aligned} J(x) = J(x; \mathfrak{M}_1, \ldots, \mathfrak{M}_n) = \sum_{\nu=1}^{n} M_\nu(m_{\nu 0} - 1, m_{\nu 0} + x) - \\ - Z(-1, x) - (n-1), \ x \geqq 0\,[2]. \end{aligned} \tag{2}$$

Folgerung. Ist überdies noch $0 \in \mathfrak{D}_n$, so wird wegen $M_\nu(-1, x) = M_\nu(x) + 1$ und wegen $Z(-1, x) = x + 1$

$$J(x) = \sum_{\nu=1}^{n} M_\nu(x) - Z(x) = \sum_{\nu=1}^{n} M_\nu(x) - x \quad (x \geqq 0)\,[3]; \tag{3}$$

beachtet man ferner

$$\sum_{\nu=1}^{n} M_\nu(y, z) = \sum_{\nu=1}^{n} D_\nu(y, z), \tag{4}$$

[1] Auch $M(x)$ wird als Anzahlfunktion bezeichnet.

[2] Die Hinzufügung der beiden negativen Glieder ist nicht von Belang. Sie bringt später lediglich formale Vorteile. — $Z(-1, x)$ ist natürlich die Anzahlfunktion von $\mathfrak{Z}$.

[3] Die Form $J(x) = \sum_{\nu=1}^{n} M_\nu(x) - Z(x)$ ist geeignet, $J(x)$ formal auch für negative x zu definieren: $J(x) = 0$, *wenn* $x < 0$ *ist*, was gelegentlich zweckmäßig ist.

so folgt aus (3) sofort

$$J(x) = \sum_{\nu=1}^{n} D_\nu(x) - x \quad (x \geqq 0). \tag{5}$$

Dies liefert unmittelbar den

Satz 1. *Zwei Mengensysteme* $\mathfrak{A}_1, \mathfrak{A}_2, \ldots, \mathfrak{A}_n$ *und* $\mathfrak{B}_1, \mathfrak{B}_2, \ldots, \mathfrak{B}_n$ *mit* $0 \in \bigcap_{i=1}^{n} (\mathfrak{A}_i \cap \mathfrak{B}_i)$ *besitzen dann und nur dann dieselbe charakteristische Funktion, wenn ihre Durchschnitte aller Stufen identisch sind:*

$$\mathfrak{D}_k(\mathfrak{A}_1, \mathfrak{A}_2, \ldots, \mathfrak{A}_n) = \mathfrak{D}_k(\mathfrak{B}_1, \mathfrak{B}_2, \ldots, \mathfrak{B}_n) \quad (k \geqq 0),$$

Weiter erkennt man sofort die Eigenschaften

$$J(0; \mathfrak{A}_1, \ldots, \mathfrak{A}_n) = 0, \quad -1 \leqq J(x+1) - J(x) \leqq n-1 \quad (x \geqq 0) \tag{6}$$

sowie

Satz 2. *Für jede ganzwertige Funktion* $J(x)$, *die den Bedingungen* (6) *genügt, existieren stets eindeutig bestimmte Mengen* $\mathfrak{D}_1, \mathfrak{D}_2, \ldots, \mathfrak{D}_n$ *derart, daß alle diejenigen Mengensysteme* $\mathfrak{A}_1, \mathfrak{A}_2, \ldots, \mathfrak{A}_n$, *deren Durchschnitte k-ter Stufe* $(k = 1, 2, \ldots, n)$ *identisch mit* $\mathfrak{D}_1, \mathfrak{D}_2, \ldots, \mathfrak{D}_n$ *sind,* $J(x)$ *als charakteristische Funktion besitzen.*

Um den allgemeinen Fall (2) zu berücksichtigen, genügt es, jedes $\mathfrak{M}_\nu$ vermittels 1.1. (5) zu zerlegen; denn es gilt, wie leicht ersichtlich,

Satz 3. $J(x; \mathfrak{A}_1, \ldots, \mathfrak{A}_n) = J(x; \{c_1\} + \mathfrak{A}_1, \ldots, \{c_n\} + \mathfrak{A}_n) \quad (c_\nu \in \mathfrak{Z})$.

7.2. Bezüglich $\mathfrak{C} = \sum_{\nu=1}^{s} \mathfrak{A}_\nu$, $s \leqq \infty$, ist häufig die Frage nach der Anzahl $k(c; \mathfrak{A}_1, \mathfrak{A}_2, \ldots)$ aller Darstellungen — *Kompositionen* oder *Zergliederungen* genannt — eines $c \in \mathfrak{C}$ in der Form

$$c = \sum_{\nu=1}^{s} a_{\nu\lambda_\nu} \quad (a_{\nu\lambda_\nu} \in \mathfrak{A}_\nu) \tag{7}$$

von Wichtigkeit. Man beachte, daß unter Umständen Darstellungen mit gleichen Summanden aber verschiedener Anordnung auftreten können, die dann durch $k(c; \mathfrak{A}_1, \mathfrak{A}_2, \ldots)$ entsprechend oft gezählt werden. Hingegen bedeute $p(c; \mathfrak{A}_1, \mathfrak{A}_2, \ldots)$ die Anzahl der Darstellungen (7) ohne Berücksichtigung der Anordnung — *Partitionen* genannt. Für Argumente $c' \notin \mathfrak{C}$ sei hier wie auch für die weiterhin auftretenden Funktionen der Funktionswert gleich Null.

Gibt es bez. $\sum_{\nu=1}^{\infty} \mathfrak{A}_\nu$ ein a, das in unendlich vielen $\mathfrak{A}_\nu$ enthalten ist, so wird $k(n; \mathfrak{A}_1, \mathfrak{A}_2, \ldots)$ nicht mehr für alle n sinnvoll; z. B. wäre schon $k(a; \mathfrak{A}_1, \mathfrak{A}_2, \ldots)$ unendlich. Man erkennt leicht:

Ist $a_{\nu 1}$ *das kleinste positive Element von* $\mathfrak{A}_\nu$, *so existiert* $k(n; \mathfrak{A}_1, \mathfrak{A}_2, \ldots)$ *bezüglich* $\sum_{\nu=1}^{\infty} \mathfrak{A}_\nu$ *für alle n dann und nur dann, wenn* $\lim_{\nu \to \infty} a_{\nu 1} = \infty$ *ist.*

Insbesondere wird für $\sum_{\nu=1}^{\infty} \mathfrak{A}$ ($\mathfrak{A} \neq \{0\}$) offenbar $k(n; \mathfrak{A}, \mathfrak{A}, \ldots)$ für alle darstellbaren n unendlich. In diesem Fall sei daher $k(n; \mathfrak{A}, \mathfrak{A}, \ldots) = k(n, \mathfrak{A})$, $n > 0$, definiert als die *Anzahl aller Zerfällungen von n in lauter positive Sumanden von $\mathfrak{A}$ mit Berücksichtigung der Anordnung, nebst* $k(0, \mathfrak{A}) = 1$.

Unmittelbar erkennt man

$$(\mathfrak{A}_\varkappa \frown \mathfrak{A}_\lambda) = 0 \curvearrowright k(n; \mathfrak{A}_1, \mathfrak{A}_2, \ldots) = p(n; \mathfrak{A}_1, \mathfrak{A}_2, \ldots)$$
$$(\varkappa, \lambda = 1, 2, \ldots; \varkappa \neq \lambda).$$

Die meisten der sonst noch in der Literatur üblichen *Zerfällungsfunktionen* lassen sich auf die obigen zurückführen. Besonders wichtig ist der Spezialfall $\mathfrak{A}_1 = \mathfrak{A}_2 = \cdots = \mathfrak{A}$, d. h. $\mathfrak{C} = s\,\mathfrak{A}$, $0 \leqq s \leqq \infty$. Ist z. B. s endlich, so bedeutet $k(n; \mathfrak{A}, \mathfrak{A}, \ldots, \mathfrak{A}) =_{\mathrm{Df}} k(n; s, \mathfrak{A})$, falls $0 \in \mathfrak{A}$, die Anzahl aller Kompositionen von n mit genau s nicht negativen Summanden aus $\mathfrak{A}$, dagegen mit genau s positiven Summanden, wenn $0 \notin \mathfrak{A}$ (in beiden Fällen also die Darstellungsanzahl unter Berücksichtigung der Anordnung). Entsprechend werde noch $p(n; s, \mathfrak{A}) = p(n; \underbrace{\mathfrak{A}, \mathfrak{A}, \ldots, \mathfrak{A}}_{s})$ und $p(n, \mathfrak{A}) = p(n; \infty, \mathfrak{A})$, $p(0, \mathfrak{A}) = 1$ gesetzt. Ist speziell $\mathfrak{A} = \mathfrak{Z}$, so spricht man schlechthin von der Anzahl $k(n) =_{\mathrm{Df}} k(n, \mathfrak{Z})$ bzw. $p(n) =_{\mathrm{Df}} p(n, \mathfrak{Z})$ aller Kompositionen bzw. Partitionen von n. — Man beachte, daß für $n = s = 0$ hiernach stets $p(0; 0, \mathfrak{A}) = k(0; 0, \mathfrak{A}) = 1$ ist.

Schließlich bezeichnet noch $p_v(n; s, \mathfrak{A})$ die Anzahl aller Darstellungen von n bez. $s\,\mathfrak{A}$, deren positive Summanden *paarweise verschieden* sind (ohne Berücksichtigung der Anordnung); man setze noch $p_v(n; \infty, \mathfrak{A}) = p_v(n, \mathfrak{A})$ ($p_v(0, \mathfrak{A}) = 1$), was also die Anzahl aller Darstellungen von n durch paarweise verschiedene positive Summanden aus $\mathfrak{A}$ bedeutet; schließlich sei $p_v(n) = p_v(n; \infty, \mathfrak{Z})$.

Siehe auch Motzkin [1].

Man erkennt unmittelbar ($\mathfrak{A} = \{0, a_1, a_2, \ldots\}$):

$$p_v(n; \mathfrak{A}) = k(n; \{0, a_1\}, \{0, a_2\}, \ldots) = p(n; \{0, a_1\}, \{0, a_2\}, \ldots) \tag{8}$$

Auch $p(n, \mathfrak{A})$ läßt sich durch eine Kompositionsfunktion ausdrücken; es gilt nämlich die fundamentale Formel (Euler)

$$p(n; \mathfrak{A}) = k(n; \mathfrak{A}_1, \mathfrak{A}_2, \ldots, \mathfrak{A}_\varrho, \ldots) \text{ mit } \mathfrak{A}_\varrho = \{0, a_\varrho, 2\,a_\varrho, 3\,a_\varrho \ldots\}. \tag{9}$$

Beweis: Schreibt man eine Zerlegung von n in der Gestalt $n = \lambda_1 a_1 + \lambda_2 a_2 + \cdots + \lambda_\varrho a_\varrho + \cdots$, in der also der Summand a_ϱ genau λ_ϱ ($\geqq 0$)-mal auftritt, so ergibt sich unmittelbar (9).

Beachtet man ferner

$$x \notin \mathfrak{C} \curvearrowright k(x; \mathfrak{A}_1, \mathfrak{A}_2, \ldots) = 0 \curvearrowright p(x; \mathfrak{A}_1, \mathfrak{A}_2, \ldots) = 0 \qquad (\mathfrak{C} = \sum_\nu \mathfrak{A}_\nu),$$

so erhält man vermittels der SCHWARZschen Ungleichung die häufig verwendeten Abschätzungen

$$\left(\sum_{\nu=1}^{x} k(\nu; \ldots)\right)^2 \leqq \sum_{\substack{\nu \in \mathfrak{C} \\ 1 \leqq \nu \leqq x}} 1 \cdot \sum_{\nu=1}^{x} k^2(\nu; \ldots) = C(x) \sum_{\nu=1}^{x} k^2(\nu; \ldots)$$

und

$$\left(\sum_{\nu=1}^{x} p(\nu; \ldots)\right)^2 \leqq C(x) \sum_{\nu=1}^{x} p^2(\nu; \ldots),$$

die man ihrerseits zu Abschätzungen von $C(x)$ benutzt. Da offenbar noch

$$\sum_{\nu=1}^{x} k(\nu; \mathfrak{A}_1, \ldots, \mathfrak{A}_n) \geqq A_1\left(\frac{x}{n}\right) \cdot A_2\left(\frac{x}{n}\right) \cdots A_n\left(\frac{x}{n}\right) \tag{10}$$

ist, gewinnt man die wichtige Abschätzungsformel

$$C(x) \geqq \frac{\prod_{\nu=1}^{n} A_\nu^2\left(\frac{x}{n}\right)}{\sum_{\nu=1}^{x} k^2(\nu; \mathfrak{A}_1, \ldots, \mathfrak{A}_n)} \geqq \frac{\prod_{\nu=1}^{n} A_\nu^2\left(\frac{x}{n}\right)}{(n!)^2 \sum_{\nu=1}^{x} p^2(\nu; \mathfrak{A}_1, \ldots, \mathfrak{A}_n)}. \tag{11}$$

7.3. Ist $f(\nu)$, $\nu \in \mathfrak{Z}$, eine zahlentheoretische Funktion, so pflegt man eine Funktion $F(x)$ *erzeugende Funktion* von $f(\nu)$ zu nennen, wenn $F(x)$ eine Reihendarstellung besitzt, deren Koeffizienten gerade $f(\nu)$ sind. Zumeist handelt es sich dabei um Potenz- oder DIRICHLET-Reihen. Die Heranziehung solcher Funktionen geht bereits auf EULER zurück. Die Anwendung auf Partitionen (Kompositionen) beruht dabei zum Teil auf folgendem Verfahren: Man ordnet einer Menge $\mathfrak{M} = \{m_0, m_1, \ldots\}$ formal die Potenzreihe

$$P(x) = \sum_{\nu \geqq 0} x^{m_\nu} = \sum_{n \geqq 0} \varepsilon_n x^n, \quad \varepsilon_n = \begin{cases} 1, \textit{ wenn } n \in \mathfrak{M}, \\ 0, \textit{ falls } n \notin \mathfrak{M}, \end{cases}$$

zu. Für zwei Mengen $\mathfrak{A}$, $\mathfrak{B}$ mit $\mathfrak{C} = \mathfrak{A} + \mathfrak{B}$ erhält man hiermit durch gewöhnliche Ausmultiplikation sofort

$$\sum_\nu x^{a_\nu} \cdot \sum_\mu x^{b_\mu} = \sum_\varrho k(c_\varrho; \mathfrak{A}, \mathfrak{B})\, x^{c_\varrho} = \sum_m k(m; \mathfrak{A}, \mathfrak{B})\, x^m$$

$$(a_\nu \in \mathfrak{A},\ b_\mu \in \mathfrak{B},\ c_\varrho \in \mathfrak{C}),$$

und entsprechend allgemein

$$\prod_{\sigma=1}^{s} \sum_{\nu_\sigma} x^{a_{\sigma,\nu_\sigma}} = \sum_{m \geqq 0} k(m; \mathfrak{A}_1, \mathfrak{A}_2, \ldots, \mathfrak{A}_s)\, x^m. \tag{12}$$

Sind $\mathfrak{A}_1, \mathfrak{A}_2, \ldots$ abgesehen von der Null paarweise elementefremd, so bleibt (12) offensichtlich auch für $s = \infty$ sinnvoll[1]. Die linke Seite von (12) stellt dann eine erzeugende Funktion für $k(m; \ldots) = p(m; \ldots)$ dar. Es ist hier zunächst gleichgültig, ob man die z. B. in (12) auftretenden Potenzreihen funktionentheoretisch, d. h. mit x als Variabler, deutet, oder ob man sie als Elemente des Körpers $\mathsf{P}\{x\}$ der formalen Potenzreihen über dem rationalen Zahlkörper P auffaßt, erforderlichenfalls — z. B. für $s = \infty$ — mit (x)-adischer Bewertung. Im Falle einer Unbestimmten benötigt man dabei für unendliche Produkte das einfache Kriterium:

Satz 4. $\prod_{\nu=1}^{\infty} (a_{\nu 0} + a_{\nu \varkappa_\nu} x^{\varkappa_\nu} + \cdots)$ *ist stets konvergent*[2], *wenn*

1. $a_{\nu 0} = 1$ *für fast alle* ν,
2. $\lim_{\nu \to \infty} \varkappa_\nu = \infty$ *ist.*

Beweis: Für die Partialprodukte P_n gilt bei hinreichend großem n:

$$\begin{aligned} P_{n+1} - P_n &= P_n (a_{n+1,0} - 1 + a_{n+1,\varkappa_{n+1}} x^{\varkappa_{n+1}} + \cdots) \\ &= P_n (a_{n+1,\varkappa_{n+1}} x^{\varkappa_{n+1}} + \cdots) \\ &= x^a (b_0 + b_1 x + \cdots)(a_{n+1,\varkappa_{n+1}} x^{\varkappa_{n+1}} + \cdots) \quad (b_0 \neq 0) \end{aligned}$$

mit von n unabhängigem $a \geqq 0$. Der (x)-adische Wert von $x^a (b_0 + b_1 x + \cdots)$ ist für alle hinreichend großen n gleich a; aus $a + \varkappa_{n+1} \to \infty$ folgt dann die Behauptung.

Solange es sich um die Herleitung von Identitäten handelt, genügt zumeist der Einfachheit halber der letztere Standpunkt, gegebenenfalls auch in mehreren Erzeugenden (Unbestimmten). — Für den Fall der analytischen Betrachtungsweise empfiehlt sich häufig noch vermittels der Substitution $x = e^{-s}$ der Übergang zu DIRICHLET-Reihen als erzeugenden Funktionen, also die Zuordnung

$$\mathfrak{M} \leftrightarrow \sum_{\nu \geqq 0} e^{-m_\nu s} = \sum_{n \geqq 0} \varepsilon_n e^{-ns}.$$

Die Zuordnung einer gewöhnlichen DIRICHLET-Reihe[3] erhält man durch

$$\mathfrak{M} \leftrightarrow \sum_{\nu \geqq 0} \frac{1}{m_\nu^s} = \sum_{n=1}^{\infty} \frac{\varepsilon_n}{n^s}, \quad \textit{wenn } 0 \notin \mathfrak{M} \textit{ ist.}$$

[1] An Stelle der Elementefremdheit genügt es zu fordern, daß eine natürliche Zahl in höchstens endlich vielen der $\mathfrak{A}_\varrho$ enthalten ist.

[2] Man bestätigt auch unschwer: Ein Produkt formaler ganzer Potenzreihen verschwindet dann und nur dann, wenn ein Faktor verschwindet oder unendlich oft $a_{\nu 0} = 0$ ist.

[3] Hinsichtlich allgemeinerer DIRICHLET-Reihen s. 8.3.

Auch diese beiden Zuordnungen können als rein formale aufgefaßt werden, d. h. also, daß die Reihen rechter Hand dann lediglich formale DIRICHLET-Reihen mit der Unbestimmten s darstellen. Man zeigt nämlich leicht, daß die formalen DIRICHLET-Reihen einen Integritätsbereich mit Einselement bilden.

Sowohl bei Potenz- als auch bei DIRICHLET-Reihen ist offensichtlich die summatorische Funktion der Koeffizienten zugleich die Anzahlfunktion von $\mathfrak{M}$: $\sum_{\nu=1}^{n} \varepsilon_\nu = M(n)$.

Ebenfalls als sehr vorteilhaft erweist sich für die analytische Behandlungsweise die Substitution $x = e^{2\pi i s}$, also die Zuordnung einer Exponentialreihe (trigonometrischen Reihe):

$$\mathfrak{M} \leftrightarrow \sum_{\nu \geqq 0} e^{2\pi i m_\nu s}.$$

Die Partialsummen $\sum_{\nu=n_1}^{n_2} e^{2\pi i s m_\nu}$ heißen (*verallgemeinerte*) WEYL*sche Summen.*

Die Bestimmung der Kompositionsanzahl $k(n; l, \mathfrak{M})$ (vgl. (12)) vermittels $P^l(x)$ $\left(P(x) = \sum_{m \in \mathfrak{M}} x^m = \sum_{m \in \mathfrak{M}} e^{2\pi i m s}\right)$ kann nun durch unmittelbare Anwendung der gewöhnlichen CAUCHYschen Koeffizientenformel

$$k(n; l, \mathfrak{M}) = \frac{1}{2\pi i} \int_{\mathfrak{k}} \frac{P^l(\zeta)\, d\zeta}{\zeta^{n+1}}$$

erfolgen (HARDY-LITTLEWOODsche Methode), wobei $\mathfrak{k}$ ein Kreis mit einem Radius $r < 1$ ist. Für unendliche Mengen $\mathfrak{M}$ ist der Konvergenzradius von $P(x)$ offensichtlich gleich Eins, und nach dem SZEGÖschen Fortsetzbarkeitskriterium für Potenzreihen ist hier $P(x)$ dann und nur dann über den Einheitskreis hinaus fortsetzbar, wenn $\mathfrak{M}$ rational ist. — Zur Auswertung obigen Integrals ist zumeist die sogenannte FAREY-*Zerschneidung* von $\mathfrak{k}$ von Nutzen (hinsichtlich der Durchführung dieser Methode siehe den Beweis von Satz 16 in 7.7., wo eine verwandte Fragestellung behandelt wird). Ein anderer Weg (VINOGRADOVsche Methode) besteht darin, $P(x)$ durch die Partialsumme $\sum_{\substack{m \in \mathfrak{M} \\ m \leqq n}} x^m = P_n(x)$ zu ersetzen, so daß nunmehr für $\mathfrak{k}$ der Einheitskreis gewählt werden kann:

$$k(n; l, \mathfrak{M}) = \frac{1}{2\pi i} \int_{|\zeta|=1} \frac{P_n^l(\zeta)\, d\zeta}{\zeta^{n+1}} = \int_0^1 P_n^l(e^{2\pi i s})\, e^{-2\pi i n s}\, ds \quad (x = e^{2\pi i s}).$$

Die Durchführung erfordert in der Regel Abschätzungen WEYLscher Summen (s. VINOGRADOV [7]). — Die Übertragung der eben beschriebenen Methoden auf den Fall, daß die zu addierenden Mengen nicht sämtlich einander gleich sind, ist evident.

7.4. In diesem Abschnitt sei, wenn nichts anderes gesagt, stets $\mathfrak{A} = \mathfrak{Z}$ bzw. $\mathfrak{A} = \mathfrak{Z}^{(0)}$ vorausgesetzt.

Leicht erhält man explizite Formeln für die Kompositionsfunktionen $k(n)$ und $k(n; s, \mathfrak{Z}^{(0)})$. Teilt man nämlich die Kompositionen von n ein in solche, die mit 1 und solche, die mit Summanden $a > 1$ beginnen, so ist deren erstere Anzahl offenbar gleich $k(n-1)$. Die übrigen entstehen aber aus denjenigen Kompositionen von $n-1$, die mit $a-1$ beginnen, indem nämlich der erste Summand jeweils um 1 erhöht wird. Somit ist

$$k(n) = 2\,k(n-1), \quad n \geqq 2,$$

also wegen $k(1) = 1$

$$k(n) = 2^{n-1}, \quad n \geqq 1.$$

Für $k(n; s, \mathfrak{Z}^{(0)})$ ergibt sich

$$k(n; s, \mathfrak{Z}^{(0)}) = \binom{n-1}{s-1} \sim \frac{n^{s-1}}{(s-1)!} \quad (n \to \infty,\ s \geqq 1).$$

Nach (12) ist nämlich die erzeugende Funktion gleich $x^s(1-x)^{-s}$, und deren TAYLORentwicklung entnimmt man unmittelbar die Behauptung.

Bezeichnet man mit $k(n; \leqq s, \mathfrak{A}^{(0)})$ allgemein die Anzahl der Kompositionen von n in höchstens s positive Summanden aus $\mathfrak{A}$, so erhält man im Fall $\mathfrak{A} = \mathfrak{Z}$ aus $(n \geqq s)$

$$k(n; s, \mathfrak{Z}^{(0)}) \leqq k(n; \leqq s, \mathfrak{Z}^{(0)}) = \sum_{\sigma=1}^{s} k(n; \sigma, \mathfrak{Z}^{(0)}) = \sum_{\sigma=1}^{s} \binom{n-1}{\sigma-1}$$

$$\leqq \binom{n-1}{s-1} \sum_{\lambda=0}^{s-1} \frac{(s-1)!}{(n-s)^{\lambda}(s-\lambda-1)!} \leqq \binom{n-1}{s-1} \sum_{\lambda=0}^{\infty} \left(\frac{s-1}{n-s}\right)^{\lambda}$$

$$= \frac{\binom{n-1}{s-1}}{1 - \frac{s-1}{n}\left(1-\frac{s}{n}\right)^{-1}} \sim \binom{n-1}{s-1} \quad \bigl(s = o(n)\bigr)$$

insgesamt

$$k(n; \leqq s, \mathfrak{Z}^{(0)}) \sim \binom{n-1}{s-1}$$

für $n \to \infty$, und zwar gleichmäßig für $s = o(n)$ [1].

---

[1] Für $k(n; \leqq s, \mathfrak{Z}^{(0)}) \sim \frac{n^{s-1}}{(s-1)!}$ $(n \to \infty)$ gilt dies ohne weiteres nur gleichmäßig für $s = o(\sqrt{n})$; siehe Fußnote 1, S. 54.

Indem man schließlich $k(n, s, \mathfrak{Z})$ als maximale Gliederanzahl einer homogenen Form n-ten Grades in s Unbestimmten deutet, bestätigt man unschwer

$$k(n; s, \mathfrak{Z}) = \binom{n+s-1}{n}.$$

Für die Anzahl der Kompositionen von n in Summanden, die höchstens gleich s sind, d. h. also für $k(n, \{1, 2, \ldots, s\})$ ist, wie leicht zu sehen,

$$\sum_{\nu=0}^{\infty} (x + x^2 + \cdots + x^s)^\nu = \frac{1}{1 - x - x^2 - \cdots - x^s} = \left(\frac{1 - 2x + x^{s+1}}{1-x}\right)^{-1}$$
$$= \sum_{n=0}^{\infty} k(n, \{1, 2, \ldots, s\})\, x^n.$$

Es sei $\frac{1}{\beta} = \frac{1}{\beta(s)}$ die (einzige) in $\left(\frac{1}{2}; 1\right)$ liegende Nullstelle von $(1 - 2x + x^{s+1})(1-x)^{-1}$; genauer ist sogar $\frac{1}{2} < \frac{1}{\beta} < \sqrt[s]{\frac{2}{s+1}} < 1$ $(s \geqq 2)$. Nach BASU [1] gilt dann

$$k(n; \{1, 2, \ldots, s\}) \sim \frac{(\beta - 1)\,\beta^{n+s}}{2\beta^s - s - 1} \quad (n \to \infty).$$

Hinsichtlich dieser und verwandter Kompositionsfunktionen s. auch POLYA-SZEGÖ [1].

Unmittelbar aus (8) ergibt sich für $p_v(n)$ die erzeugende Funktion

$$F(x) = \prod_{\nu=1}^{\infty} (1 + x^\nu) = \sum_{n=0}^{\infty} p_v(n)\, x^n,$$

während das Partialprodukt

$$\prod_{\nu=1}^{m} (1 + x^\nu) = \sum_{n=0}^{\binom{m+1}{2}} p_v(n; m, [0, m])\, x^n$$

offenbar die Anzahl der (aus höchstens m) paarweise verschiedenen positiven Summanden $\leqq m$ bestehenden Darstellungen erzeugt. Allgemein entspricht (8) die Formel

$$\prod_{a \in \mathfrak{A}} (1 + x^a) = \sum_{n=0}^{\infty} p_v(n; \mathfrak{A})\, x^n.$$

Aus (9) erhält man entsprechend als erzeugende Funktionen für $p(n, \mathfrak{A})$:

$$(1 + x^{a_1} + x^{2a_1} + \cdots)(1 + x^{a_2} + x^{2a_2} + \cdots) \cdots (1 + x^{a_\nu} + x^{2a_\nu} + \cdots) \cdots$$
$$= \prod_{a_\nu \in \mathfrak{A}} \frac{1}{1 - x^{a_\nu}} \quad \text{(EULER)}, \qquad (13')$$

und damit speziell für $\mathfrak{A} = \mathfrak{Z}$:

$$\sum_{n=0}^{\infty} p(n)\, x^n = \prod_{\alpha=1}^{\infty} \frac{1}{1-x^\alpha} = \tag{13}$$

$$= (1 + x + x^2 + \cdots)(1 + x^2 + x^4 + \cdots) \cdots (1 + x^\alpha + x^{2\alpha} + \cdots) \cdots.$$

In

$$\prod_{\alpha=1}^{m} \frac{1}{1-x^\alpha} = \sum_{n=0}^{\infty} p(n, [0, m])\, x^n \tag{13_1}$$

bedeutet dann also $p(n, [0, m])$, $n > 0$, die Partitionsanzahl in positive Summanden, die höchstens gleich m sind.

Analog erkennt man ohne weiteres:

$\prod_{\alpha=0}^{\infty} \frac{1}{1-x^{2\alpha+1}}$ erzeugt die Partitionsanzahl mit lauter ungeraden positiven Summanden,

$\prod_{\alpha=1}^{\infty} \frac{1}{1-x^{2\alpha}}$ erzeugt die Partitionsanzahl mit lauter geraden positiven Summanden,

$\prod_{\alpha=0}^{\infty} (1 + x^{2\alpha+1})$ erzeugt die Partitionsanzahl in paarweise verschiedene ungerade positive Summanden,

$\prod_{\alpha=1}^{\infty} (1 + x^{2\alpha})$ erzeugt die Partitionsanzahl in paarweise verschiedene gerade positive Summanden.

usw.

Die Konvergenzvoraussetzungen von Satz 4 sind in allen diesen Fällen offenbar erfüllt; und mit $|x| < 1$ erkennt man auch sofort die gewöhnliche Konvergenz. Auch im folgenden bieten die Konvergenzuntersuchungen keine nennenswerten Schwierigkeiten.

Durch Relationen zwischen verschiedenen erzeugenden Funktionen erhält man häufig wesentliche Beziehungen zwischen den zugehörigen zahlentheoretischen Funktionen.

Definition 2. *Einer speziellen Partition von n, etwa $n = a_1 + a_2 + \cdots + a_r$, $a_1 \geqq a_2 \geqq \cdots \geqq a_r > 0$ sei eine aus lauter zeilen- und spaltenweise angeordneten Punkten bestehende Figur zugeordnet derart, daß in der ϱ-ten Zeile genau a_ϱ Punkte liegen (vgl. nebenstehende Figur). Faßt man die Punkteanzahlen der Spalten als Summanden auf, so erhält man wieder eine Partition. Die in diesem Sinne einander entsprechenden Partitionen heißen konjugiert zueinander. Eine Partition heißt selbstkonjugiert, wenn sie mit ihrer konjugierten identisch ist.*

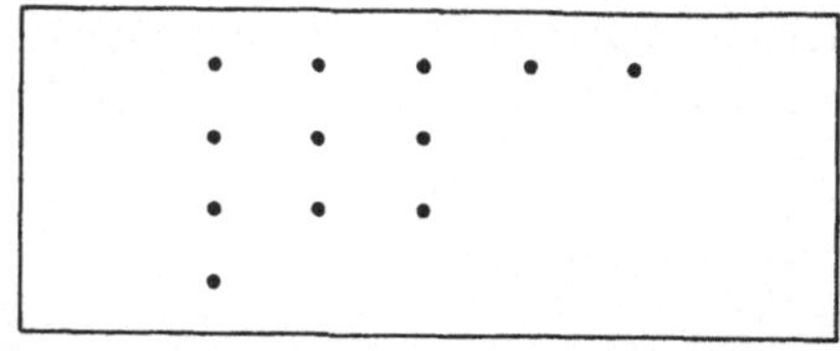

Fig. $n = 12 = 5 + 3 + 3 + 1$; *konjugiert dazu* $n = 4 + 3 + 3 + 1 + 1$.

Siehe auch Chaundy [1], [2], MacMahon [1, Bd. 2], [4].

Man liest unmittelbar ab:

Besteht eine Partition aus m Summanden, so ist m der größte Summand der konjugierten Partition.

Dies liefert (was übrigens auch aus (13_1) sofort folgt):

Satz 5. *Die Partitionsanzahl mit genau (bzw. höchstens) m positiven Summanden ist gleich der Anzahl aller Partitionen, deren größter Summand stets gleich (bzw. höchstens gleich) m ist.*

Aus einer selbstkonjugierten Partition von m positiven Summanden bilde man folgendermaßen eine neue Partition: Für $0 \leqq i \leqq m-1$ streiche man die ersten i Zeilen und Spalten. Die Anzahl der restlichen Punkte in der $(i+1)$-ten Zeile und $(i+1)$-ten Spalte zusammengenommen sei der $(i+1)$-te Summand der neuen Partition, die dann also aus lauter paarweise verschiedenen ungeraden Summanden besteht. Da umgekehrt jeder derartigen Partition genau eine selbstkonjugierte entspricht, so gilt:

Satz 6. *Die Partitionsanzahl von n in paarweise verschiedene ungerade Summanden ist gleich der Anzahl der selbstkonjugierten Partitionen von n.*

Beachtet man, daß in der Figur einer selbstkonjugierten Partition von n ein größtes, symmetrisch zur links oben beginnenden Symmetrieachse gelegenes, etwa k^2 Punkte enthaltendes Quadrat existiert, so liefern die auf einer Seite der Symmetrieachse — etwa unterhalb — verbleibenden restlichen Punkte eine Partition von $\frac{1}{2}(n-k^2)$ in höchstens k positive Summanden entsprechend den übrigbleibenden Spalten. Vermittels Satz 5 erzeugt ferner

$$x^{k^2} \prod_{\alpha=1}^{k} (1-x^{2\alpha})^{-1}$$

die Partitionsanzahl von $n-k^2>0$ in höchstens k positive, gerade Summanden, also die von $\frac{1}{2}(n-k^2)$ in höchstens k beliebige positive Summanden (was noch $n \equiv k$ (2) nach sich zieht). Somit erkennt man unmittelbar die Eulersche Identität:

$$\sum_{k=0}^{\infty} \frac{x^{k^2}}{(1-x^2)(1-x^4)\cdots(1-x^{2k})} = \prod_{\nu=0}^{\infty} (1+x^{2\nu+1}).$$

Diese Identität ist der Spezialfall $y=1$ der in x, y bestehenden Identität

$$F(x, y) =_{\mathrm{Df}} \prod_{\nu=0}^{\infty} (1+y\,x^{2\nu+1}) = \sum_{k=0}^{\infty} \frac{y^k x^{k^2}}{(1-x^2)(1-x^4)\cdots(1-x^{2k})},$$

die man erhält, indem man in

$$F(x, y) = (1+x\,y)\,F(x, x^2 y)$$

links und rechts nach Potenzen von y entwickelt und Koeffizientenvergleich macht.

Aus der weiteren EULERschen Identität

$$\begin{aligned}\prod_{\nu=1}^{\infty}(1-x^{\nu}) &= \sum_{n=-\infty}^{\infty}(-1)^n x^{\frac{1}{2}n(3n-1)} \\ &= 1+\sum_{n=1}^{\infty}(-1)^n\left(x^{\frac{1}{2}n(3n-1)}+x^{\frac{1}{2}n(3n+1)}\right),\end{aligned} \tag{14}$$

die aus der (eigentlich schon in die Theorie der elliptischen Funktionen gehörigen) JACOBIschen Identität

$$\begin{aligned}&\prod_{n=1}^{\infty}(1-x^{2n})(1+x^{2n-1}z^2)(1+x^{2n-1}z^{-2}) \\ &\quad = 1+\sum_{n=1}^{\infty}x^{n^2}(z^{2n}+z^{-2n}) = \sum_{n=-\infty}^{\infty}x^{n^2}z^{2n}\end{aligned}$$

dadurch erhalten werden kann, daß x durch $x^{3/2}$, z^2 durch $(-x^{1/2})$ ersetzt wird, ergibt sich nach Entwicklung der linken Seite von (14) durch Koeffizientenvergleich

Satz 7. *(EULER-LEGENDREscher Pentagonalzahlensatz): Bezeichnen $p_{vg}(n)$ bzw. $p_{vu}(n)$ die Anzahl der Partitionen in eine gerade bzw. ungerade Anzahl von paarweise verschiedenen positiven Summanden, so gilt*

$$p_{vg}(n)-p_{vu}(n)=\begin{cases}0, & \textit{wenn } n \neq \\ (-1)^l, & \textit{wenn } n = \end{cases}\Bigg\}\ \frac{l(3l\pm 1)}{2},\ l \geqq 0,\ \textit{ist}. \tag{15}$$

Siehe auch SHANKS [1].

Eine weitere Verallgemeinerung von (15) geht auf VAHLEN [1] zurück. Es bezeichne $p_{vg}(n; \bmod q)$ bzw. $p_{vu}(n; \bmod q)$ die entsprechenden Anzahlen wie in (15), jedoch mit der zusätzlichen Bedingung, daß in den Zerfällungen $n = \sum_{\nu} a_{\nu}$ stets $a_{\nu} \equiv 0,\ -1$ oder $+1 \pmod q$ sowie die Summe der absolut kleinsten Reste der a_{ν} mod q gleich einer gegebenen Zahl h ist. Dann gilt

$$p_{vg}(n; \bmod q)-p_{vu}(n; \bmod q)=\begin{cases}1, \textit{ wenn } n = h+\binom{h}{2}q \textit{ ist}, \\ 0 \textit{ sonst},\end{cases} \tag{16}$$

wobei $h+\binom{h}{2}q$ bekanntlich die sogenannten *Polygonalzahlen* — hier $(q+2)$-*Eckzahlen* — sind (ausführliche Darstellung siehe BACHMANN [2, Bd. 2], siehe ferner v. SCHRUTKA [1], v. STERNECK [2], [3], [4]).

Fordert man hingegen, daß bei gegebenem $a > 0$ das Auftreten des Summanden a in den Zerfällungen verboten ist, so ist die (15) entsprechende Differenz ihrem Betrag nach unterhalb einer von n unabhängigen Schranke gelegen (v. STERNECK [6]).

Vgl. auch BERGMANN [1]. Siehe ferner MAC-MAHON [2], NICOL [1], NICOL-VANDIVER [1], [2].

Schließlich nennt man noch eine Partition von n *perfekt*, wenn sie Partitionen für jede kleinere Zahl enthält (siehe etwa MACMAHON [5]). Beispielsweise ist die Partition $7 = 4 + 1 + 1 + 1$ perfekt.

Indem man (14) mit $\Sigma p(m) x^m$ multipliziert, ergibt sich durch Koeffizientenvergleich noch für $p(n)$ die Rekursionsformel

$$p(n) - \sum_{l \geqq 1} (-1)^{l+1} \left(p\left(n - \frac{l(3l-1)}{2}\right) + p\left(n - \frac{l(3l+1)}{2}\right)\right) = 0 \quad (n > 0). \tag{17}$$

Eine andere Rekursionsformel siehe weiter unten. Für Satz 7 gab FRANKLIN [1] noch einen anschaulichen Beweis (siehe auch HARDY-WRIGHT [1]).

Einfacher erhält man die Rekursionsformel

$$p(n, [0, m]) = p(n, [0, m-1]) + p(n-m, [0, m]), \tag{18}$$

die dann zufolge Satz 5 auch für $p(n; m, \mathfrak{Z})$ gilt.

Beweis: Koeffizientenvergleich in

$$\prod_{\varrho=1}^{m-1} \frac{1}{1-x^\varrho} = \Sigma p(n, [0, m-1]) x^n = (1-x^m) \Sigma p(n, [0, m]) x^n$$

ergibt die Behauptung.

Nach Satz 5 ist ferner

$$p(n; m, \mathfrak{Z}^{(0)}) = p(n-m, [0, m]), \tag{19}$$

so daß aus (18) die Rekursionsformel

$$p(n; m, \mathfrak{Z}^{(0)}) = p(n-1; m-1, \mathfrak{Z}^{(0)}) + p(n-m; m, \mathfrak{Z}^{(0)}), \quad m \geqq 1, \tag{20}$$

folgt, oder aufgelöst

$$p(n; m, \mathfrak{Z}^{(0)}) = \sum_{\lambda \geqq 0} p(n-1-\lambda m; m-1, \mathfrak{Z}^{(0)}),$$

$$\text{bzw.} \quad = \sum_{\varrho=0}^{m} p(n-m; \varrho, \mathfrak{Z}^{(0)});$$

und entsprechend

$$p(n, [0, m]) = \sum_{\lambda \geqq 0} p(n-\lambda m, [0, m-1]),$$

$$\text{bzw.} \quad = \sum_{\varrho=0}^{m} p(n-\varrho, [0, \varrho]).$$

Nach Satz 5 gilt offenbar

$$m \leqq \frac{n}{2} \curvearrowright p(n; m, \mathfrak{Z}^{(0)}) = p(n-m),$$

was man vorteilhaft zum Zweck der Raumersparnis bei der Anlegung einer Tabelle für $p(n; m, \mathfrak{Z}^{(0)})$ ausnützen kann (TODD [2]). Bezüglich einer physikalischen Interpretation dieser Partitionsfunktion siehe HUSIMI [1].

Auch $p_v(n; m, \mathfrak{Z}^{(0)})$ läßt sich ausdrücken; es gilt

$$p_v(n; m, \mathfrak{Z}^{(0)}) = p\left(n - \binom{m+1}{2}, [0, m]\right) = p\left(n - \binom{m}{2}; m, \mathfrak{Z}^{(0)}\right).$$

Beweis: Es ist

$$x^{\binom{m+1}{2}} \prod_{\varrho=1}^{m} \frac{1}{1 - x^\varrho} = \sum p\left(n - \binom{m+1}{2}, [0, m]\right) x^n =_{\mathrm{Df}} A_m;$$

ferner betrachte man

$$G(x, y) = \prod_{\varrho} (1 + x^\varrho y) = \sum_{m} B_m y^m,$$

worin, wie leicht zu sehen $B_m = \sum_{n} p_v(n; m, \mathfrak{Z}^{(0)}) x^n$ ist. Aus

$$(1 + x y) G(x, x y) = G(x, y)$$

ergibt sich die Rekursionsformel

$$B_m (1 - x^m) = B_{m-1} x^m,$$

deren Auflösung sofort $B_m = A_m$ liefert. Der letzte Teil der Behauptung folgt aus (19).

Weiter gilt noch die Rekursionsformel (FORD [1])

$$p_v(n) = \frac{1}{n} \sum_{\nu=1}^{n} \sigma^*(\nu)\, p_v(n - \nu),$$

in der

$$\sigma^*(\nu) = \sum_{\substack{d \mid \nu \\ \nu/d \equiv 1\,(2)}} d - \sum_{\substack{d \mid \nu \\ \nu/d \equiv 0\,(2)}} d$$

gesetzt ist. Diese Rekursionsformel ist der Spezialfall $\mathfrak{A} = \mathfrak{Z}$ der für alle $\mathfrak{A} \in \Sigma$ geltenden Relation (OSTMANN [8])

$$p_v(n, \mathfrak{A}) = \frac{1}{n} \sum_{\nu=1}^{n} \sigma^*(\nu, \mathfrak{A})\, p_v(n - \nu, \mathfrak{A}), \tag{21_1}$$

in der

$$\sigma^*(\nu, \mathfrak{A}) = \sum_{\substack{d \mid \nu \\ \nu/d \equiv 1\,(2) \\ d \in \mathfrak{A}}} d - \sum_{\substack{d \mid \nu \\ \nu/d \equiv 0\,(2) \\ d \in \mathfrak{A}}} d.$$

ist.

Beweis (in Anlehnung an FORD [1]): Es ist offensichtlich

$$F(x) =_{\mathrm{Df}} \prod_{a \in \mathfrak{A}^{(0)}} (1 + x^a) = \sum_{\mu=0}^{\infty} p_v(\mu, \mathfrak{A})\, x^\mu,$$

also

$$\frac{F'(x)}{F(x)} = \frac{\sum_{n=1}^{\infty} n\, p_v(n, \mathfrak{A})\, x^{n-1}}{\sum_{\mu=0}^{\infty} p_v(\mu, \mathfrak{A})\, x^\mu}.$$

Andrerseits ist

$$\log F(x) = \sum_{a \in \mathfrak{A}^{(0)}} \log(1 + x^a) = \sum_{a \in \mathfrak{A}^{(0)}} \sum_{j=1}^{\infty} (-1)^{j+1} \frac{x^{aj}}{j}$$

$$= \sum_{\nu=1}^{\infty} x^\nu \sum_{aj=\nu} \frac{(-1)^{j+1}}{j} = \sum_{\nu=1}^{\infty} \frac{x^\nu}{\nu} \sum_{\substack{a|\nu \\ a \in \mathfrak{A}^{(0)}}} a\,(-1)^{\frac{\nu}{a}+1} = \sum_{\nu=1}^{\infty} \frac{\sigma^*(\nu, \mathfrak{A})}{\nu} x^\nu,$$

also

$$\frac{F'(x)}{F(x)} = \frac{d \log F(x)}{dx} = \sum_{\nu=1}^{\infty} \sigma^*(\nu, \mathfrak{A})\, x^{\nu-1},$$

mithin

$$\sum_{n=1}^{\infty} n\, p_v(n, \mathfrak{A})\, x^{n-1} = \sum_{\mu=0}^{\infty} p_v(\mu, \mathfrak{A})\, x^\mu \sum_{\nu=1}^{\infty} \sigma^*(\nu, \mathfrak{A})\, x^{\nu-1}$$

$$= \sum_{n=1}^{\infty} x^{n-1} \sum_{\substack{\nu+\mu=n \\ \nu \geqq 1}} p_v(\mu, \mathfrak{A})\, \sigma^*(\nu, \mathfrak{A}),$$

woraus (21_1) unmittelbar folgt.

Setzt man abkürzend $\mathfrak{A}_m = \{0, m, m+1, m+2, \ldots\}$ und betrachtet $p(n; \{m\}, \mathfrak{A}_m, \mathfrak{A}_m, \ldots)$, d. h. also die Anzahl aller Partitionen, deren kleinster Summand gleich m ist, so erkennt man leicht die Rekursionsformel

$$p(n+1; \{m+1\}, \mathfrak{A}_{m+1}, \mathfrak{A}_{m+1}, \ldots)$$

$$= p(n; \{m\}, \mathfrak{A}_m, \mathfrak{A}_m, \ldots) - p(n-m; \{m\}, \mathfrak{A}_m, \mathfrak{A}_m, \ldots)$$

nebst

$$p(n) = p(n+1; \{1\}, \mathfrak{A}_1, \mathfrak{A}_1, \ldots).$$

Ferner gilt nach GUPTA [12] für diese Funktion

$$p(n + 2m + 1; \{m\}, \mathfrak{A}_m, \mathfrak{A}_m, \ldots)$$

$$= \sum_{\varrho \geqq 0} p(n - \varrho m; \{\varrho+1\}, \mathfrak{A}_{\varrho+1}, \mathfrak{A}_{\varrho+1}, \ldots).$$

Siehe auch GUPTA [8]. Ferner gibt GUPTA [6] eine Tabelle dieser Funktion für $n \leq 300$ an.

Für $p(n; k, [m, \infty))$ gewinnt KANTZ [1]

$$p\big(n; k, [m, \infty)\big) = \sum_{\lambda \geqq 0} p\big(n - m - \lambda k; k-1, [m, \infty)\big).$$

Die linke Seite von (14), also $\prod_{n=1}^{\infty} (1 - x^n)$, kann noch leicht in Zusammenhang mit der bekannten summatorischen Funktion

$$\sigma_k(n) = \sum_{d/n} d^k = \prod_{\lambda=1}^{s} (1 + p_\lambda^k + p_\lambda^{2k} + \cdots + p_\lambda^{l_\lambda k}) = \begin{cases} \prod_{\lambda=1}^{s} \dfrac{p_\lambda^{(l_\lambda+1)k} - 1}{p_\lambda^k - 1}, & k \neq 0, \\ \prod_{\lambda=1}^{s} (l_\lambda + 1), & k = 0, \end{cases}$$

$$\left(n = \prod_{\lambda=1}^{s} p_\lambda^{l_\lambda} \geqq 1\right),$$

gebracht werden, in der also $\sigma_0(n) = \tau(n)$ die Teileranzahl, $\sigma_1(n) = \sigma(n)$ die Teilersumme bedeutet. — Bildet man nämlich die mit $(-x)$ multiplizierte logarithmische Ableitung, also die LAMBERT-Reihe $\sum_{n=1}^{\infty} \frac{n x^n}{1-x^n}$, so ist dies die erzeugende Funktion von $\sigma(n)$, da

$$\sum_{n=1}^{\infty} \frac{n x^n}{1-x^n} = \sum_{n=1}^{\infty} \sum_{l=1}^{\infty} n x^{nl} = \sum_{m=1}^{\infty} \sigma(m) x^m$$

ist, woraus sich in Verbindung mit (14) durch elementare Umformungen die Formel (ZELLER [1], STERN [1])

$$\sum_{m=1}^{\infty} \sigma(m) x^m = \sum_{l=-\infty}^{\infty} \sum_{\varrho=0}^{\infty} (-1)^{l+1} \frac{l(3l+1)}{2} p(\varrho) x^{\frac{l(3l+1)}{2}+\varrho}$$

und hieraus

$$\sigma(n) = \sum_{l=\pm 1, \pm 2, \ldots} (-1)^{l+1} \frac{l(3l+1)}{2} p\left(n - \frac{l(3l+1)}{2}\right) \quad (n > 0)$$

ergibt. — Hinsichtlich einer Verallgemeinerung dieser Formel siehe LAHIRI [1]. — $\sigma(n)$ erfüllt ebenfalls die Funktionalgleichung (17), jedoch mit der Maßgabe, daß $\sigma\left(n - \frac{1}{2} l(3l \pm 1)\right)$ für $n - \frac{1}{2} l(3l \pm 1) = 0$ durch n selbst zu ersetzen ist (EULER; siehe BACHMANN [2, Bd. 2]). — VAHLEN [1] findet auf einfachem Weg für $p(n)$ die zu (21_1) analoge Rekursionsformel (siehe auch (17) sowie 7.6.).

$$p(n) = \frac{1}{n} \sum_{\nu=1}^{n} \sigma(\nu) p(n-\nu) \qquad (n > 0).$$

Diese Formel ist der Spezialfall $\mathfrak{A} = \mathfrak{Z}$ von (OSTMANN [8])

$$p(n, \mathfrak{A}) = \frac{1}{n} \sum_{\nu=1}^{n} \sigma(\nu, \mathfrak{A}) p(n-\nu, \mathfrak{A}),$$

wobei

$$\sigma(\nu, \mathfrak{A}) = \sum_{\substack{d \mid \nu \\ d \in \mathfrak{A}}} d$$

gesetzt ist. Der Beweis verläuft analog der Herleitung von (21_1), indem jetzt lediglich — entsprechend der EULER-Formel 7.2. (13′) — von

$$F(x) = \prod_{a \in \mathfrak{A}^{(0)}} \frac{1}{1-x^a} = \sum_{n=0}^{\infty} p(n, \mathfrak{A}) x^n$$

auszugehen ist.

Vgl. hierzu auch FORD [1], HELLUND [1], ZIAUD [1].
Siehe ferner GLAISHER [1], [2], [3].

In Verallgemeinerung der bisher erwähnten Partitionsfunktionen betrachtet man noch Zerfällungen, in denen für jeden jeweils zulässigen Summanden a_i etwa $g(a_i) = g_i$ verschiedene Typen (z. B. g_i verschiedene Farben) zur Verfügung stehen. Analog zur EULER-Formel 7.2. (13') erzeugt offenbar $\prod\limits_i (1 - x^{a_i})^{-g_i}$ beispielsweise alle Partitionen von n mit Summanden $a_i \in \mathfrak{A}$, bei denen für a_i gerade g_i Typen vorhanden sind (siehe auch KNOPP [1]). GUPTA [18] behandelt den Spezialfall $a_i = i$, $g_i = i^{h-1}$ und zeigt für die zugehörige Partitionsfunktion — sie möge allgemein mit $p\left(n, \frac{\mathfrak{A}}{\mathfrak{G}}\right)$ $\left(\text{entsprechend } p_v\left(n, \frac{\mathfrak{A}}{\mathfrak{G}}\right),\ \mathfrak{A} = \{a_1, a_2, \ldots\},\ \mathfrak{G} = (g_1, g_2, \ldots)\right)$ bezeichnet werden, hier also $p\left(n, \frac{\mathfrak{Z}^{(0)}}{(1^{h-1}, 2^{h-1}, \ldots)}\right) =_{\mathrm{Df}} q(n)$ — die Rekursionsformel

$$q(n) = \frac{1}{n} \sum_{\nu=1}^{n} \sigma_h(\nu)\, q(n - \nu) \quad (n > 0),$$

die — wie oben $p(n)$ — Spezialfall einer allgemeineren Rekursionsformel (OSTMANN [8]) ist:

$$p\left(n, \frac{\mathfrak{A}}{\mathfrak{G}}\right) = \frac{1}{n} \sum_{\nu=1}^{n} \sigma\left(\nu, \frac{\mathfrak{A}}{\mathfrak{G}}\right) p\left(n - \nu, \frac{\mathfrak{A}}{\mathfrak{G}}\right);\ \sigma\left(\nu, \frac{\mathfrak{A}}{\mathfrak{G}}\right) = \sum_{\substack{d \mid \nu \\ d \in \mathfrak{A}}} d g(d),\quad g(d) \in \mathfrak{G}. \tag{21$_2$}$$

Der Beweis entspricht der Herleitung von (21_1). Zur Sicherung der Konvergenz setze man $g_i = 1$ für alle diejenigen i, für die $a_i > n$ ist.

D. H. LEHMER [8] betrachtet auch $g_i = -s$ für $s \lesseqgtr 0$ und gewinnt für c_s in

$$\prod_{\alpha=1}^{\infty} (1 - x^{\alpha})^s = \sum_{n=0}^{\infty} c_s(n)\, x^n \quad (s \text{ ganz}),$$

die Rekursionsformel

$$\sum_{m=1}^{\infty} (-1)^m (2m + 1) \left\{n - (3 + s)(m + 1) \frac{m}{6}\right\} c_s\left(n - \frac{m(m + 1)}{2}\right) = 0.$$

Siehe auch BAILEY [2], [3], CARLITZ [2], [5].

Außer dem Fall $s = -1$ hat noch der Fall $s = 24$ Interesse erlangt. Die Funktion $\tau(n) = c_{24}(n - 1)$ heißt die RAMANUJANsche Funktion. Ihre erzeugende Funktion $x \prod\limits_{\alpha=1}^{\infty} (1 - x^{\alpha})^{24}$ tritt in vielerlei Verbindungen auf, beispielsweise in der Theorie der elliptischen Modulfunktion. Für ein näheres Studium sei auf den ausführlichen Bericht von BLIJ [1] verwiesen. Hinsichtlich einer weiteren Verallgemeinerung (Partitionen mit Gewichten bezüglich der Summanden) s. WRIGHT [1]. Siehe ferner BELL [1], [3].

Mehrfach untersucht wurde noch die Funktion

$$a(n) = p(\alpha_1)\, p(\alpha_2) \cdots p(\alpha_s) \quad (n = p_1^{\alpha_1} p_2^{\alpha_2} \cdots p_s^{\alpha_s} \text{ kanonische Zerlegung}).$$

Bekanntlich stellt diese Funktion, wie man vermittels des Hauptsatzes über ABELsche Gruppen leicht sieht, die Anzahl aller nichtisomorpher

ABELscher Gruppen der Ordnung n dar. Siehe hierzu auch ERDÖS-SZEKERES [1], KENDALL-RANKIN [1], RICHERT [4], ŠAPIRO-PJATECKIJ [1].

7.5. Es sei $\mathfrak{U} = \{1, 3, \ldots, 2\nu + 1, \ldots\}$. Aus der einfachen Identität

$$\prod_{\nu=1}^{\infty} (1 + x^{\nu} + x^{2\nu} + \cdots + x^{(k-1)\nu}) = \prod_{\nu=1}^{\infty} \frac{1 - x^{k\nu}}{1 - x^{\nu}} = \prod_{\substack{\nu=1 \\ \nu \not\equiv 0\,(k)}}^{\infty} \frac{1}{1 - x^{\nu}} \tag{22}$$

erhält man für $k = 2$

Satz 8 (EULER). $p_v(n) = p(n, \mathfrak{U})$; *und die Gleichheit gilt auch noch* (GLEISSBERG [1], siehe auch BACHMANN [2, Bd. 2]), *wenn nur Summanden zugelassen sind, die zu einer beliebig gegebenen ungeraden Zahl u teilerfremd sind.*

Zusatz: Für beliebiges ganzes $k \geqq 2$ besagt (22), daß die Anzahl aller Partitionen, in denen kein Summand durch k teilbar ist, gleich ist der Anzahl aller Partitionen, in denen keine k Summanden einander gleich sind.

Siehe auch TIETZE [1].

Zwischen $p(n, \mathfrak{U})$ und $p_v(n, \mathfrak{U})$ besteht die Relation (VAHLEN [1])

$$\sum_{\nu \geqq 0} (-1)^{\nu} p(\nu, \mathfrak{U})\, p_v(n - \nu) = 0\,.$$

Es bezeichne $p_v(n, m, d)$ die Anzahl aller Partitionen

$$n = \Sigma a_i, \; a_i \geqq m; \; |a_i - a_j| \geqq d \qquad (i \neq j)$$

(also paarweise verschiedene Summanden). Ist dann

$$\mathfrak{A}_{m, \pm a} = \{a, \ldots, m\lambda \pm a, \ldots\} \; (\lambda = 0, 1, 2, \ldots,; m\lambda \pm a > 0; \; 0 < a < m),$$

so gelten die Relationen

$$\begin{aligned} p_v(n, 1, 2) &= p(n, \mathfrak{A}_{5, \pm 1}), \\ p_v(n, 2, 2) &= p(n, \mathfrak{A}_{5, \pm 2}). \end{aligned} \tag{23}$$

Der Beweis ergibt sich aus den sogenannten ROGERS-RAMANUJAN-*Identitäten* (ROGERS [1], ROGERS-RAMANUJAN [1], I. SCHUR [2], A. SELBERG [1], WATSON [1]; siehe auch HARDY-WRIGHT [1]; vgl. ferner AULUCK [2], BAILEY [1], SLATER [1], [2])

$$1 + \sum_{s=1}^{\infty} \frac{x^{s^2}}{(1 - x)(1 - x^2) \cdots (1 - x^s)} = \prod_{s=0}^{\infty} \frac{1}{(1 - x^{5s+1})(1 - x^{5s+4})},$$

$$1 + \sum_{s=1}^{\infty} \frac{x^{s(s+1)}}{(1 - x)(1 - x^2) \cdots (1 - x^s)} = \prod_{s=0}^{\infty} \frac{1}{(1 - x^{5s+2})(1 - x^{5s+3})},$$

deren rechte Seiten offenbar die Funktionen rechts in (23) erzeugen. Ein einzelner Summand der linken Seiten erzeugt nach Satz 5 die Partitionen von $n - s^2$ bzw. $n - s(s+1)$ mit höchstens s positiven Summanden, die man sich nach wachsender Größe geordnet denken möge. Beachtet man die Identitäten

$$s^2 = 1 + 3 + \cdots + (2s - 1) \quad \textit{bzw.} \quad s(s+1) = 2 + 4 + \cdots + 2s,$$

so erhält man für n nach Addition der jeweils μ-ten Summanden $(1 \leqq \mu \leqq s)$ hiervon zu denen der Zerfällungen von $n - s^2$ bzw. $n - s(s+1)$ gerade die Partitionsfunktionen links in (23).

Eine Verallgemeinerung der ROGERS-RAMANUJAN-Identitäten siehe bei ALDER [2].

Fast trivial hingegen läßt sich eine (23) entsprechende Formel für $d = 1$, $m \geqq 1$ beliebig, gewinnen; es gilt

$$\begin{aligned} p_v(n, m, 1) = p(n, \{0, m, m+1, m+2, \ldots, 2m-2, 2m-1, \\ 2m+1, 2m+3, \ldots, 2m+2\nu+1, \ldots\}), \end{aligned} \tag{24}$$

wie (22) mit $k = 2$ und $\nu \geqq m$ (statt $\nu \geqq 1$) sofort zu entnehmen ist.

Durch (23) und (24) sind aber bereits alle Fälle erschöpft; es gibt nämlich in den verbleibenden Fällen

$$(m, d) \neq (m, 1), \neq (1, 2), \neq (2, 2)$$

keine Menge $\mathfrak{S}$, so daß $p_v(n, m, d) = p(n, \mathfrak{S})$ ist. Für $m = 1$ bewies dies zunächst D. H. LEHMER [7], den allgemeinen Fall behandelte ALDER [1]. Für alle $\mathfrak{S}$ ist überdies auch stets

$$p_v(n, m, d) \neq p_v(n, \mathfrak{S}), \quad \textit{wenn } d > 1 \textit{ ist},$$

während

$$p_v(n, m, 1) = p_v(n, \{0, m, m+1, m+2, \ldots\})$$

trivial ist. Ferner ist die Anzahl $k(n, m, d)$ aller derartiger Zerfällungen unter Berücksichtigung der Anordnung für keine Werte $m \geqq 1$, $d \geqq 1$, jemals Kompositionsfunktion einer Menge $\mathfrak{S}$ (ALDER [1]).

Als erzeugende Funktion für $p_v(n, m, d)$ erhält man durch eine ähnliche Betrachtung wie oben für $p_v(n, 1, 2)$ und $p_v(n, 2, 2)$ und unter Beachtung von

$$ms + \frac{ds(s-1)}{2} = m + (m+d) + \cdots + (m + (s-1)d)$$

sofort

$$\sum_{n=0}^{\infty} p_v(n, m, d)\, x^n = \sum_{s=0}^{\infty} \frac{x^{ms + \frac{1}{2}ds(s-1)}}{(1-x)(1-x^2)\cdots(1-x^s)}.$$

Wegen der paarweisen Verschiedenheit der Summanden entsprechen jeder derartigen Partition von s Summanden genau $s!$ Kompositionen, so daß man noch

$$\sum_{n=0}^{\infty} k(n, m, d)\, x^n = \sum_{s=0}^{\infty} \frac{s!\, x^{ms + \frac{1}{2} d s (s-1)}}{(1-x)(1-x^2)\cdots(1-x^s)}$$

als erzeugende Funktion der Kompositionsfunktion $k(n, m, d)$ erhält.

Beachtet man schließlich noch, daß man für $\mathfrak{U}$ in Satz 8 auch $\mathfrak{A}_{4, \pm 1}$ schreiben kann, so lassen sich Satz 8 und die erste Relation in (23) zusammenfassen zu

$$p(n, \mathfrak{A}_{d+3, \pm 1}) = p_v(n, 1, d) \quad (d = 1, 2).$$

Aus den folgenden Betrachtungen wird sich für $d = 3$ leicht

$$p(n, \mathfrak{A}_{d+3, \pm 1}) \leqq p_v(n, 1, d)$$

mitergeben. Man vermutet, daß diese Ungleichung für alle d gilt.

Für $\mathfrak{A}_{6, \pm 1}$ gilt noch ein mit (23) verwandtes Resultat. Es bezeichne $p_v^*(n, m, d)$ die Anzahl aller Partitionen

$$n = \sum_i a_i,\ a_i \geqq m,\ |a_i - a_j| \geqq \begin{cases} d, & \textit{wenn } i \neq j, \\ 2d, & \textit{falls } d \mid (a_i, a)_j\ (i \neq j). \end{cases}$$

Dann ist (I. Schur [3])

$$p_v^*(n, 1, 3) = p(n, \mathfrak{A}_{6, \pm 1}), \tag{25}$$

woraus sich wegen $p_v^*(n, 1, 3) \leqq p_v(n, 1, 3)$ sofort die Behauptung am Schluß des letzten Absatzes ergibt. — Für $d > 3$ ist $p_v^*(n, m, d) = p(n, \mathfrak{S})$ stets unmöglich (Alder [1]). — Für (25) gab Gleissberg [1] einen weiteren Beweis unter Zuhilfenahme von Satz 8. Setzt man nämlich dort $u = 3$, so tritt an Stelle von $\mathfrak{U}$ offenbar $\mathfrak{A}_{6, \pm 1}$. Es genügt daher zu beweisen:

Die Anzahl aller Partitionen mit paarweise verschiedenen, nicht durch 3 teilbaren Summanden ist gleich $p_v^*(n, 1, 3)$.

Dieser Satz ist offensichtlich eine Folgerung von

$$p_v^*(n, 1, 3, k) = p_v(n; k, \mathfrak{A}_{3, \pm 1}), \tag{26}$$

wobei $p_v^*(n, 1, 3, k)$ gegenüber $p_v^*(n, 1, 3)$ noch jeden durch 3 teilbaren Summanden doppelt zählt, und die Anzahl der positiven Summanden gleich k ist. Den Nachweis erbringt Gleissberg [1] dadurch, daß für beide Funktionen in (26) die gemeinsame Rekursionsformel

$$\varphi(n, k) = \varphi(n - 3k, k) + \varphi(n - 3k + 2, k - 1) +$$
$$+ \varphi(n - 3k + 1, k - 1) + \varphi(n - 3k + 3, k - 2)$$

bewiesen wird, die sich für $p_v(n; k, \mathfrak{A}_{3, \pm 1})$ sogar ziemlich leicht bestätigen läßt, indem man die in Frage kommenden Partitionen in vier Klassen einteilt; jeder Summand rechter Hand in der Rekursionsformel zählt die Elemente einer Klasse; z. B. enthält die erste Klasse alle Partitionen, in denen die Summanden 1 oder 2 nicht auftreten (also $\geqq 4$ sind); vermindert man jeden Summanden um 3, so lassen sich offenbar die neuen Partitionen den alten eineindeutig zuordnen, und ihre Anzahl ist gleich $p_v(n-3k; k, \mathfrak{A}_{3,\pm 1})$ usw.

Relationen zwischen Zerfällungsfunktionen leitet VAHLEN [1] in großer Zahl ab. Ferner sei auf BACHMANN [1], [2], DICKSON [7, Bd. 2], HARDY-WRIGHT [1], KEMPNER [2], MACMAHON [1], sowie auf den Encyklopädieartikel in I_2, Aufl. 1, verwiesen, wo überall weitere Literaturangaben zu finden sind.

7.6. Kongruenzeigenschaften von $p(n)$. Ausgelöst durch RAMANUJAN [1] (siehe auch [2] sowie HARDY [1]) wurden Untersuchungen bezüglich der sogenannten RAMANUJAN-Kongruenzen

$$p(n) \equiv 0 \pmod{5^\alpha \cdot 7^\beta \cdot 11^\gamma} \text{ mit } 24n-1 \equiv 0 \pmod{5^\alpha \cdot 7^\beta \cdot 11^\gamma}. \qquad (27)$$

Es genügt offensichtlich, die Moduln 5^α, 7^β, 11^γ getrennt zu untersuchen. Nach WATSON [3] gilt:

$$24n-1 \equiv 0\,(5^\alpha) \curvearrowright p(n) \equiv 0\,(5^\alpha) \quad (\alpha = 0, 1, 2, \ldots),$$

wobei die Voraussetzung gleichbedeutend ist mit $n \equiv \lambda\,(5^\alpha)$, $1 < \lambda < 5^\alpha$, $24\lambda - 1 \equiv 0\,(5^\alpha)$; und hiermit gilt sogar:

$$\left(n \equiv 2\cdot 5^\alpha + \lambda\,(5^{\alpha+1}) \vee n \equiv 4\cdot 5^\alpha + \lambda\,(5^{\alpha+1})\right) \wedge 2|\alpha \curvearrowright p(n) \equiv 0\,(5^{\alpha+1})$$

sowie

$$24n-1 \equiv 0\,(7^{2\beta}) \curvearrowright p(n) \equiv 0\,(7^{\beta+1}),$$

$$24\lambda - 1 \equiv 0\,(7^{2\beta+1}) \wedge 1 < \lambda < 7^{2\beta+1} \wedge \left(n \equiv 2\cdot 7^{2\beta+1} + \lambda\,(7^{2\beta+2}) \vee n \equiv 4\cdot 7^{2\beta+1} + \lambda\,(7^{2\beta+2}) \vee n \equiv 5\cdot 7^{2\beta+1} + \lambda\,(7^{2\beta+2})\right) \curvearrowright p(n) \equiv 0\,(7^{\beta+2}),$$

wobei ersteres für $\beta = 1$ in die RAMANUJAN-Kongruenz mod 7^2 übergeht, die nebst

$$24n-1 \equiv 0\,(7) \curvearrowright p(n) \equiv 0\,(7)$$

bereits von RAMANUJAN bewiesen war. Eine allgemeine Kongruenz (27) mod 7^β für alle β gilt jedoch nicht, wie (S. CHOWLA [2])

$$p(243) = 133\,978\,259\,344\,888 \not\equiv 0\,(7^3)$$

zeigt, obwohl $24\cdot 243 - 1 \equiv 0\,(7^3)$ gilt. Dagegen besteht über (27) hinaus (LAHIRI [2], [3], RUSHFORTH [1]) die Beziehung

$$24n-1 \equiv 0, 7, 14, 28\,(7^2) \curvearrowright p(n) \equiv 0\,(7^2);$$

für n besagt das noch $n \equiv 47, 33, 19, 40\,(7^2)$. — mod 11^γ gilt (27) nach RAMANUJAN für $\gamma = 1, 2$ und nach LEHNER [2], [3] für $\gamma \leqq 3$. Untersuchungen mod 13 begann ZUCKERMANN [1], und RADEMACHER [6] gibt unter Herausarbeitung einheitlicher Gesichtspunkte Beweise mod 5, 7, 13 sowie mod 5^2 und 7^2; etwa mod 13 erhält man

$$\sum_{\lambda=0}^{\infty} p\,(13\,\lambda + 6)\, x^{\lambda} \equiv 11 \prod_{m=1}^{\infty} (1 - x^m)^{11}\,(13).$$

In diesem Zusammenhang gewinnt RADEMACHER [6] für $p\,(n)$ noch die quadratische Rekursionsformel

$$\sum_{\substack{25m+k=n\\ m\geq 0,\ k\geq 0}} p\,(m)\, p\,(5\,k+4) - \sum_{\substack{m+k=n\\ m\geq 1,\ k\geq 0}} \left(\frac{m}{5}\right) p\,(m-1)\, p\,(5\,k+4)$$
$$= 5 \sum_{\substack{m+5k=n\\ m\geq 0,\ k\geq 0}} p\,(m)\, p\,(k),$$

wobei $\left(\frac{m}{5}\right)$ das LEGENDRE-Symbol bedeutet. Der Beweis erfordert ein Studium der DEDEKIND*schen η-Funktion* und Eigenschaften DEDEKIND*scher Summen*:

$$\eta\,(\tau) = e^{\frac{\pi i \tau}{12}} \prod_{\nu=1}^{\infty} (1 - e^{2\pi i \nu \tau}) = x^{\frac{1}{24}} \prod_{\nu=1}^{\infty} (1 - x^{\nu}),\ x = e^{2\pi i \tau};$$

$$s\,(h,k) = \sum_{\mu \bmod k} \left(\left(\frac{\mu}{k}\right)\right)\left(\left(\frac{h\,\mu}{k}\right)\right),\ k > 0 \ \textit{ganz},$$

wobei

$$((x)) = \begin{cases} x - [x] - \frac{1}{2}\ \textit{für nicht ganze } x, \\ 0\ \textit{für ganze } x \end{cases}$$

ist.

Siehe auch ATKIN-SWINNERTON-DYER [1], CARLITZ [3], [4], [6], [8], RADEMACHER [9], RADEMACHER-WHITEMAN [1].

SIMONS [1] stellt ebenfalls Untersuchungen mod 13 an und darüber hinaus noch mod 17. Bezüglich $p\,(n)$ (mod 13 bzw. 19) gibt GUPTA [7] für alle $n \leq 721$ eine Tabelle an.

Auch die Beweise für die übrigen Moduln beruhen im wesentlichen auf der Herleitung derartiger Identitäten zwischen erzeugenden Funktionen. So bestehen mod 5 und 7 die Identitäten

$$\sum_{\lambda=0}^{\infty} p\,(5\,\lambda + 4)\, x^{\lambda} = 5 \prod_{\nu=1}^{\infty} \frac{(1 - x^{5\nu})^5}{(1 - x^{\nu})^6} \equiv 0\,(5),$$

$$\sum_{\lambda=0}^{\infty} p\,(7\,\lambda + 5)\, x^{\lambda} = 7 \prod_{\nu=1}^{\infty} \frac{(1 - x^{7\nu})^3}{(1 - x^{\nu})^4} + 49\,x \prod_{\nu=1}^{\infty} \frac{(1 - x^{7\nu})^7}{(1 - x^{\nu})^8} \equiv 0\,(7).$$

$$A^5\,C + 5\,A^4\,C^2 + 15\,A^3\,C^3 + 25\,A^2\,C^4 + 25\,A C^5 - B^6 = 0,$$

$$A^7\,C_1 + 7\,A^6\,C_1^2 + 21\,A^5\,C_1^3 + 49\,A^4\,C_1^4 + 7\,A^3\,B_1^4\,C_1 + 147\,A^3\,C_1^5 +$$
$$+ 35\,A^2\,B_1^4\,C_1^2 + 343\,A^2\,C_1^6 + 49\,A\,B_1^4\,C_1^3 + 343\,A\,C_1^7 - B_1^8 = 0,$$

worin

$$A = x \prod_{\nu=1}^{\infty} (1 - x^{24\nu}),\ B = x^5 \prod_{\nu=1}^{\infty} (1 - x^{5\cdot 24\nu}),\ C = x^{25} \prod_{\nu=1}^{\infty} (1 - x^{25\cdot 21\nu}),$$

$$B_1 = x^7 \prod_{\nu=\nu}^{\infty} (1 - x^{7\cdot 24\nu}),\ C_1 = x^{49} \prod_{\nu=1}^{\infty} (1 - x^{49\cdot 24\nu})$$

gesetzt ist. Beweise hierfür ohne Heranziehung funktionentheoretischer Hilfsmittel (insbesondere der Theorie der Thetafunktionen) gab KRUYSWIJK [1]; bezüglich der Moduln 5 und 7 s. auch HARDY-WRIGHT [1]. Vgl. auch LAHIRI [1]. Bislang waren zumeist tieferliegende Hilfsmittel aus der Theorie der Thetafunktionen erforderlich (s. hierzu auch KREČMAR [1], D. H. LEHMER [2], [4], RADEMACHER-ZUCKERMANN [2]. — Siehe ferner BAILEY [2], [3], CARLITZ [2], [5], S. CHOWLA [5], SLATER [1], [2]). Hinsichtlich der Übertragung dieser Methoden auf die gegen Ende von 7.4. erwähnten verallgemeinerten Partitionsfunktionen, und zwar auf die von $\prod_n (1 - x^n)^s$ mit $s < 0$ erzeugten, s. RAMANATHAN [1].

Untersuchungen von $p(n)$ mod 2 knüpfen an die Frage an, für welche n der Wert von $p(n)$ gerade bzw. ungerade ist.

Auf SYLVESTER (siehe auch BANERJEE [1]) geht die Kongruenz

$$p(n) \equiv p_v(n, \mathfrak{U}) \pmod 2$$

zurück, die sofort aus Satz 6 folgt, da die Anzahl aller nicht selbstkonjugierten Partitionen zu Paaren zusammengefaßt werden können. — MACMAHON [3] leitet aus

$$\sum_{n=0}^{\infty} p(n)\, x^n \equiv \sum_{s=0}^{\infty} x^{\binom{s+1}{2}} \sum_{m=0}^{\infty} p(m)\, x^{4m} \quad (2)$$

durch Koeffizientenvergleich die Rekursionsformel mod 2

$$p(n) \equiv \sum_{\lambda \geqq 0} p\left(\frac{1}{4}\left(n - \frac{\lambda(\lambda+1)}{2}\right)\right) (2) \quad \left(4 \,\middle|\, n - \frac{\lambda(\lambda+1)}{2}\right)$$

ab, für die GUPTA [16] einen weiteren Beweis gibt.

MACMAHON [7] teilt ferner für $n \leq 1000$ eine Tabelle bezüglich $p(n)$ (mod 2) mit. Eine andere Kongruenz mod 2 gibt noch MAJUMDAR [1]. Siehe ferner den Bericht von KEMPNER [2].

7.7. Explizite Formeln bzw. asymptotisches Verhalten. Die Kompositionsfunktionen $k(n)$, $k(n; s, \mathfrak{Z}^{(0)})$ und $k(n; \leqq s, \mathfrak{Z}^{(0)})$ sind bereits in 7.4. behandelt worden.

Für $p(n; k, \mathfrak{Z}^{(0)})$ liegen explizite Formeln in den folgenden Fällen vor:

$$k = 2:\quad p(n; 2, \mathfrak{Z}^{(0)}) = \left[\frac{n}{2}\right],$$

$$k = 3:\quad p(n; 3, \mathfrak{Z}^{(0)}) = \left\{\frac{n^2}{12}\right\}, \quad \text{(DE MORGAN-SYLVESTER)}^1,$$

$$k = 4:\quad p(n; 4, \mathfrak{Z}^{(0)}) = \frac{1}{36}\left[\frac{n}{2}\right]^2 \left(3\left[\frac{n+1}{2}\right] - \left[\frac{n}{2}\right] + 3\right),$$

---

[1] $\{\alpha\}$ bedeute für reelles α die zu α nächst gelegene ganze Zahl, wenn $\alpha \neq \frac{2c+1}{2}$ (c ganz) ist.

ferner für $k = 5$ (GLÖSEL [1]) und $k = 6$ (v. STERNECK [1]). Für $k \leqq 4$ gibt v. STERNECK [5], für $k \leqq 5$ GLÖSEL [1] Beweise. Vermöge (19) ff. erhält man ohne weiteres entsprechende Formeln für die Partitionsfunktionen $p_v(n; k, \mathfrak{Z}^{(0)})$, $p(n, [0, k])$ etc.

CSORBA [1] und VAHLEN [2] geben noch eine allgemeine Formel für $p(n, \{a_1, a_2, \ldots, a_k\})$, oder anders ausgedrückt, für die Lösungszahl von

$$a_1 x_1 + a_2 x_2 + \cdots + a_k x_k = n, \quad x_\varkappa \geqq 0 \ (\varkappa = 1, 2, \ldots, k),$$

an. Als Spezialfall ist hierin die Aufgabe enthalten, auf wieviel Arten ein gegebener Geldbetrag in kleinere Beträge gewechselt werden kann (LARSEN [1], [2], LUCKEY [1]).

Siehe auch BIOCHE [1], GIGLI [1], SCORZA [1], TANTURRI [1].

Das asymptotische Verhalten von $p(n; k, \mathfrak{Z}^{(0)})$ ist häufig untersucht worden (AULUCK [1], ERDÖS-LEHNER [1], GUPTA [13], [14], ISEKI [1], TODD [2]). Es gilt

Satz 9. $p(n; k, \mathfrak{Z}^{(0)}) \sim \frac{1}{k!}\binom{n-1}{k-1} \sim \frac{n^{k-1}}{k!\,(k-1)!}$ $(n \to \infty)$, *und diese Formel gilt für* $k = o\left(\sqrt[3]{n}\right)$ *gleichmäßig in* k (ERDÖS-LEHNER [1]) *und* (SZEKERES [1]) *sogar schon für* $k = o\left(\sqrt{n}\right)$. *Überdies gilt die Ungleichung* (GUPTA [14])

$$\frac{1}{k!}\binom{n-1}{k-1} \leqq p(n; k, \mathfrak{Z}^{(0)}) \leqq \frac{1}{k!}\binom{n + \frac{k(k-1)}{2}}{k-1} \quad (n \geqq 1,\ k \geqq 1). \tag{28}$$

Beweis: Nach (20) gilt mit $p(n; k, \mathfrak{Z}^{(0)}) = p(n, k)$ die Rekursionsformel

$$p(n, k) = p(n-k, k) + p(n-1, k-1) \quad (k \geq 1),$$

mithin

$$\sum_{\nu=1}^{n} p(\nu, k) = \sum_{\nu=1}^{n} p(\nu - k, k) + \sum_{\nu=1}^{n} p(\nu - 1, k-1)$$

$$= \sum_{\nu=k+1}^{n} p(\nu - k, k) + \sum_{\nu=k}^{n} p(\nu - 1, k-1),$$

also

$$\sum_{\nu=n-k+1}^{n} p(\nu, k) = \sum_{\nu=k}^{n} p(\nu - 1, k-1). \tag{29}$$

Es werde zunächst (28), und zwar durch vollständige Induktion bewiesen. Für $k = 1$ ist (28) evident. Für die rechte Seite von (29) folgt aus der Induktionsvoraussetzung

$$\sum_{\nu=k}^{n} p(\nu - 1, k-1) \geqq \frac{1}{(k-1)!}\sum_{\nu=k}^{n}\binom{\nu-2}{k-2} = \frac{1}{(k-1)!}\binom{n-1}{k-1},$$

womit sich aus (29) unter Beachtung, daß linker Hand $p(n, k) = \operatorname{Max} p(\nu, k)$ ist,

$$\frac{1}{(k-1)!}\binom{n-1}{k-1} \leqq \sum_{\nu=n-k+1}^{n} p(\nu, k) \leqq k\, p(n, k)$$

ergibt, womit die erste Hälfte der Ungleichung bestätigt ist. Für die rechte Seite von (29) liefert die Induktionsvoraussetzung als Abschätzung nach oben

$$\sum_{\nu=k}^{n} p(\nu-1, k-1) \leqq \frac{1}{(k-1)!} \sum_{\nu=k}^{n} \binom{\nu-1+\frac{(k-1)(k-2)}{2}}{k-2}$$

$$\leqq \frac{1}{(k-1)!}\binom{n+\frac{(k-1)(k-2)}{2}}{k-1},$$

somit

$$k\, p(n-k+1, k) \leqq \sum_{\nu=n-k+1}^{n} p(\nu, k) \leqq \frac{1}{(k-1)!}\binom{n+\frac{(k-1)(k-2)}{2}}{k-1},$$

also

$$p(n, k) \leqq \frac{1}{k!}\binom{n+k-1+\frac{(k-1)(k-2)}{2}}{k-1} = \frac{1}{k!}\binom{n+\frac{k(k-1)}{2}}{k-1},$$

womit (28) bewiesen ist. Mit $\frac{1}{2}(k-1)\,k = a-1$ folgt bei festem k aus

$$\frac{\frac{1}{k!}\binom{n-1}{k-1}}{\frac{1}{k!}\binom{n+a-1}{k-1}} = \frac{(n-1)!\,(n+a-k)!}{(n-k)!\,(n+a-1)!} = \frac{(n-k+1)\cdots(n-1)}{(n+a-k+1)\cdots(n+a-1)}$$

$$= \frac{\left(1-\frac{k-1}{n}\right)\cdots\left(1-\frac{1}{n}\right)}{\left(1+\frac{a-k+1}{n}\right)\cdots\left(1+\frac{a-1}{n}\right)} \to 1 \quad (n \to \infty)$$

bzw. aus

$$\frac{1}{k!}\binom{n-1}{k-1} \leqq \frac{n^{k-1}}{k!\,(k-1)!} \leqq \frac{1}{k!}\binom{n+\frac{k(k-1)}{2}}{k-1} \tag{30}$$

das behauptete asymptotische Verhalten bei festem k. Die schärfere Behauptung ergibt sich vermittels (30) so: Es ist

$$1 \leqq \frac{p(n, k)}{\frac{1}{k!}\binom{n-1}{k-1}} \leqq \frac{n+a-1}{n-1}\cdot\frac{n+a-2}{n-2}\cdots\frac{n+a-k+1}{n-k+1}$$

$$\leqq \left(\frac{n+a-k+1}{n-k+1}\right)^{k-1};$$

setzt man ferner $c = k^3 n^{-1}$, so gilt für $0 < c \leqq 1$, wie leicht zu sehen,

$$\left(\frac{n+a-k+1}{n-k+1}\right)^{k-1} = \left(1 + \frac{c}{2}\,\frac{k^2-k+2}{k^3-ck+c}\right)^{k-1} \leqq \left(1 + \frac{\frac{1}{2}c}{k-1}\right)^{k-1} < e^{\frac{c}{2}}.$$

Für $k = o\left(\sqrt[3]{n}\right)$, d. h. für $c \to 0$, folgt somit

$$\lim_{\substack{n\to\infty\\ k=o\left(\sqrt[3]{n}\right)}} \frac{p(n,k)}{\frac{1}{k!}\binom{n-1}{k-1}} = \lim_{c\to 0} e^{\frac{c}{2}} = 1;$$

die weitere Verschärfung[1] siehe bei SZEKERES [1].

Aus (19) folgt ganz entsprechend für die Anzahl der Partitionen, deren größter Summand genau gleich k ist:

Satz 10. *$p(n-k, [0,k]) \sim \frac{1}{k!}\binom{n-1}{k-1} \sim \frac{n^{k-1}}{k!\,(k-1)!}$ $(n \to \infty)$. Für $k = o\left(\sqrt{n}\right)$ gilt die Relation überdies gleichmäßig. — Es besteht die Ungleichung*

$$\frac{1}{k!}\binom{n-1}{k-1} \leqq p(n-k, [0,k]) \leqq \frac{1}{k!}\binom{n + \frac{(k-1)\,k}{2}}{k-1}.$$

Schließlich ergibt sich aus (20) ff. vermittels Satz 9 noch

Satz 11.

$$p_v\left(n; k, \mathfrak{Z}^{(0)}\right) \sim \frac{1}{k!}\binom{n-1-\binom{k}{2}}{k-1} \sim \frac{\left(n-\binom{k}{2}\right)^{k-1}}{k!\,(k-1)!} \quad \left(n\to\infty,\ k = o\left(\sqrt{n}\right)\right);$$

$$\frac{1}{k!}\binom{n-1-\binom{k}{2}}{k-1} \leqq p_v\left(n; k, \mathfrak{Z}^{(0)}\right) \leqq \frac{1}{k!}\binom{n}{k-1}.$$

Aus $(k < n)$

$$p\left(n; k, \mathfrak{Z}^{(0)}\right) \leqq p\left(n; k, \mathfrak{Z}\right) = \sum_{\varkappa=1}^{k} p\left(n; \varkappa, \mathfrak{Z}^{(0)}\right) \sim \sum_{\varkappa=1}^{k} \frac{n^{\varkappa-1}}{(\varkappa-1)!\,\varkappa!}$$

$$= \frac{n^{k-1}}{(k-1)!\,k!} \sum_{\lambda=0}^{k-1} \frac{(k-1)!\,k!}{(k-\lambda)!\,(k-\lambda-1)!\,n^{\lambda}} \leqq \frac{n^{k-1}}{(k-1)!\,k!} \sum_{\lambda=0}^{\infty} \frac{k^{2\lambda}}{n^{\lambda}}$$

$$= \frac{n^{k-1}}{(k-1)!\,k!\left(1-\frac{k^2}{n}\right)} \sim \frac{n^{k-1}}{(k-1)!\,k!} \quad \left(k = o\left(\sqrt{n}\right);\ n\to\infty\right)$$

folgt sofort (in Verbindung mit Satz 5):

[1] Ungleichung (30) bleibt offensichtlich richtig, wenn rechter Hand $\frac{1}{2}k(k-1)$ durch $k-1$ ersetzt wird, woraus sich analog zu obiger Rechnung

$$\frac{1}{k!}\binom{n-1}{k-1} \sim \frac{n^{k-1}}{k!\,(k-1)!} \quad \left(n\to\infty;\ k = o\left(\sqrt{n}\right)\right)$$

ergibt.

Satz 12.

$$p(n, [0, k]) = p(n; k, \mathfrak{Z}) \sim \frac{n^{k-1}}{k!\,(k-1)!} \sim \frac{1}{k!}\binom{n-1}{k-1} \quad (k = o(\sqrt{n}); n \to \infty).$$

Hinsichtlich weiterer Relationen s. ERDÖS-LEHNER [1].

AULUCK-S. CHOWLA-GUPTA [1], GUPTA [15] untersuchen noch $k_0(n)$ in

$$p\left(n; k_0(n); \mathfrak{Z}^{(0)}\right) = \operatorname*{Max}_{k=0,1,2,\ldots} p(n; k, \mathfrak{Z}^{(0)});$$

es gilt

Satz 13. (ERDÖS [21]). $k_0(n) \sim \frac{1}{\pi}\sqrt{\frac{3}{2}}\sqrt{n}\log n$,

$$k_0(n) = \frac{1}{\pi}\sqrt{\frac{3}{2}}\sqrt{n}\log n + \frac{\sqrt{6}}{\pi}\sqrt{n}\log\frac{\sqrt{6}}{\pi} + o(\sqrt{n}) \quad (n \to \infty).$$

Siehe auch SZEKERES [1].

Siehe ferner AULUCK [3], GUPTA [12], TRICOMI [1].

Ist $\mathfrak{A}$ eine beliebige Menge, so läßt sich über $p(n; s, \mathfrak{A})$ allgemein nicht viel sagen. Ist $\mathfrak{A}$ keine asymptotische Basis endlicher Ordnung, so ist sicher $\underline{\lim}\, p(n; s, \mathfrak{A}) = 0$, $\overline{\lim}\, p(n; s, \mathfrak{A}) \leqq \infty$ $(n = 0, 1, 2, \ldots)$, und $\overline{\lim}\, p(n; s, \mathfrak{A}) = \infty$ ist dabei durchaus möglich, man braucht ja in $\mathfrak{A}$ nur in geeigneter Weise genügend lange Ketten und Lücken aufeinanderfolgen zu lassen. SIDON [1] betrachtete — in anderem Zusammenhang — Mengen $\mathfrak{A}$ mit $\overline{\lim}\, p(n; 2, \mathfrak{A}) < \infty$. Beispielsweise ist, wie leicht zu sehen, $\mathfrak{A} = \{0, 1!, 2!, \ldots, n!, \ldots\}$ eine solche Menge. Die Untersuchung von Mengen mit der präziseren Bedingung $\overline{\lim}_{n=0,1,2,\ldots} p(n; s, \mathfrak{A}) < \infty$, $\overline{\lim}_{n=0,1,2,\ldots} p(n; (s+1)\,\mathfrak{A}) = \infty$ $(1 \leqq s < \infty)$ dürfte schwierig sein.

WINTNER [5] betrachtet Mengen $\mathfrak{A}$ mit $p(n; 2, \mathfrak{A}) \leq 1$.

Satz 14. *Es gibt keine Mengen* $\mathfrak{A}$, *so daß* $0 < \lim_{n\to\infty} p(n; 2, \mathfrak{A}) = C < \infty$ *ist.*

Ein Spezialfall hiervon ist

Satz 15. (G. DIRAC [1]). *Es gibt keine Mengen* $\mathfrak{A}$, *so daß* $p(n; 2, \mathfrak{A}) = 1$ *für alle großen* n *ist, d. h. es gibt keine asymptotischen Basen zweiter Ordnung, so daß alle* n *von einer Stelle an eindeutig in der Gestalt* $n = a_i + a_j$ $(a_i, a_j \in \mathfrak{A})$ *darstellbar sind.*

Der folgende Beweis von Satz 14 beruht auf einer leichten Modifikation des DIRACschen Beweises für Satz 15.

Beweis von Satz 14. Man ordne $\mathfrak{A}$ die Potenzreihe $\sum_{a_i \in \mathfrak{A}} x^{a_i} = Q(x)$ zu. Dann ist nach 7.2. (12)

$$Q(x^2) \leqq Q^2(x) + Q(x^2) = \sum_{n=0}^{\infty} k(n; 2, \mathfrak{A})\, x^n + Q(x^2)$$

$$= 2\sum_{n=0}^{\infty} p(n; 2, \mathfrak{A})\, x^n \quad (|x| < 1). \tag{31}$$

Man wähle für $\mathfrak{A}$ eine asymptotische Basis der Ordnung zwei, für die der Satz falsch ist. Dann ist also $2p(n; 2, \mathfrak{A}) = C > 0$ für alle $n > n_0$. Setzt man abkürzend $P(n) = 2p(n; 2, \mathfrak{A})$, so wird

$$Q(x^2) \leqq \sum_{n=0}^{\infty} P(n)\, x^n = C \sum_{n=0}^{\infty} x^n + f(x) = \frac{C}{1-x} + f(x)$$

$$\left(f(x) = \sum_{n=0}^{n_0} (P(n) - C)\, x^n\right),$$

mithin:

$$Q(x^2) \leqq \frac{C}{1-x} + f(x) \curvearrowright \lim_{x \to (-1)+} Q(x^2) < \infty,$$

was wegen $\lim\limits_{x \to (-1)+} Q(x^2) = \infty$ unmöglich ist.

Bemerkung. $k(n; 2, \mathfrak{A}) \neq const$ für alle großen n und jede unendliche Menge $\mathfrak{A}$ ist noch einfacher zu sehen (DIRAC [1]): Ist $n = 2a_i$ ($a_i \in \mathfrak{A}$), so muß $k(n; 2, \mathfrak{A}) \equiv 1\ (2)$, sonst aber $k(n; 2, \mathfrak{A}) \equiv 0\ (2)$ sein.

ERDÖS [34] zeigt die Existenz von Basen $\mathfrak{A}$, so daß $k(n; 2, \mathfrak{A}) = O(\log n)$, $n > 1$, gilt.

Die SIDONsche Fragestellung ist auch auf endliche Intervalle $[0, k]$ übertragen worden. Es sei $\mathfrak{S}_{ks} \subsetneqq [0, k]$ $(2 \leqq s < \infty)$ eine Menge derart, daß $p(n; s, \mathfrak{S}_{ks}) \leqq 1$ für alle $n \geqq 0$, aber $\operatorname*{Max}\limits_{0 \leqq n \leqq k} p(n; s+1, \mathfrak{S}_{ks}) \geqq 2$ ist. Ist $s = 2$ und setzt man

$$s_2(k) = \operatorname*{Max}_{\mathfrak{S}_{k,2}} S_{k,2}(k),$$

so gilt nach S. CHOWLA [4]

$$\lim_{k \to \infty} \frac{s_2(k)}{\sqrt{k}} = 1.$$

Vgl. auch ERDÖS-TURÁN [3], ERDÖS [20].

Setzt man abkürzend $\mathfrak{S}_{\infty, s} = \mathfrak{S}_s$, so gilt nach ERDÖS (s. bei STÖHR [5])

$$\underline{\lim}_{n = 1, 2, \ldots} \frac{S_2(n)}{\sqrt{n}} = 0 \quad \textit{für alle}^1\ \mathfrak{S}_2;$$

es gibt jedoch Mengen $\mathfrak{S}_2$, für die $\overline{\lim}\limits_{n=1,2,\ldots} \dfrac{S_2(n)}{\sqrt{n}} = 1$ ist.

Verwandt hiermit ist die Frage nach Mengen $\mathfrak{A}, \mathfrak{B}$, die den Bedingungen

$$\mathfrak{A} \cap \mathfrak{B} = \{0\},\ \mathfrak{A} + \mathfrak{B} = \mathfrak{Z},\ p(n; \mathfrak{A}, \mathfrak{B}) = 1\ (n = 0, 1, 2, \ldots)$$

---

[1] Hierdurch wird eine Vermutung von CHOWLA-MIAN [1] widerlegt, worauf STÖHR [5] u. a. hinweist.

genügen. Solche Mengen $\mathfrak{A}$, $\mathfrak{B}$ existieren, wofür TODD [1] das folgende einfache Beispiel angibt: $\mathfrak{A}$ bestehe aus allen a der Form

$$a = \sum_{i=0}^{\infty} \varepsilon_i' \, 3^{2i} \qquad \left(\varepsilon_i' = 0, 1, 2;\ \sum_{i=0}^{\infty} \varepsilon_i' < \infty\right)$$

und $\mathfrak{B}$ aus allen

$$b = \sum_{i=0}^{\infty} \varepsilon_i'' \, 3^{2i+1} \qquad \left(\varepsilon_i'' = 0, 1, 2;\ \sum_{i=0}^{\infty} \varepsilon_i'' < \infty\right).$$

Siehe hierzu auch LINDENBAUM [1]. Siehe ferner GUSTIN [1], STÖHR [5]; s. auch 14.3.

Ist $\overline{\lim\limits_{n=1,2,\ldots}} \frac{A(n)}{n} > 0$ (die sogenannte *obere asymptotische Dichte*; s. 8.1.), und ist $\mathfrak{B}$ eine beliebige unendliche Menge, so gilt, wie leicht vermittels (10) zu sehen ist,

$$\overline{\lim_{n=1,2,\ldots}}\ p(n; \mathfrak{A}, \mathfrak{B}) = \infty.$$

Siehe auch LORENTZ [1].

Betrachtet man zu jeder Partition $n = a_1 + a_2 + \cdots + a_s$ das *k.g.V.* $[a_1, a_2, \ldots, a_n]$ der Summanden, und setzt man

$$v(n) = \operatorname*{Max}_{\substack{a_1 + \cdots + a_s = n \\ s \geqq 1}} [a_1, a_2, \ldots, a_s],$$

so knüpft SHAH [1] an die Relation $\log v(n) \sim \sqrt{n \log n}$ (LANDAU [4, Bd. 1]) weitere Untersuchungen an. — MIRSKY [12] untersucht bezüglich der Partitionenanzahl $p(n; s, \mathfrak{Z}^{(0)})$ diejenige Teilanzahl unter den Zerfällungen $n = \sum_{i=1}^{s} a_i$, in denen für je r Summanden der *g.g.T.* $(a_{i_1}, a_{i_2}, \ldots, a_{i_r}) = 1$ ist.

Die Funktion $p(n)$ — die uneingeschränkte Partitionenanzahl — ist bereits sehr genau untersucht worden. Auf HARDY-RAMANUJAN [1] geht eine asymptotische Formel zurück, deren Fehlerglied $O(n^{-1/4})$ ist, so daß für große n die dem asymptotischen Ausdruck nächstgelegene ganze Zahl genau $p(n)$ ist. RADEMACHER [2], [3] gewinnt durch Verfeinerung der HARDY-RAMANUJANschen Methode eine für alle $n \geqq 0$ gültige Formel für $p(n)$ in Gestalt einer unendlichen Reihe. Eines der hauptsächlichsten Hilfsmittel der HARDY-RAMANUJANschen Methode ist dabei die sogenannte FAREY-Zerschneidung eines als Integrationsweg dienenden Kreises. Hinsichtlich einer anderen Methode siehe weiter unten Satz 18.

Satz 16. (RADEMACHER [2]). *Es ist*

$$p(n) = \frac{1}{\pi\sqrt{2}} \sum_{k=1}^{\infty} \sqrt{k}\, A_k(n) \frac{d}{d\tau} \left(\frac{\operatorname{\mathfrak{S}in}\left(\frac{1}{k}\pi \sqrt{\frac{2}{3}} \sqrt{\tau - \frac{1}{24}}\right)}{\sqrt{\tau - \frac{1}{24}}} \right)_{\tau = n}; \qquad (32)$$

hierin ist

$$A_k(n) = \sum_{\substack{0<h\leq k\\(h,k)=1}} \omega_{h,k}\, e^{-\frac{2\pi i h n}{k}} \qquad (k = 1, 2, \ldots),$$

wobei die $\omega_{h,k}$ *die folgenden 24 k-ten Einheitswurzeln sind:*

$$\omega_{h,k} = \begin{cases} \left(\dfrac{-k}{h}\right) e^{-i\pi\left\{\frac{1}{4}(2-hk-h)+\frac{1}{12}\left(k-\frac{1}{k}\right)(2h-h^*+h^2h^*)\right\}} & \text{für } h \equiv 1\ (2), \\ \left(\dfrac{-h}{k}\right) e^{-i\pi\left\{\frac{1}{4}(k-1)+\frac{1}{12}\left(k-\frac{1}{k}\right)(2h-h^*+h^2h^*)\right\}} & \text{für } k \equiv 1\ (2); \end{cases} \tag{33}$$

$\left(\frac{-k}{h}\right)$ *und* $\left(\frac{-h}{k}\right)$ *bedeuten* JACOBI-*Symbole,* h^* *ist Lösung von* $h\,x \equiv -1\,(k)$.

In (33) bestätigt man noch leicht, daß für $h \equiv k \equiv 1\ (2)$ die Definitionsausdrücke für $\omega_{h,k}$ identisch werden. Unter Heranziehung der in 7.6. definierten DEDEKINDschen Summen lassen sich die $\omega_{h,k}$ auch in der Form schreiben:

$$\omega_{h,k} = e^{i\pi s(h,k)}.$$

Die HARDY-RAMANUJANsche Formel lautet

$$p(n) = \frac{1}{2\pi\sqrt{2}} \sum_{k=1}^{\alpha\sqrt{n}} \sqrt{k}\, A_k(n) \frac{d}{d\tau}\left(\frac{e^{\frac{1}{k}\pi\sqrt{\frac{2}{3}}\sqrt{\tau-\frac{1}{24}}}}{\sqrt{\tau-\frac{1}{24}}}\right)_{\tau=n} + O\left(n^{-\frac{1}{4}}\right),$$

$0 < \alpha < \infty$ *beliebig,*

und kann aus (32) gewonnen werden, wie weiter unten gezeigt wird. Die für $\alpha = \infty$ entstehende Reihe ist jedoch divergent (D. H. LEHMER [3]).

B e w e i s v o n (32). Aus der EULER-Formel 7.4. (13) erhält man durch Anwendung der CAUCHYschen Integralformel

$$p(n) = \frac{1}{2\pi i}\int_{\mathfrak{k}} \frac{f(z)}{z^{n+1}}\,dz, \tag{34}$$

wenn $f(z) = \prod_{n=1}^{\infty}(1-z^n)^{-1}$, $|z| < 1$ ist und $\mathfrak{k}$ einen innerhalb des Einheitskreises gelegenen Kreis um den Nullpunkt bedeutet. Für $\mathfrak{k}$ wähle man speziell

$$z = e^{-2\pi N^{-2}+2\pi i t}, \quad 0 \leqq t \leqq 1, \quad N > 0 \text{ ganz}.$$

Sind $\frac{h}{k}$, $\frac{h'}{k'}$ benachbarte Glieder der in $\langle 0;\, 1\rangle$ gelegenen FAREY-Brüche der Ordnung N, so teile man das Integrationsintervall $\langle 0;\, 1\rangle$ durch die

Medianten $\frac{h+h'}{k+k'}$ in Teilintervalle und ziehe das mit Null beginnende sowie das mit Eins endende zu einem Teilintervall zusammen. $\xi_{h,k}$ bezeichne auf $\mathfrak{k}$ denjenigen FAREY-*Bogen*, der das Bild des $\frac{h}{k}$ enthaltenden Teilintervalls aus $\langle 0; 1\rangle$ ist (FAREY-*Zerschneidung*).

Durch die Substitution $z = e^{\frac{2\pi i h}{k} - \frac{2\pi u}{k}}$ ergibt sich daher aus (34)

$$p(n) = \frac{1}{2\pi i} \sum_{\substack{0<h\leq k\leq N\\ (h,k)=1}} \int_{\xi_{h,k}} \frac{f(z)}{z^{n+1}}\, dz$$

$$= \sum \frac{i}{k} \int e^{-\frac{2\pi i n h}{k} + \frac{2\pi n u}{k}} f\left(e^{\frac{2\pi i h}{k} - \frac{2\pi u}{k}}\right) du.$$

Der Theorie der Modulformen (Definition siehe weiter unten) entnimmt man für $f(z)$ die Funktionalgleichung (siehe HARDY-RAMANUJAN [1], S. 93, Lemma 4. 31; ferner ISEKI [3]; vgl. auch (56), (57) weiter unten)

$$f\left(e^{\frac{2\pi i h}{k} - \frac{2\pi u}{k}}\right) = \omega_{h,k} \sqrt{u}\, e^{\frac{\pi}{12k}\left(\frac{1}{u} - u\right)} f\left(e^{\frac{2\pi i h^*}{k} - \frac{2\pi}{k u}}\right)$$

$$\left(R(u) > 0;\ \sqrt{u}\ \textit{Hauptzweig},\ h\,h^* \equiv -1\ (k)\right).$$

Setzt man abkürzend

$$\psi(u) = \sqrt{u}\, e^{\frac{\pi}{12k}\left(\frac{1}{u} - u\right)}$$

und substituiert noch $u = k(N^{-2} - i\vartheta)$, d. h. $\vartheta = t - \frac{h}{k}$, so erhält man nach leichter Rechnung

$$p(n) = e^{2\pi n N^{-2}} \sum_{\substack{0<h\leq k\leq N\\ (h,k)=1}} \omega_{h,k}\, e^{-\frac{2\pi i h n}{k}} \left\{ \int_{-\vartheta'_{h,k}}^{\vartheta''_{h,k}} \psi\left(k(N^{-2} - i\vartheta)\right) e^{-2\pi n i\vartheta} d\vartheta \right.$$

$$\left. + \int_{-\vartheta'_{h,k}}^{\vartheta''_{h,k}} \psi\left(k(N^{-2} - i\vartheta)\right) e^{-2\pi n i\vartheta} \left(f\left(e^{\frac{2\pi i h^*}{k} - \frac{2\pi}{k^2(N^{-2} - i\vartheta)}}\right) - 1\right) d\vartheta \right\}. \quad (35)$$

Für die neuen Integrationsgrenzen bestätigt man vermittels der für FAREY-Brüche geltenden Relation $h k' - k h' = \pm 1$ leicht

$$\frac{1}{2kN} \leqq \vartheta'_{h,k},\ \vartheta''_{h,k} \leqq \frac{1}{kN}. \quad (36)$$

Hieraus folgt sofort $k^2 \vartheta^2 \leqq N^{-2}$ und damit weiter

$$\frac{1}{k} R\left(\frac{1}{u}\right) = \frac{N^{-2}}{k^2 N^{-4} + k^2 \vartheta^2} \geqq \frac{1}{k^2 N^{-2} + 1} \geqq \frac{1}{2}. \quad (37)$$

Ferner erkennt man mühelos $|\sqrt{u}| \leqq N^{-\frac{1}{2}} \sqrt[4]{2}$. Für den Integranden $i_{h,k}$ des zweiten Integrals erhält man nunmehr die Abschätzung

$$|i_{h,k}| \leqq |\psi(u)|\,|f(\cdots)-1|$$
$$\leqq N^{-\frac{1}{2}} \sqrt[4]{2}\, e^{-\frac{\pi}{12k} R(u)} \sum_{m=1}^{\infty} p(m)\, e^{\left(\frac{\pi}{12k}-\frac{2\pi m}{k}\right) R\left(\frac{1}{u}\right)},$$

also unter Beachtung von (37)

$$|i_{h,k}| \leqq N^{-\frac{1}{2}} \sqrt[4]{2} \sum_{m=1}^{\infty} p(m)\, e^{-\pi\left(m-\frac{1}{24}\right)} = O\left(N^{-\frac{1}{2}}\right) \qquad (N \to \infty),$$

mithin, da die Gesamtlänge des Integrationsweges gleich Eins ist[1],

$$e^{2\pi n N^{-2}} \sum_{\substack{0<h\leqq k\leqq n\\(h,k)=1}} \omega_{h,k}\, e^{-\frac{2\pi i h n}{k}} \int_{-\vartheta'_{h,k}}^{\vartheta''_{h,k}} i_{h,k}\, d\vartheta = O\left(e^{2\pi n N^{-2}} N^{-\frac{1}{2}}\right) \tag{38}$$
$$(N \to \infty).$$

Es verbleibt nunmehr noch die Behandlung des ersten Integrals in (35); es möge mit $J_{h,k}$ bezeichnet werden. Es ist zu zeigen, daß die zugehörige Summe in (35) für $N \to \infty$ die Gestalt (32) erhält.

Mit $w = N^{-2} - i\vartheta$ ergibt sich zunächst leicht

$$e^{2\pi n N^{-2}} J_{h,k} = i\sqrt{k} \int_{N^{-2}+i\vartheta'_{h,k}}^{N^{-2}-i\vartheta''_{h,k}} \sqrt{w}\, e^{\frac{\pi}{12k^2 w} + 2\pi\left(n-\frac{1}{24}\right) w}\, dw$$
$$= \frac{\sqrt{k}}{i} \int_{N^{-2}-i\vartheta''_{h,k}}^{N^{-2}+i\vartheta'_{h,k}} \sqrt{w}\, e^{\cdots}\, dw. \tag{39}$$

An Stelle von $J_{h,k}$ betrachte man ein Integral $\int_{\mathfrak{w}}$ mit dem Integranden in (39), der aber jetzt auf der längs der negativen reellen Achse aufgeschlitzten w-Ebene erklärt zu denken ist; $\mathfrak{w}$ bedeutet dabei den Weg, der durch geradlinige Verbindung folgender Punkte entsteht:

$$-\infty, -\varepsilon, -\varepsilon - i\vartheta''_{h,k}, N^{-2} - i\vartheta''_{h,k}, N^{-2} + i\vartheta'_{h,k}, -\varepsilon + i\vartheta'_{h,k},$$
$$-\varepsilon, -\infty \qquad (0 < \varepsilon < N^{-2}), \tag{40}$$

wobei der erste und letzte Integrationsweg längs der negativen reellen Achse zu nehmen sind. Das vierte Integral gemäß der Reihenfolge (40) ist, von einem Faktor abgesehen, $J_{h,k}$, die übrigen seien mit J_ν $(\nu = 1, 2, \ldots, 6)$ bezeichnet, also

$$e^{2\pi n N^{-2}} J_{h,k} = \frac{\sqrt{k}}{i}\left(\int_{\mathfrak{w}} - J_1 - \cdots - J_6\right). \tag{41}$$

---

[1] Im folgenden wird in den O-Gliedern auch die Abhängigkeit von n mit berücksichtigt, da dies für die Herleitung der HARDY-RAMANUJANschen Formel benötigt wird.

Die Existenz von J_2, J_3, J_4, J_5 ist trivial; J_1, J_6 und damit auch $\int\limits_{\mathfrak{w}}$ existieren, da der Integrand ein $O(e^{-\mathrm{const}|w|})$, *const* > 0, ist. In J_1 ist $\sqrt{w} = {}_+\sqrt{|w|}\, e^{-\frac{i\pi}{2}}$, in J_6 jedoch ${}_+\sqrt{|w|}\, e^{+\frac{i\pi}{2}}$, mithin

$$J_1 + J_6 = -2i \int\limits_{\varepsilon}^{\infty} \sqrt{w}\, e^{-\frac{\pi}{12k^2 w} - 2\pi\left(n - \frac{1}{24}\right)w} dw \quad (\sqrt{w}\ \textit{Hauptzweig}). \tag{42}$$

Vermittels (36) folgt ferner unter Beachtung von $R(w) < 0$ sofort

$$|J_2 + J_5| \leqq 2 \frac{1}{kN} \sqrt[4]{\varepsilon^2 + \frac{1}{k^2 N^2}} \leqq 2^{\frac{5}{4}} k^{-1} N^{-\frac{3}{2}}. \tag{43}$$

Bezüglich des Integranden von J_3 bzw. J_4 ist

$$|\sqrt{w}| \leqq \sqrt[4]{2}\, k^{-\frac{1}{2}} N^{-\frac{1}{2}}, \quad R\left(2\pi\left(n - \frac{1}{24}\right)w\right) \leqq 2\pi n N^{-2},$$
$$R\left(\frac{\pi}{12 k^2 w}\right) \leqq \frac{\pi}{3},$$

daher

$$|J_3 + J_4| \leqq 2(N^{-2} + \varepsilon)\, 2^{\frac{1}{4}} e^{\frac{\pi}{3}} k^{-\frac{1}{2}} e^{2\pi n N^{-2}} N^{-\frac{1}{2}}$$
$$\leqq 2^{\frac{9}{4}} e^{\frac{\pi}{3}} k^{-\frac{1}{2}} e^{2\pi n N^{-2}} N^{-\frac{5}{2}}. \tag{44}$$

Da $\int\limits_{\mathfrak{w}}$ offenbar von ε unabhängig ist, ergibt sich aus (41), (42), (43) und (44) nach dem Grenzübergang $\varepsilon \to 0$

$$e^{2\pi n N^{-2}} J_{h,k} = \frac{\sqrt{k}}{i}\left(\int\limits_{\mathfrak{w}} + 2i \int\limits_{0}^{\infty}\right) + O\left(e^{2\pi n N^{-2}} N^{-\frac{5}{2}}\right) + O\left(k^{-1} N^{-\frac{3}{2}}\right)$$
$$(N \to \infty),$$

also wegen $\sum\limits_{\substack{0<h\leqq k\leqq N \\ (h,k)=1}} k^{-1} = \sum\limits_{k=1}^{N} \varphi(k)\, k^{-1} \leqq N$ nebst $\sum\limits_{\substack{0<h\leqq k\leqq N \\ (h,k)=1}} 1 \leqq N^2$

$$e^{2\pi n N^{-2}} \sum_{\substack{0<h\leqq k\leqq N \\ (h,k)=1}} \omega_{h,k}\, e^{-\frac{2\pi i h n}{k}} J_{h,k} = \sum_{k=1}^{N} A_k(n) \sqrt{k} \left(\frac{1}{i}\int\limits_{\mathfrak{w}} + 2\int\limits_{0}^{\infty}\right)$$
$$+ O\left(e^{2\pi n N^{-2}} N^{-\frac{1}{2}}\right), \tag{45}$$

mithin nach (35) und (38) für $N \to \infty$

$$p(n) = \sum_{k=1}^{\infty} A_k(n) \sqrt{k} \left(\frac{1}{i}\int\limits_{\mathfrak{w}} + 2\int\limits_{0}^{\infty}\right) = \left(\sum_{k=1}^{N}\right) + O\left(e^{2\pi n N^{-2}} N^{-\frac{1}{2}}\right). \tag{46}$$

Um $\int\limits_{\mathfrak{w}}$ auszuwerten, ersetze man den Faktor $e^{\frac{\pi}{12k^2w}}$ durch die Reihe $\sum\limits_{m=0}^{\infty} \frac{1}{m!\,w^m}\left(\frac{\pi}{12\,k^2}\right)^m$. Nach Durchführung der hier erlaubten gliedweisen Integration und unter Beachtung der HANKELschen Formel

$$\frac{1}{\Gamma(s)} = \frac{1}{2\pi i}\int\limits_{\mathfrak{w}} e^z z^{-s}\,dz$$

($\mathfrak{w}$ wie oben) erhält man

$$\frac{1}{i}\int\limits_{\mathfrak{w}} = 2\pi \sum_{m=0}^{\infty}\left(\frac{\pi}{12k^2}\right)^m \frac{1}{m!}\left(2\pi\left(n-\frac{1}{24}\right)\right)^{m-\frac{3}{2}} \frac{1}{\Gamma\left(m-\frac{1}{2}\right)}\,.$$

Ferner erkennt man durch einfache Umformung mit $4\eta = \xi^2$ die Relation

$$\sum_{m=0}^{\infty}\frac{\eta^m}{m!\,\Gamma\left(m-\frac{1}{2}\right)} = \frac{1}{2\sqrt{\pi}}\left(-1+\frac{4\eta}{2!}+3\frac{(4\eta)^2}{4!}+5\frac{(4\eta)^3}{6!}+\cdots\right)$$

$$=\frac{1}{2\sqrt{\pi}}\left(-1+\xi^2\frac{d}{d\xi}\left(\frac{-1+\operatorname{Cof}\xi}{\xi}\right)\right) = \frac{\xi^2}{2\sqrt{\pi}}\frac{d}{d\xi}\left(\frac{\operatorname{Cof}\xi}{\xi}\right).$$

Setzt man hierin

$$\eta = \frac{\pi^2}{6k^2}\left(\tau-\frac{1}{24}\right),\quad d.\ h.\ \xi = \frac{\pi}{k}\sqrt{\frac{2}{3}}\sqrt{\tau-\frac{1}{24}}\,,$$

so wird

$$\frac{1}{i}\int\limits_{\mathfrak{w}} = \frac{1}{\pi\sqrt{2}}\frac{d}{d\tau}\left(\frac{\operatorname{Cof}\frac{\pi}{k}\sqrt{\frac{2}{3}}\sqrt{\tau-\frac{1}{24}}}{\sqrt{\tau-\frac{1}{24}}}\right)_{\tau=n}. \tag{47}$$

Es verbleibt noch

$$2\int_0^{\infty}\sqrt{w}\,e^{-\frac{\pi}{12k^2w}-2\pi\left(n-\frac{1}{24}\right)w}\,dw \tag{48}$$

zu berechnen. Nun genügt aber allgemein in

$$\int_0^{\infty}\sqrt{x}\,e^{-c^2x-\frac{a^2}{x}}\,dx = -\frac{1}{2c}\frac{d}{dc}\int_0^{\infty} e^{-c^2x-\frac{a^2}{x}}\,x^{-\frac{1}{2}}\,dx$$

$$= -\frac{1}{c}\frac{d}{dc}\left(\frac{1}{c}\int_0^{\infty} e^{-t^2-\frac{y^2}{t^2}}\,dt\right),\quad y = a\,c,$$

die Funktion $F(y) = \int\limits_0^{\infty} e^{-t^2-\frac{y^2}{t^2}}\,dt$, $y > 0$, wie leicht zu sehen, der linearen Differentialgleichung $F' + 2F = 0$, und ist daher gleich $\frac{1}{2}\sqrt{\pi}\;e^{-2y}$. Auf (48) angewendet ergibt dies mit $a = \sqrt{\frac{\pi}{12k^2}}$ und

$$c = \sqrt{2\pi\left(n - \frac{1}{24}\right)}$$

$$2\int_0^\infty = -\frac{\sqrt{\pi}}{c}\frac{d}{dc}\frac{e^{-2ac}}{c} = -\frac{1}{\pi\sqrt{2}}\frac{d}{d\tau}\left(\frac{e^{-\frac{\pi}{k}\sqrt{\frac{2}{3}}\sqrt{\tau-\frac{1}{24}}}}{\sqrt{\tau - \frac{1}{24}}}\right)_{\tau=n}. \tag{49}$$

(46), (47), (49) liefern daher insgesamt

$$p(n) = \frac{1}{\pi\sqrt{2}}\sum_{k=1}^{\infty}\sqrt{k}\,A_k(n)\frac{d}{d\tau}\left(\frac{-e^{-\xi} + \mathfrak{Cof}\,\xi}{\sqrt{\tau - \frac{1}{24}}}\right)_{\tau=n}$$

$$\left(\xi = \frac{\pi}{k}\sqrt{\frac{2}{3}\left(\tau - \frac{1}{24}\right)}\right),$$

womit Satz 16 bewiesen ist.

Die Hardy-Ramanujansche asymptotische Formel verifiziert man vermittels (46) unter Beachtung des Restgliedes und durch einfache Abschätzung der Differenz der Partialsummen, indem $N = \alpha\sqrt{n}$ in (46) gewählt wird.

Siehe auch Rademacher [7] sowie [4], [5], ferner Rademacher-Zuckermann [1], Szekeres [1]. Hinsichtlich weiterer Relationen für $p(n)$ s. Atkinson [1], Sandham [1], [2].

Zusatz. *Bedeutet $\nu(k)$ die Anzahl der verschiedenen ungeraden Primteiler von k, so gilt nach* D. H. Lehmer [5] *für $A_k(n)$ in* (32)

$$|A_k(n)| < 2^{\nu(k)}\sqrt{k};$$

ferner gilt bezüglich der unendlichen Reihe in (32), *d. h. also für das Restglied in* (46)

$$\left|\sum_{k=N+1}^{\infty}\right| < \frac{1}{\sqrt{3}\sqrt[3]{N^2}}\left(\frac{6^3 N^3\,\mathfrak{Sin}\left(\frac{\pi}{6N}\sqrt{24n-1}\right)}{\sqrt{24n-1}} + \frac{\pi^2}{6} - \frac{36n^2}{24n-1}\right) \tag{50}$$

$$(N \geqq 1 \textit{ beliebig}).$$

Siehe hierzu auch D. H. Lehmer [6], Rademacher-Whiteman [1], Whiteman [2]; Gupta [4], [5] gibt für $n \leq 600$ eine Tabelle an.

Satz 17. (Hardy-Ramanujan [1]). $p(n) \sim \frac{1}{4n\sqrt{3}}e^{\pi\sqrt{\frac{2n}{3}}}\quad (n \to \infty)$.

Beweis: Setzt man in (46) speziell $N = 1$ und beachtet das Restglied (50), so erhält man wegen $A_1(n) = 1$ nach leichter Rechnung

$$p(n) = \frac{1}{\pi\sqrt{2}}\frac{d}{d\tau}\left(\frac{\mathfrak{Sin}\,\pi\sqrt{\frac{2}{3}\left(\tau - \frac{1}{24}\right)}}{\sqrt{\tau - \frac{1}{24}}}\right)_{\tau=n} + o\left(\frac{1}{n}e^{\pi\sqrt{\frac{2}{3}n}}\right)$$

$$\sim \frac{1}{4n\sqrt{3}}e^{\pi\sqrt{\frac{2}{3}n}}\quad (n \to \infty).$$

Siehe auch die Berichte von Kempner [2], Kloostermann [4].

Der ursprüngliche Beweis von HARDY-RAMANUJAN ergab den Satz 17 in der Form eines speziellen TAUBER-Satzes (vgl. 8.3.); auf die nämliche Weise führte auch AVAKUMOVIĆ [2] einen Beweis durch. ERDÖS [19] gelang es

$$p(n) \sim \frac{C}{n} e^{\pi \sqrt{\frac{2}{3} n}} \quad (C > 0;\ n \to \infty)$$

auf elementarem Wege herzuleiten. NEWMAN [1] bestimmte, ebenfalls elementar, den Wert von C zu $(4\sqrt{3})^{-1}$. Zuvor war auf elementare Weise lediglich

$$\log p(n) \sim \pi \sqrt{\frac{2}{3} n} \tag{51}$$

erreicht worden (KNOPP - I. SCHUR [1]). Hinsichtlich der numerischen Güte der asymptotischen Formeln siehe HARDY-RAMANUJAN [1]. — ERDÖS-LEHNER [1] untersuchen die Anzahl der Summanden in den Partitionen von n, indem zum Vergleich $p(n; k, \mathfrak{Z}^{(0)})$ mit $k = k(n)$ herangezogen wird. Es gilt

$$k(n) = \frac{1}{\pi}\sqrt{\frac{2}{3} n} \log n + \omega \sqrt{n} + O(1) \curvearrowright \lim_{n\to\infty} \frac{p(n; k(n), \mathfrak{Z}^{(0)})}{p(n)}$$

$$= e^{-\frac{1}{\pi}\sqrt{6}\, e^{-\frac{\pi}{2}\sqrt{\frac{2}{3}}\omega}} \quad (-\infty < \omega < \infty). \tag{52}$$

Siehe auch AULUCK-S. CHOWLA-GUPTA [1], GUPTA [15], [17], SZEKERES [1].

HUA [2] überträgt die HARDY-RAMANUJAN-RADEMACHERsche Methode bezüglich der Darstellung von $p(n)$ auf $p_v(n) = p(n, \mathfrak{U})$ (siehe 7.5., Satz 8) und erhält (in der Bezeichnung von Satz 16; $J_0(x)$ ist BESSEL-Funktion)

$$p_v(n) = p(n, \mathfrak{U}) = \frac{1}{\sqrt{2}} \sum_{k=1}^{\infty} A_{2k-1}(n) \frac{d}{d\tau}\left(J_0\left(\frac{i\pi}{2k-1}\sqrt{\frac{1}{3}\left(\tau + \frac{1}{24}\right)}\right)\right)_{\tau = n}$$

$$(\mathfrak{U} = \{1, 3, 5, \ldots, 2n+1, \ldots\}). \tag{53}$$

In Analogie zu Satz 17 beweist INGHAM [1] in Gestalt eines TAUBER-Satzes (siehe hierzu auch AULUCK-HASELGROVE [1])

$$p_v(n) = p(n, \mathfrak{U}) \sim \frac{1}{4\sqrt[4]{3 n^3}} e^{\pi \sqrt{\frac{1}{3} n}} \quad (n \to \infty).$$

Siehe ferner HARDY-RAMANUJAN [1], sowie SCHOENFELD [1], WRIGHT [1].

Hinsichtlich der zu (51) analogen Formel $\log p_v(n) \sim \pi \sqrt{\frac{1}{3} n}$ siehe KNOPP - I. SCHUR [1]. Siehe ferner KNOPP [1].

Für die bereits in 7.5. eingeführten Mengen $\mathfrak{A}_{m,\pm a}$, die aus allen $0 \leqq x \equiv \pm a \pmod{m}$ bestehen, gibt LIVINGOOD [1] in Verallgemeinerung von (53) (d. h. von $m = 2$, $a = 1$) und in Verallgemeinerung von LEHNER [1] ($m = 5$) Darstellungen durch unendliche Reihen bzw. asymptotisches Verhalten von $p(n, \mathfrak{A}_{m,\pm a})$ für den Fall an, daß $m > 3$ und Primzahl ist. NIVEN [1] leitet für $p(n, \mathfrak{A}_{6,\pm 1})$ eine unendliche Reihe ab. HABERZETLE [1] stellt in Verallgemeinerung hiervon eine Formel für $p(n, \mathfrak{M}_{pq})$ auf, in der $\mathfrak{M}_{pq} = \underset{x \in \mathfrak{Z}}{\in} [p\,q \nmid x;\ (p-1)(q-1) \equiv 0\ (24);\ p, q$ *Primzahlen*$]$ ist. Formeln und Beweismethoden entsprechen in allen erwähnten Fällen denen für $p(n)$.

Siehe ferner APOSTOL [1].

MEINARDUS [1], [3], [4] untersucht allgemein $p(n, \mathfrak{A}_{m,a})$ und $p_v(n, \mathfrak{A}_{m,a})$, worin $\mathfrak{A}_{m,a}$ die Menge aller $x \equiv a \pmod{m}$, $x \geqq 0$ bedeutet. Offensichtlich kann man sich auf $(m, a) = 1$ beschränken. Es wird neben elementaren Relationen insbesondere

$$p(n, \mathfrak{A}_{m,a}) \sim \frac{C\, e^{\pi\sqrt{\frac{2n}{3m}}}}{\sqrt{n^{1+\frac{a}{m}}}}, \quad C = \frac{\Gamma\left(\frac{a}{m}\right)\pi^{\frac{a}{m}-1}\sqrt{k^{\frac{a}{m}-1}}}{2\cdot\sqrt{2\cdot 6^{\frac{a}{m}}}},$$

$$p_v(n, \mathfrak{A}_{m,a}) \sim \frac{e^{\pi\sqrt{\frac{n}{3m}}}}{2^{1+\frac{a}{m}}\sqrt[4]{3\,m\,n^3}} \qquad (n \to \infty)$$

nachgewiesen. Für $m = 2$, $a = 1$ (also $\mathfrak{A}_{2,1} = \mathfrak{U}$) hatten KNOPP-I. SCHUR [1] lediglich

$$\log p_v(n, \mathfrak{U}) \sim \pi\sqrt{\frac{n}{6}} \quad (n \to \infty).$$

Bezeichnet $\mathfrak{G}_m$ die Gesamtheit aller zu m teilerfremden Zahlen $x > 0$, so beweisen KNOPP - I. SCHUR [1]

$$\log p(n, \mathfrak{G}_m) \sim \pi\sqrt{\frac{\varphi(m)}{m}\,n} \quad (n \to \infty;\ \varphi(x)\ \text{EULERsche Funktion}).$$

Für den Spezialfall, daß $m = p$ eine Primzahl ist, läßt sich $p(n, \mathfrak{G}_p)$ in Verallgemeinerung von (53) (d. h. $p = 2$) durch eine unendliche Reihe ausdrücken, deren Herleitung im wesentlichen der Methode von Satz 16 entspricht. Es ist (MEINARDUS [1])

$$p(n, \mathfrak{G}_p) = \frac{1}{\sqrt{p}} \sum_{\substack{k=1 \\ p \nmid k}}^{\infty} \sum_{\substack{0 < h \leqq k \\ (h,k)=1}} \frac{\omega_{h,k}}{\omega_{ph,k}}\, e^{-\frac{2\pi i h n}{k}} \frac{d}{d\tau}\left(J_0\left(\frac{i\pi}{k}\sqrt{\frac{2}{3p}\left(\tau + \frac{p-1}{24}\right)}\right)\right)_{\tau = n}.$$

Hinsichtlich der schon gegen Ende von 7.4. erklärten Partitionsfunktionen $p_v\left(n, \frac{\mathfrak{A}}{\mathfrak{G}}\right)$ gilt in dem Spezialfall $\mathfrak{A} = \mathfrak{Z}^{(0)}$, $\mathfrak{G} = (s, s, \ldots, s, \ldots)$, (das sind also diejenigen Partitionen, in denen für alle Summanden noch genau s verschiedene Typen möglich sind) ebenfalls nach KNOPP-I. SCHUR [1]

$$\log p_v\left(n, {\mathfrak{Z}^{(0)} \atop (s, s, \ldots)}\right) \sim \pi \sqrt{\frac{s}{3} n} \quad (n \to \infty).$$

Siehe ferner AULUCK [2], AULUCK-SINGWI-AGARWALA [1], BRIGHAM [1], [2], GUPTA [18], KNOPP [1]. Siehe auch weiter unten Satz 18f. Hinsichtlich der Anwendung auf die Bestimmung der Anzahl von Schaltungen gegebener Widerstände, was auf den Partitionentypus $p\left(n, {\mathfrak{Z}^{(0)} \atop \mathfrak{G}}\right)$ zurückführbar ist, s. KNÖDEL [2].

Ist $\mathfrak{M}_a = \{1, a, a^2, \ldots, a^\nu, \ldots\}$, $a > 1$, so gilt nach MAHLER [2]

$$\log p\,(n, \mathfrak{M}_a) \sim \frac{(\log n)^2}{2 \log a} \quad (n \to \infty). \tag{54}$$

Siehe hierzu auch DE BRUJN [1], PENNINGTON [1].

MEINARDUS [3], [4] leitet asymptotische Formeln für $p(n, \mathfrak{K}_i(d))$ ab, wobei

$$\mathfrak{K}_i(d) = \underset{n \in \mathfrak{Z}}{\in} \left[\text{KRONECKER-}\mathit{Symbol} \left(\frac{d}{n}\right) = (-1)^i\right] \quad (i = 1, 2)$$

(d Diskriminante eines quadratischen Zahlkörpers).

Ist $\mathfrak{A}$ eine beliebige Menge, so läßt sich $p\left(n, {\mathfrak{A} \atop \mathfrak{G}}\right)$ auf elementarem Weg stets auch explizit als endliche Summe darstellen, deren Herleitung methodisch verwandt der Herleitung der Rekursionsformeln (21_1) bzw. (21_2) ist. Es gilt (MEINARDUS [1])

Satz 18.

$$p\left(n, {\mathfrak{A} \atop \mathfrak{G}}\right) = \sum_{\nu=1}^{n} \frac{1}{\nu!} \sum_{\mu_1 + \cdots + \mu_\nu = n} \prod_{\varrho=1}^{\nu} \frac{\sigma\left(\mu_\varrho, {\mathfrak{A} \atop \mathfrak{G}}\right)}{\mu_\varrho}.$$

Beweis: Zur Sicherung des benötigten Konvergenzverhaltens setze man $g_i = 1$ für alle jene i, für die $a_i > n$ ist. Die Gültigkeit der Formel bleibt dadurch offensichtlich unberührt. Es sei dann

$$F\,(x) = \prod \left(\frac{1}{1 - x^{a_i}}\right)^{g_i} \quad \left(a_i \in \mathfrak{A}, g\,(a_i) = g_i \in \mathfrak{G}\right).$$

Für die logarithmische Ableitung von $F(x)$ erhält man

$$\frac{F'\,(x)}{F\,(x)} = \sum_{\lambda=1}^{\infty} x^{\lambda-1} \sum_{\substack{d \mid \lambda \\ d \in \mathfrak{A}}} d g\,(d) = \sum_{\lambda=1}^{\infty} x^{\lambda-1} \sigma\left(\lambda, {\mathfrak{A} \atop \mathfrak{G}}\right),$$

also

$$F\,(x) = e^{\psi(x)} = \sum_{\nu=0}^{\infty} \frac{\psi\,(x)^\nu}{\nu!}, \quad \psi\,(x) = \sum_{\lambda=1}^{\infty} \frac{1}{\lambda} x^\lambda \sigma\left(\lambda, {\mathfrak{A} \atop \mathfrak{G}}\right). \tag{55}$$

Unter Beachtung von

$$\psi(x)^\nu = \sum_{\lambda=\nu}^{\infty} x^\lambda \sum_{\mu_1+\cdots+\mu_\nu=\lambda} \prod_{\varrho=1}^{\nu} \frac{\sigma\left(\mu_\varrho, \frac{\mathfrak{A}}{\mathfrak{G}}\right)}{\mu_\varrho}$$

ergibt sich vermittels (55) durch Koeffizientenvergleich die Behauptung. Durch eine (21_1) entsprechende Modifikation erhält man ein zu Satz 18 analoges Ergebnis für $p_v\left(n, \frac{\mathfrak{A}}{\mathfrak{G}}\right)$.

Hinsichtlich einer schon auf SYLVESTER zurückgehenden Auflösungsmethode siehe GLAISHER [2]. — Vgl. auch MACMAHON [6].

Unter Voraussetzungen über gewisse DIRICHLET-Reihen leitet MEINARDUS [3], [4] noch eine asymptotische Formel für $p\left(n; \frac{\mathfrak{A}}{\mathfrak{G}}\right)$ ab.

Um lediglich auf $p_v(n, \mathfrak{M}) > 0$ für alle großen n zu schließen, ist schon folgendes Kriterium (SPRAGUE [2]) häufig von Nutzen:

Es sei $\mathfrak{M} = \{m_0 = 0, m_1, m_2, \ldots\}$. *Es gebe ein* $k \geqq 0$ *und ein* $N \geqq -1$, *so daß*

$$2\,m_k - m_{k+1} \leqq N < m_{k+1},$$

$$2\,m_l - m_{l+1} > N \text{ für } l > k$$

ist. Ferner sei $p_v(n, \mathfrak{M}) > 0$ *für alle* $n \in [N+1, N+m_{k+1}]$. *Dann ist*

$$p_v(n, \mathfrak{M}) > 0 \text{ für alle } n > N.$$

Siehe auch RICHERT [2].

Für die in 7.5. erklärte Partitionsfunktion $p_v(n, m, d)$ gilt nach MEINARDUS [4]

$$p_v(n, m, d) \sim \frac{C\,e^{2\sqrt{A n}}}{\sqrt[4]{n^3}}, \quad C = \frac{\sqrt[4]{A}}{2\sqrt{\pi\,\alpha^{d-1-2m}\,(d\,\alpha^{d-1}+1)}}$$

$$A = \frac{d}{2}\log^2\alpha + \sum_{\varrho=1}^{\infty} \frac{\alpha^{d\varrho}}{\varrho^2}, \quad \alpha^d + \alpha - 1 = 0, \ \alpha > 0.$$

Auf PETERSSON [3] geht noch eine mit Formel (32) verwandte Darstellung für $p(n)$ als unendliche Reihe zurück. Der wesentliche Unterschied in der Herleitung beruht darin, daß weder die CAUCHYsche Integralformel noch in irgendeiner Weise die FAREY-Zerschneidung herangezogen werden. Der Beweis stützt sich statt dessen auf die Theorie der Modulformen. Dabei versteht man unter einer *Modulform* $F(\tau)$, $\tau = x + i\,y$, eine Funktion mit folgenden Eigenschaften:

(A) $F(\tau)$ *ist in der oberen* τ*-Halbebene* $\mathfrak{H}$ *analytisch.*

(B) *Es sei Γ_0 eine Untergruppe der Modulgruppe $\Gamma(1) = \Gamma$; der Index von Γ_0 sei endlich. Dann gilt*

$$F(L\tau) = F\left(\frac{a\tau + b}{c\tau + d}\right) = (c\tau + d)^r\, v(L)\, F(\tau)$$

$$\left(\tau \in \mathfrak{H};\ L = \begin{pmatrix} a & b \\ c & d \end{pmatrix} \in \Gamma_0 \text{ (somit } a, b, c, d \text{ ganzzahlig, } |L| = 1),\ L\tau = \frac{a\tau + b}{c\tau + d}\right);$$

hierin ist r eine von τ und L unabhängige reelle, $v(L)$ eine von τ unabhängige komplexe Konstante. $(c\tau + d)^r$ bedeute den durch $-\pi <$ arg *$(c\tau + d) \leqq \pi$ bestimmten Hauptwert.*

(C) *Es sei ζ die für ein[1] $L \in \Gamma_0$ durch $L\zeta = \infty$ eindeutig bestimmte rationale Zahl $\left(\text{also } \zeta = -\frac{d}{c} \text{ bzw. } \zeta = \infty\right)$. Dann besitzt $F(\tau)$ in einer Umgebung von ζ die in Richtung negativer Exponenten abbrechende Entwicklung*

$$F(\tau) = (c\tau + d)^{-r} \sum_{m \geqq m_0} b_{m+\varkappa}(L)\, e^{2\pi i (m+\varkappa) \frac{L\tau}{N}}$$

$$(\varkappa \text{ reell, } 0 \leqq \varkappa < 1,\ m_0 \text{ ganz, } N > 0 \text{ ganz}).$$

Man pflegt die Gesamtheit aller $F(\tau)$, die zu denselben Größen $\Gamma_0, -r, v$ gehören, zu einer *Klasse* $\{\Gamma_0; -r; v\}$ zusammenzufassen; $-r$ heißt dabei die *Dimension*, $v(L)$ das *Multiplikatorensystem*.

Ist Γ_0 durch Kongruenzbedingungen für a, b, c, d erklärt, so ist N in (C), wie sich zeigen läßt, Teiler des kleinsten gemeinschaftlichen Vielfachen aller Kongruenzmoduln.

Zum näheren Studium sei etwa auf HECKE [2] (wo zunächst nur Modulformen halbzahliger Dimension eingeführt werden) sowie auf PETERSSON [1], [2], [3] (insbesondere [2]) verwiesen.

Die jetzt hier interessierende Modulform ist die bereits in 7.6. erklärte DEDEKINDsche η-Funktion

$$\eta(\tau) = e^{\frac{i\pi\tau}{12}} \prod_{n=1}^{\infty} (1 - e^{2\pi i \tau n}); \tag{56}$$

es ist $\eta(\tau) \in \left\{\Gamma; -\frac{1}{2}; v_0\right\}$ mit

$$v_0(L) = \begin{cases} \left(\frac{c}{d}\right) e^{-i\pi\left\{\frac{1}{4}(1-d) + \frac{1}{12}((c-b)d + (d^2-1)ac)\right\}}, & 2 \nmid d,\ d > 0, \\ \left(\frac{d}{c}\right) e^{-i\pi\left\{\frac{c}{4} + \frac{1}{12}(-c(a+d) + (c^2-1)bd)\right\}}, & 2 \nmid c,\ c > 0, \end{cases} \tag{57}$$

$$\left(\left(\frac{c}{d}\right), \left(\frac{d}{c}\right) \text{ JACOBI-}\textit{Symbole}\right),$$

[1] Aus (A) und (B) folgt leicht, daß die folgende Entwicklung dann analog auch für alle $L \in \Gamma_0$ gilt.

wofür man mit Hilfe der DEDEKINDschen Summen (siehe 7.6.) auch

$$v_0(L) = \sqrt{-i}\, e^{-i\pi\left(s(a,c) - \frac{a+d}{12c}\right)}$$

schreiben kann. $\eta^{24}(\tau)$ ist ferner eine sogenannte *ganze Modulform erster Stufe*, d. h. die Dimension ist ganzzahlig, es ist $\Gamma_0 = \Gamma(1) = \Gamma$ und $v(L) = 1$; hiernach muß $v_0(L)$ eine 24-te Einheitswurzel sein (was auch durch (57) bestätigt wird).

Hinsichtlich einer ausführlichen Darstellung der Theorie ganzer Modulformen (beliebiger Stufen) s. etwa HECKE [1]. Eine kurze Zusammenfassung findet sich bei EICHLER [1].

Ferner werden die für viele Zusammenhänge wichtigen *(verallgemeinerten)* KLOOSTERMANN-*Summen* benötigt:

$$W_m(u, v, w) = \sum_{\substack{0 < h \leq m \\ (h,m)=1 \\ h h' \equiv 1\,(m)}} v^{-1}(A_h)\, e^{\frac{2\pi i}{m}(uh + wh')} \qquad \left(A_h = \begin{pmatrix} h' & \frac{hh'-1}{m} \\ m & h \end{pmatrix}\right),$$

die in speziellerer Form von KLOOSTERMANN [1] bei der — zum WARINGschen Problemkreis gehörenden — Bestimmung der Kompositionsanzahl bezüglich $n = a\,x^2 + b\,y^2 + c\,z^2 + d\,t^2$ eingeführt wurden.

Siehe unter anderem KLOOSTERMANN [2], ESTERMANN [1], SALIE [1], [2], WHITEMAN [1].

Mit den vorstehend eingeführten Bezeichnungen gilt dann

Satz 18 (PETERSSON [3]).

$$p(n) = \frac{2\pi i}{\sqrt[4]{(24n-1)^3}} \sum_{m=1}^{\infty} \frac{1}{m} W_m\left(\frac{1}{24}, v_0, \frac{1}{24} - n\right) \cdot$$
$$\cdot J_{3/2}\left(-\frac{i\pi}{m}\sqrt{\frac{2}{3}}\sqrt{n - \frac{1}{24}}\right),$$

wobei $J_{3/2}(x)$ BESSEL-*Funktion erster Art ist*:

$$i^s J_s(-it) = \sum_{m=0}^{\infty} \frac{1}{m!\,\Gamma(s+m+1)} \left(\frac{t}{2}\right)^{s+2m}.$$

Durch Umrechnung der BESSEL-Funktion und Einsetzen von (57) ist die Überführung in (32) leicht durchführbar.

Legt man der PETERSSONschen Methode, die in diesem Zusammenhang allgemein die Bestimmung von FOURIER-Koeffizienten ermöglicht, $\eta^s(\tau)$ an Stelle von $\eta(\tau)$ zugrunde, so erhält man ein Satz 18 entsprechendes Ergebnis für $p(n, \mathfrak{Z}^{(0)}_{(s,s,\ldots)})$. Die Behandlung der Partitionsfunktion $p(n, \mathfrak{Z}^{(0)}_{\mathfrak{G}})$ mit allgemeinerem $\mathfrak{G}$ führt PETERSSON [4] ebenfalls durch.

Hinsichtlich der Verallgemeinerung von $p(n)$ bezüglich algebraischer Zahlkörper s. MEINARDUS [2], RADEMACHER [8], bezüglich Polynomen aus $GF(q)[x]$ s. CARLITZ [1].

8. Die verschiedenen Dichtebegriffe.

8.1. Die gewöhnlichen Dichten. Als besonders geeignet zur Herleitung allgemeiner additiv zahlentheoretischer Sätze hat sich die auf SCHNIRELMANN [1] zurückgehende Heranziehung gewisser metrischer Gesichtspunkte erwiesen, die es gestatten, von der speziellen arithmetischen Natur der zu betrachtenden Mengen abzusehen.

Es sei $\mathfrak{A}_1, \mathfrak{A}_2, \ldots, \mathfrak{A}_n$ ein System von n ($< \infty$) beliebigen nicht leeren Mengen aus Σ; dann heißt der Ausdruck

$$\delta(\mathfrak{A}_1, \mathfrak{A}_2, \ldots, \mathfrak{A}_n) = \underset{x=1,2,\ldots}{\underline{\text{fin}}} \frac{\sum_{\nu=1}^{n} A_\nu(x)}{x} \tag{1}$$

die *n-gliedrige (arithmetische) Dichte des Mengensystems.* Ist $n = 1$ ($\mathfrak{A}_1 = \mathfrak{A}$) so heißt (LANDAU [9])

$$\delta(\mathfrak{A}) = \underset{x=1,2,\ldots}{\underline{\text{fin}}} \frac{A(x)}{x} \tag{2}$$

schlechthin die (SCHNIRELMANN-)*Dichte von* $\mathfrak{A}$.

Im folgenden werden noch weitere Dichte-Begriffe angegeben werden. Dabei handelt es sich stets um Funktionen $\Delta(\mathfrak{A})$, die auf $\Sigma - 0$ bzw. wie im Fall der n-gliedrigen Dichten auf $(\Sigma - 0)^n$ oder auf einer solchen Teilmenge Σ_1 von $(\Sigma - 0)$ erklärt sind, die die Menge Σ_e aller endlichen Mengen aus $(\Sigma - 0)$ umfaßt, und die Forderungen

$\Delta(\mathfrak{A}) \geqq 0$ *für alle* $\mathfrak{A} \in \Sigma_1$, (*bzw.* $\Delta(\mathfrak{A}_1, \mathfrak{A}_2, \ldots, \mathfrak{A}_n) \geqq 0)$,

$\mathfrak{A} \subseteqq \mathfrak{B} \curvearrowright \Delta(\mathfrak{A}) \leqq \Delta(\mathfrak{B})$,

$\big($*bzw.* $\mathfrak{A}_i \subseteqq \mathfrak{B}_i\ (i = 1, 2, \ldots, n) \curvearrowright \Delta(\mathfrak{A}_1, \mathfrak{A}_2, \ldots, \mathfrak{A}_n) \leqq \Delta(\mathfrak{B}_1, \mathfrak{B}_2, \ldots, \mathfrak{B}_n)\big)$,

$\mathfrak{A} \in \Sigma_e \curvearrowright \Delta(\mathfrak{A}) = 0$, (*bzw.* $\{\mathfrak{A}_1, \mathfrak{A}_2, \ldots, \mathfrak{A}_n\} \subset \Sigma_e^n \curvearrowright \Delta(\mathfrak{A}_1, \mathfrak{A}_2, \ldots, \mathfrak{A}_n) = 0)$

erfüllen.

Eine Variante von (1) bzw. (2) ergibt sich folgendermaßen (OSTMANN [2]): Es sei $a_{\nu 0}$ das kleinste Element in $\mathfrak{A}_\nu$ ($\nu = 1, 2, \ldots, n$); dann heiße *variierte n-gliedrige Dichte* der Ausdruck

$$\delta_v(\mathfrak{A}_1, \mathfrak{A}_2, \ldots, \mathfrak{A}_n) = \underset{x=0,1,2,\ldots}{\underline{\text{fin}}} \frac{\left(\sum_{\nu=1}^{n} A_\nu(a_{\nu 0} - 1, a_{\nu 0} + x)\right) - (n-1)}{x+1}. \tag{3}$$

In dem wichtigsten Fall, daß alle $a_{\nu 0} = 0$ sind, geht (3) über in

$$\delta_v(\mathfrak{A}_1, \mathfrak{A}_2, \ldots, \mathfrak{A}_n) = \underset{x=0,1,2,\ldots}{\underline{\text{fin}}} \frac{\sum_{\nu=1}^{n} A_\nu(-1, x) - n + 1}{x+1}$$

$$= \underset{x=0,1,2,\ldots}{\underline{\text{fin}}} \frac{1 + \sum_{\nu=1}^{n} A_\nu(x)}{x+1}; \tag{4}$$

die Zählung der Elemente beginnt also im Gegensatz zu (1) bzw. (2) bereits bei der Null, die insgesamt jedoch nur einmal gezählt wird[1]. Für $n = 1$ (*variierte* (SCHNIRELMANN-)*Dichte*) ergibt sich bei $0 \in \mathfrak{A}$

$$\delta_v(\mathfrak{A}) = \underset{x=0,\overline{1,2,\ldots}}{\text{fin}} \frac{A(-1, x)}{x+1}. \tag{5}$$

Für die Werte dieser Dichten kann bereits die Struktur der Mengenanfänge ausschlaggebend sein. Dies wird besonders bezüglich (2) deutlich, wenn z. B. $\mathfrak{A} = \{0, 2, 3, \ldots, \nu, \ldots\}$ gewählt wird; wegen $A(1) = 0$ ist nach (2) nämlich $\delta(\mathfrak{A}) = 0$, während nach Hinzunahme der Eins zu $\mathfrak{A}$ bereits $\mathfrak{Z}$, das ja die Dichte Eins besitzt, erhalten wird. Offenbar hat jede Menge, die die Eins nicht enthält, die SCHNIRELMANN-Dichte Null, hingegen sind $\mathfrak{Z}$ und $\mathfrak{Z}^{(0)}$ die einzigen Mengen der Dichte Eins. Durch die variierte Dichte wird dieses extreme Verhalten etwas gemildert; an Stelle von $\delta(\mathfrak{A}) = 0$ erhält man für dasselbe $\mathfrak{A}$ jetzt $\delta_v(\mathfrak{A}) = \frac{1}{2}$.

Ist $0 \notin \mathfrak{A}$, aber $1 \in \mathfrak{A}$, so erkennt man sofort

$$\delta(\mathfrak{A}) = \underset{x=\overline{1,2,\ldots}}{\text{fin}} \frac{A(x)}{x} = \underset{x=0,\overline{1,2,\ldots}}{\text{fin}} \frac{A(0, 1+x)}{x+1} = \delta_v(\mathfrak{A}). \tag{6}$$

Das asymptotische Verhalten wird durch folgende Dichtebegriffe erfaßt[2]:

$$\delta^*(\mathfrak{A}_1, \mathfrak{A}_2, \ldots, \mathfrak{A}_n) = \underset{x=1,2,\ldots}{\underline{\lim}} \frac{\sum_{\nu=1}^{n} A_\nu(x)}{x}, \tag{7}$$

$$\bar{\delta}^*(\mathfrak{A}_1, \mathfrak{A}_2, \ldots, \mathfrak{A}_n) = \underset{n=1,2,\ldots}{\overline{\lim}} \frac{\sum_{\nu=1}^{n} A_\nu(x)}{x}. \tag{8}$$

(7) nennt man *n-gliedrige asymptotische Dichte*. Hinsichtlich (8) vergleiche man jedoch 10., insbesondere Definition 1. Stimmen (7) und (8) ihrem Werte nach überein, so heißt der gemeinsame Wert die *n-gliedrige natürliche Dichte*:

$$\delta_*(\mathfrak{A}_1, \mathfrak{A}_2, \ldots, \mathfrak{A}_n) = \lim_{x\to\infty} \frac{\sum_{\nu=1}^{n} A_\nu(x)}{x}.$$

Ist $n = 1$, so spricht man schließlich von der *asymptotischen* (bzw. *oberen asymptotischen*, bzw. *natürlichen*) *Dichte* dieser Menge.

Zufolge $A_\nu(x) \leqq x$ ($\nu = 1, 2, \ldots, n$) ist

$$0 \leqq \delta(\mathfrak{A}_1, \mathfrak{A}_2, \ldots, \mathfrak{A}_n) \leqq \delta^* \leqq \bar{\delta}^* \leqq n$$

---

[1] Der Zweck der Einführung dieser Größe liegt in dem später zu behandelnden Verhalten der Summenmenge $\sum_{\nu=1}^{n} \mathfrak{A}_\nu$.

[2] (Zusatz bei der Korrektur.) Hinsichtlich einer Verallgemeinerung der asymptotischen Dichte siehe ROHRBACH-VOLKMANN [3].

evident. Betrachtet man in der Folge rechts in (3) das Glied für $x = 0$, so erkennt man sofort, daß stets

$$0 \leqq \delta_v(\mathfrak{A}_1, \mathfrak{A}_2, \ldots, \mathfrak{A}_n) \leqq 1$$

ist.

Zahlreichen Relationen liegt lediglich die für alle $u_1 \geq 0$, $u_2 \geq 0$, $v_1 > 0$, $v_2 > 0$ offensichtlich gültige Beziehung

$$\frac{u_1}{v_1} \leq 1 \wedge \frac{u_2}{v_2} \leq 1 \curvearrowright \operatorname{Min}\left(\frac{u_1}{v_1}, \frac{u_2}{v_2}\right) \leq \frac{u_1 + u_2}{v_1 + v_2} \leq \operatorname{Max}\left(\frac{u_1}{v_1}, \frac{u_2}{v_2}\right) \leq 1 \tag{9}$$

zugrunde. So genügt es z. B. für den Fall, daß unendlich viele natürliche Zahlen nicht zur Vereinigung $\mathfrak{B}$ aller $\mathfrak{A}_\nu$ gehören, bei der Berechnung von δ, δ_v, δ^* bzw. δ_* sich auf die Durchlaufung der $x \notin \mathfrak{B}$ zu beschränken. Ebenfalls auf diese Weise erkennt man sofort die Beziehung

$$\frac{1}{x_0} \sum_{\nu=1}^{n} A_\nu(x_0) \leq 1 \curvearrowright \frac{1}{x_0} \sum_{\nu=1}^{n} A_\nu(x_0) \leq \frac{1}{x_0 + 1}\left(1 + \sum_{\nu=1}^{n} A_\nu(x_0)\right) \leq 1$$

$$(x_0 > 0),$$

und ein solches x_0 ist sicher vorhanden, wenn $\delta \leq 1$ ist; hieraus gewinnt man unmittelbar die Relationen

$$\delta =_{\mathrm{Df}} \delta(\mathfrak{A}_1, \mathfrak{A}_2, \ldots, \mathfrak{A}_n) \leq 1 \curvearrowright \delta \leq \delta_v \leq \delta^* \leq \bar{\delta}^*,$$

$$\delta \geq 1 \curvearrowright \delta_v = 1.$$

Schließlich seien noch durch

$$\delta(y; \mathfrak{A}_1, \mathfrak{A}_2, \ldots, \mathfrak{A}_n) = \operatorname*{Min}_{1 \leq x \leq y} \frac{\sum_{\nu=1}^{n} A_\nu(x)}{x}$$

bzw.

$$\delta_v(y; \mathfrak{A}_1, \mathfrak{A}_2, \ldots, \mathfrak{A}_n) = \operatorname*{Min}_{0 \leq x \leq y} \frac{\left(\sum_{\nu=1}^{n} A_\nu(a_{\nu 0} - 1, a_{\nu 0} + x)\right) - n + 1}{x + 1} \tag{10}$$

die sogenannten *n-gliedrigen Abschnittsdichten* erklärt und in Verallgemeinerung hiervon noch die *Intervalldichte*

$$\delta(x, y; \mathfrak{A}_1, \mathfrak{A}_2, \ldots, \mathfrak{A}_n) = \operatorname*{Min}_{x < z \leq y} \frac{\sum_{\nu=1}^{n} A_\nu(x, z)}{z - x}$$

Es folgt $\delta(0, y; \ldots) = \delta(y; \ldots)$, und so ergibt sich noch

$$\delta = \lim_{y \to \infty} \delta(y; \ldots), \quad \delta_v = \lim_{y \to \infty} \delta_v(y; \ldots).$$

Die eben erklärten Abschnitts- und Intervalldichten sind offensichtlich keine Dichten im eingangs geforderten Sinn.

Bemerkung 1. Da für beliebige ganze $b_\nu \geqq 0$ $(\nu = 1, 2, \ldots, n)$ offenbar

$$\delta_v(\mathfrak{A}_1, \mathfrak{A}_2, \ldots, \mathfrak{A}_n) = \delta_v(\{b_1\} + \mathfrak{A}_1, \{b_2\} + \mathfrak{A}_2, \ldots, \{b_n\} + \mathfrak{A}_n)$$

ist — desgleichen auch für δ^*, $\bar{\delta}^*$ —, kann man sich — gemäß der Zerlegungsmöglichkeit 1.1. (5) — hinsichtlich dieser Dichten ohne Einschränkung auf den Fall $0 \in \bigcap_{\nu=1}^{n} \mathfrak{A}_\nu$ beschränken. $\delta(\mathfrak{A}_1, \mathfrak{A}_2, \ldots, \mathfrak{A}_n)$ ist in der Regel überhaupt nur in diesem Fall von Interesse.

Die Heranziehung der arithmetischen Dichtebegriffe (1), (3) mag namentlich angesichts des obigen Beispiels $\delta(\{0, 2, 3, \ldots, \nu, \ldots\}) = 0$ zunächst befremdlich scheinen. Der Nutzen liegt jedoch im wesentlichen in der aus (1) bzw. (3) folgenden, *für alle* $x \geq 0$ gültigen Abschätzung (es sei etwa $n = 1$ und $0 \in \mathfrak{A}$)[1]

$$A(x) \geq \langle \alpha\, x \rangle \text{ bzw. } A(-1, x) \geq \langle \alpha_v (x+1) \rangle \qquad (11)$$
$$(\delta(\mathfrak{A}) = \alpha,\ \delta_v(\mathfrak{A}) = \alpha_v),$$

während ja aus (7) nur

$$A(x) \geq \langle (\alpha^* - \varepsilon)\, x \rangle \quad (\delta^*(\mathfrak{A}) = \alpha^*;\ \varepsilon > 0 \text{ beliebig})$$

für alle $x \geq x_0(\varepsilon)$ folgt. Überdies läßt sich (11) sofort auf die Abschnittsdichten übertragen. Für diese bestätigt man im Falle $\delta(y) \leq 1$ noch unschwer die Beziehung

$$\langle (y+1)\, \delta_v(y) \rangle \geq \langle y\, \delta(y) \rangle + 1 \qquad \left(0 \in \bigcap_{\nu=1}^{n} \mathfrak{A}_\nu,\ \delta(y) \leq 1\right), \qquad (12)$$

was dem Mitzählen der Null bei $\delta_v(y)$ entspricht.

Ein wesentlicher Unterschied zwischen δ und δ_v kommt durch die folgende Beziehung zum Ausdruck:

Satz 1. $\delta^*(\mathfrak{A}_1, \mathfrak{A}_2, \ldots, \mathfrak{A}_n) > 0 \curvearrowright \delta_v(\mathfrak{A}_1, \mathfrak{A}_2, \ldots, \mathfrak{A}_n) > 0$.

Der Beweis ergibt sich sofort daraus, daß kein Quotient der zur Definition von δ_v benötigten Quotientenfolge verschwinden kann.

Ist $\delta^*(\mathfrak{A}) = 1$, so ist zu beachten, daß daraus nur folgt, daß $\mathfrak{A}$ in einem schwachen Sinn fast alle („alle bis auf höchstens 0%") natürlichen Zahlen enthält; die — eventuell unendliche — Menge der nicht zu $\mathfrak{A}$ gehörenden natürlichen Zahlen hat die natürliche Dichte Null.

Vermittels der in 7.1., Definition 1 eingeführten charakteristischen Funktion $J(x)$ lassen sich die Dichten, wie leicht zu sehen ist, noch durch die Formeln

$$\begin{aligned}
\delta(\mathfrak{A}_1, \mathfrak{A}_2, \ldots, \mathfrak{A}_n) &= \underset{x=1,2,\ldots}{\underline{\text{fin}}}\ \frac{J(x)+x}{x} \quad \Big(0 \in \bigcap_{i=1}^{n} \mathfrak{A}_i\Big)^2, \\
\delta_v(\mathfrak{A}_1, \mathfrak{A}_2, \ldots, \mathfrak{A}_n) &= \underset{x=0,1,2,\ldots}{\underline{\text{fin}}}\ \frac{J(x)+x+1}{x+1}, \\
\delta^*(\mathfrak{A}_1, \mathfrak{A}_2, \ldots, \mathfrak{A}_n) &= \underset{x=1,2,\ldots}{\underline{\lim}}\ \frac{J(x)+x}{x}, \\
\bar{\delta}^*(\mathfrak{A}_1, \mathfrak{A}_2, \ldots, \mathfrak{A}_n) &= \underset{x=1,2,\ldots}{\overline{\lim}}\ \frac{J(x)+x}{x}
\end{aligned} \qquad (13)$$

ausdrücken. Das liefert gemäß dem früher Gesagten sofort den

[1] Es sei an die Definition $\langle \varrho \rangle = -[-\varrho]$ erinnert.

[2] Diese Voraussetzung bezieht sich nur auf $\delta(\mathfrak{A}_1, \ldots, \mathfrak{A}_n)$.

Satz 2. *Die jeweiligen Dichtenwerte des Systems* $\mathfrak{A}_1, \mathfrak{A}_2, \ldots, \mathfrak{A}_n$ *stimmen mit den entsprechenden des Systems* $\mathfrak{D}_1, \mathfrak{D}_2, \ldots, \mathfrak{D}_n$ *der Durchschnitte aller Stufen überein.*

Eine Modifikation der SCHNIRELMANN-Dichte geht im wesentlichen auf BESICOVITCH [3] zurück (siehe auch ERDÖS [18]). Es sei für ein festgewähltes $k \geqq 1$

$$\delta_k(\mathfrak{A}) = \underset{x=k,\, \overline{k+1, \ldots}}{\text{fin}} \frac{A(x)}{x+1}.$$

Offenbar gilt für $0 < h \leqq k$ stets

$$\delta_h(\mathfrak{A}) \leqq \delta_k(\mathfrak{A}) \leqq \frac{k}{k+1} \text{ sowie } \delta_1(\mathfrak{A}) \leqq \text{Min}\left(\frac{1}{2}, \delta(\mathfrak{A})\right).$$

In der Regel wählt man k so, daß $k \notin \mathfrak{A}$, $[1, k-1] \subseteqq \mathfrak{A}$ ist, und in diesem Fall gilt sogar

$$\delta_{k-1}(\mathfrak{A}) = \delta_k(\mathfrak{A}) \leqq \text{Min}\left(\delta(\mathfrak{A}), \frac{k-1}{k+1}\right).$$

Man nennt $\delta_k(\mathfrak{A})$ zuweilen *modifizierte* SCHNIRELMANN-*Dichte*[1].

Für die n-gliedrigen Dichten ergeben sich leicht die folgenden Abschätzungsmöglichkeiten durch die Einzeldichten:

$$\delta_v(\mathfrak{A}_1, \mathfrak{A}_2, \ldots, \mathfrak{A}_n) \geqq \delta(\mathfrak{A}_1, \mathfrak{A}_2, \ldots, \mathfrak{A}_n) \geqq \sum_{\nu=1}^{n} \delta(\mathfrak{A}_\nu), \tag{14$_1$}$$

$$\textit{wenn } \delta(\mathfrak{A}_1, \mathfrak{A}_2, \ldots, \mathfrak{A}_n) \leqq 1,$$

$$\delta_v(\mathfrak{A}_1, \mathfrak{A}_2, \ldots, \mathfrak{A}_n) \geqq \text{Min}\left(1, \delta_v(\mathfrak{A}_1) + \sum_{\nu=2}^{n} \delta_k(\mathfrak{A}_\nu)\right), \tag{14$_2$}$$

$$\textit{wenn } [0, k-1] \subseteqq \bigcup_{\nu=1}^{n} \mathfrak{A}_\nu,\ 0 \in \mathfrak{D}_n,$$

$$\delta^*(\mathfrak{A}_1, \mathfrak{A}_2, \ldots, \mathfrak{A}_n) \geqq \sum_{\nu=1}^{n} \delta^*(\mathfrak{A}_\nu). \tag{14$_3$}$$

Bezüglich der mittleren Relation bedenke man lediglich, daß aus $[0, k-1] \subseteqq \bigcup_{\nu=1}^{n} \mathfrak{A}_\nu$ offenbar $\delta_v(k-1; \mathfrak{A}_1, \mathfrak{A}_2, \ldots, \mathfrak{A}_n) = 1$ folgt, und somit

$$\delta(\mathfrak{A}_1, \mathfrak{A}_2, \ldots, \mathfrak{A}_n) = \text{Min}\left(1, \underset{x=k,\, \overline{k+1, \ldots}}{\text{fin}} \frac{1 + \sum_{\nu=1}^{n} A_\nu(x)}{x+1}\right)$$

ist, woraus sich die Behauptung ergibt, wenn etwa $1 + A_1(x)$ zu $A_1(-1, x)$ zusammengezogen wird.

$\delta_k(\mathfrak{A})$ steht in einem gewissen Zusammenhang zur BESICOVITCH-Summe 1.1. (3): $\mathfrak{A} \dotplus \mathfrak{B} = \left(\mathfrak{A} \wedge [1, \infty)\right) + \left(\mathfrak{B} \vee \{0\}\right)$;

[1] (Zusatz bei der Korrektur.) Eine andere Modifikation der SCHNIRELMANN-Dichte gibt STALLEY [1]:

$$\delta'(\mathfrak{A}) = \underset{i=\overline{1, 2, \ldots}}{\text{fin}} \frac{A(a_i)}{a_i} = \underset{i=\overline{1, 2, \ldots}}{\text{fin}} \frac{i}{a_i} \quad (\mathfrak{A} = \{a_1 > 0, a_2, \ldots\}).$$

zu deren Dichteabschätzung wurde sie im Fall $[0, k-1] \subseteq \mathfrak{B}$ eingeführt. Ist unter den gemachten Voraussetzungen überdies $1 \in \mathfrak{A}$, so ergibt sich entsprechend (14_2) in Verbindung mit (6) leicht

$$\begin{aligned}\delta_v(\mathfrak{A}, \mathfrak{B}) &= \underset{x=1,2,\ldots}{\underline{\text{fin}}} \frac{A(x) + B(x-1)}{x} \geqq \text{Min}\left(1, \delta_v(\mathfrak{A}) + \delta_k(\mathfrak{B})\right) \\ &= \text{Min}\left(1, \delta(\mathfrak{A}) + \delta_k(\mathfrak{B})\right). \qquad (15)\end{aligned}$$

Es läßt sich $\delta_v(\mathfrak{A}, \mathfrak{B})$ auch allein durch die SCHNIRELMANN-Dichten der einzelnen Mengen abschätzen; es gilt mit $\delta(\mathfrak{A}) = \alpha$, $\delta(\mathfrak{B}) = \beta$, $\delta_k(\mathfrak{B}) = \beta_k$ insgesamt (OSTMANN [2][1]), sofern die rechte Seite nicht größer als 1 ist:

$$\begin{aligned}\delta_v(\mathfrak{A}, \mathfrak{B}) &\geqq \text{Max}\Big(\alpha + \beta - \alpha\beta = 1 - (1-\alpha)(1-\beta), \frac{\alpha}{1-\beta}, \\ &\quad 2\,\text{Min}(\alpha, \beta), \alpha + \beta_k\Big) \quad (0 \notin \mathfrak{A}, 1 \in \mathfrak{A}, [0, k-1] \subseteq \mathfrak{B}). \qquad (16)\end{aligned}$$

Hinsichtlich des Beweises s. Satz 4 in 8.2. — Betrachtet man gleich die allgemeinere Summe $\mathfrak{A}_1^{(0)} + \sum_{\nu=2}^{n} \mathfrak{A}_\nu$, $0 \in \bigcap_{\nu=2}^{n} \mathfrak{A}_\nu$, so bereitet die Übertragung von (16) auf $\delta_v(\mathfrak{A}_1^{(0)}, \mathfrak{A}_2, \ldots, \mathfrak{A}_n)$ keine Schwierigkeiten (8.2., Satz 4). Die beiden folgenden Beispiele zeigen, daß in (16) durchaus das Gleichheitszeichen möglich ist, sogar schon bezüglich jedes einzelnen Terms!

$$\mathfrak{A} = \{1, 10, 11, \ldots, \nu, \ldots\}, \quad \mathfrak{B} = \{0, 1, 9, 10, 11, \ldots, \nu, \ldots\}$$

(Radò: s. bei BESICOVITCH [3]); es ist $\alpha = \frac{1}{9}$, $\beta = \frac{1}{8}$, $\beta_1 = \frac{1}{9}$, somit

$$\alpha + \beta - \alpha\beta = \frac{2}{9} = 2\,\text{Min}(\alpha, \beta) = \alpha + \beta_1 > \frac{\alpha}{1-\beta} = \frac{8}{63},$$

ferner nach (15)

$$\delta_v(\mathfrak{A}, \mathfrak{B}) = \underset{x=1,2,\ldots}{\underline{\text{fin}}} \frac{A(x) + B(x-1)}{x} = \frac{A(9) + B(8)}{9} = \frac{2}{9};$$

überdies ist für $\mathfrak{A} + \mathfrak{B} = \{1, 2, 10, 11, \ldots, \nu, \ldots\}$

$$\delta(\mathfrak{A} + \mathfrak{B}) = \delta_v(\mathfrak{A} + \mathfrak{B}) = \frac{2}{9} = \delta_v(\mathfrak{A}, \mathfrak{B}).$$

$\delta_v(\mathfrak{A}, \mathfrak{B}) = \frac{\alpha}{1-\beta}$ wird durch

$$\mathfrak{A} = \{1, 3, 6, 7, 8, \ldots, \nu, \ldots\}, \quad \mathfrak{B} = \{0, 1, 3, 5, 6, 7, 8, \ldots, \nu, \ldots\}$$

(OSTMANN [I]) bestätigt; es ist $\alpha = \frac{2}{5}$, $\beta = \frac{1}{2}$, $\delta_v = \frac{A(5) + B(4)}{5}$ $= \frac{4}{5} = \frac{\alpha}{1-\beta} = 2\alpha$. In diesem Beispiel ist noch

$$\frac{\alpha}{1-\beta} > \alpha + \beta_1 = \frac{11}{15} > \alpha + \beta - \alpha\beta = \frac{7}{10}.$$

---

[1] Die einzelnen Terme in (16) rühren von älteren Abschätzungen für Summenmengen her, und zwar (entsprechend obiger Reihenfolge): SCHNIRELMANN [1] (bzw. LANDAU [9]), I. SCHUR [4], CHINČIN [3], BESICOVITCH [3]. Siehe ferner Abschätzungen von SCHERK [1]; die dort für $\delta_v(\mathfrak{A} \dotplus \mathfrak{B})$ angegebenen unteren Schranken gelten ebenso bereits für $\delta_v(\mathfrak{A}, \mathfrak{B})$.

und für die Summenmenge $\mathfrak{A} + \mathfrak{B} = \{1, 2, 3, 4, 6, 7, 8, \ldots, \nu, \ldots\}$ gilt

$$\delta_v(\mathfrak{A} + \mathfrak{B}) = \delta(\mathfrak{A} + \mathfrak{B}) = \frac{4}{5} = \delta_v(\mathfrak{A}, \mathfrak{B}).$$

Obwohl die Abschätzungen (16) ursprünglich mit dem Ziel, $\delta(\mathfrak{A} + \mathfrak{B})$, $0 \in \mathfrak{A} \cap \mathfrak{B}$, abzuschätzen, entstanden waren und in dieser Hinsicht inzwischen überholt sind (siehe 11.), behalten sie angesichts obiger Beispiele bezüglich der BESICOVITCH-Summe ihre Bedeutung.

Nach Satz 2 gilt für alle Mengensysteme $\mathfrak{A}_1', \mathfrak{A}_2', \ldots, \mathfrak{A}_n'$, die in den Durchschnitten sämtlicher Stufen mit $\mathfrak{A}_1, \mathfrak{A}_2, \ldots, \mathfrak{A}_n$ übereinstimmen,

$$\delta(\mathfrak{A}_1, \mathfrak{A}_2, \ldots, \mathfrak{A}_n) = \delta(\mathfrak{A}_1', \mathfrak{A}_2', \ldots, \mathfrak{A}_n) \geq \sum_{\nu=1}^{n} \delta(\mathfrak{A}_\nu').$$

Setzt man

$$\sigma = \overline{\operatorname{fin}} \sum_{\nu=1}^{n} \delta(\mathfrak{A}_\nu'),$$

wobei $(\mathfrak{A}_1', \mathfrak{A}_2', \ldots, \mathfrak{A}_n')$ alle derartigen Systeme durchläuft, so ist die Frage nach der Allgemeingültigkeit von $\delta(\mathfrak{A}_1, \mathfrak{A}_2, \ldots, \mathfrak{A}_n) = \sigma$ zu verneinen, wie das folgende Beispiel zeigt (OSTMANN [1]):

$$\mathfrak{A} = \{0, 1, 6, 7, 15, 17, 18, 19, \ldots, \nu, \ldots\}, \quad \mathfrak{B} = \{0, 1, 7, 16, 17, 18, \ldots, \nu, \ldots\};$$

es ist

$$\delta(\mathfrak{A}, \mathfrak{B}) = \frac{A(14) + B(14)}{14} = \frac{5}{14} > \frac{12}{35} = \sigma,$$

wie man an Hand der vier Möglichkeiten sofort nachprüft. Ist ferner $\mathfrak{D}$ der Durchschnitt, $\mathfrak{B}$ die Vereinigung, so ist in diesem Beispiel noch $\delta(\mathfrak{B}) = \frac{1}{5}$, $\delta(\mathfrak{D}) = \frac{1}{8}$ und somit

$$\delta(\mathfrak{B}) + \delta(\mathfrak{D}) < \delta(\mathfrak{A}) + \delta(\mathfrak{B}) < \sigma < \delta(\mathfrak{A}, \mathfrak{B}) < \delta_v(\mathfrak{A}, \mathfrak{B}) = \frac{2}{15};$$

schließlich ist hier noch

$$\delta(\mathfrak{A} + \mathfrak{B}) = \frac{2}{5} > \delta(\mathfrak{A}, \mathfrak{B}), \quad \delta_v(\mathfrak{A} + \mathfrak{B}) = \frac{1}{2} > \delta_v(\mathfrak{A}, \mathfrak{B}).$$

Für ein durchgängiges Gleichheitszeichen lassen sich leicht Beispiele finden, etwa $\mathfrak{A} = \mathfrak{B} = \{0, 1, 5, 6, \ldots, \nu, \ldots\}$.

8.2. Die STÖHRschen $\varphi(x)$-Dichten. Um das Wachstum der Anzahlfunktion einer Menge $\mathfrak{M}$, deren Dichten im Sinne von 8.1. verschwinden, beschreiben zu können, führt man eine, im wesentlichen auf STÖHR [3] zurückgehende Verallgemeinerung der bisherigen Dichtebegriffe ein.

Es sei $\varphi(x)$ eine zumindest für alle ganzen $x \geqq 1$ definierte Funktion mit den folgenden Eigenschaften

$$\begin{aligned} &1.\ \varphi(x) > 0 \textit{ für } x \geqq 1, \\ &2.\ \varphi(x) = O(x) \quad (x \to \infty), \\ &3.\ \lim_{x \to \infty} \varphi(x) = \infty. \end{aligned} \tag{17}$$

Hiermit werden analog zu (7) und (8)

$$\delta\left(\mathfrak{A}_1, \mathfrak{A}_2, \ldots, \mathfrak{A}_n; \varphi(x)\right) = \underset{x=1,2,\ldots}{\underline{\text{fin}}} \frac{\sum\limits_{\nu=1}^{n} A_\nu(x)}{\varphi(x)},$$

$$\delta_v\left(\mathfrak{A}_1, \mathfrak{A}_2, \ldots, \mathfrak{A}_n; \varphi(x)\right) = \underset{x=0,1,\ldots}{\underline{\text{fin}}} \frac{1 + \sum\limits_{\nu=1}^{n} A_\nu(x)}{\varphi(x+1)} \text{ [1]},$$

$$\delta^*\left(\mathfrak{A}_1, \mathfrak{A}_2, \ldots, \mathfrak{A}_n; \varphi(x)\right) = \underset{x=1,2,\ldots}{\underline{\lim}} \frac{\sum\limits_{\nu=1}^{n} A_\nu(x)}{\varphi(x)},$$

$$\bar{\delta}^*\left(\mathfrak{A}_1, \mathfrak{A}_2, \ldots, \mathfrak{A}_n; \varphi(x)\right) = \underset{x=1,2,\ldots}{\overline{\lim}} \frac{\sum\limits_{\nu=1}^{n} A_\nu(x)}{\varphi(x)}$$

als entsprechende $\varphi(x)$-*Dichten* definiert, und, sofern der Grenzwert ($\leqq \infty$) vorhanden, sinngemäß die *natürliche n-gliedrige* $\varphi(x)$-*Dichte* $\delta_*(\mathfrak{A}_1, \mathfrak{A}_2, \ldots, \mathfrak{A}_n; \varphi(x))$. Ebenfalls ganz entsprechend werden die Abschnitts- sowie Intervalldichten erklärt. Bezüglich der asymptotischen Dichten genügt es statt (17), 1. zu verlangen, daß $\varphi(x)$ von einer Stelle an positiv ist.

Die Forderung (17), 2. hat lediglich zur Folge, daß nicht schon von vornherein die unteren asymptotischen $\varphi(x)$-Dichten *aller* Mengen verschwinden. (17), 3. ist erforderlich, um die zu Beginn von 8.1. an jeden Dichtebegriff gestellten Anforderungen zu erfüllen.

Bemerkung 2. An einigen späteren Stellen (10., 11. und 12.) wird in den Beweisen $\varphi(x) \to \infty$ nicht immer benötigt. Doch erhält man dann offenbar nur für endliche Mengen noch sinnvolle Aussagen. Handelt es sich aber darum, für unendliche Mengen in endlichen Abschnitten oder Intervallen Aussagen zu machen, so leisten die Abschnitts- bzw. Intervalldichten alles Verlangte, da hierbei das asymptotische Verhalten von $\varphi(x)$ bedeutungslos ist. Ebenfalls keine Dichtenfunktionen sind die Ausdrücke $\underset{x=1,2,\ldots}{\overline{\text{fin}}} \frac{A(-1, x)}{\varphi(x+1)}$, $0 \in \mathfrak{A}$, bzw. $\underset{x=1,2,\ldots}{\overline{\text{fin}}} \frac{A(x)}{\varphi(x)}$, obwohl deren Werte bei $\varphi(x) \neq x$ nicht ohne weiteres trivial werden. Bei $\varphi(x) = x$ hat der erste Ausdruck stets den Wert 1, desgleichen der zweite, wenn $1 \in \mathfrak{A}$ ist. Jedoch haben auch für $\varphi(x) \neq x$ die genannten Ausdrücke bislang keine Bedeutung erlangt. Lediglich

$$\bar{\delta}(\varphi) =_{\mathrm{Df}} \underset{x=1,2,\ldots}{\overline{\text{fin}}} \frac{Z(x)}{\varphi(x)} = \underset{x=0,1,2,\ldots}{\overline{\text{fin}}} \frac{Z(-1, x)}{\varphi(x+1)} = \underset{x=1,2,\ldots}{\overline{\text{fin}}} \frac{x}{\varphi(x)}$$

---

[1] Bezüglich δ_v sei hier $0 \in \bigcap\limits_{i=1}^{n} \mathfrak{A}_i$ vorausgesetzt. Allgemein wäre analog zu 8.1.

$$\delta_v(\mathfrak{M}, \varphi(x)) = \underset{x=0,1,2,\ldots}{\underline{\text{fin}}} \frac{M(m_0 - 1, m_0 + x)}{\varphi(x+1)}, \quad \mathfrak{M} = \{m_0, m_1, m_2, \ldots\},$$

etc. zu setzen.

spielt als *Dichtenschranke* eine Rolle; offensichtlich liegen nämlich alle n-gliedrigen $\varphi(x)$-Dichten zwischen 0 und $n\,\bar{\delta}(\varphi)$.

Die Sätze 1 und 2 bleiben für $\varphi(x)$-Dichten offensichtlich erhalten. Bildet man mit einer Konstanten $\varrho > 0$

$$\psi(x) = \varrho\,\varphi(x),$$

so gehen ersichtlich die $\psi(x)$-Dichten durch Multiplikation mit ϱ in die jeweiligen $\varphi(x)$-Dichten über. Auch läßt sich auf diese Weise über (17) hinaus durch passende Wahl von ϱ

$$0 < \varphi(x) \leqq x \quad (x \geqq 1) \tag{18}$$

erreichen. — In der Regel handelt es sich um Funktionen $\varphi(x)$, die gewisse Eigenschaften der Anzahlfunktionen widerspiegeln, wie z. B. (18) oder auch die ersten beiden Forderungen in (17), von denen jedoch die zweite noch sehr wenig besagt. Im Normalfall ist zumeist schon

$$\varphi(x+1) - \varphi(x) = O(1) \quad (x \to \infty)$$

erfüllt, und durch Multiplikation mit einem passenden $\varrho > 0$ läßt sich dann noch

$$\psi(x+1) - \psi(x) \leqq 1 \quad \bigl(\psi(x) = \varrho\,\varphi(x)\bigr)$$

herstellen; dies und (18) lassen sich überdies zugleich erfüllen. Auch hat man es im allgemeinen nur mit monoton wachsendem $\varphi(x)$ zu tun. Anschließend seien daher, wenn nichts anderes gesagt wird, statt (17) die folgenden Bedingungen zugrunde gelegt:

1. $\varphi(x) > 0$ *für* $x \geqq 1$,
2. $0 \leqq \varphi(x+\alpha) - \varphi(x) = O(1)$ $(0 \leqq \alpha \leqq 1)$
   bzw. $\leqq 1$ *nebst* $\varphi(1) \leqq 1$, *was keine Einschränkung bedeutet,* (19)
3. $\lim\limits_{x \to \infty} \varphi(x) = \infty$.

Ist $\varphi(x+\alpha) - \varphi(x) \leqq 1$ $(0 \leqq \alpha \leqq 1)$ erst für alle $x \geqq x_0$ erfüllt, so gilt ersichtlich für

$$\psi(x) = \varphi(x_0 - 1 + x) - \varphi(x_0 - 1)$$

das nämliche bereits für alle $x \geqq 1$.

Die in Anwendungen auftretenden Funktionen sind über (19) hinaus zumeist noch nach oben konvex. Vgl. jedoch Bemerkung 3 weiter unten. Näheres hierüber siehe ferner zu Beginn von 11.1.

Die Bedingungen (19) nebst Konvexität nach oben sind z. B. für die Funktionen $\varphi(x) = x^{\vartheta}$, $0 < \vartheta < 1$, erfüllt, die in der Theorie der Basismengen von Bedeutung sind. Mit dem *Primzahlsatz* (siehe 21.1., Satz 1) ist die Funktion

$$\varphi(x) = \frac{x+2}{\log(x+2)}$$

verknüpft, die ebenfalls die Eigenschaften (19) besitzt.

Evident ist

Satz 3. *Mit eventueller Ausnahme der Monotonie von* $\varphi(x)$ *seien die vollen Eigenschaften* (19) *erfüllt. Dann ist*

$$\varphi(x) \leqq x \textit{ und } \varphi(x+a) \leqq \varphi(x) + \langle a \rangle \quad (a \geqq 0).$$

Ferner gilt

$$[\varphi(x)] \sim \varphi(x) \sim \varphi(x+a) \sim \varphi([x]) \quad (x \to \infty, a \geqq 0).$$

Satz 3 entnimmt man unmittelbar, daß alle asymptotischen $\varphi(x)$-Dichten mit den entsprechenden $\varphi(x+a)$-Dichten übereinstimmen; insbesondere ändert sich nichts, wenn $\varphi(x)$ durch die obige Funktion $\psi(x)$ ersetzt wird. Ferner ergibt sich aus $\varphi(x) \sim [\varphi(x)]$ unmittelbar die

Folgerung. *Erfüllt* $\varphi(x)$ *die Bedingungen* (19), *so gibt es stets zu* $\varphi(x)$ *asymptotisch gleiche Funktionen, die streng monoton wachsend und n-mal* ($n \geqq 1$ *beliebig*) *stetig differenzierbar sind.*

Bemerkung 3. Für jede Funktion $\varphi(x)$, die (17) erfüllt, bestätigt man leicht, daß es stets Mengen $\mathfrak{M}$ gibt, für die bei gegebenem μ

$$\mu = \delta_v\big(\mathfrak{M}; \varphi(x)\big) \quad (\textit{bzw.} = \delta, \delta^*, \bar{\delta}^*)$$

ist, sofern nur $0 \leqq \mu \leqq \bar{\delta}(\varphi)$ ist. Ferner setze man $M(x+1) = M(x) + \eta$ ($\eta = 0, 1$); $\varphi(x)$ erfülle (19) mit eventueller Ausnahme der Monotonie; dann folgt aus $\bar{\delta}^*(\mathfrak{M}; \varphi(x)) < \infty$ auf Grund von

$$\left|\frac{M(x+1)}{\varphi(x+1)} - \frac{M(x)}{\varphi(x)}\right| = \left|\frac{M(x)\,(\varphi(x) - \varphi(x+1))}{\varphi(x)\,\varphi(x+1)} + \frac{\eta}{\varphi(x+1)}\right|$$
$$\leqq \frac{1}{\varphi(x+1)}\left(\frac{M(x)}{\varphi(x)}\,O(1) + 1\right) = o(1)$$

leicht, daß jedes reelle α mit $\delta^*(\mathfrak{M}; \varphi(x)) \leqq \alpha \leqq \bar{\delta}^*(\mathfrak{M}; \varphi(x))$ Häufungspunkt von $\frac{M(x)}{\varphi(x)}$ $(x = 1, 2, \ldots)$ ist.

Die arithmetischen $\varphi(x)$-Dichten sind offenbar stets endlich, während die asymptotischen durchaus unendlich sein können. Dies gibt zur folgenden Definition Anlaß:

Definition 1. $\delta^*(\mathfrak{M}; \varphi(x))$ *heißt charakteristische asymptotische* $\varphi(x)$*-Dichte von* $\mathfrak{M}$, *wenn*

$$0 < \delta^*\big(\mathfrak{M}; \varphi(x)\big) < \infty$$

ist; entsprechend ist die charakteristische obere asymptotische $\varphi(x)$*-Dichte erklärt. Von der charakteristischen* $\varphi(x)$*-Dichte schlechthin spricht man, wenn* $\delta_*(\mathfrak{M}; \varphi(x))$ *existiert und*

$$0 < \delta_*\big(\mathfrak{M}; \varphi(x)\big) < \infty$$

ist. $\varphi(x)$ *heißt für* $\mathfrak{M}$ *charakteristisch, wenn* $0 < \delta^*(\mathfrak{M}; \varphi(x)) \leqq$

$\bar{\delta}^*(\mathfrak{M};\varphi(x))<\infty$ *ist.*

Mit $\varphi(x)$ ist offenbar zugleich auch jede $\psi(x)$-Dichte charakteristisch, sofern

$$0<\varliminf_{x=1,2,\ldots}\frac{\varphi(x)}{\psi(x)}\leqq\varlimsup_{x=1,2,\ldots}\frac{\varphi(x)}{\psi(x)}<\infty$$

gilt.

Bemerkung 4. Einen häufigen Spezialfall der $\varphi(x)$-Dichten erhält man folgendermaßen. Es sei $\mathfrak{T}$ Teilmenge einer unendlichen Menge $\mathfrak{M}$; man betrachte die $M(x)$- (bzw. $M(-1,x)$-)Dichten von $\mathfrak{T}$. $M(x)$ erfüllt offensichtlich sämtliche Bedingungen aus (19), falls $1\in\mathfrak{M}$ (bzw. $0\in\mathfrak{M}$) ist. Die Konvexität nach oben ist ersichtlich nicht mehr erfüllt.

Definition 2. *Ist für eine Teilmenge $\mathfrak{T}$ von $\mathfrak{M}$ die asymptotische $M(x)$-Dichte charakteristisch, so sagt man, die Menge $\mathfrak{T}$ liegt in $\mathfrak{M}$ dicht.*

Schließlich soll noch untersucht werden, in welcher Form sich die hauptsächlichsten Relationen aus 8.1. auf die $\varphi(x)$-Dichten übertragen lassen. Zunächst sieht man, daß sich ganz entsprechend wie in 8.1.

$$\delta_k(\mathfrak{A};\varphi(x))=\underline{\operatorname{fin}}_{x=k,k+1,\ldots}\frac{A(x)}{\varphi(x+1)}\qquad(k\geqq1)$$

erklären läßt. Ist (17) erfüllt und überdies $\varphi(x)$ monoton wachsend, so gilt jetzt

$$\delta_1(\mathfrak{A};\varphi(x))\leqq\operatorname{Min}\left(\frac{1}{\varphi(2)},\ \delta(\mathfrak{A};\varphi(x))\right),$$

$$\delta_{k-1}(\mathfrak{A};\varphi(x))=\delta_k(\mathfrak{A};\varphi(x))\leqq\operatorname{Min}\left(\frac{k-1}{\varphi(k+1)},\ \delta(\mathfrak{A};\varphi(x))\right)$$
$$([1,k-1]\subseteq\mathfrak{A},\ k\notin\mathfrak{A}),$$

während (auch ohne die Monotonie)

$$\delta_h(\mathfrak{A};\varphi(x))\leqq\delta_k(\mathfrak{A};\varphi(x))\leqq\frac{k}{\varphi(k+1)}\qquad(1\leqq h\leqq k),$$

$$\delta(\mathfrak{A}_1,\mathfrak{A}_2,\ldots,\mathfrak{A}_n;\varphi(x))\geqq\sum_{\nu=1}^{n}\delta(\mathfrak{A}_\nu;\varphi(x)),$$

$$\delta^*(\mathfrak{A}_1,\mathfrak{A}_2,\ldots,\mathfrak{A}_n;\varphi(x))\geqq\sum_{\nu=1}^{n}\delta^*(\mathfrak{A}_\nu;\varphi(x))$$

stets trivial sind. Ebenfalls lediglich unter Voraussetzung von (17) tritt an Stelle von (14_2) mit der Abkürzung $\delta(\varphi)=\delta(\mathfrak{Z};\varphi(x))$

$$\delta_v(\mathfrak{A}_1,\mathfrak{A}_2,\ldots,\mathfrak{A}_n;\varphi(x))\geqq\operatorname{Min}\left(\delta(\varphi),\ \delta_v(\mathfrak{A}_1;\varphi(x))+\sum_{\nu=2}^{n}\delta_k(\mathfrak{A}_\nu;\varphi(x))\right)$$
$$([0,k-1]\subseteq\bigcup_{\nu=1}^{n}\mathfrak{A}_\nu;\ 0\in\mathfrak{D}_n),\qquad(20)$$

da jetzt ersichtlich $\delta_v(k-1;\mathfrak{A}_1,\mathfrak{A}_2,\ldots,\mathfrak{A}_n;\varphi(x))\geqq\delta(\varphi)$ ist.

Auch die Aussagen bezüglich der BESICOVITCH-Summe lassen sich sinngemäß übertragen. Es gilt (vgl. auch 11.2., Satz 6, dem jedoch andere Voraussetzungen zugrunde liegen als dem jetzigen Abschnitt):

Satz 4. *$\varphi(x)$ erfülle* (17). *Weiter sei $0 \notin \mathfrak{A}_1$, aber (der bequemeren Formulierung halber) $1 \in \mathfrak{A}_1$, ferner $0 \in \bigcap_{\nu=2}^{n} \mathfrak{A}_\nu$. Mit den Abkürzungen $\alpha_i = \delta(\mathfrak{A}_i;\, \varphi(x))$, $\delta_v = \delta_v(\mathfrak{A}_1, \mathfrak{A}_2, \ldots, \mathfrak{A}_n;\, \varphi(x))$, $\delta(\varphi) = \delta(\mathfrak{Z};\, \varphi(x))$, $\bar{\delta}(\varphi) = \overline{\operatorname{fin}}_{x=1,2,\ldots} \frac{x}{\varphi(x)}$ (vgl. Bemerkung 2) gilt dann in Analogie zu* (15) *und* (16)

$$\delta_v \begin{cases} = \underset{x=1,2,\ldots}{\underline{\operatorname{fin}}} \dfrac{A_1(x) + \sum_{\nu=2}^{n} A_\nu(x-1)}{\varphi(x)} \geqq \operatorname{Min}\left(\delta(\varphi), \alpha_1 + \sum_{\nu=2}^{n} \delta_k(\mathfrak{A}_\nu;\, \varphi(x))\right), \\ \qquad\qquad \textit{wenn } [0, k-1] \subseteqq \bigcup_{\nu=1}^{n} \mathfrak{A}_\nu \ (k \geqq 1) \textit{ ist;} \\ \geqq \dfrac{1}{\varphi(1)}\left(1 - \prod_{\nu=1}^{n} (1 - \varphi(1)\,\alpha_\nu)\right), \textit{ wenn } \varphi(x+1) - \varphi(x) \leqq \varphi(1) \\ \qquad\qquad \textit{für alle } x \geqq 1 \textit{ ist}^{1}; \\ \geqq \operatorname{Min}\left(\delta(\varphi), \alpha_1 \prod_{\nu=2}^{n} \left(1 - \dfrac{\alpha_\nu}{\bar{\delta}(\varphi)}\right)^{-1}\right), \textit{wenn } 1 - \dfrac{\alpha_\nu}{\bar{\delta}(\varphi)} \neq 0 \quad (\textit{also} > 0) \\ \qquad\qquad \textit{für } \nu = 2, 3, \cdots, n \textit{ ist;} \\ \geqq n \operatorname{Min}\left(\dfrac{1}{n\,\varphi(1)}, \alpha_1, \alpha_2, \cdots, \alpha_n\right), \textit{ wenn } \varphi(x+1) \leqq \varphi(x) + \varphi(1) \textit{ für} \\ \qquad\qquad \textit{alle } x \geqq 1 \textit{ ist}^{1}. \end{cases}$$

Hierin ist noch $\delta_v(\mathfrak{A}_1;\, \varphi(x)) = \delta(\mathfrak{A}_1, \varphi(x)) = \alpha_1$.

Beweis: 1. Nach Definition der variierten Dichte ist

$$\delta_v = \underset{x=1,2,\ldots}{\underline{\operatorname{fin}}} \frac{A_1(0, x) + \sum_{\nu=2}^{n} A_\nu(-1, x-1) - n + 1}{\varphi(x)}$$

$$= \underset{x=1,2,\ldots}{\underline{\operatorname{fin}}} \frac{A_1(x) + \sum_{\nu=2}^{n} A_\nu(x-1)}{\varphi(x)},$$

so daß bei sinngemäßer Anwendung von (20) die erste Relation bewiesen ist.

2. Sei zunächst $n = 2$. Es soll $\delta_v \geqq \alpha_1 + \alpha_2 - \alpha_1 \alpha_2 \varphi(1)$ gezeigt werden, was mit der Behauptung identisch ist.

[1] Bezüglich der letzteren Voraussetzung (abgeschwächte Dreiecksungleichung) vgl. 11.1., Bemerkung 1.

Es ergibt sich für $x = 1$, da $1 - \alpha_1 \varphi(1) \geqq 0$ ist,

$$\frac{A_1(1) + A_2(0)}{\varphi(1)} = \frac{1}{\varphi(1)} = \alpha_1 + \frac{1}{\varphi(1)}\left(1 - \alpha_1 \varphi(1)\right)$$
$$\geqq \alpha_1 + \alpha_2\left(1 - \alpha_1 \varphi(1)\right) = \alpha_1 + \alpha_2 - \alpha_1 \alpha_2 \varphi(1).$$

Für $x \geqq 2$ gilt

$$\frac{A_1(x) + A_2(x-1)}{\varphi(x)} = \frac{A_1(x)}{\varphi(x)} + \frac{\varphi(x-1)}{\varphi(x)} \frac{A_2(x-1)}{\varphi(x-1)}$$
$$\geqq \frac{A_1(x)}{\varphi(x)} + \frac{\varphi(x) - \varphi(1)}{\varphi(x)} \alpha_2,$$

letzteres, da $\varphi(x) - \varphi(x-1) \leqq \varphi(1)$ vorausgesetzt war. Aus $1 \in \mathfrak{A}_1$ folgt

$$\frac{\varphi(1)}{\varphi(x)} \leqq \varphi(1) \frac{A_1(x)}{\varphi(x)},$$

mithin

$$\frac{A_1(x)}{\varphi(x)} + \frac{\varphi(x) - \varphi(1)}{\varphi(x)} \alpha_2 \geqq \frac{A_1(x)}{\varphi(x)} + \left(1 - \varphi(1) \frac{A_1(x)}{\varphi(x)}\right) \alpha_2$$
$$= \frac{A_1(x)}{\varphi(x)}\left(1 - \alpha_2 \varphi(1)\right) + \alpha_2$$
$$\geqq \alpha_1\left(1 - \alpha_2 \varphi(1)\right) + \alpha_2$$
$$= \alpha_1 + \alpha_2 - \alpha_1 \alpha_2 \varphi(1)$$
$$= \frac{1}{\varphi(1)}\left(1 - (1 - \varphi(1)\alpha_1)\ (1 - \varphi(1)\alpha_2)\right).$$

Ist $n > 2$, so folgt die Behauptung vermittels vollständiger Induktion aus

$$\frac{A_1(x) + A_2(x-1) + \cdots + A_n(x-1)}{\varphi(x)} \geqq \frac{A_1(x) + A_2(x-1) + \cdots + A_{n-1}(x-1)}{\varphi(x)}$$
$$+ \frac{\varphi(x) - \varphi(1)}{\varphi(x)} \alpha_n \geqq \frac{A_1(x) + A_2(x-1) + \cdots + A_{n-1}(x-1)}{\varphi(x)} +$$
$$+ \left(1 - \varphi(1) \frac{A_1(x) + A_2(x-1) + \cdots + A_{n-1}(x-1)}{\varphi(x)}\right) \alpha_n$$
$$\geqq \frac{1}{\varphi(1)}\left(1 - \prod_{\nu=1}^{n-1} (1 - \varphi(1)\alpha_\nu)\right)\left(1 - \varphi(1)\alpha_n\right) + \alpha_n. \quad (x \geqq 1)$$

3. $\delta_v \geqq \operatorname{Min}\left(\delta(\varphi), \frac{1}{\prod\limits_{\nu=2}^{n} 1 - \frac{\alpha_\nu}{\delta(\varphi)}}\right)$. Sei zunächst $n = 2$. Entweder ist

$$\frac{A_1(x) + A_2(x-1)}{\varphi(x)} \geqq \frac{x}{\varphi(x)} \geqq \delta(\varphi) \geqq \operatorname{Min}\left(\delta(\varphi), \frac{\alpha_1}{1 - \frac{\alpha_2}{\delta(\varphi)}}\right),$$

oder es ist $A_1(x) + A_2(x-1) \leqq x - 1$, was $x \geqq 2$ nach sich zieht. Dies ergibt

$$A_2(x-1) \geqq \alpha_2 \varphi(x-1) = \alpha_2 \frac{\varphi(x-1)}{x-1}(x-1)$$
$$\geqq \alpha_2 \frac{\varphi(x-1)}{x-1}\left(A_1(x) + A_2(x-1)\right),$$

mithin

$$A_1(x) + A_2(x-1) \geqq A_1(x) + \alpha_2 \frac{\varphi(x-1)}{x-1}\left(A_1(x) + A_2(x-1)\right),$$

$$\left(1 - \alpha_2 \frac{\varphi(x-1)}{x-1}\right)\left(A_1(x) + A_2(x-1)\right) \geqq A_1(x) \geqq \alpha_1 \varphi(x);$$

ferner ist

$$0 \leqq 1 - \alpha_2 \frac{\varphi(x-1)}{x-1} \leqq 1 - \frac{\alpha_2}{\delta(\varphi)};$$

daher wegen $1 - \frac{\alpha_2}{\delta(\varphi)} > 0$

$$\frac{A_1(x) + A_2(x-1)}{\varphi(x)} \geqq \frac{\alpha_1}{1 - \frac{\alpha_2}{\delta(\varphi)}} \geqq \operatorname{Min}\left(\delta(\varphi), \frac{\alpha_1}{1 - \frac{\alpha_2}{\delta(\varphi)}}\right).$$

Für $n > 2$ führt wiederum vollständige Induktion zum Ziel: Man erhält mit der nämlichen Alternative wie eben bei $n = 2$

$$A_n(x-1) \geqq \alpha_n \frac{\varphi(x-1)}{x-1}\left(A_1(x) + A_2(x-1) + \cdots + A_n(x-1)\right)$$

und analog wie zuvor, jedoch mit Verwendung der Induktionsvoraussetzung,

$$\left(1 - \alpha_n \frac{\varphi(x-1)}{x-1}\right)\left(A_1(x) + A_2(x-1) + \cdots + A_n(x-1)\right) \geqq \frac{\alpha_1}{\prod\limits_{\nu=2}^{n-1}\left(1 - \frac{\alpha_\nu}{\delta(\varphi)}\right)},$$

4. Sei $\frac{1}{\varphi(1)} \geqq 2 \operatorname{Min}(\alpha_1, \alpha_2)$ und $\alpha_1 \leqq \alpha_2$. Ist $x \in \mathfrak{A}_1$, so erhält man

$$A_1(x) + A_2(x-1) = A_1(x-1) + A_2(x-1) + 1 \geqq (\alpha_1 + \alpha_2)\varphi(x-1)$$
$$+ 1 \geqq 2\alpha_1 \varphi(x-1) + 2\alpha_1 \varphi(1) \geqq 2\alpha_1 \varphi(x),$$

also $\frac{A_1(x) + A_2(x-1)}{\varphi(x)} \geqq 2\alpha_1$. Es sei nun $x \notin \mathfrak{A}_1$.

1. Fall. $A_1(x-1) + A_2(x-1) \geqq \langle \alpha_1 \varphi(x-1) \rangle + \langle \alpha_1 \varphi(x-1) \rangle + 1$.

Dann ist

$$\frac{A_1(x) + A_2(x-1)}{\varphi(x)} = \frac{A_1(x-1) + A_2(x-1)}{\varphi'(x)} \geqq \frac{2\langle \alpha_1 \varphi(x-1)\rangle + 1}{\varphi(x)}$$
$$\geqq \frac{2\alpha_1 \varphi(x-1) + 2\alpha_1 \varphi(1)}{\varphi(x)} \geqq 2\alpha_1.$$

2. Fall. $A_1(x-1) + A_2(x-1) = 2\langle \alpha_1 \varphi(x-1) \rangle$, womit wegen $\alpha_1 \leqq \alpha_2$ die Disjunktion erschöpft ist. Diese Bedingung kann offenbar nur dann erfüllt sein, wenn $A_1(x-1) = A_2(x-1)$ ist. Wegen $x \notin \mathfrak{A}_1$ ergibt sich hiermit

$$\frac{A_1(x) + A_2(x-1)}{\varphi(x)} = \frac{A_1(x) + A_1(x-1)}{\varphi(x)} = \frac{2A_1(x)}{\varphi(x)} \geqq 2\alpha_1.$$

Für $\alpha_2 \leqq \alpha_1$ verläuft der Beweis genau so. Man erkennt mühelos, daß der obige Beweis auch bei beliebigem $n > 2$ wörtlich übernommen werden kann. Ist $n \operatorname{Min}(\alpha_1, \ldots, \alpha_n) > \frac{1}{\varphi(1)}$, so führt der obige Beweis unter Beachtung von

$$n\,\alpha_1\,\varphi(x-1)+1 \geqq \frac{\varphi(x-1)}{\varphi(1)}+1 \geqq \frac{\varphi(x)}{\varphi(1)}$$

ebenfalls zum Ziel.

Zusatz 1. Für $n = 2$ lautet in Satz 4 die zweite Relation $\delta_v \geqq \alpha_1 + \alpha_2 - \alpha_1\,\alpha_2\,\varphi(1)$. Ist hierbei $\varphi(1) \leqq 1$, so ergibt sich noch die Abschätzung

$$\delta_v \geqq \alpha_1 + \alpha_2 - \alpha_1\,\alpha_2,$$

also formal dieselbe wie im Fall $\varphi(x) = x$. Jedoch gilt im Fall $n > 2$ die entsprechende Formel

$$\delta_v \geqq 1 - \prod_{\nu=1}^{n} (1-\alpha_\nu) \qquad (\varphi(1) \leqq 1)$$

in den $\varphi(x)$-Dichten nicht mehr allgemein[1], wie das folgende Beispiel zeigt. Es sei $\mathfrak{A}_1 = \mathfrak{Z}^{(0)}, \mathfrak{A}_2 = \mathfrak{A}_3 = \cdots = \mathfrak{A}_n = \mathfrak{Z}$; dann ist

$$\delta_v\left(\mathfrak{A}_1^{(0)}, \mathfrak{A}_2, \cdots, \mathfrak{A}_n; \frac{x}{3}\right) = \underset{x=0,1,2,\ldots}{\underline{\operatorname{fin}}} \frac{n\,x+1}{\frac{x+1}{3}} = 3, \delta(\mathfrak{A}_i) = 3 \; (i = 1, 2, \ldots, n),$$

also

$$1 - \prod_{\nu=1}^{n} (1-\alpha_\nu) = 1 - (-1)^n\,2^n,$$

und dies ist für alle ungeraden $n > 1$ größer als 3. — Ferner ergibt sich, daß wegen $0 \notin \mathfrak{A}_1$, $1 \in \mathfrak{A}_1$ offenbar $\delta_v(\mathfrak{A}_1; \varphi(x)) = \delta(\mathfrak{A}_1; \varphi(x)) = \alpha_1$ ist, während $\alpha_1 = 0$ wird, wenn $1 \notin \mathfrak{A}_1$ ist. Ersetzt man daher α_1 in Satz 4 durch $\delta_v(\mathfrak{A}_1; \varphi(x))$, so wird für die entsprechenden Formeln die Voraussetzung $1 \in \mathfrak{A}_1$ (offensichtlich) entbehrlich, während die Formeln unter Beibehaltung von α_1 wegen $\alpha_1 = 0$ in diesem Falle zum Teil sogar trivial werden, in jedem Fall aber gültig bleiben. — Schließlich ist noch

$$\delta_v(\mathfrak{A}_1^{(0)}, \mathfrak{A}_2, \ldots, \mathfrak{A}_n; \varphi(x)) \geqq \delta_v(\mathfrak{A}_2^{(0)}, \mathfrak{A}_3, \ldots, \mathfrak{A}_n; \varphi(x))$$
$$\left(1 \in \mathfrak{A}_1 \frown \mathfrak{A}_2,\; 0 \in \bigcap_{i=2}^{n} \mathfrak{A}_i\right),$$

wie sich aus

$$\begin{aligned}\delta_v(\mathfrak{A}_1^{(0)}, \mathfrak{A}_2, \ldots, \mathfrak{A}_n; \varphi(x)) &= \underset{x=1,2,\ldots}{\underline{\operatorname{fin}}} \frac{A_1(x) + \sum_{\nu=2}^{n} A_\nu(x-1)}{\varphi(x)} \\ &\geqq \underset{x=1,2,\ldots}{\underline{\operatorname{fin}}} \frac{1 + A_2(x-1) + \sum_{\nu=3}^{n} A_\nu(x-1)}{\varphi(x)} \\ &\geqq \underset{x=1,2,\ldots}{\underline{\operatorname{fin}}} \frac{A_2(x) + \sum_{\nu=3}^{n} A_\nu(x-1)}{\varphi(x)} = \delta_v(\mathfrak{A}_2^{(0)}, \mathfrak{A}_3, \ldots, \mathfrak{A}_n; \varphi(x))\end{aligned}$$

ergibt.

---

[1] Man bedenke auch, daß in $1 - \Pi(1-\alpha_\nu)$ durchaus Faktoren $1-\alpha_\nu$ negativ sein können.

Zusatz 2. Ist $\varphi(x) = x$, so gilt in Verschärfung von

$$n \operatorname{Min}(\alpha_1, \alpha_2, \ldots, \alpha_n) \geq 1 \frown \delta_v(\mathfrak{A}_1, \mathfrak{A}_2, \ldots, \mathfrak{A}_n) = 1 \quad (0 \notin \mathfrak{A}_1)$$

sogar:

$$\alpha_1 + \alpha_2 + \cdots + \alpha_n \geq 1 \frown \delta_v(\mathfrak{A}_1, \mathfrak{A}_2, \ldots, \mathfrak{A}_n) = 1 \quad (0 \notin \mathfrak{A}_1).$$

Ersetzt man hierin α_1 durch $\delta_v(\mathfrak{A}_1)$, so gilt (gemäß Zusatz 1) die Implikation auch, wenn $1 \notin \mathfrak{A}_1$ ist.

Beweis: Es ist

$$A_1(x) + \sum_{\nu=2}^{n} A_\nu(x-1) \geq \langle \alpha_1 x + (\alpha_2 + \alpha_3 + \cdots + \alpha_n)(x-1) \rangle$$
$$= \langle (\alpha_1 + \alpha_2 + \cdots + \alpha_n) x - (\alpha_2 + \alpha_3 + \cdots + \alpha_n) \rangle$$
$$\geq \langle x - (\alpha_2 + \alpha_3 + \cdots + \alpha_n) \rangle.$$

Ist hierin $\alpha_2 + \alpha_3 + \cdots + \alpha_n < 1$, so ist $\langle x - (\alpha_2 + \alpha_3 + \cdots + \alpha_n) \rangle = x$, somit

$$\frac{A_1(x) + \sum_{\nu=2}^{n} A_\nu(x-1)}{x} \geq 1 \text{ für alle } x \geq 1.$$

Ist $\alpha_2 + \alpha_3 + \cdots + \alpha_n \geq 1$, so ergibt sich

$$\sum_{\nu=2}^{n} A_\nu(x-1) \geq \sum_{\nu=2}^{n} \alpha_\nu (x-1) \geq x-1;$$

daher ist wegen $1 \in \mathfrak{A}_1$

$$\frac{A_1(x) + \sum_{\nu=2}^{n} A_\nu(x-1)}{x} \geq \frac{1 + (x-1)}{x} = 1 \text{ für alle } x \geq 1.$$

Da andererseits stets $\delta_v(\mathfrak{A}_1, \mathfrak{A}_2, \ldots, \mathfrak{A}_n) \leq 1$ ist, ist alles gezeigt.

Eine Übertragung des Summen- und des Dichtebegriffs auf Mengen $\mathfrak{A}$ nichtnegativer reeller Zahlen geht auf SCHNIRELMANN [2] zurück. Die Summendefinition aus 1.1. läßt sich wörtlich übernehmen. Bedeutet weiter $m(\xi, \mathfrak{A})$ das innere LEBESGUEsche Maß von $\mathfrak{A} \frown \langle 0, \xi \rangle$, so heißt

$$\delta(x; \mathfrak{A}) = \operatorname*{fin}_{\overline{0<\xi<x}} \frac{m(\xi, \mathfrak{A})}{\xi}$$

Abschnittsdichte von $\mathfrak{A}$; mit $x = \infty$ erhält man die *Dichte von* $\mathfrak{A}$.

$$\delta^*(\mathfrak{A}) = \varliminf_{x \to \infty} \frac{m(x, \mathfrak{A})}{x}$$

ist dann die *asymptotische Dichte von* $\mathfrak{A}$.

CHATROVSKI [3] überträgt vorstehende Begriffe auf n-dimensionale Punktmengen. Die Koordinaten der Punkte sind dabei wieder nichtnegativ; die Addition zweier Punkte (n-tupel) erfolgt komponentenweise (vektoriell). Die Dichten werden analog wie zuvor durch Betrachtung der Quotienten $\frac{m(P, \mathfrak{A})}{m(P)}$ erkärt, wobei $m(P)$ der Quaderinhalt von $0 \leq x_i \leq p_i$ $(i = 1, 2, \ldots, n)$ bez. $P = (p_1, p_2, \ldots, p_n)$ ist und

$m(P, \mathfrak{A})$ das innere LEBESGUEsche Maß von $\mathfrak{A}$ innerhalb dieses Quaders bedeutet.

CHEO [1] gibt eine Verallgemeinerung auf die Gitterpunkte des ersten Quadranten der Ebene, geschrieben in der Form ganzer GAUSSscher Zahlen $a + b i$, $a \geqq 0$, $b \geqq 0$. Für eine solche Menge $\mathfrak{A}$ bedeute $A(x + i y)$ die Anzahl der $a + b i \in \mathfrak{A}$ mit $0 \leqq a \leqq x$, $0 \leqq b \leqq y$, $a + b i \neq 0$. Die *Dichte* wird erklärt durch

$$\delta(\mathfrak{A}) = \underline{\text{fin}} \frac{A(x + i y)}{x y + x + y} \quad (x + i y \neq 0,\ x \geqq 0, y \geqq 0)$$

Die entsprechende n-dimensionale Verallgemeinerung gibt KASCH [2].

8.3. Die DIRICHLET-Dichten. In Verallgemeinerung von 7.3. kann man einer Menge $\mathfrak{M}$ auch noch andere DIRICHLET-Reihen zuordnen. Es sei $\varphi(x)$ eine Funktion mit den Eigenschaften (19). Weiter sei $\bar{\delta}^*(\mathfrak{M}; \varphi(x)) < \infty$[1]. Dann gilt: *Es besteht die eineindeutige Zuordnung*

$$\mathfrak{M} \leftrightarrow \sum_{n=1}^{\infty} \frac{\varepsilon_n}{\varphi(n)^s}, \quad \varepsilon_n = \begin{cases} 1, & \text{wenn } n \in \mathfrak{M}, \\ 0, & \text{wenn } n \notin \mathfrak{M}, \end{cases}$$

falls $0 \notin \mathfrak{M}$ *und* $\varphi(x)$ *streng monoton wachsend ist.*

Dabei soll die Identität zweier DIRICHLET-Reihen nicht lediglich als eine formale, sondern als eine funktionentheoretische angesehen werden. Faßt man obige Reihe lediglich als formale DIRICHLET-Reihe auf, so ist die Aussage trivial und überdies die strenge Monotonie natürlich entbehrlich.

Bemerkung. Die Bedingung $0 \notin \mathfrak{M}$ dient nur der einfacheren Schreibweise, da ja $\varphi(0)$ nicht definiert zu sein braucht. Sonst wäre die Reihe $\sum_{n=0}^{\infty} \varepsilon_n \varphi(n + 1)^{-s}$ zu wählen, oder statt $\mathfrak{M}$ wäre $\{1\} + \mathfrak{M}$ zu betrachten.

Zum Beweis genügt es zu zeigen, daß die $\mathfrak{M}$ zugeordnete DIRICHLET-Reihe unter den gemachten Voraussetzungen, etwa für $\sigma > 1 + \varepsilon$, ($s = \sigma + i\tau$, $\varepsilon > 0$ beliebig) absolut und gleichmäßig konvergiert, da damit die Voraussetzungen des Eindeutigkeitssatzes für obige DIRICHLET-Reihen erfüllt sind[2]. Die obige Behauptung ist nunmehr enthalten in dem folgenden (hinsichtlich (21) auf DIRICHLET zurückgehenden) Satz. Die strenge Monotonie von $\varphi(x)$ wird dabei zunächst nicht weiter benötigt (vgl. weiter unten die Bemerkung im Anschluß an Definition 3).

Satz 5. *Ist* $\bar{\delta}^*(\mathfrak{M}; \varphi(x)) < \infty$, *so ist* $f(s) = \Sigma\, \varepsilon_n \varphi(n)^{-s}$ *in der Halbebene* $\sigma > 1$ $(s = \sigma + i\tau)$ *absolut und für jedes* $\varepsilon > 0$ *in der Halb-*

---

[1] Die Theorie der DIRICHLET-Reihen läßt übrigens Abschwächungen gegenüber (19) zu. Auch in den oben folgenden Betrachtungen werden die Bedingungen nicht immer voll ausgenutzt, wie leicht nachzuprüfen ist.

[2] An Stelle der Funktionsgleichheit genügt es bekanntlich zu fordern, daß die Werte zweier Reihen auf einer sich in $s_0 = \sigma_0 + i\tau_0$ mit $\sigma_0 > 1$ häufenden Punktmenge übereinstimmen oder auf einer Punktfolge $s_n = \sigma_n + i\tau_n$ mit $\sigma_n \to \infty$ (s. etwa LANDAU [4, Bd. 2, S. 747]).

ebene $\sigma > 1 + \varepsilon$ gleichmäßig konvergent, stellt also in $\sigma > 1$ eine analytische Funktion dar. Überdies gilt

$$0 \leqq \delta^*\big(\mathfrak{M}; \varphi(x)\big) \leqq \underline{\lim}_{s \to 1+} (s-1) f(s) \leqq \overline{\lim}_{s \to 1+} (s-1) f(s) \leqq \bar{\delta}^*\big(\mathfrak{M}; \varphi(x)\big)$$

und damit noch speziell: Existiert die natürliche $\varphi(x)$-Dichte von $\mathfrak{M}$, so existiert auch $\lim\limits_{s \to 1+} (s-1) f(s)$, und es ist

$$\delta_*\big(\mathfrak{M}; \varphi(x)\big) = \lim_{s \to 1+} (s-1) f(s), \tag{21}$$

und (21) *gilt auch, wenn $\delta^*(\mathfrak{M}; \varphi(x)) = \infty$ ist und $f(s)$ in $\sigma > 1$ konvergiert.*

Beweis: Es sei t_0 so bestimmt, daß

$$M(x) < (\bar{\delta}^* + \varepsilon)\, \varphi(x) \text{ für alle } x \geqq t_0 = t_0(\varepsilon) \geqq 1$$

ist. Weiter sei $N \geqq t_0$. Dann gilt, indem man sich die zunächst nur für ganze $x \geqq 1$ definierte Funktion $\varphi(x)$ zu einer für alle $x \geqq 0$ stetigen und monotonen Funktion erweitert denkt (mit $0 \leqq \varphi(x) < 1$ in $\langle 0; 1)$)

$$\begin{aligned}
\left|\sum_{n=N}^{x} \varepsilon_n \varphi(n)^{-s}\right| &\leqq \sum_{n=N}^{x} \varepsilon_n \varphi(n)^{-\sigma} = \int_{N-}^{x} \varphi(t)^{-\sigma}\, dM(t) \qquad (x > N)\\
&= \frac{M(x)}{\varphi(x)^\sigma} - \frac{M(N-)}{\varphi(N)^\sigma} - \int_N^x M(t)\, d\,\varphi(t)^{-\sigma}\\
&\leqq \frac{M(x)}{\varphi(x)^\sigma} - \int_N^x M(t)\, d\,\varphi(t)^{-\sigma} \qquad\qquad (22)\\
&\leqq \frac{\bar{\delta}^* + \varepsilon}{\varphi(x)^{\sigma-1}} + \sigma(\bar{\delta}^* + \varepsilon) \int_N^x \varphi(t)^{-\sigma}\, d\,\varphi(t)\\
&= (\bar{\delta}^* + \varepsilon)\left\{\frac{1}{\varphi(x)^{\sigma-1}} + \frac{\sigma}{\sigma-1}\left(\frac{1}{\varphi(N)^{\sigma-1}} - \frac{1}{\varphi(x)^{\sigma-1}}\right)\right\}\\
&\leqq (\bar{\delta}^* + \varepsilon)\,\frac{1+\varepsilon^{-1}}{\varphi(N)^\varepsilon} \qquad (\sigma > 1 + \varepsilon).
\end{aligned}$$

Aus $\lim\limits_{x \to \infty} \varphi(x) = \infty$ folgt, daß die rechte Seite für genügend großes N beliebig klein gemacht werden kann; die Unabhängigkeit von s zieht dann die gleichmäßige Konvergenz und diese die Regularität von $\Sigma \varepsilon_n \varphi(n)^{-s}$ nach sich. Bezüglich der weiteren Behauptung beachte man, daß (22) noch für beliebige ganze $N \geqq 1$ gilt. Mit $N = 1$ und $x \to \infty$ ergibt sich daher, wenn $\bar{\delta}^*(\mathfrak{M}; \varphi(x)) < \infty$ ist,

$$\begin{aligned}
f(\sigma) &\leqq \sigma \int_1^{t_0} M(t)\, \varphi(t)^{-\sigma-1}\, d\,\varphi(t) + \sigma(\bar{\delta}^* + \varepsilon) \int_{t_0}^{\infty} \varphi(t)^{-\sigma}\, d\,\varphi(t)\\
&= \sigma \int_1^{t_0} M(t)\, \varphi(t)^{-\sigma-1}\, d\,\varphi(t) + \frac{\sigma(\bar{\delta}^* + \varepsilon)}{(\sigma-1)\,\varphi(t_0)^{\sigma-1}},
\end{aligned}$$

also

$$\overline{\lim_{s\to 1+}}\,(s-1)\,f(s) \leqq \lim_{\sigma\to 1+}\,(\bar{\delta}^* + \varepsilon)\frac{\sigma}{\varphi(t_0)^{\sigma-1}} = \bar{\delta}^* + \varepsilon$$

für jedes $\varepsilon > 0$, mithin

$$\overline{\lim_{s\to 1+}}\,(s-1)\,f(s) \leqq \bar{\delta}^*.$$

Die Abschätzung für $\underline{\lim}_{s\to 1+}\,(s-1)\,f(s)$ nach unten ergibt sich, auch wenn $\delta^*(\mathfrak{M};\varphi(x)) = \infty$ ist, ganz entsprechend, womit Satz 5 bewiesen ist.

Der eben durchgeführten Herleitung vermittels STIELTJES-Integralen entnimmt man noch leicht unter den angegebenen Voraussetzungen über $\varphi(x)$ die Formel

$$f(s) = \sum_{n=1}^{\infty}\frac{c_n}{\varphi(n)^s} = \int_{1-}^{\infty}\varphi(x)^{-s}\,dA(x)\left(A(x) = \begin{cases} c_1+c_2+\cdots+c_{[x]} \text{ für } x \geq 1, \\ 0 \text{ für } x < 1\end{cases}\right)$$

$(c_n$ *beliebig reell*),

die, wenn $\varphi(x)$ streng monoton wächst und die demzufolge existierende inverse Funktion von $t = \log\varphi(x)$ mit $x = \alpha(t)$ bezeichnet wird, übergeht in

$$f(s) = \sum_{n=1}^{\infty}\frac{c_n}{\varphi(n)^s} = \int_{\log\varphi(1)-}^{\infty} e^{-st}\,dA(\alpha(t)) = \int_{\log\varphi(1)-}^{\infty} e^{-st}\,dg(t) \quad (g(t) = A(\alpha(t)));$$

d. h. $f(s)$ ist durch LAPLACE-STIELTJES-Transformation von $g(t)$ dargestellt.

Gilt in Analogie zum letzten Satz

$$A(x) = O(\varphi(x)), \text{ d. h. } g(t) = O(e^t),$$

so erkennt man für $\sigma > 1$ durch partielle Integration noch

$$f(s) = s\int_{\log\varphi(1)}^{\infty} e^{-st}\,g(t)\,dt, \tag{23}$$

worin bekanntlich das Integral die gewöhnliche LAPLACE-Transformation von $g(t)$ darstellt.

Dem ersten Teil des Beweises von Satz 5 entnimmt man nun noch wörtlich die folgende Ergänzung:

Zusatz 1. $f(s) = \int_0^{\infty}\varphi(t)^{-s}\,dh(t)$ konvergiert in $\sigma > 1$ stets dann absolut sowie in $\sigma > 1 + \varepsilon$ $(\varepsilon > 0)$ gleichmäßig, wenn $\varphi(t)$ in $\langle 0, \infty)$ stetig und monoton, ferner $\lim_{t\to\infty}\varphi(t) = \infty$, $h(t)$ in jedem endlichen Intervall $\langle 0, x\rangle$, $x \geq 0$, von beschränkter Variation (damit $\int_0^x \varphi(t)^{-s}\,dh(t)$ existiert) und $h(t) = O(\varphi(t))$ ist.

Setzt man statt $h(t) = O(\varphi(t))$ voraus, daß $f(s_0) = \int_0^{\infty} e^{-s_0 t}\,dh(t)$ $(s_0 = \sigma_0 + i\tau_0)$ absolut konvergiert, so folgt sofort die absolute und gleichmäßige Konvergenz von $f(s)$ in der Halbebene $\sigma \geq \sigma_0$.

Schließlich gilt noch allgemeiner als in Satz 5:

Zusatz 2. Es sei $f(s_0) = \int\limits_0^\infty e^{-s_0 t}\, dh(t)$ konvergent, $h(t)$ in jedem endlichen Intervall von beschränkter Variation, und $\mathfrak{m}$ sei eine beliebige beschränkte abgeschlossene Punktmenge in $\sigma > \sigma_0$. Dann ist $f(s)$ in der Halbebene $\sigma > \sigma_0$ konvergent, auf $\mathfrak{m}$ gleichmäßig konvergent und stellt in $\sigma > \sigma_0$ eine analytische Funktion dar.

Beweis. Es ist

$$\int\limits_0^x e^{-st}\, dh(t) = \int\limits_0^x e^{-(s-s_0)t} e^{-s_0 t}\, dh(t) = \int\limits_0^x e^{-(s-s_0)t}\, d\psi(t) \qquad \left(\psi(t) = \int\limits_0^t e^{-s_0 u}\, dh(u)\right)$$

$$= \frac{\psi(x)}{e^{(s-s_0)x}} - \psi(0) + (s - s_0)\int\limits_0^x \psi(t)\, e^{-(s-s_0)t}\, dt.$$

Aus der vorausgesetzten Existenz von $\psi(\infty)$ $(= f(s_0))$ folgt die Beschränktheit von $\psi(x)$, etwa $|\psi(x)| \leq M$; daher verschwindet für $x \to \infty$ der erste Term; und weiter gilt

$$\int\limits_0^x \left|\psi(t)\, e^{-(s-s_0)t}\right| dt \leq -\frac{M}{\sigma - \sigma_0} e^{-(\sigma-\sigma_0)x} + \frac{M}{\sigma - \sigma_0} \to \frac{M}{\sigma - \sigma_0}$$
$$(x \to \infty,\ \sigma > \sigma_0),$$

so daß $f(s)$ für alle $\sigma > \sigma_0$ existiert. Aus den Voraussetzungen über $\mathfrak{m}$ folgt weiter, daß η und C so existieren, daß für alle $s \in \mathfrak{m}$

$$\sigma_0 < \sigma_0 + \eta \leq \sigma \text{ und } |s| \leq C$$

gilt. Ferner sei $0 < \varepsilon < \frac{1}{2}\eta$ gewählt. Schließlich setze man abkürzend

$$s_N(t, s) = \begin{cases} \int\limits_{N-}^t e^{-su}\, dh(u) & \text{für } t \geq N, \\ 0 & \text{für } t < N. \end{cases}$$

Nach dem eben Bewiesenen folgt die Existenz von $s_N(\infty, \sigma_0 + \varepsilon)$, so daß es ein $N_1 = N_1(\varepsilon)$ gibt, das

$$|s_N(t, \sigma_0 + \varepsilon)| < \varepsilon \text{ für alle } N \geq N_1 \text{ und alle } t$$

nach sich zieht. Hiermit wird

$$|s_N(t, s)| = \left|\int\limits_{N-}^t e^{-(s-\sigma_0-\varepsilon)u} e^{-(\sigma_0+\varepsilon)u}\, dh(u)\right| = \left|\int\limits_{N-}^t e^{-(s-\sigma_0-\varepsilon)u}\, ds_N(u, \sigma_0 + \varepsilon)\right|$$
$$(t \geq N \geq N_1,\ s \in \mathfrak{m})$$

$$\leq \left|\frac{s_N(t, \sigma_0 + \varepsilon)}{e^{(s-\sigma_0-\varepsilon)t}}\right| + |s - \sigma_0 - \varepsilon| \left|\int\limits_N^t s_N(u, \sigma_0 + \varepsilon)\, e^{-(s-\sigma_0-\varepsilon)u}\, du\right|$$

$$\leq \varepsilon + (C + |\sigma_0| + \varepsilon)\, \varepsilon \int\limits_N^t e^{-(\eta - \frac{1}{2})u}\, du$$

$$\leq \varepsilon\left(1 + \left(C + |\sigma_0| + \frac{\eta}{2}\right)\frac{2}{\eta}\right) = c(\mathfrak{m})\, \varepsilon,$$

womit die Gleichmäßigkeit der Konvergenz bewiesen ist. Schließlich folgt bei festem t aus der gleichmäßigen Konvergenz der Exponentialreihe in $\langle 0, t\rangle$

$$\int_0^t e^{-su}\, dh(u) = \int_0^t \sum_{n=0}^{\infty} \frac{(-su)^n}{n!}\, dh(u) = \sum_{n=0}^{\infty} \frac{(-s)^n}{n!} \int_0^t u^n\, dh(u),$$

und diese letzte Reihe konvergiert wegen

$$\left| \sum_{n=N}^{\infty} \frac{(-s)^n}{n!} \int_0^t u^n\, dh(u) \right| \leq \sum_{n=N}^{\infty} \frac{|s\, t|^n}{n!} \int_0^t |dh(u)|$$

gleichmäßig in $|s| \leq R$, $0 < R < \infty$. Die Reihenglieder sind analytisch, also auch $\int_0^t e^{-su}\, dh(u)$, und die gleichmäßige Konvergenz dieses Integrals für $t \to \infty$ zieht die Regularität von $f(s)$ nach sich.

Definition 3. *Wenn*

$$D\left(\mathfrak{M}; \varphi(x)\right) = \lim_{s \to 1+} (s-1) \sum_{n \in \mathfrak{M}} \frac{1}{\varphi(n)^s} \tag{24}$$

existiert, so heißt dieser Grenzwert die DIRICHLET*sche $\varphi(x)$-Dichte von $\mathfrak{M}$.*

Satz 5 besagt nun mit anderen Worten, daß aus der Existenz der natürlichen $\varphi(x)$-Dichte stets die Existenz der DIRICHLETschen $\varphi(x)$-Dichte folgt.

Bemerkung. Ist ferner $\varphi(x) \sim \psi(x)$, $x \to \infty$, so ergibt sich für genügend großes $N = N(\varepsilon)$, $\varepsilon > 0$, $\sigma > 1$,

$$(\sigma - 1) \sum_{n \in \mathfrak{M}} (\varphi(n)^{-\sigma} - \psi(n)^{-\sigma}) = (\sigma - 1) \sum_{n \in \mathfrak{M}} \psi(n)^{-\sigma} \left(\left(\frac{\varphi(n)}{\psi(n)} \right)^{-\sigma} - 1 \right) \qquad (\sigma > 1)$$

$$\begin{cases} \leqq (\sigma - 1) \sum\limits_{n < N} \psi(n)^{-\sigma} \left(\left(\dfrac{\psi(n)}{\varphi(n)} \right)^{\sigma} - 1 \right) + (\sigma - 1) \sum\limits_{n \geqq N} \psi(n)^{-\sigma} \left((1+\varepsilon)^{\sigma} - 1 \right) \\ = o(1) + \left((1+\varepsilon)^{\sigma} - 1 \right) (\sigma - 1) \sum\limits_{n \geqq N} \psi(n)^{-\sigma}, \qquad (n \in \mathfrak{M}, \sigma \to 1+), \\ \textit{bzw.} \\ \geqq (\sigma - 1) \sum\limits_{n < N} \psi(n)^{-\sigma} \left(\left(\dfrac{\psi(n)}{\varphi(n)} \right)^{\sigma} - 1 \right) + (\sigma - 1) \sum\limits_{n \geqq N} \psi(n)^{-\sigma} \left((1 - \varepsilon)^{\sigma} - 1 \right) \\ = o(1) + \left((1 - \varepsilon)^{\sigma} - 1 \right) (\sigma - 1) \sum\limits_{n \geqq N} \psi(n)^{-\sigma}, \end{cases}$$

mithin:

$$D\left(\mathfrak{M}; \varphi(x)\right) = D\left(\mathfrak{M}; \psi(x)\right),$$

sofern mindestens eine der beiden DIRICHLET-Dichten vorhanden ist. Ist $\lim\limits_{s \to 1+} (s-1) \sum\limits_{n \in \mathfrak{M}} \psi(n)^{-s} = \infty$, so zeigt eine ähnliche Betrachtung leicht:

$$\varphi(x) \sim \psi(x) \frown \sum_{n \in \mathfrak{M}} \varphi(n)^{-s} \sim \sum_{n \in \mathfrak{M}} \psi(n)^{-s} \qquad (x \to \infty;\ s \to 1+).$$

Nach der Folgerung von Satz 3 kann $\varphi(x)$ daher stets als streng monoton wachsende, stetig differenzierbare Funktion gewählt werden, wenn (19) erfüllt ist.

Für eine Menge $\mathfrak{M}$ kann sehr wohl die DIRICHLETsche $\varphi(x)$-Dichte existieren, ohne daß die natürliche $\varphi(x)$-Dichte existiert. Es sei beispielsweise (SCHOLZ [1]) $\mathfrak{M}$ folgendermaßen definiert ($\varphi(x) = x$): Gegeben sei eine unendliche Menge $\mathfrak{A} = \{a_1, a_2, \ldots\}$ mit $\delta_*(\mathfrak{A}) = \alpha$: überdies sei die Komplementärmenge $\overline{\mathfrak{A}}$ unendlich. Die Menge $\mathfrak{M}$ bestehe dann aus allen $a_\varkappa$-stelligen Zahlen ($\varkappa = 1, 2, \ldots$), etwa im dekadischen System geschrieben. Da $\overline{\mathfrak{A}}$ unendlich ist, gibt es unendlich viele $a_\varkappa$, so daß $a_\varkappa - 1 > a_{\varkappa-1}$ ist. Für alle diese $\varkappa$ gilt offensichtlich

$$M(10^{a_\varkappa - 1} - 1) = M(10^{a_\varkappa - 2}) \leq 10^{a_\varkappa - 2}, \textit{ also } \delta^*(\mathfrak{M}) \leq \frac{1}{10}.$$

$$M(10^{a_\varkappa} - 1) = M(10^{a_\varkappa - 1} - 1) + 10^{a_\varkappa} - 10^{a_\varkappa - 1} \geq 10^{a_\varkappa - 1} \cdot 9$$

bedingt andererseits $\overline{\delta}^*(\mathfrak{M}) \geq \frac{9}{10}$, so daß $\delta_*(\mathfrak{M})$ nicht existiert. Setzt man ferner

$$f(s) = \sum_{m \in \mathfrak{M}} m^{-s} \textit{ sowie } \varepsilon_n = \begin{cases} 1, & n \in \mathfrak{A}, \\ 0, & n \notin \mathfrak{A}, \end{cases}$$

so ergibt sich für $\sigma \to 1+$

$$(\sigma - 1) f(\sigma) = (\sigma - 1) \sum_{\varkappa=1}^{\infty} \sum_{n=10^{a_\varkappa - 1}}^{10^{a_\varkappa} - 1} n^{-\sigma} = (\sigma - 1) \sum_{\varkappa=1}^{\infty} \int_{10^{a_\varkappa - 1}}^{10^{a_\varkappa}} x^{-\sigma}\, dx + o(1)$$

$$= (\sigma - 1) \sum_{\varkappa=1}^{\infty} \frac{1}{\sigma - 1} \left(10^{(a_\varkappa - 1)(1-\sigma)} - 10^{a_\varkappa(1-\sigma)}\right) + o(1)$$

$$= (1 - 10^{1-\sigma}) \sum_{\varkappa=1}^{\infty} 10^{(a_\varkappa - 1)(1-\sigma)} + o(1) = (1 - 10^{1-\sigma}) \cdot$$

$$\sum_{n=1}^{\infty} \varepsilon_n 10^{(n-1)(1-\sigma)} + o(1) = (1 - 10^{1-\sigma}) \int_0^\infty 10^{(x-1)(1-\sigma)}\, dA(x) + o(1)$$

$$= (1 + o(1))(\sigma - 1) \log 10 \int_0^\infty 10^{-x(\sigma-1)}\, dA(x)$$

$$= (1 + o(1))(\sigma - 1)^2 \log^2 10 \int_0^\infty A(x)\, 10^{-x(\sigma-1)}\, dx$$

$$\geq (1 + o(1))(\alpha - \varepsilon)(\sigma - 1)^2 \log^2 10 \int_9^\infty x\, e^{-x(\sigma-1)\log 10}\, dx + o(1) \qquad (\varepsilon > 0)$$

$$= (1 + o(1))(\alpha - \varepsilon) \int_0^\infty t\, e^{-t}\, dt + o(1) = \alpha - \varepsilon + o(1) \qquad (t = (\sigma - 1)\, x \log 10),$$

also $\underline{\lim}_{s \to 1+} (s-1) f(s) \geq \alpha - \varepsilon$; ähnlich erhält man $\overline{\lim}_{s \to 1+} (s-1) f(s) \leq \alpha + \varepsilon$ und damit $D(\mathfrak{M}; x) = \alpha$.

Hierüber hinaus gilt sogar, daß die Existenz der natürlichen Dichte von $\mathfrak{A}$ auch notwendig ist für die Existenz von $D(\mathfrak{M}; x)$, woraus dann noch speziell folgt, daß nicht jede Menge eine DIRICHLET-Dichte zu besitzen braucht. Der Beweis läßt sich auf einen TAUBER-Satz zurückführen. Aus obiger Rechnung ergibt sich nämlich sofort

$$\lim_{s\to 1+} (s-1) f(s) = \lim_{s\to 1+} (s-1) \log 10 \int_0^\infty 10^{x(1-s)}\, dA(x) = \alpha,$$

wobei der Grenzwert linker Hand jetzt als vorhanden vorausgesetzt und mit α bezeichnet sei. Setzt man $10^{1-s} = e^{-z}$, so ergibt sich

$$\alpha = \lim_{z\to 0+} z \int_0^\infty e^{-zx}\, dA(x);$$

hiermit, und da $A(x)$ nicht fallend ist, sind die Voraussetzungen des oben gemeinten TAUBER-Satzes erfüllt:

Satz 6. *Es sei $g(x)$ eine beliebige monoton wachsende Funktion, und es sei $f(s) = \int_0^\infty e^{-sx}\, dg(x)$, $s = \sigma + i\tau$, in der Halbebene $\sigma > 0$ konvergent. Dann folgt aus der Existenz von $\lim_{s\to 0+} s f(s)$ $(\leqq \infty)$ auch die von $\lim_{x\to\infty} \frac{g(x)}{x}$, und beide Grenzwerte stimmen überein:*

$$\lim_{s\to 0+} s f(s) = \lim_{x\to\infty} \frac{g(x)}{x}.$$

Hinsichtlich des Beweises s. etwa WIDDER [1; S. 192].

Damit ist also insgesamt gezeigt, daß die Existenz der natürlichen Dichte von $\mathfrak{A}$ notwendig und hinreichend ist für die Existenz der DIRICHLET-Dichte von $\mathfrak{M}$.

Für den Spezialfall $\varphi(x) = M(x)$, wobei $M(x)$ die Anzahlfunktion einer unendlichen Menge $\mathfrak{M}$ sei (vgl. auch Bemerkung 4 in 8.2.), läßt sich die natürliche $M(x)$-Dichte einer Menge $\mathfrak{T}$ (die nicht notwendig Teilmenge von $\mathfrak{M}$ zu sein braucht), sofern $\delta_*(\mathfrak{T}; M(x))$ existiert, noch auf eine andere Weise mit Hilfe von DIRICHLET-Reihen ausdrücken, wenn nur $\mathfrak{M}$ nicht zu „dünn" ist:

Satz 7. *Existiert $\delta_*(\mathfrak{T}; M(x))$ $(\leqq \infty)$, und ist $\lim_{s\to 1+} \sum_{n\in\mathfrak{M}} n^{-s} = \infty$, so gilt*

$$\delta_*\big(\mathfrak{T}; M(x)\big) = \lim_{s\to 1+} \frac{\sum_{n\in\mathfrak{T}} n^{-s}}{\sum_{n\in\mathfrak{M}} n^{-s}}.$$

Bemerkung. Auf die Voraussetzung $\lim_{s\to 1+} \sum_{n\in\mathfrak{M}} n^{-s} = \infty$ kann nicht ohne weiteres verzichtet werden. Denn ist etwa $\lim_{s\to 1+} \sum_{n\in\mathfrak{M}} n^{-s} = \alpha < \infty$, so wäre schon für eine *endliche* Teilmenge $\mathfrak{T}$ von $\mathfrak{M}$

$$\lim_{s\to 1+} \frac{\sum_{n\in\mathfrak{T}} n^{-s}}{\sum_{n\in\mathfrak{M}} n^{-s}} = \frac{\sum_{n\in\mathfrak{T}} \frac{1}{n}}{\alpha} > 0.$$

Beweis: Analog zu (22) erhält man mit $N = 1$ und reellem $s > 1$

$$\sum_{n \in \mathfrak{T}} n^{-s} = -\int_1^\infty T(t)\, dt^{-s} = s \int_1^\infty T(t)\, t^{-s-1}\, dt = s \int_1^{t_0} + s \int_{t_0}^\infty ,$$

wobei t_0 so bestimmt sei, daß ($\delta_* < \infty$ vorausgesetzt)

$$T(t) < (\delta^* + \varepsilon)\, M(t) \quad \textit{für} \quad t \geqq t_0 \geqq 1 \quad (\varepsilon > 0 \ \textit{beliebig})$$

ausfällt. Mithin

$$\sum_{n \in \mathfrak{T}} n^{-s} \leqq s \int_1^{t_0} T(t)\, t^{-s-1}\, dt + s(\delta_* + \varepsilon) \int_{t_0}^\infty M(t)\, t^{-s-1}\, dt$$

$$\leqq s \int_1^{t_0} T(t)\, t^{-2}\, dt + s(\delta_* + \varepsilon) \int_{t_0}^\infty M(t)\, t^{-s-1}\, dt.$$

Ferner ist

$$\sum_{n \in \mathfrak{M}} n^{-s} = s \int_1^\infty M(t)\, t^{-s-1}\, dt ,$$

mithin insgesamt

$$\varphi(s) = \frac{\sum\limits_{n \in \mathfrak{T}} n^{-s}}{\sum\limits_{n \in \mathfrak{M}} n^{-s}} \leqq \frac{\int_1^{t_0} T(t)\, t^{-2}\, dt}{\int_1^\infty M(t)\, t^{-s-1}\, dt} + (\delta_* + \varepsilon) \frac{\int_{t_0}^\infty M(t)\, t^{-s-1}\, dt}{\int_{t_0}^\infty M(t)\, t^{-s-1}\, dt} .$$

Der Zähler des ersten Terms ist von s unabhängig, der Nenner geht nach Voraussetzung für $s \to 1+$ gegen unendlich, mithin gilt für jedes $\varepsilon > 0$

$$\overline{\lim_{s \to 1+}}\ \varphi(s) \leqq \delta_* + \varepsilon,$$

daher $\overline{\lim\limits_{s \to 1+}}\ \varphi(s) \leqq \delta_*$. Ganz entsprechend ergibt sich, wobei ja nur noch der Fall $\delta_* > 0$ interessiert, $\underline{\lim\limits_{s \to 1+}}\ \varphi(s) \geqq \delta_*$ und damit die Behauptung.

Zusatz. Indem man den Beweis mit $\bar{\delta}^*$ bzw. δ^* an Stelle von δ_* durchführt, ergibt sich noch

$$\delta^*\big(\mathfrak{T}; M(x)\big) \leqq \underline{\lim_{s \to 1+}}\ \varphi(s) \leqq \overline{\lim_{s \to 1+}}\ \varphi(s) \leqq \bar{\delta}^*\big(\mathfrak{T}; M(x)\big).$$

Definition 4. *Wenn*

$$D(\mathfrak{T}; \mathfrak{M}) = \lim_{s \to 1+} \frac{\sum\limits_{n \in \mathfrak{T}} n^{-s}}{\sum\limits_{n \in \mathfrak{M}} n^{-s}} \qquad \Big(\lim_{s \to 1+} \sum_{n \in \mathfrak{M}} n^{-s} = \infty\Big) \tag{25}$$

existiert, so heißt dieser Grenzwert die DIRICHLET-*Dichte von* $\mathfrak{T}$ *bez.* $\mathfrak{M}$; $\mathfrak{M}$ *selbst heißt zulässig, wenn die Nebenbediugung in* (25) *erfüllt ist.*

Satz 5 und Satz 7 ergeben zusammen

Satz 8. *Ist* $\lim\limits_{s\to 1+} \sum\limits_{n\in\mathfrak{M}} n^{-s} = \infty$ *und existiert die natürliche* $M(x)$-*Dichte von* $\mathfrak{T}$, *so existieren auch die beiden* Dirichlet-*Dichten* (24) *und* (25), *und es gilt*

$$\delta_*\big(\mathfrak{T}; M(x)\big) = D\big(\mathfrak{T}; M(x)\big) = D(\mathfrak{T}; \mathfrak{M});$$

diese Beziehung bleibt auch dann gültig, wenn $\delta_* = \infty$ *ist.*

Dem Beweis von Satz 7 entnimmt man noch die Formel

$$D(\mathfrak{T}; \mathfrak{M}) = \lim_{s\to 1+} \frac{\int\limits_1^\infty T(t)\, t^{-s-1}\, dt}{\int\limits_1^\infty M(t)\, t^{-s-1}\, dt}, \tag{25a}$$

und man erkennt leicht, daß hierin $M(t)$ durch eine asymptotisch gleiche Funktion ersetzt werden kann (die nicht Anzahlfunktion zu sein braucht), so daß (25a) zu einer Verallgemeinerung von Definition 4 dienen kann.

Statt der Form (25) für $D(\mathfrak{T}; \mathfrak{M})$ läßt sich häufig eine einfachere Gestalt erreichen, wenn man die Nennerfunktion in einen singulären und regulären Bestandteil aufspaltet; das soll hier bedeuten, in

$$\sum_{n\in\mathfrak{M}} n^{-s} = S(s) + f(s) \tag{26}$$

sei $f(s) = O(1)$ $(s \to 1+)$, so daß offensichtlich gilt

$$\sum_{n\in\mathfrak{M}} n^{-s} \sim S(s) \quad (s \to 1+);$$

(25) geht dann über in

$$D(\mathfrak{T}; \mathfrak{M}) = \lim_{s\to 1+} S(s)^{-1} \sum_{n\in\mathfrak{T}} n^{-s}. \tag{27}$$

Als Beispiel sei $\mathfrak{M} = \mathfrak{Z}^{(0)}$ gewählt[1]. Aus $\delta_*(\mathfrak{Z}^{(0)}) = 1$ folgt nach (24) mit $\varphi(x) = x$ sofort

$$1 = \delta_*(\mathfrak{Z}^{(0)}) = \lim_{s\to 1+} (s-1) \sum_{n=1}^{\infty} n^{-s} = D(\mathfrak{Z}^{(0)}, x),$$

also

$$\sum_{n=1}^{\infty} n^{-s} \sim \frac{1}{s-1} \quad (s \to 1+); \tag{28}$$

daher geht (25) über in

$$D(\mathfrak{T}; \mathfrak{Z}^{(0)}) = \lim_{s\to 1+} (s-1) \sum_{n\in\mathfrak{T}} n^{-s},$$

d. h. in (24) (mit $\mathfrak{M} = \mathfrak{T}$, $\varphi(x) = x$); also ist im Falle $\varphi(x) = x$ die Dirichlet-Dichte (24) nur ein Spezialfall von (25). Im übrigen beachte man, daß die Dirichlet-Dichte (25), wie die Bemerkung zu Satz 7 zeigt, in ihrer Anwendbarkeit gegenüber (24) eingeschränkt ist.

---

[1] Hinsichtlich der Zulässigkeit der Menge aller Primzahlen s. 21.4.

Die in (28) aufgetretene DIRICHLET-Reihe ist bekanntlich die sogenannte RIEMANNsche Zetafunktion $\zeta(s)$ (s. auch 21.1.).

Die DIRICHLET-Dichte (25) legt noch die folgende Modifikation nahe. Man betrachte statt (25) die Quotienten der Partialsummen an der Stelle $s = 1$, d. h.

$$\lim_{n\to\infty} \frac{\sum_{\nu=1}^{n} \frac{\varepsilon_\nu}{\nu}}{\sum_{\nu=1}^{n} \frac{\eta_\nu}{\nu}} = D_l(\mathfrak{T};\mathfrak{M}), \quad \varepsilon_\nu \ (bzw.\ \eta_\nu) = \begin{cases} 1, & wenn\ \nu \in \mathfrak{T}\ (bzw.\ \mathfrak{M}), \\ 0 & sonst \end{cases}$$

$$\left(\sum_{\nu=1}^{\infty} \frac{\eta_\nu}{\nu} = \infty\right). \tag{29}$$

Auch hier gilt, daß aus der Existenz von $\delta_*(\mathfrak{T}; M(x))$ $(\leqq \infty)$

$$D_l(\mathfrak{T};\mathfrak{M}) = \delta_*\big(\mathfrak{T}; M(x)\big)$$

folgt, wie man analog zum Beweis von Satz 7 aus

$$\frac{\sum_{\nu=1}^{n} \varepsilon_\nu \nu^{-1}}{\sum_{\nu=1}^{n} \eta_\nu \nu^{-1}} = \frac{\int_1^{t_0} T(t)\, t^{-2} dt + \int_{t_0}^{n} T(t)\, t^{-2}\, dt + O(1)}{\int_1^{t_0} M(t)\, t^{-2}\, dt + \int_{t_0}^{n} M(t) t^{-2} dt + O(1)}, \quad \left|\frac{T(t)}{M(t)} - \delta_*\big(\mathfrak{T}; M(x)\big)\right| < \varepsilon$$

$$(t > t_0),$$

leicht entnimmt. Ist beispielsweise $\mathfrak{M} = \mathfrak{Z}^{(0)}$, so geht (29) auf Grund der bekannten Beziehung $\sum_{\nu=1}^{n} \nu^{-1} \sim \log n$ über in

$$D_l(\mathfrak{T}; \mathfrak{Z}^{(0)}) = \lim_{n\to\infty} \frac{\sum_{\nu=1}^{n} \varepsilon_\nu \nu^{-1}}{\log n}; \tag{30}$$

man spricht zuweilen in diesem Fall von der *logarithmischen Dichte* von $\mathfrak{T}$. Hierbei hat man jedoch wesentlich zu beachten, daß die logarithmische Dichte identisch mit der DIRICHLET-Dichte (24) mit $\varphi(x) = x$ ist, wie anschließend in (8.4.) gezeigt wird.

Indem man in (24), (25) und (30) jeweils $\underline{\lim}$ bzw. $\overline{\lim}$ schreibt, erhält man noch die jeweiligen *unteren* bzw. *oberen* DIRICHLET-*Dichten*.

Allgemein läßt sich angesichts des obigen Beispiels (hinter der Bemerkung zu Definition 3) und angesichts der Tatsache, daß aus der Existenz der natürlichen Dichte auch stets die Existenz aller erwähnten DIRICHLET-Dichten folgt, sagen, daß der Übergang zu DIRICHLET-Dichten einen Limitierungsprozeß darstellt, und zwar hier in Gestalt von Sätzen vom sogenannten ABELschen Typus. Bei nicht existierender natürlicher $\varphi(x)$-Dichte geben sie keinen nennenswerten Aufschluß über die vorliegende Menge; da die Werte der DIRICHLET-Dichten stets zwischen den beiden asymptotischen Dichten liegen, so gilt lediglich folgendes: Sind $\underline{\mu}$ bzw. $\overline{\mu} < \infty$ untere bzw. obere DIRICHLETsche $\varphi(x)$-Dichten einer Menge $\mathfrak{M}$, und ist $\underline{\mu} > 0$, so gibt es zu jedem $\varepsilon > 0$ unendlich viele x, die der Ungleichung $M(x) > (\overline{\mu} - \varepsilon)\,\varphi(x)$ genügen sowie entsprechend $M(x) < (\underline{\mu} + \varepsilon)\,\varphi(x)$.

und mehr läßt sich allgemein, auch wenn $\underline{\mu} = \bar{\mu}$ ist, nicht sagen. Doch sind diese Beziehungen recht trivial, da (nach 8.2., Bemerkung 3) jeder Wert zwischen $\delta^*(\mathfrak{M}; \varphi(x))$ und $\bar{\delta}^*(\mathfrak{M}; \varphi(x))$ $(< \infty)$ Häufungspunkt der Folge $\frac{A(n)}{\varphi(n)}$ ist. Hingegen sind die DIRICHLET-Dichten von großem Nutzen für die Berechnung oder Abschätzung der natürlichen bzw. asymptotischen Dichtenwerte. In vielen Fällen gelingt es vor allem vermittels sogenannter TAUBERscher Sätze (d. h. Umkehrung von Sätzen des ABELschen Typus mit Zusatzbedingungen), aus der Existenz einer DIRICHLET-Dichte auf die Existenz der natürlichen Dichte zurückzuschließen. Ein diesbezügliches fundamentales Theorem wird in 8.5. behandelt werden.

8.4. Die DIRICHLETsche x-Dichte als logarithmische Dichte. Wie in 8.3. gezeigt, fallen für $\varphi(x) = M(x) = x$ die DIRICHLET-Dichten (24) und (25) zusammen; dasselbe trifft auch für die durch (30) definierte logarithmische Dichte zu. Es gilt nämlich:

Satz 8. *Aus der Existenz von*

$$D(\mathfrak{M}; x) = \lim_{s \to 1+} (s-1) \sum_{n \in \mathfrak{M}} n^{-s} \; (\leqq \infty) \tag{31}$$

folgt die von

$$D_l(\mathfrak{M}; \mathfrak{Z}^{(0)}) = \lim_{n \to \infty} \frac{1}{\log n} \sum_{\substack{\nu \leqq n \\ \nu \in \mathfrak{M}}} \frac{1}{\nu} \tag{32}$$

und umgekehrt, und ihre Werte stimmen überein.

Beweis: (32) läßt sich folgendermaßen umformen. Es ist

$$\sum_{\substack{\nu \leqq n \\ \nu \in \mathfrak{M}}} \frac{1}{\nu} = \int_{1-}^{n} \frac{1}{x}\, dM(x) = \frac{M(n)}{n} + \int_{1}^{n} M(x)\, x^{-2}\, dx \qquad (x = e^u)$$

$$= \frac{M(n)}{n} + \int_{0}^{\log n} M(e^u)\, e^{-u}\, du.$$

Existiert nun $D_l(\mathfrak{M}; \mathfrak{Z}^{(0)})$, so ergibt sich

$$D =_{\mathrm{Df}} D_l(\mathfrak{M}; \mathfrak{Z}^{(0)}) = \lim_{n \to \infty} \frac{1}{\log n} \int_{0}^{\log n} M(e^u)\, e^{-u}\, du = \lim_{t \to \infty} \frac{g(t)}{t}$$

$$\left(t = \log n,\; g(t) = \int_{0}^{t} M(e^u)\, e^{-u}\, du\right).$$

Für (31) ergibt sich analog

$$(\sigma - 1) \sum_{n \in \mathfrak{M}} n^{-\sigma} = (\sigma - 1) \int_{1-}^{\infty} x^{-\sigma}\, dM(x) = (\sigma - 1)\, \sigma \int_{1}^{\infty} M(x)\, x^{-\sigma-1} dx$$

$$(s = \sigma + i\,\tau,\; \sigma > 1)$$

$$= (\sigma - 1)\, \sigma \int_{0}^{\infty} M(e^t)\, e^{-t}\, e^{-(\sigma-1)t}\, dt \qquad (x = e^t)$$

$$= (\sigma - 1)\, \sigma \int_{0}^{\infty} e^{-(\sigma-1)t}\, d\int_{0}^{t} M(e^u)\, e^{-u}\, du = (\sigma - 1)\, \sigma \int_{0}^{\infty} e^{-(\sigma-1)t}\, dg(t). \tag{33}$$

Aus der Existenz von $D = \lim_{t \to \infty} g(t)\, t^{-1} < \infty$ folgt sofort

$$\lim_{t \to \infty} g(t)\, e^{-(\sigma-1)t} = 0 \quad (\sigma > 1);$$

(33) geht daher und wegen $g(0) = 0$ über in

$$(\sigma - 1) \sum_{n \in \mathfrak{M}} n^{-\sigma} = (\sigma - 1)^2 \sigma \int_0^\infty g(t)\, e^{-(\sigma-1)t}\, dt$$

$$\underset{(\geqq)}{\leqq} (\sigma - 1)^2 \sigma \left\{ \int_0^{t_0} g(t)\, e^{-(\sigma-1)t}\, dt + \int_{t_0}^\infty (D \underset{(-)}{+} \varepsilon) t\, e^{-(\sigma-1)t}\, dt \right\},$$

worin t_0 so bestimmt sei, daß

$$\left| \frac{g(t)}{t} - D \right| < \varepsilon \text{ für } t \geqq t_0 = t_0(\varepsilon)$$

ist; hieraus folgt leicht

$$\lim_{s \to 1+} (s - 1) \sum_{n \in \mathfrak{M}} n^{-s} = D$$

Eine einfache Modifikation liefert das nämliche, falls $D = \infty$ ist. Zum Beweis der Umkehrung ist die Existenz von (31) vorauszusetzen. Nach (33) ist

$$D(\mathfrak{M}; x) = \lim_{s \to 1+} (s - 1) \sum_{n \in \mathfrak{M}} n^{-s} = \lim_{s \to 1+} (s - 1) \int_0^\infty e^{-(s-1)t}\, dg(t)$$

$$= \lim_{s \to 0+} s \int_0^\infty e^{-st}\, dg(t), \tag{34}$$

und, da $M(e^u)\, e^{-u}$ nicht negativ ist, wächst $g(t)$ in (34) monoton. Mit $f(s) = \int_0^\infty e^{-st}\, dg(t)$ sind somit alle Voraussetzungen des TAUBER-Satzes in 8.3. (Satz 6) erfüllt. Es folgt daher

$$\lim_{t \to \infty} \frac{g(t)}{t} = D(\mathfrak{M}; x),$$

womit Satz 8 bewiesen ist.

8.5. Der IKEHARAsche TAUBERsatz. Daß aus der Existenz der DIRICHLET-Dichte nicht ohne weiteres auf die Existenz der natürlichen Dichte geschlossen werden darf, zeigte bereits das in 8.3. (Definition 3ff). gegebene Beispiel. Eine weitreichende Bedingung für die Zulässigkeit dieses Rückschlusses gibt der folgende Satz (IKEHARA [1]), der sich in schwächerer Form bereits bei LANDAU [4, Bd. 2, S. 874] findet.

Satz 9. *Ist die zu einer Menge $\mathfrak{A}$ gehörige* DIRICHLET-*Reihe* $f(s) = \sum_{n \in \mathfrak{A}}^{\infty} \varphi(n)^{-s}$ *in der Halbebene $\sigma > 1$ konvergent und besitzt die zugehörige analytische Funktion in $\sigma \geqq 1$ keine anderen Singularitäten als höchstens* *in* $s = 1$ *einen einfachen Pol mit dem Residuum* α, *so existiert die natürliche* $\varphi(x)$-*Dichte von* $\mathfrak{A}$, *und es ist*

$$\delta_*(\mathfrak{A};\varphi(x)) = \alpha = \lim_{s\to 1+} (s-1)\, f(s) = D(\mathfrak{A};\varphi(x)).$$

$\varphi(x)$ *erfüllte wieder die Bedingungen* (19).

Zusatz. Statt, daß $f(s)$ einer Menge zugeordnet ist, genügt es z. B. zu fordern, daß in der DIRICHLET-Reihe $\sum_{n=1}^{\infty} c_n\, \varphi(n)^{-s}$ die Koeffizienten reell und nicht negativ sind. Der Beweis von Satz 9 sei gleich in der folgenden noch allgemeineren Form erbracht:

Es sei $g(t)$ *eine in* $\langle 0, \infty)$ *monoton wachsende Funktion, und es sei* $F(s) = \int_0^{\infty} e^{-st} g(t)\, dt$ *in* $\sigma > 1$ *konvergent. Weiter sei für eine gewisse reelle Konstante* α

$$\lim_{\sigma\to 1+} \left(F(s) - \frac{\alpha}{s-1}\right) \qquad (s = \sigma + i\tau) \tag{35}$$

eine für alle τ *existierende Funktion* $h(-\tau)$, *und überdies sei die Konvergenz in jedem endlichen Intervall* $-a \leqq \tau \leqq +a$ *gleichmäßig*[1]; *dann folgt*

$$\lim_{t\to\infty} \frac{g(t)}{e^t} = \alpha. \tag{36}$$

Beweis: Daß Satz 9 bzw. der erste Teil des Zusatzes vom letzten Teil umfaßt werden, erkennt man folgendermaßen. Es ist

$$\sum_{n=1}^{N} \frac{c_n}{\varphi(n)^\sigma} \geqq \frac{1}{\varphi(N)^\sigma} \sum_{x=1}^{N} c_n = \frac{A(N)}{\varphi(N)^\sigma} \qquad (A(x) = c_1 + c_2 + \cdots + c_{[x]}).$$

Aus der vorausgesetzten Konvergenz der DIRICHLETreihe folgt sofort

$$\frac{A(N)}{\varphi(N)^\sigma} = O(1) \quad \textit{für jedes} \quad \sigma > 1 \qquad (N \to \infty).$$

Hieraus ergibt sich unter Beachtung von

$$\frac{A(N)}{\varphi(N)^{1+\delta}} = \frac{A(N)}{\varphi(N)^{1+\frac{\delta}{2}}} \cdot \frac{1}{\psi(N)^{\frac{\delta}{2}}}, \quad \delta > 0,$$

in Verbindung mit $\varphi(x) \to \infty$ $(x \to \infty)$ sofort

$$\lim_{x\to\infty} \frac{A(x)}{\varphi(x)^\sigma} = 0 \quad \textit{für alle} \quad \sigma > 1.$$

[1] An Stelle dieser Voraussetzung genügt es zu fordern, daß die Formeln (38) und (41) gültig sind.

Damit erhält man (vgl. auch (23))

$$f(s) = s \int_0^\infty e^{-st} g(t)\, dt \quad \bigl(g(t) = A(\alpha(t));\ s \to 1+\bigr),$$

worin $\alpha(t)$ die Inverse von $t = \log \varphi(x)$ ist, die existiert, da ja ohne Einschränkung, der Bemerkung in Anschluß an Definition 3 zufolge, $\varphi(x)$ als streng monoton wachsend (überdies stetig differenzierbar) gewählt werden kann. Setzt man $F(s) = \int_0^\infty e^{-st} g(t)\, dt$, so folgt aus der Konvergenz der DIRICHLET-Reihe die Existenz von $F(s)$, und gemäß Satz 5, Zusatz 2 ist $F(s)$ analytisch. Aus der zusätzlichen Voraussetzung der Regularität von $f(s)$ auf $\sigma = 1$ mit Ausnahme des einfachen Pols in $s = 1$ folgt offensichtlich das nämliche für $F(s)$, so daß $F(s) - \frac{\alpha}{s-1}$ in $\sigma \geqq 1$ regulär ist, womit die an (35) angeknüpfte Voraussetzung erfüllt und alles auf den letzten Teil obigen Zusatzes zurückgeführt ist. Für den verbleibenden Beweis genügt es, $g(t)$ überdies als nichtnegativ vorauszusetzen, da man sonst einfach $g(t)$ durch $g(t) - g(0)$ ersetzen kann. — Da $F(s)$ in $\sigma > 1$ analytisch ist, folgt auf Grund der gleichmäßigen Konvergenz in (35), daß $h(\tau)$ stetig, also integrierbar ist. Nunmehr setze man

$$\chi(t) = g(t)\, e^{-t} \quad \textit{für } t \geqq 0,$$

$$\omega(t) = \chi(t) - \alpha.$$

Ferner wird die Funktion

$$k_\lambda(x) = \lambda \left(\frac{\sin \lambda x}{\lambda x}\right)^2 \qquad (\lambda > 0)$$

benötigt. Offenbar gilt $0 \leqq k_\lambda(x) = O(x^{-2})$. Hieraus und aus der vorausgesetzten Existenz von $\int_0^\infty e^{-st} g(t)\, dt$ für $\sigma > 1$ folgt sofort für jedes $\varepsilon > 0$, daß

$$J_{\lambda,\varepsilon}(x) = \int_0^\infty k_\lambda(x - t)\, \omega(t)\, e^{-\varepsilon t}\, dt \tag{37}$$

absolut konvergent ist. Definiert man weiter

$$\Delta(x) = \begin{cases} 1 - |x| & \textit{für } |x| \leqq 1, \\ 0 & \textit{für } |x| \geqq 1, \end{cases}$$

so ergibt eine leichte Rechnung

$$\frac{1}{2} \int_{-2\lambda}^{2\lambda} e^{-iyx} \Delta\left(\frac{y}{2\lambda}\right) dy = \lambda \left(\frac{\sin \lambda x}{\lambda x}\right)^2 = k_\lambda(x)$$

(d. h. $\frac{2}{\sqrt{2\pi}} k_\lambda(x)$ geht durch FOURIER-Transformation aus $\Delta\left(\frac{y}{2\lambda}\right)$ hervor). Aus der absoluten Konvergenz ergibt sich nunmehr

$$
\begin{aligned}
J_{\lambda,\varepsilon}(x) &= \frac{1}{2}\int_0^\infty \omega(t)\, e^{-\varepsilon t}\left\{\int_{-2\lambda}^{2\lambda} e^{-iy(x-t)}\,\Delta\left(\frac{y}{2\lambda}\right)dy\right\}dt \\
&= \frac{1}{2}\int_{-2\lambda}^{2\lambda} e^{-iyx}\Delta\left(\frac{y}{2\lambda}\right)\left\{\int_0^\infty \omega(t)\, e^{(-\varepsilon+iy)t}\,dt\right\}dy \\
&= \frac{1}{2}\int_{-2\lambda}^{2\lambda} e^{-iyx}\,\Delta\left(\frac{y}{2\lambda}\right)\left\{\int_0^\infty \left(e^{-(1+\varepsilon-iy)t} g(t) - e^{(-\varepsilon+iy)t}\,\alpha\right)dt\right\}dy \\
&= \frac{1}{2}\int_{-2\lambda}^{2\lambda} e^{-iyx}\,\Delta\left(\frac{y}{2\lambda}\right)\left(F(1+\varepsilon-iy) - \frac{\alpha}{\varepsilon - iy}\right)dy.
\end{aligned}
$$

Nach Voraussetzung (35) ist die Konvergenz von

$$F(1+\varepsilon-iy) - \frac{\alpha}{\varepsilon-iy} \to h(y) \quad (\varepsilon \to 0+)$$

in $\langle -2\lambda, 2\lambda\rangle$ gleichmäßig, mithin

$$\lim_{\varepsilon\to 0+} J_{\lambda,\varepsilon}(x) = \frac{1}{2}\int_{-2\lambda}^{2\lambda} e^{-iyx}\,\Delta\left(\frac{y}{2\lambda}\right) h(y)\,dy. \tag{38}$$

Andererseits ist nach (37)

$$J_{\lambda,\varepsilon}(x) = \int_0^\infty k_\lambda(x-t)\,\chi(t)\,e^{-\varepsilon t}\,dt - \alpha\int_0^\infty k_\lambda(x-t)\,e^{-\varepsilon t}\,dt. \tag{39}$$

Beide Integranden in (39) sind nichtnegativ, stetig in ε und für $\varepsilon \to 0+$ monoton wachsend. Daher streben für $\varepsilon \to 0+$ beide Integrale Grenzwerten ($\leqq \infty$) zu, die durch Vertauschung von Limes und Integration erhalten werden können. Der Grenzwert des zweiten Integrals in (39) ist $\int_0^\infty k_\lambda(x-t)\,dt$, und dies Integral ist, wie leicht zu sehen, konvergent, so daß unter Beachtung von (38) auch der Grenzwert des ersten Integrals endlich ist. Somit ergibt sich

$$\frac{1}{2}\int_{-2\lambda}^{2\lambda} e^{-iyx}\,\Delta\left(\frac{y}{2\lambda}\right) h(y)\,dy = \int_0^\infty k_\lambda(x-t)\,\omega(t)\,dt. \tag{40}$$

Das Integral linker Hand ist für ganze x im wesentlichen[1] FOURIER-Koeffizient, strebt also, wie man der gewöhnlichen Theorie der FOURIER-Reihen entnimmt, gegen Null für $x = 1, 2, \ldots$ oder — wie vermittels der Additionstheoreme sofort zu sehen —, wenn x eine lediglich[2] $\overset{+}{\text{mod}}\ 1$

---

[1] D. h. abgesehen vom Faktor $\frac{1}{\pi}$ und bis auf die Länge des Integrationsintervalls.

[2] Unter der *additiven Kongruenz* $\alpha \equiv \beta \ (\overset{+}{\text{mod}}\ \varrho)$ (α, β, ϱ reell) versteht man (s. HASSE [2]) das Rechnen in der additiven Gruppe des Körpers der reellen Zahlen (bzw. eines Unterkörpers) *modulo* der Untergruppe aller ganzrationalen Vielfachen von ϱ.

kongruente Zahlenfolge durchläuft, was im folgenden ausreicht[1]; also

$$\lim_{x\to\infty} \frac{1}{2} \int_{-2\lambda}^{2\lambda} e^{-ivx} \Delta\left(\frac{y}{2\lambda}\right) h(y)\, dy = \lim_{x\to\infty} \int_{-\infty}^{\infty} k_\lambda(x-t)\, \omega(t)\, dt = 0. \quad (41)$$

Weiter ist bekanntlich

$$\int_{-\infty}^{\infty} k_\lambda(u)\, du = \lambda \int_{-\infty}^{\infty} \left(\frac{\sin \lambda u}{\lambda u}\right)^2 du = \int_{-\infty}^{\infty} \left(\frac{\sin v}{v}\right)^2 dv = \pi\ ^2. \quad (42)$$

Die vorausgesetzte Monotonie von $g(t)$ ergibt[3] für $\omega(t)$

$$\omega(t+h) \geqq \omega(t)\, e^{-h} - \alpha(1-e^{-h}) \qquad (h \geqq 0). \quad (43)$$

Nunmehr kann die Behauptung des Satzes, d. h. $\lim\limits_{x\to\infty} \omega(x) = 0$ indirekt erbracht werden. Angenommen, es gäbe unendlich viele x_μ mit $\lim\limits_{\mu\to\infty} x_\mu = \infty$, für die

$$|\,\omega(x_\mu)\,| \geqq \delta > 0$$

gilt, so müßte es zufolge (43), wie leicht zu sehen, unendlich viele elementefremde Intervalle $\langle \eta_\nu' - l, \eta_\nu' + l\rangle$ (der gleichen festen Länge $2\,l$) geben, so daß

$$\omega(x) \geqq \frac{\delta}{2} \ \textit{für}\ x \in \langle \eta_\nu' - l, \eta_\nu' + l\rangle \ \textit{und}\ \nu = 1, 2, \ldots \quad (44_1)$$

oder

$$\omega(x) \leqq -\frac{\delta}{2} \ \textit{für}\ x \in \langle \eta_\nu' - l, \eta_\nu' + l\rangle \ \textit{und}\ \nu = 1, 2, \cdots \quad (44_2)$$

wäre. Zunächst werde (44_1) behandelt. Wählt man l so, daß etwa $l = \frac{1}{k}$, $k > 1$ ganz ist, teilt man ferner das Intervall $\langle 0; 1\rangle$ durch die Punkte $\frac{\varrho}{k}$ $(\varrho = 0, 1, \ldots, k)$ in Teilintervalle, und reduziert man schließlich die Intervalle $\left\langle \eta_\nu' - \frac{1}{k}, \eta_\nu' + \frac{1}{k}\right\rangle \overset{+}{\text{mod}}\ 1$ in $\langle 0; 1\rangle$ hinein, so liegen offenbar in mindestens einem der Gitterintervalle $\left\langle \frac{\varrho}{k}, \frac{\varrho+1}{k}\right\rangle$

[1] Für beliebiges $x \to \infty$ ist es wegen der eigentlichen Integrierbarkeit des Integranden der einfachste Spezialfall des Riemann-Lebesgueschen Lemmas. Siehe etwa Landau, Einführung in die Differential- und Integralrechnung.

[2] Es genügt im folgenden lediglich die Existenz dieses Integrals.

[3] Ungleichung (43) tritt (Wirsing) an die Stelle der sonst zumeist verwendeten Eigenschaft, daß $\omega(x)$ *schwach fallend* ist, d. h.

$$\lim_{x\to\infty} \delta(x) = 0 \wedge \delta(x) > 0 \curvearrowright \lim_{x\to\infty} \left(\omega(x+\delta(x)) - \omega(x)\right) \geq 0; \quad (*)$$

zugleich ergibt sich nach Wirsing eine vereinfachte Beweisführung. Die oben aus (43) gezogene Folgerung bezüglich der Existenz der Intervalle $\left\langle \eta_\nu - \frac{1}{2k}, \eta_\nu + \frac{1}{2k}\right\rangle$ ergibt sich aus (*) ebenfalls.

unendlich viele reduzierte Intervallanfänge $\eta'_\nu - \frac{1}{k}$. Beschränkt man sich nun allein auf diese, so überdecken sie sämtlich noch das Intervall $\left\langle \frac{\varrho+1}{k}, \frac{\varrho+2}{k} \right\rangle$; verkleinert man jedes reduzierte $\left\langle \eta'_\nu - \frac{1}{k}, \eta'_\nu + \frac{1}{k} \right\rangle$ auf dieses überdeckte Intervall und nennt den entsprechenden unreduzierten Mittelpunkt η_ν, so sind die auf diese Weise gewonnenen unendlich vielen Intervalle $\left\langle \eta_\nu - \frac{1}{2k}, \eta_\nu + \frac{1}{2k} \right\rangle$ nach wie vor gleich lang, die Mittelpunkte liegen aber nunmehr sämtlich paarweise kongruent $\overset{+}{\mathrm{mod}}\ 1$. Für das in (40) rechts stehende Integral — es möge mit $J_\lambda(x)$ bezeichnet werden — ergäbe sich dann mit $l' = \frac{1}{2} l$ wegen $\omega(t) \geqq -\alpha$

$$
\begin{aligned}
J_\lambda(\eta_\nu) &= \int_{-\infty}^{\infty} k_\lambda(\eta_\nu - t)\, \omega(t)\, dt \qquad (45)\\
&\geqq \frac{\delta}{2} \int_{\eta_\nu - l'}^{\eta_\nu + l'} k_\lambda(\eta_\nu - t)\, dt - \alpha \int_{-\infty}^{\eta_\nu - l'} k_\lambda(\eta_\nu - t)\, dt - \alpha \int_{\eta_\nu + l'}^{\infty} k_\lambda(\eta_\nu - t)\, dt\\
&= \frac{\delta}{2} \int_{-l'}^{l'} k_\lambda(u)\, du - \alpha \left\{ \int_{l'}^{\infty} k_\lambda(u)\, du + \int_{-\infty}^{-l'} k_\lambda(u)\, du \right\} \qquad (\eta_\nu - t = u)\\
&= \delta \int_0^{l'} k_\lambda(u)\, du - 2\alpha \int_{l'}^{\infty} k_\lambda(u)\, du\\
&= \delta \int_0^{\lambda l'} \left(\frac{\sin v}{v}\right)^2 dv - 2\alpha \int_{\lambda l'}^{\infty} \left(\frac{\sin v}{v}\right)^2 dv \qquad (\lambda u = v),
\end{aligned}
$$

mithin vermittels (42)

$$J_{\lambda_0}(\eta_\nu) \geqq \frac{1}{2}\delta \int_0^{\infty} \left(\frac{\sin v}{v}\right)^2 dv =_{\mathrm{Df}} \delta_1,$$

für ein genügend großes $\lambda_0 = \lambda_0(\delta_1)$ und alle $\nu \geqq 1$; wegen $\lim\limits_{\nu\to\infty} \eta_\nu = \infty$ wäre also

$$\varliminf_{\nu\to\infty} J_{\lambda_0}(\eta_\nu) \geqq \delta_1 > 0$$

im Widerspruch zu (41) mit $x = \eta_\nu$, da die η_ν $\overset{+}{\mathrm{mod}}\ 1$ untereinander kongruent sind. Damit ist

$$\varlimsup_{t\to\infty} \omega(t) \leqq 0 \qquad (46)$$

gezeigt. Geht man nunmehr von (44_2) aus und ersetzt in (45) überall

$(-\alpha)$ durch eine nach (46) existierende obere Schranke von $\omega(t)$, so ergibt sich analog $\underline{\lim}_{t \to \infty} \omega(t) \geqq 0$, womit alles bewiesen ist.

Siehe ferner DELANGE [1], RAIKOV [2], WINTNER [1] (jedoch ist in dieser Arbeit der Beweis nicht mehr im Fall $\mu < 1$ stichhaltig).

Hinsichtlich TAUBERscher Sätze sei auf die Literatur über Funktionaltransformationen verwiesen (s. u. a. DOETSCH [1], HARDY [2], WIDDER [1]).

Bezüglich einiger weiterer Dichtenrelationen siehe auch 18.1. im zweiten Teil dieses Ergebnisberichtes.

9. Anzahlfunktion reduzibler Mengen.

Ist $\mathfrak{C} = \sum_{i=1}^{n} \mathfrak{A}_i$, so liegen Abschätzungen von $C(x)$ durch die Anzahlfunktionen $A_i(x)$ selbst bisher im wesentlichen nur im Falle $n = 2$ vor (siehe jedoch (35) weiter unten, sowie 7.2. (11)).

Eine einfache, aber schon sehr nützliche Abschätzung von $(A + B)(n)$ geht bereits auf SCHNIRELMANN [1] zurück; es sei $\mathfrak{A} = \{a_0, a_1, \ldots, a_n, \ldots\}$, $a_0 \geqq 0$, $0 \in \mathfrak{B}$; dann ist, wie sofort ersichtlich:

$$\{a_\nu\} + (\mathfrak{B} \frown [0, a_{\nu+1} - a_\nu - 1]) \subseteqq \mathfrak{A} + \mathfrak{B} \quad (\nu \geqq 0),$$

also

$$(A + B)(-1, x) \geqq A(-1, x) + \sum_{\nu=1}^{n} B(a_\nu - a_{\nu-1} - 1) + B(x - a_n)$$
$$(a_n \leqq x < a_{n+1}).$$

Die im folgenden entwickelten Formeln (OSTMANN [2], [7]) ermöglichen es später zugleich, Abschätzungen von $\delta^*(\mathfrak{A} + \mathfrak{B}; \varphi(x))$ und $\bar{\delta}^*(\mathfrak{A} + \mathfrak{B}; \varphi(x))$ zu gewinnen. — Im Gegensatz zu der eben angegebenen Formel gelten die Resultate auch bereits für $\mathfrak{C}' = \mathfrak{V} + \mathfrak{D}$ ($\mathfrak{V} = \mathfrak{A} \smile \mathfrak{B}$, $\mathfrak{D} = \mathfrak{A} \frown \mathfrak{B}$); wieder sei ständig $0 \in \mathfrak{D}$ vorausgesetzt, insbesondere also, daß keiner der Summanden leer ist.

Zunächst soll die charakteristische Funktion $J(x) =_{\mathrm{Df}} J(x; \mathfrak{A}, \mathfrak{B}) = A(x) + B(x) - x$ (siehe 7.1., Definition 1) näher untersucht werden, die ja mit $(\mathfrak{V}, \mathfrak{D})$ in eineindeutiger Weise zusammenhängt (siehe 7.1., Satz 1).

Es möge $j_\varkappa$ die kleinste ganze Zahl x bezeichnen, für die $J(x) = -\varkappa$ ist, also

$$J(x) > -\varkappa \ \mathit{für}\ x < j_\varkappa,\ J(j_\varkappa) = -\varkappa \quad (\varkappa = 0, 1, 2, \ldots). \tag{1}$$

Die Folge der $j_\varkappa$ kann endlich oder unendlich sein. Offenbar gilt $j_0 = 0 < j_1 < \cdots < j_\varkappa < \cdots$ und $J(x) \geqq -\varkappa$ für $x \in [j_\varkappa, j_{\varkappa+1} - 1]$ bzw. für $x \in [j_\varkappa, \infty)$, falls $j_{\varkappa+1}$ nicht mehr existiert. Es sei für das folgende verabredet, unter $j_\lambda - 1$ stets dann das Symbol ∞ zu verstehen, falls j_λ nicht mehr definiert ist.

In jedem Intervall $[j_\varkappa, j_{\varkappa+1} - 1]$ mit $\varkappa > 0$ betrachte man alle x^*, für die $J(x^*) = -\varkappa$ ist, und unter diesen x^* nehme man genau alle die, für die $J(x^* + 1) > -\varkappa$, also $x^* + 1 \in \mathfrak{D}$ ist. Die nach wachsender Größe geordnete Folge aller dieser $x^* + 1$ sei im folgenden stets mit $j_{\varkappa 1}, j_{\varkappa 2}, \ldots$ bezeichnet. Es ist offensichtlich $J(j_{\varkappa\lambda}) = -\varkappa + 1$ und $j_{\varkappa\lambda} \in \mathfrak{D}$. Mit $\bar{j}_{\varkappa\lambda}$ bezeichne man ferner das kleinste $x^* > j_{\varkappa\lambda}$ bzw. $\bar{j}_{\varkappa\lambda} = \infty$, falls ein solches x^* nicht mehr existiert. Es gilt somit

$$J(x)\begin{cases} > -\varkappa,\ x \in [j_{\varkappa\lambda}, \bar{j}_{\varkappa\lambda} - 1],\ \varkappa > 0, \\ = -\varkappa,\ x \notin [j_{\varkappa\lambda}, \bar{j}_{\varkappa\lambda} - 1],\ \varkappa > 0, \end{cases} (\lambda = 1, 2, \ldots; x \in [j_\varkappa, j_{\varkappa+1} - 1]), \tag{2}$$

$$j_{\varkappa\lambda} \in \mathfrak{D},\ \bar{j}_{\varkappa\lambda} \notin \mathfrak{B},\ j_\varkappa < j_{\varkappa\lambda} < \bar{j}_{\varkappa\lambda} \leqq j_{\varkappa+1} - 1,$$

$$[j_{\varkappa\lambda}, \bar{j}_{\varkappa\lambda}] \cap [j_{\varkappa\mu}, \bar{j}_{\varkappa\mu}] = 0 \quad (\lambda \neq \mu).$$

Ohne weiteres erkennt man

$$j_\varkappa < x \leqq j_{\varkappa+1} - 1 \wedge x \notin \bigcup_{\lambda \geqq 1} [j_{\varkappa\lambda}, \bar{j}_{\varkappa\lambda}] \sim x \in \mathfrak{B} \quad (\varkappa \geqq 1). \tag{3}$$

Man setze noch formal $[j_{0,1}, \bar{j}_{0,1}] = [0, j_1]$.

In der Folge der nach wachsender Größe geordneten $j_{\varkappa\lambda}$ $(\varkappa \geqq 0, \lambda \geqq 1)$ sei folgendermaßen eine Teilfolge $z_1, z_2, \ldots, z_n, \ldots$ definiert: $z_1 = 0$; ist bereits z_n für $n \geqq 1$ definiert, so sei z_{n+1} das kleinste $j_{\varkappa\lambda} > z_n$ so, daß die Länge von $[j_{\varkappa\lambda}, \bar{j}_{\varkappa\lambda}]$ größer ist als die aller vorangehenden Intervalle des gleichen Typus. Die endliche oder unendliche Folge der z_n ist dadurch eindeutig festgelegt. Man setze noch $\bar{z}_n = z_{n+1} - 1$ bzw. $\bar{z}_n = \infty$, wenn z_{n+1} nicht mehr existiert, und schließlich sei $\mathfrak{Z}_\nu = [z_\nu, \bar{z}_\nu]$, $\nu \geqq 1$.

Aus der Definition der Folge $z_1, z_2, \ldots$ ergibt sich unmittelbar, daß die Länge der in $\mathfrak{Z}_\nu$ gelegenen Intervalle vom Typus $[j_{\varkappa\lambda}, \bar{j}_{\varkappa\lambda}]$ sämtlich höchstens gleich der Länge des mit z_ν als Anfangselement beginnenden Intervalls des gleichen Typus sind.

Definition 1. *Diejenigen in $\mathfrak{Z}_\nu$ $(\nu = 1, 2, \ldots)$ gelegenen Intervalle vom oben erklärten Typus $[j_{\varkappa\mu}, \bar{j}_{\varkappa\mu}]$, $\varkappa \geqq 0$, die sämtlich die gleiche maximale Länge erreichen, sollen kurz M-Intervalle von $\mathfrak{Z}_\nu$ genannt werden. $\mathfrak{G}_\nu = \{g_{\nu 1}, g_{\nu 2}, \ldots\}$ sei die Menge aller Anfangselemente der in $\mathfrak{Z}_\nu$ gelegenen M-Intervalle, diese selbst seien durch $[g_{\nu\lambda}, \bar{g}_{\nu\lambda}]$ bezeichnet. $\mathfrak{G}$ sei die Vereinigung aller $\mathfrak{G}_\nu$.*

Aus dieser Definition ergibt sich sofort, daß z_ν selbst Anfangselement eines M-Intervalles ist, und zwar ist $g_{\nu 1} = z_\nu \in \mathfrak{G}_\nu$, $\nu \geqq 1$. Aus (2) folgt ferner unmittelbar

$$\mathfrak{G} \subseteqq \mathfrak{D}. \tag{4}$$

Die durch (1) und (2) angegebenen Eigenschaften lassen sich noch etwas anders schreiben. Es bedeute $\overline{\mathfrak{V}}$ die Komplementärmenge von $\mathfrak{V}$. Damit ergibt sich zunächst

$$J(x) = A(x) + B(x) - x = D(x) + V(x) - x = D(x) - \overline{V}(x)$$
$$= D(-1, x) - \overline{V}(-1, x) - 1, \quad x \geqq 0, \tag{5}$$

also nach (1)

$$J(x) + \varkappa = D(-1, x) - \overline{V}(-1, x) - 1 - J(j_\varkappa)$$
$$= D(-1, x) - \overline{V}(-1, x) - D(-1, j_\varkappa) + \overline{V}(-1, j_\varkappa) \quad (\varkappa \geqq 0).$$

Für $x \geqq j_\varkappa$ ergibt dies noch

$$J(x) + \varkappa = D(j_\varkappa, x) - \overline{V}(j_\varkappa, x).$$

(1) läßt sich somit in der Form

$$x < j_{\varkappa+1} \curvearrowright D(j_\varkappa, x) \geqq \overline{V}(j_\varkappa, x) \tag{6}$$

schreiben. Wegen $J(j_{\varkappa\lambda} - 1) = -\varkappa$ erhält man in Verbindung mit (5) wie zuvor

$$J(x) + \varkappa = D(j_{\varkappa\lambda} - 1, x) - \overline{V}(j_{\varkappa\lambda} - 1, x), \quad x \geqq j_{\varkappa\lambda}.$$

Indem man noch $x = j_{\varkappa\lambda} + y$ setzt, ergibt sich aus (2)

$$\left.\begin{aligned} &D(j_{\varkappa\lambda} - 1, j_{\varkappa\lambda} + y) > \overline{V}(j_{\varkappa\lambda} - 1, j_{\varkappa\lambda} + y), \quad 0 \leqq y < \bar{j}_{\varkappa\lambda} - j_{\varkappa\lambda}, \varkappa \geqq 1, \\ &D(j_{\varkappa\lambda} - 1, \bar{j}_{\varkappa\lambda}) = \overline{V}(j_{\varkappa\lambda} - 1, \bar{j}_{\varkappa\lambda}), \end{aligned}\right. \tag{7}$$

und dies gilt auch noch für $\varkappa = 0$, wie aus der Definition von j_1 wegen $\bar{j}_{0,1} = j_1$ folgt; diese Eigenschaft besitzen speziell auch sämtliche M-Intervalle; hierin liegt der Grund für die eingangs formal erfolgte Festsetzung bezüglich $[j_{0,1}, \bar{j}_{0,1}]$.

Mit den eben eingeführten Begriffen läßt sich hinsichtlich der Struktur von $\mathfrak{C} = \mathfrak{A} + \mathfrak{B}$ nach Ostmann [1] (siehe auch die Darstellung bei Rohrbach-Volkmann [2]) eine notwendige Bedingung dafür angeben, daß eine natürliche Zahl nicht in der Summenmenge $\mathfrak{C}$ enthalten ist:

Satz 1. *Es sei* $0 \leqq n \leqq \bar{z}_\nu$, $\nu \geqq 1$. *Notwendig dafür, daß* $g_{\nu\varrho} + n$ *nicht in* $\mathfrak{B} + \mathfrak{D}$ *liegt, ist*

$$n = j_\varkappa \; (\varkappa \geqq 2) \quad \textit{oder} \quad n = \bar{g}_{\nu\mu}. \tag{8}$$

Insbesondere gilt dies für $\varrho = 1$, *d. h. für* $g_{\nu 1} = z_\nu$.

Bemerkung. Ist $\nu = 1$, so wird $n = j_1$ durch (8) in der Form $n = \bar{g}_{1,1}$ $(= j_1)$ berücksichtigt. Für $\nu > 1$ spielt j_1 nicht mehr die Rolle der übrigen $j_\varkappa$, und hiermit begründet sich abermals die frühere Festsetzung bezüglich $[j_{0,1}, \bar{j}_{0,1}]$.

Beweis: Es sei k so bestimmt, daß $n \in [j_k, j_{k+1} - 1]$ ist. Da $g_{\nu\varrho} + n \notin \mathfrak{B} + \mathfrak{D}$ sein soll, muß offenbar $n \in \overline{\mathfrak{B}}$ gelten. Vermittels (3) folgt hieraus, wenn $n \neq j_k$ ist, die Existenz eines λ, so daß $n \in [j_{k\lambda}, \bar{j}_{k\lambda}]$ ist. Es ist dann zu zeigen, daß $n = \bar{j}_{k\lambda}$ und überdies $\bar{j}_{k\lambda}$ sogar ein $\bar{g}_{\nu\mu}$ ist. Man nehme

$$j_{k\lambda} \leqq n < \bar{j}_{k\lambda} \tag{9}$$

an. Mit $y = n - j_{k\lambda}$ gilt dann nach (7)

$$D(j_{k\lambda} - 1, n) > \overline{V}(j_{k\lambda} - 1, n). \tag{10}$$

Es seien $d_1 = j_{k\lambda}, d_2, \ldots, d_s$ alle in $[j_{k\lambda}, n]$ gelegenen Elemente von $\mathfrak{D}$. Wegen $g_{\nu\varrho} + n \notin \mathfrak{B} + \mathfrak{D}$ muß $g_{\nu\varrho} + n - d_\sigma \in \overline{\mathfrak{B}}$ $(\sigma = 1, 2, \ldots, s)$ gelten. Also

$$\overline{V}(g_{\nu\varrho} + n - d_s - 1, g_{\nu\varrho} + n - d_1) \geqq s = D(j_{k\lambda} - 1, n). \tag{11}$$

Wegen $d_s < n$ ist hierin einerseits

$$g_{\nu\varrho} + n - d_s > g_{\nu\varrho}, \tag{12}$$

andererseits ist nach (9)

$$g_{\nu\varrho} + n - d_1 = g_{\nu\varrho} + n - j_{k\lambda} \leqq g_{\nu\varrho} + \bar{j}_{k\lambda} - j_{k\lambda} - 1; \tag{13}$$

da ferner $[g_{\nu\varrho}, \bar{g}_{\nu\varrho}]$ ein M-Intervall ist, muß

$$\bar{j}_{k\lambda} - j_{k\lambda} \leqq \bar{g}_{\nu\varrho} - g_{\nu\varrho}$$

sein (hier wird $n \leqq \bar{z}_\nu$ verwendet); das ergibt für (13) weiter

$$g_{\nu\varrho} + n - d_1 \leqq g_{\nu\varrho} + \bar{g}_{\nu\varrho} - g_{\nu\varrho} - 1 = \bar{g}_{\nu\varrho} - 1. \tag{14}$$

Nach (7) ergibt sich daher mit $y = n - d_1$, $j_{\varkappa\lambda} = g_{\nu\varrho}$

$$\begin{aligned}\overline{V}(g_{\nu\varrho} + n - d_s - 1, g_{\nu\varrho} + n - d_1) \leqq \overline{V}(g_{\nu\varrho} - 1, g_{\nu\varrho} + n - d_1) < \\ < D(g_{\nu\varrho} - 1, g_{\nu\varrho} + n - d_1) = D(g_{\nu\varrho} - 1, g_{\nu\varrho} + n - j_{k\lambda}).\end{aligned} \tag{15}$$

(11) und (15) liefern

$$D(j_{k\lambda} - 1, n) < D(g_{\nu\varrho} - 1, g_{\nu\varrho} + n - j_{k\lambda}). \tag{16}$$

Weiter seien $d'_1, d'_2, \ldots, d'_t$ alle in $[g_{\nu\varrho}, g_{\nu\varrho} + n - j_{k\lambda}]$ gelegenen Elemente von $\mathfrak{D}$. Wiederum aus der Nichtdarstellbarkeit von $g_{\nu\varrho} + n$ in $\mathfrak{B} + \mathfrak{D}$ folgt, daß $g_{\nu\varrho} + n - d'_\tau \in \overline{\mathfrak{B}}$ $(\tau = 1, 2, \ldots, t)$ gelten muß, mithin

$$t = D(g_{\nu\varrho} - 1, g_{\nu\varrho} + n - j_{k\lambda}) \leqq \overline{V}(g_{\nu\varrho} + n - d'_t - 1, g_{\nu\varrho} + n - d'_1). \tag{17}$$

Hierin ist

$$g_{\nu\varrho} + n - d'_1 = g_{\nu\varrho} + n - g_{\nu\varrho} = n,$$

$$g_{\nu\varrho} + n - d'_\tau \geqq g_{\nu\varrho} + n - (g_{\nu\varrho} + n - j_{k\lambda}) = j_{k\lambda};$$

(17) geht daher über in

$$D(g_{\nu\varrho}-1,\,g_{\nu\varrho}+n-j_{k\lambda})\leqq\overline{V}(j_{k\lambda}-1,\,n),$$

und nach (7) ist wegen $n<\bar{j}_{k\lambda}$ weiter

$$\overline{V}(j_{k\lambda}-1,\,n)<D(j_{k\lambda}-1,\,n),$$

also

$$D(g_{\nu\varrho}-1,\,g_{\nu\varrho}+n-j_{k\lambda})<D(j_{k\lambda}-1,\,n); \tag{18}$$

(16) und (18) stellen aber einen Widerspruch dar. Es muß daher $n=\bar{j}_{k\lambda}$ im Gegensatz zur Annahme gelten. Nimmt man nunmehr

$$\bar{j}_{k\lambda}-j_{k\lambda}<\bar{g}_{\nu\varrho}-g_{\nu\varrho}$$

an, so tritt an Stelle von (13) jetzt

$$g_{\nu\varrho}+n-d_1=g_{\nu\varrho}+(\bar{j}_{k\lambda}-j_{k\lambda})<g_{\nu\varrho}+(\bar{g}_{\nu\varrho}-g_{\nu\varrho})=\bar{g}_{\nu\varrho},$$

also

$$g_{\nu\varrho}+n-d_1\leqq\bar{g}_{\nu\varrho}-1,$$

d. h. (14) gilt nach wie vor, so daß alle an (14) anknüpfenden Folgerungen, insbesondere (16) und (18) gelten, was ja unmöglich ist. Damit ist Satz 1 bewiesen.

Es ist zweckmäßig, Satz 1 noch eine andere Formulierung zu geben. Es sei $\mathfrak{H}_\nu$ $(\nu\geqq 1)$ die Menge aller ganzen n, $0\leqq n\leqq\bar{z}_\nu$, die nicht von der Form $n=j_\varkappa$ $(\varkappa\geqq 2)$ oder $n=\bar{g}_{\nu\mu}$ (mit demselben ν) sind.

Definition 2. *Es seien $\mathfrak{G}_\nu$ die in Definition 1 erklärten, $\mathfrak{H}_\nu$ die eben erklärten Mengen. Die Folge von Mengenpaaren $(\mathfrak{G}_1,\mathfrak{H}_1)$, $(\mathfrak{G}_2,\mathfrak{H}_2)$, $\ldots$, $(\mathfrak{G}_\nu,\mathfrak{H}_\nu)$, $\ldots$ heiße die $(\mathfrak{A},\mathfrak{B})$ zugeordnete oder die zu $(\mathfrak{A},\mathfrak{B})$ gehörige Folge von Mengenpaaren.*

Die zu $(\mathfrak{A},\mathfrak{B})$ gehörige Folge von Mengenpaaren kann endlich oder unendlich sein.

Satz 1 besagt offensichtlich

$$\{g_{\nu\varrho}\}+\mathfrak{H}_\nu\subseteqq\mathfrak{B}+\mathfrak{D}\subseteqq\mathfrak{C},$$

und hieraus ergibt sich sofort, wenn man noch $z_\nu\in\mathfrak{G}_\nu$ beachtet:

Satz 2. *Ist $(\mathfrak{A},\mathfrak{B})$ die Folge von Mengenpaaren $(\mathfrak{G}_\nu,\mathfrak{H}_\nu)$ zugeordnet, so ist*

$$\bigcup_{\nu\geqq 1}(\mathfrak{G}_\nu+\mathfrak{H}_\nu)\subseteqq\mathfrak{B}+\mathfrak{D}\subseteqq\mathfrak{C}. \tag{19}$$

Speziell gilt noch

$$\bigcup_{\nu\geqq 1}(\{z_\nu\}+\mathfrak{H}_\nu)\subseteqq\mathfrak{B}+\mathfrak{D}\subseteqq\mathfrak{C},$$

also

$$C(z_\nu-1,\,z_\nu+x)\geqq H_\nu(-1,\,x)\quad(\nu\geqq 1,\,x\geqq 0). \tag{20}$$

Zu $(\mathfrak{B},\mathfrak{D})$ gehört offenbar dieselbe Folge $(\mathfrak{G}_\nu,\mathfrak{H}_\nu)$ wie zu $(\mathfrak{A},\mathfrak{B})$.

Aus (20) soll nun die eingangs angekündigte Abschätzung von $C(n)$ (bzw. $C(-1, n)$) hergeleitet werden. Aus einem gleich ersichtlich werdenden Grunde ist es zweckmäßiger, die Anzahlfunktion $C(n)$ von $\mathfrak{C}$ durch die Anzahlfunktion eines (von n abhängigen) $\mathfrak{H}_k$, $k = k(n)$, statt direkt durch die Anzahlfunktionen von $\mathfrak{A}$ und $\mathfrak{B}$ abzuschätzen. Darin liegt keine Einschränkung, da sich $H_k(n)$ vermittels $A(x)$ und $B(x)$ ausdrücken läßt (siehe (25) und (26) weiter unten). Es sei

$$\mathfrak{W} = \{j_0 = 0, j_1, j_2, \ldots\}.$$

Beachtet man, daß

$$\bar{g}_{\nu\varrho} - g_{\nu\varrho} = \bar{g}_{\nu 1} - g_{\nu 1} = \bar{g}_{\nu 1} - z_\nu$$

ist, so ergibt die Definition von $\mathfrak{H}_\nu$ $(\nu \geqq 1)$ sofort[1]

$$\begin{aligned} H_\nu(-1, n) &= n + 1 - W(j_1, n) - G_\nu(z_\nu - 1, n - \bar{g}_{\nu 1} + z_\nu) \\ &= \begin{cases} n + 1, & n < j_1 \\ n + 2 - W(n) - G_\nu(z_\nu - 1, z_\nu + n - \bar{g}_{\nu 1}), & j_1 \leqq n \leqq \bar{z}_\nu, \end{cases} \end{aligned} \tag{21}$$

oder etwas schwächer

$$\left.\begin{aligned} H_\nu(-1, n) &\begin{cases} \geqq n + 2 - W(n) - G_\nu(z_\nu - 1, n), & j_1 \leqq n \leqq \bar{z}_\nu \\ \geqq n + 1 - W(n) - G_\nu(n) \end{cases} \\ H_\nu(n) &\geqq n - W(n) - G_\nu(n) \end{aligned}\right\} \; 0 \leqq n \leqq \bar{z}_\nu. \tag{22}$$

Ein spezielles, schon auf SCHNIRELMANN [1] zurückgehendes Ergebnis sei hier gleich festgehalten:

Satz 3. *Ist* $j_1 (= \bar{j}_{0,1}) = \infty$, *d. h.* $J(x) \geqq 0$ *für alle* $x \geqq 0$ *oder, was dasselbe bedeutet,*

$$A(x) + B(x) \geqq x \quad (x = 0, 1, 2, \ldots), \tag{23}$$

so ist

$$\mathfrak{A} + \mathfrak{B} = \mathfrak{B} + \mathfrak{D} = \mathfrak{Z}.$$

Allgemeiner gilt überdies

$$A(x_0) + B(x_0) \geqq x_0 \;\wedge\; 0 \in \mathfrak{D} \curvearrowright x_0 \in \mathfrak{B} + \mathfrak{D}, \tag{23_1}$$

$$A(x_0) + B(x_0) > x_0 + 1 \curvearrowright x_0 \in \mathfrak{B} + \mathfrak{D} \quad (0 \in \textit{oder} \notin \mathfrak{D}). \tag{23_2}$$

Beweis: Aus $n < j_1 - 1 = \infty$ folgt nach (21) sofort

$$H_1(-1, n) = n + 1,$$

[1] Ist $\bar{g}_{\nu 1} = \infty$, so soll $G_\nu(z_\nu - 1, n - \bar{g}_{\nu 1} + z_\nu)$ den Wert Null bedeuten. — Man beachte noch, daß j_1 in $W(j_1, n)$ nicht mitgezählt wird, ferner, daß für $\nu = 1$ und $n \geqq j_1$

$$G_\nu(z_\nu - 1, n - \bar{g}_{\nu 1} + z_\nu) = G(-1, n - j_1) \geqq 1$$

ist.

mithin $\mathfrak{H}_1 = \mathfrak{Z}$; nach (20) ist daher auch $\mathfrak{B} + \mathfrak{D} = \mathfrak{Z}$. Aber auch ohne Verwendung der bisher entwickelten Begriffe läßt sich $\mathfrak{B} + \mathfrak{D} = \mathfrak{Z}$ ganz leicht beweisen, und zwar sogar gleich (23_1). Sei nicht schon $x_0 \in \mathfrak{B}$. Aus $A(x_0) + B(x_0) = V(x_0) + D(x_0) \geqq x_0$ folgt, wenn $\mathfrak{B} = \{0, v_1, v_2, \ldots\}$ gesetzt wird,

$$0 < x_0 - v_i \leqq x_0 - 1 \quad \bigl(i = 1, 2, \ldots, V(x_0)\bigr).$$

Wäre kein $x_0 - v_i$ in $\mathfrak{D}$, so müßte offenbar

$$V(x_0) + D(x_0) \leqq x_0 - 1$$

sein im Widerspruch zur Voraussetzung. Ganz ähnlich erhält man auch sofort (23_2).

Ohne weiteres ergibt sich noch die

Folgerung. Es ist

$$[0, j_1 - 1] \subseteqq \mathfrak{B} + \mathfrak{D}.$$

(21) bzw. (22) sollen noch weiter umgeformt werden. Offensichtlich ist, wenn etwa n in $[j_\varkappa, j_{\varkappa+1} - 1]$ liegt,

$$W(n) = \varkappa = -J(j_\varkappa),$$

und überdies gilt nach (2) für alle n, die in keinem Intervall der Form $[j_{\varkappa\lambda}, \bar{j}_{\varkappa\lambda} - 1]$ gelegen sind, unter Berücksichtigung der Definition von $J(x)$

$$\begin{aligned} W(n) &= -J(n) = n - A(n) - B(n), \\ W(x) &= -\min_{0 \leqq y \leqq x} J(y) \geqq x - A(x) - B(x)\,;\ x = 0, 1, 2, \ldots. \end{aligned} \tag{24}$$

Da für die n mit $W(n) = -J(n)$ notwendig $n \geqq j_1$ gilt, geht jetzt (21) (und analog (22)) über in

$$\begin{aligned} H_\nu(-1, n) &= n + 2 - \bigl(n - A(n) - B(n)\bigr) - G_\nu(z_\nu - 1, z_\nu + n - \bar{g}_{\nu 1}) \\ &\geqq A(-1, n) + B(-1, n) - G_\nu(z_\nu - 1, n) \\ &\qquad\qquad \bigl(j_1 \leqq n \leqq \bar{z}_\nu,\ n \notin [j_{\varkappa\lambda}, \bar{j}_{\varkappa\lambda} - 1]\bigr), \end{aligned} \tag{25}$$

und speziell gilt (25) für alle $n \notin \mathfrak{H}_\nu\ (n \leqq \bar{z}_\nu)$.

Ist jedoch $n \in [j_{\varkappa\lambda}, \bar{j}_{\varkappa\lambda} - 1]$, so ist offensichtlich

$$W(n) = \varkappa = -J(j_{\varkappa\lambda} - 1) = j_{\varkappa\lambda} - 1 - A(j_{\varkappa\lambda} - 1) - B(j_{\varkappa\lambda} - 1),$$

und an Stelle von (25) tritt, wenn $n \geqq j_1$ ist,

$$\begin{aligned} H_\nu(-1, n) &\geqq A(j_{\varkappa\lambda} - 1) + B(j_{\varkappa\lambda} - 1) + 2 + (n + 1 - j_{\varkappa\lambda}) - \\ &\quad - G_\nu(z_\nu - 1, z_\nu + n - \bar{g}_{\nu 1}) \geqq A(-1, j_{\varkappa\lambda} - 1) + B(-1, j_{\varkappa\lambda} - 1) + \\ &\quad + Z(j_{\varkappa\lambda} - 1, n) - G_\nu(z_\nu - 1, n), \end{aligned} \tag{26}$$

worin also $Z(j_{\varkappa\lambda}-1, n)$ als Anzahlfunktion von $\mathfrak{Z}$ die ganzen Zahlen in $[j_{\varkappa\lambda}, n]$ zählt. Zuweilen ist noch die folgende Abschätzung von $G_\nu(z_\nu - 1, n + z_\nu - \bar{g}_{\nu 1})$ nützlich. Sei wie bisher $\mathfrak{G}_\nu = \{g_{\nu 1}, g_{\nu 2}, \ldots\}$; man setze

$$m_\nu = \underset{\lambda \geqq 1}{\text{fin}} \left(A(g_{\nu\lambda} - 1, g_{\nu,\lambda+1} - 1) + B(g_{\nu\lambda} - 1, g_{\nu,\lambda+1} - 1)\right)^1;$$

bedenkt man nun, daß beim Übergang von $\mathfrak{Z}_\varrho$ zu $\mathfrak{Z}_{\varrho+1}$ die Längen der M-Intervalle um mindestens Eins anwachsen, und daß $\bar{g}_{1,1} - g_{1,1} = j_1$ ist, so ergibt sich aus

$$\begin{aligned} A(g_{\nu\lambda} - 1, g_{\nu,\lambda+1} - 1) + B(g_{\nu\lambda} - 1, g_{\nu,\lambda+1} - 1) &\geqq \\ \geqq A(g_{\nu\lambda} - 1, \bar{g}_{\nu\lambda}) + B(g_{\nu\lambda} - 1, \bar{g}_{\nu\lambda}) & \\ = \bar{g}_{\nu\lambda} - g_{\nu\lambda} + 1 = \bar{g}_{\nu 1} - g_{\nu 1} + 1 & \end{aligned}$$

sofort

$$m_\nu \geqq \bar{g}_{\nu 1} - g_{\nu 1} + 1 \geqq j_1 + \nu \geqq j_1 + 1.$$

Offensichtlich ist dann, wenn etwa $g_{\nu\lambda} \leqq n \leqq g_{\nu,\lambda+1} - 1$ ist,

$$\begin{aligned} m_\nu G_\nu(z_\nu - 1, n) &\leqq A(z_\nu - 1, g_{\nu\lambda} - 1) + B(z_\nu - 1, g_{\nu\lambda} - 1) + m_\nu \\ &\leqq A(z_\nu - 1, n) + B(z_\nu - 1, n) + m_\nu \end{aligned}$$

sowie für alle $n \geqq 0$ (man beachte $G_\nu(a, n) \leqq G_\nu(a, z_\nu + n - \bar{g}_{\nu 1}) + 1$ für alle $a \geqq 0$)[2]

$$\begin{aligned} (j_1 + 1)\, G_\nu(\mathfrak{I}) \leqq (j_1 + \nu)\, G_\nu(\mathfrak{I}) &\leqq (\bar{g}_{\nu 1} - g_{\nu 1} + 1)\, G_\nu(\mathfrak{I}) \leqq m_\nu G_\nu(\mathfrak{I}) \\ &\leqq A(z_\nu - 1, n) + B(z_\nu - 1, n) \\ (\mathfrak{I} &= [z_\nu - 1, z_\nu + n - \bar{g}_{\nu 1}]), \end{aligned}$$

also

$$G_\nu(z_\nu - 1, n) \leqq \frac{A(z_\nu - 1, n) + B(z_\nu - 1, n)}{m_\nu} + 1 \quad (n \geqq 0),$$

bzw.

$$\begin{aligned} G_\nu(-1, z_\nu + n - \bar{g}_{\nu 1}) &= G_\nu(z_\nu - 1, z_\nu + n - \bar{g}_{\nu 1}) \\ &\leqq \frac{A(z_\nu - 1, n) + B(z_\nu - 1, n)}{s + 1}, \qquad (27) \\ &\left(s \in \{j_1, j_1 + \nu - 1, \bar{g}_{\nu 1} - g_{\nu 1}, m_\nu - 1\}^3,\ n \geqq 0\right). \end{aligned}$$

---

[1] Sollte $g_{\nu,\lambda+1}$ für ein gewisses $\lambda \geq 1$ nicht mehr existieren, während $g_{\nu\lambda}$ noch vorhanden ist, so sei der Einfachheit halber $g_{\nu,\lambda+1} = z_{\nu+1}$ $(\leq \infty)$ gesetzt.

[2] Hinsichtlich der im folgenden auftretenden Bezeichnung $G_\nu(\mathfrak{I})$ siehe 7.1. Absatz 1.

[3] Man beachte, daß $m_\nu \geq 2$ ist.

Nunmehr läßt sich (OSTMANN [7]) eine Abschätzungsformel für die Anzahlfunktion der Summenmenge $\mathfrak{A} + \mathfrak{B}$ angeben:

Satz 4. *Es sei $n \geqq 0$. Ferner sei $k = k(n)$ die kleinste ganze Zahl, so daß $n \leqq z_k + \bar{z}_k \ (\leqq \infty)$ ist. Dann gilt*

$$\begin{aligned}(A + B)(-1, n) &\geqq (V + D)(-1, n) \\ &\geqq H_k(-1, n - z_k) + H_k(-1, z_k - 1) - G(-1, z_k - 1) \\ &= H_k(-1, n - z_k) + H_k(-1, z_k) - G(-1, z_k), \\ (A + B)(n) \geqq (V + D)(n) &\geqq H_k(n - z_k) + H_k(z_k) - G(z_k) \\ &\qquad (k = k(n)),\end{aligned} \tag{28}$$

und hierin ist

$$\begin{aligned}G(-1, z_k - 1) = G(z_k) &\leqq \sum_{\nu=1}^{k-1} \frac{A(\mathfrak{Z}_\nu) + B(\mathfrak{Z}_\nu)}{m_\nu} \\ &\leqq \frac{A(-1, z_k - 1) + B(-1, z_k - 1)}{j_1 + 1}.\end{aligned}$$

Zusatz 1. Nach (21) kann man statt (28) auch schreiben ($\mathfrak{C} = \mathfrak{A} + \mathfrak{B}$):

$$\begin{aligned}C(-1, n) > C(n) &\geqq n + 1 - W(z_k) - W(n - z_k) - G(-1, n - z_k) \\ &= n - W(z_k) - W(n - z_k) - G(n - z_k).\end{aligned}$$

Zusatz 2. Ist $n \notin \mathfrak{C}$, so erkennt man vermittels Satz 1, daß für $n - z_k$ Gleichung (24) gilt, desgleichen für $z_k - 1$[1]. Anwendung von (25) auf (28) ergibt daher mit den Bezeichnungen von Satz 4:

$$\begin{aligned}n \notin \mathfrak{B} + \mathfrak{D} \curvearrowright C(-1, n) \geqq (V + D)(-1, n) \geqq A(-1, z_k - 1) + \\ + B(-1, z_k - 1) + A(-1, n - z_k) + B(-1, n - z_k) - G(-1, z_k - 1);\end{aligned} \tag{29}$$

und diese Abschätzung gilt offenbar auch noch für alle die n, die in keinem Intervall des Typus $[j_{\varkappa\lambda}, \bar{j}_{\varkappa\lambda} - 1]$ enthalten sind, speziell also für alle $n \in \mathfrak{W}$ und alle Endelemente $\bar{g}_{\nu\varrho}$ von M-Intervallen.

Hinsichtlich der Herleitung der zu (29) äußerlich ähnlichen Formel von SCHERK [3] siehe OSTMANN [7].

Beweis von Satz 4. Aus der Definition von k folgt sofort

$$z_k + z_{k-1} \leqq n \leqq z_k + \bar{z}_k, \text{ also } n \in \{z_k\} + (\mathfrak{Z}_{k-1} \cup \mathfrak{Z}_k) \quad (k \geqq 2)$$

bzw. $n \in \mathfrak{Z}_1$ für $k = 1$.

[1] Ist $k = 1$, so ist $H_k(-1, z_k - 1) = H_1(-1, -1) = 0$, so daß in diesem Fall der zweite Summand rechter Hand in (28) jeweils fortfällt. — Man beachte noch, daß für $n \notin \mathfrak{C}$ aus der Folgerung zu Satz 3 sofort $n \geqq j_1$ folgt, und überdies sogar (nach Satz 1)

$$n - z_k = n - g_{k1} \geqq \bar{g}_{1,1} = j_1$$

ist.

1. Fall. $n \in \{z_k\} + \mathfrak{Z}_{k-1}$, $k \geqq 2$. Es ist

$$[0, n] = \bigcup_{\varkappa=2}^{k-1} (\{z_\varkappa\} + \mathfrak{Z}_{\varkappa-1}) \cup \bigcup_{\varkappa=1}^{k-1} (\{z_\varkappa\} + \mathfrak{Z}_\varkappa) \cup [z_k + z_{k-1}, n],$$

und, wie leicht zu sehen, sind hierin sämtliche $2k - 2$ Intervalle rechter Hand elementefremd. Mithin

$$C(-1, n) = C(z_k + z_{k-1} - 1, n) + \sum_{\varkappa=2}^{k-1} C(\{z_\varkappa\} + \mathfrak{Z}_{\varkappa-1}) + \\ + \sum_{\varkappa=1}^{k-1} C(\{z_\varkappa\} + \mathfrak{Z}_\varkappa). \quad (30)$$

Nach Satz 2 ergibt sich weiter

$$C(-1, n) \geqq H_k(z_{k-1} - 1, n - z_k) + \sum_{\varkappa=2}^{k-1} H_\varkappa(\mathfrak{Z}_{\varkappa-1}) + \sum_{\varkappa=1}^{k-1} H_\varkappa(\mathfrak{Z}_\varkappa). \quad (31)$$

Aus der Definition der $\mathfrak{H}_\nu$ folgt

$$\mathfrak{H}_\nu \cap [0, z_\nu - 1] = \mathfrak{H}_{\nu+\varrho} \cap [0, z_\nu - 1] \quad (\varrho \geqq 0),$$

da die bei der Bildung der $\mathfrak{H}_{\nu+\varrho}$ zu berücksichtigenden M-Intervalle genau in $\mathfrak{Z}_{\nu+\varrho}$ liegen, also sämtlich erst hinter $z_\nu - 1$ beginnen. Daher ergibt sich aus (31)

$$C(-1, n) \geqq H_k(z_{k-1} - 1, n - z_k) + \sum_{\varkappa=2}^{k-1} H_k(\mathfrak{Z}_{\varkappa-1}) + \sum_{\varkappa=1}^{k-1} (H_k(\mathfrak{Z}_\varkappa) - G(\mathfrak{Z}_\varkappa)) \\ = H_k(-1, n - z_k) + H_k(-1, \bar{z}_{k-1}) - G(-1, \bar{z}_{k-1}).$$

Wegen $k \geqq 2$ ist hierin $\bar{z}_{k-1}$ definiert und gleich $z_k - 1$; hieraus folgt (28).

2. Fall. $n \in \{z_k\} + \mathfrak{Z}_k$, $k \geqq 1$. Es gilt analog dem ersten Fall

$$C(-1, n) = C(z_k + z_k - 1, n) + \sum_{\varkappa=2}^{k} C(\{z_\varkappa\} + \mathfrak{Z}_{\varkappa-1}) + \sum_{\varkappa=1}^{k-1} C(\{z_\varkappa\} + \mathfrak{Z}_\varkappa) \\ \geqq H_k(z_k - 1, n - z_k) + \sum_{\varkappa=2}^{k} H_\varkappa(\mathfrak{Z}_{\varkappa-1}) + \sum_{\varkappa=1}^{k-1} H_\varkappa(\mathfrak{Z}_\varkappa) \\ = H_k(-1, n - z_k) + H_k(-1, z_k - 1) - G(-1, z_k - 1),$$

und dies gilt auch noch für $k = 1$, da dann $\sum_{\varkappa=2}^{k}$ und $\sum_{\varkappa=1}^{k-1}$ leer, also gleich Null sind, was für den zweiten und dritten Term rechter Hand des letzten Gleichheitszeichens jetzt ebenfalls zutrifft. Die restliche Behauptung ergibt sich ohne weiteres vermittels (27) durch Summation über ν von $\nu = 1$ bis $\nu = k - 1$ mit $n = \bar{z}_\nu$ unter Beachtung von $G_\nu(z_\nu - 1, \bar{z}_\nu) = G_\nu(z_\nu - 1, \bar{z}_\nu - (\bar{g}_{\nu 1} - z_\nu))$. Damit ist Satz 4 nebst den Zusätzen bewiesen.

Satz 4 läßt sich noch verschärfen in dem Sinn, daß bereits $C(z_\nu - 1, z_\nu + n)$ für alle $\nu \geqq 1$, $n \geqq 0$ die entsprechende Abschätzung gestattet:

Satz 5. *Es sei* $n \geqq 0$ *und* k *die kleinste ganze Zahl, für die* $z_\nu + n \leqq z_k + \bar{z}_k \, (\leqq \infty)$ *ist. Dann gilt*

$$(A+B)(z_\nu - 1, z_\nu + n) \geqq (V+D)(z_\nu - 1, z_\nu + n) \tag{32}$$
$$\geqq H_k(-1, z_\nu + n - z_k) + H_k(z_\nu - 1, z_k - 1) - G(z_\nu - 1, z_k - 1)$$

nebst

$$G(z_\nu - 1, z_k - 1) \leqq \sum_{\varkappa=\nu}^{k-1} \frac{H_\varkappa(\mathfrak{Z}_\varkappa)}{m_\varkappa - 1} \leqq \frac{H_k(z_\nu - 1, z_k - 1)}{g_{\nu 1} - g_{\nu 1}} \leqq \frac{H_k(z_\nu - 1, z_k - 1)}{j + \nu - 1}$$
$$(j = j_1). \tag{33}$$

Beweis: (33) ergibt sich analog der Herleitung von (27) aus

$$m_\varkappa G_\varkappa(\mathfrak{Z}_\varkappa) \leqq H_\varkappa(\mathfrak{Z}_\varkappa) + G_\varkappa(\mathfrak{Z}_\varkappa) = A(\mathfrak{Z}_\varkappa) + B(\mathfrak{Z}_\varkappa),$$

wobei die letzte Gleichheit (25) zu entnehmen ist. Der Beweis von (32) ergibt sich durch fast wörtliche Übertragung des Beweises von Satz 4, wobei an Stelle von (30) und (31) im ersten Fall lediglich

$$C(z_\nu - 1, z_\nu + n) = C(z_k + z_{k-1} - 1, z_\nu + n) + C(z_\nu - 1, z_\nu + \bar{z}_{\nu-1}) +$$
$$+ \sum_{\varkappa=\nu+1}^{k-1} C(\{z_\varkappa\} + \mathfrak{Z}_{\varkappa-1}) + \sum_{\varkappa=\nu}^{k-1} C(\{z_\varkappa\} + \mathfrak{Z}_\varkappa) \tag{34}$$
$$\geqq H_k(z_{k-1} - 1, z_\nu + n - z_k) + H_k(-1, \bar{z}_{\nu-1}) + \sum_{\varkappa=\nu}^{k-2} H_k(\mathfrak{Z}_\varkappa) + \sum_{\varkappa=\nu}^{k-1} H_\varkappa(\mathfrak{Z}_\varkappa)$$

tritt. Entsprechend verläuft der Beweis im zweiten Fall. (32) selbst ergibt sich nun mühelos.

Weitere Relationen zwischen $C(x)$ und den Anzahlfunktionen von $\mathfrak{A}$, $\mathfrak{B}$ geben KEMPERMANN-SCHERK [2] sowie SCHERK [2], [3].

Ist $0 \in \mathfrak{A}_\nu$ $(\nu = 1, 2, \ldots, n)$, so ist die Abschätzung

$$C(-1, x) \geqq (D_1 + D_2 + \cdots + D_n)(-1, x) \geqq V(-1, x) \tag{35}$$
$$\geqq \frac{1}{n} \sum_{\nu=1}^{n} A_\nu(-1, x) \qquad (x \geqq 0)$$

(vgl. 1.1., Definition 1) wegen $A_\nu(-1, x) \leqq V(-1, x)$ trivial, aber in gewissem Sinn bereits genau. Sei nämlich etwa

$$\mathfrak{A}_1 = \mathfrak{A}_2 = \cdots = \mathfrak{A}_n = \underset{y \in \mathfrak{Z}}{\in} [y \equiv 0 \pmod{m},\ m \geqq 1 \text{ ganz}],$$

so ist $\mathfrak{C} = \mathfrak{A}_1 = \mathfrak{A}_2 = \cdots = \mathfrak{A}_n = \mathfrak{B}$, und in (35) steht das Gleichheitszeichen für alle $x \geqq 0$.

Andere Untersuchungen hinsichtlich $(A+B)(x) =_{\mathrm{Df}} f(\mathfrak{A}, \mathfrak{B}; x)$ gehen dahin, bei festem x und festen $A(x)$, $B(x)$, aber variablen $\mathfrak{A}$, $\mathfrak{B}$ Aussagen über Mittelwerte der Funktionen $f(\mathfrak{A}, \mathfrak{B}; x)$ zu gewinnen: Siehe hierzu BULAT [1], ROMANOV [2], [3], [4].

10. Die zweigliedrige obere asymptotische Dichte.

10.1. Die Unterscheidung zwischen (25) und (26) in 9. war nicht vermeidbar, da ja $H_\nu(-1, n)$ in einem Intervall des Typus $[j_{\varkappa\lambda}, \bar{j}_{\varkappa\lambda} - 1]$ (siehe 9. (2)) beim Übergang von n zu $n + 1$ um genau Eins wächst, während $J(n) = A(n) + B(n) - n$ auf Grund des Vorhandenseins von Durchschnittselementen und Lücken im allgemeinen in $[j_{\varkappa\lambda}, \bar{j}_{\varkappa\lambda} - 1]$ oszilliert. Durch das Heranziehen der Anzahlfunktion von $\mathfrak{Z}$ in 9. (26) wird dieses Verhalten geglättet. Lediglich um die Berücksichtigung dieses Oszillierens zu vermeiden, ist die Abschätzung von $C(n)$ durch Verwendung der $H_\nu(n)$ bequemer in der Formulierung.

Noch eine andere Konsequenz ergibt sich aus dieser Erscheinung; betrachtet man nämlich die Quotientenfolge

$$\frac{A(x) + B(x)}{x} \qquad (x = 1, 2, \ldots), \tag{1}$$

die ja zur Bildung der zweigliedrigen Dichten (siehe 8.1. (7), (8)) Anlaß gab, so sieht man, daß diese Quotienten in einem Intervall des Typus $[j_{\varkappa\lambda}, \bar{j}_{\varkappa\lambda}]$ namentlich dann zunächst stark anwachsen, wenn sehr viele Durchschnittselemente aufeinanderfolgen, während $(A + B)(n) = C(n)$ um höchstens Eins wachsen kann. Es ist also im allgemeinen nicht zu erwarten, daß $\overline{\lim\limits_{x=1,2,\ldots}} \frac{A(x) + B(x)}{x}$ die geeignete Größe ist, mit deren Hilfe $\bar{\delta}^*(\mathfrak{C})$ abzuschätzen ist, da sich das geschilderte Anwachsen der Quotienten (1) innerhalb der $[j_{\varkappa\lambda}, \bar{j}_{\varkappa\lambda}]$ nicht bei den Quotienten $\frac{C(x)}{x}$ widerspiegeln kann, z. B. wenn die Längen dieser Intervalle sehr rasch anwachsen und etwa die erste Hälfte aus lauter Durchschnittselementen besteht. Ein Ausgleich findet ja nach 9. (7) erst am Intervallende wieder statt. Bedenkt man nun, daß einerseits (vermittels 9. (7))

$$\frac{A(j_{\varkappa\lambda} - 1) + B(j_{\varkappa\lambda} - 1)}{j_{\varkappa\lambda} - 1} < \frac{A(\bar{j}_{\varkappa\lambda}) + B(\bar{j}_{\varkappa\lambda})}{\bar{j}_{\varkappa\lambda}} \qquad (j_{\varkappa\lambda} > 0)$$

gilt, andererseits gemäß 9., Satz 1 den Intervallen $[j_{\varkappa\lambda}, \bar{j}_{\varkappa\lambda}]$ an gewissen Stellen in $\mathfrak{A} + \mathfrak{B}$ Ketten mit der Gliederzahl $\bar{j}_{\varkappa\lambda} - j_{\varkappa\lambda}$ entsprechen, so wird die folgende Definition (Ostmann [2]) als gerechtfertigt anzusehen sein:

Definition 1. *Zweigliedrige obere asymptotische Dichte von $\mathfrak{A}$, $\mathfrak{B}$ heißt der Ausdruck*

$$\tau^*(\mathfrak{A}, \mathfrak{B}) = \begin{cases} \overline{\lim\limits_{\varkappa\to\infty}} \dfrac{A(j_\varkappa) + B(j_\varkappa)}{j_\varkappa}, & \textit{wenn } \mathfrak{W} = \{j_0 = 0, j_1, \ldots, j_\varkappa, \ldots\} \textit{ unendlich,} \\ \bar{\delta}^*(\mathfrak{A}, \mathfrak{B}), & \textit{wenn } \mathfrak{W} \textit{ endlich ist.} \end{cases}$$

Betrachtet man innerhalb eines festen Intervalls $[j_\varkappa, j_{\varkappa+1}]$ alle die x, für die $J(x) = -\varkappa$ gilt (vgl. 9. (2)), so erkennt man leicht, daß die Quotienten (1) für diese $x \in [j_\varkappa, j_{\varkappa+1} - 1]$ eine monoton wachsende Folge bilden. Daher gilt in Verbindung mit 9. (24) die

Folgerung. Ist $\mathfrak{W}$ unendlich, so ist

$$\tau^*(\mathfrak{A}, \mathfrak{B}) = \overline{\lim_{x \notin [j_{\varkappa\lambda}, \bar{j}_{\varkappa\lambda} - 1]}} \frac{A(x) + B(x)}{x} = \overline{\lim_{x \notin [j_{\varkappa\lambda}, \bar{j}_{\varkappa\lambda}]}} \frac{A(x) + B(x)}{x}$$

$$= \overline{\lim_{x = 1, 2, \ldots}} \frac{x - W(x)}{x}; \qquad (2_1)$$

ebenfalls zufolge der eben erwähnten Monotonie gilt bezüglich der (unteren) zweigliedrigen asymptotischen Dichte noch

$$\delta^*(\mathfrak{A}, \mathfrak{B}) = \begin{cases} \underline{\lim}_{\varkappa = 1, 2, \ldots} \dfrac{A(j_\varkappa) + B(j_\varkappa)}{j_\varkappa} = \underline{\lim}_{x \notin [j_{\varkappa\lambda}, \bar{j}_{\varkappa\lambda} - 1]} \dfrac{A(x) + B(x)}{x} = \\ \qquad = \underline{\lim}_{x = 1, 2, \ldots} \dfrac{x - W(x)}{x}, \ \mathfrak{W} \textit{ unendlich}, \\ \underline{\lim}_{x \notin [j_{\varkappa\lambda}, \bar{j}_{\varkappa\lambda} - 1]} \dfrac{A(x) + B(x)}{x} = \underline{\lim}_{x = \bar{g}_{\nu\lambda}} \dfrac{A(x) + B(x)}{x} = \\ \qquad = \underline{\lim}_{x = 1, 2, \ldots} \dfrac{x - W(x)}{x}, \ \mathfrak{W} \textit{ endlich}, \ \mathfrak{G} \textit{ unendlich}. \end{cases} \qquad (2_2)$$

Hierdurch wird Definition 1 mit dem letzten Teil des vorher Gesagten in Einklang gebracht; es kommt daher der in 8.1. (8) eingeführten Größe $\bar{\delta}^*$ für $n \geqq 2$ nur formale Bedeutung zu. Stets ist, wie sofort zu sehen, $\bar{\delta}^*(\mathfrak{A}, \mathfrak{B}) \geqq \tau^*(\mathfrak{A}, \mathfrak{B}) \geqq \delta^*(\mathfrak{A}, \mathfrak{B})$.

Satz 1. *Ist $\mathfrak{W}$ endlich, so ist*

$$\tau^*(\mathfrak{A}, \mathfrak{B}) = \bar{\delta}^*(\mathfrak{A}, \mathfrak{B}) \geqq \delta^*(\mathfrak{A}, \mathfrak{B}) \geqq 1.$$

Ist die $(\mathfrak{A}, \mathfrak{B})$ zugeordnete Folge $(\mathfrak{G}_\nu, \mathfrak{H}_\nu)$ endlich und, falls vorhanden, das letzte M-Intervall nicht unendlich lang, so gilt

$$\tau^*(\mathfrak{A}, \mathfrak{B}) = \bar{\delta}^*(\mathfrak{A}, \mathfrak{B}) \leqq 1;$$

ist überdies $\mathfrak{W}$ endlich, so wird

$$\tau^*(\mathfrak{A}, \mathfrak{B}) = \bar{\delta}^*(\mathfrak{A}, \mathfrak{B}) = \delta^*(\mathfrak{A}, \mathfrak{B}) = 1,$$

so daß die natürliche zweigliedrige Dichte $\delta_*(\mathfrak{A}, \mathfrak{B})$ existiert.

Beweis: Ist $\mathfrak{W}$ endlich, so ist offenbar $J(x; \mathfrak{A}, \mathfrak{B})$ zufolge 9. (2) nach unten beschränkt. Daraus folgt der erste Teil der Behauptung.

Ist ferner die Folge $(\mathfrak{G}_\nu, \mathfrak{H}_\nu)$ endlich, so heißt das ja, daß die Längen der M-Intervalle von einem z_ϱ an konstant bleiben, also nach Voraussetzung beschränkt sind; dann aber kann x in (2) offenbar auch die Zahlen aller $[j_{\varkappa\lambda}, \bar{j}_{\varkappa\lambda} - 1]$ durchlaufen, deren Längen ja nicht oberhalb der Längen der längsten M-Intervalle liegen können. Ist nun $\mathfrak{W}$ unendlich, so folgt unmittelbar $\bar{\delta}^* (\mathfrak{A}, \mathfrak{B}) = \tau^* (\mathfrak{A}, \mathfrak{B}) \leqq 1$, also die zweite Behauptung; die letzte ergibt sich nunmehr sofort.

Satz 2. *Ist $\mathfrak{W}$ unendlich, so gilt*

$$\tau^* (\mathfrak{A}, \mathfrak{B}) \leqq \operatorname{Min}\left(1, \bar{\delta}^* (\mathfrak{A}, \mathfrak{B})\right). \tag{3}$$

Beweis: Da $\mathfrak{W}$ unendlich ist, folgt sofort $\lim\limits_{\varkappa \to \infty} J(j_\varkappa; \mathfrak{A}, \mathfrak{B}) = -\infty$, also $\tau^* \leqq 1$.

In welchem Umfang sich Umkehrungen der letzten Aussagen aussprechen lassen, geht aus den folgenden beiden Sätzen hervor.

Satz 3. *Ist $\tau^* (\mathfrak{A}, \mathfrak{B}) > 1$, so gilt*

1. *$\mathfrak{W}$ ist endlich,*

2. *$\tau^* (\mathfrak{A}, \mathfrak{B}) = \bar{\delta}^* (\mathfrak{A}, \mathfrak{B})$,*

3. *Entweder ist die Folge $(\mathfrak{G}_1, \mathfrak{H}_1), (\mathfrak{G}_2, \mathfrak{H}_2), \ldots$ unendlich, oder es ist $\mathfrak{G}$ endlich und das letzte M-Intervall unendlich lang.*

Dies gilt erst recht, wenn schon $\delta^* (\mathfrak{A}, \mathfrak{B}) > 1$ ist, überdies entfällt dann die Möglichkeit, daß in 3. die Folge der Mengenpaare unendlich ist.

Beweis: Aus Satz 2 folgt die erste Behauptung und aus dieser nach Definition 1 die zweite. Da die Endlichkeit von $\mathfrak{G}$ mit der Endlichkeit der Anzahl der M-Intervalle gleichwertig ist, ergibt sich die dritte Behauptung aus Satz 1. Ist $[g_{\nu l}, \bar{g}_{\nu l}]$ das letzte M-Intervall (d. h. $g_{\nu l}$ ist maximal), und ist j_k das größte Element von $\mathfrak{W}$, so würde aus $\bar{g}_{\nu l} < \infty$ nach 9. (2) für unendlich viele x sofort $J(x) = -k$ folgen. Da aber nach Definition der M-Intervalle die in 9. (2) auftretenden Intervalle $[j_{\varkappa\lambda}, \bar{j}_{\varkappa\lambda} - 1]$ nicht länger als $\bar{g}_{\nu l} - g_{\nu l}$, also von beschränkter Länge sind, so wäre

$$1 \geqq \overline{\lim_{J(x) = k}} \frac{A(x) + B(x)}{x} = \overline{\lim_{x = 1, 2, \ldots}} \frac{A(x) + B(x)}{x} = \bar{\delta}^* (\mathfrak{A}, \mathfrak{B}) \geqq \delta^* (\mathfrak{A}, \mathfrak{B})$$

im Widerspruch zur Voraussetzung. Damit ist alles gezeigt.

Aus Satz 1 folgt noch unmittelbar

Satz 4. *Ist $\delta^* (\mathfrak{A}, \mathfrak{B}) < 1$ oder $\tau^* (\mathfrak{A}, \mathfrak{B}) < 1$, so ist $\mathfrak{W}$ unendlich.*

Bildet man aus $(\mathfrak{A}, \mathfrak{B})$ durch Weglassung beliebiger Anfangsstücke zwei neue Mengen, etwa $\mathfrak{A}_1 = \mathfrak{A} \frown [a, \infty)$, $\mathfrak{B}_1 = \mathfrak{B} \frown [b, \infty)$, so bleiben δ^*

und $\bar{\delta}^*$ offenbar ungeändert: $\delta^*(\mathfrak{A}, \mathfrak{B}) = \delta^*(\mathfrak{A}_1, \mathfrak{B}_1)$, $\bar{\delta}^*(\mathfrak{A}, \mathfrak{B}) = \bar{\delta}^*(\mathfrak{A}_1, \mathfrak{B}_1)$.

Satz 5. *τ^* ist invariant, d. h.*

$$\tau^*(\mathfrak{A}, \mathfrak{B}) = \tau^*(\mathfrak{A}_1, \mathfrak{B}_1).$$

Beweis: Es besteht, wie leicht nachzurechnen ist, allgemein die Beziehung — es sei etwa $0 \leqq b \leqq a$ —

$$\begin{aligned} J(x; \mathfrak{A}_1, \mathfrak{B}_1) &= J(a+x; \mathfrak{A}, \mathfrak{B}) - J(a; \mathfrak{A}, \mathfrak{B}) + B(b, a) - B(b+x, a+x) \\ &= J(a+x; \mathfrak{A}, \mathfrak{B}) + O(1) \quad (x \geqq 0,\ x \to \infty). \end{aligned}$$

Ist $\mathfrak{W} = \mathfrak{W}(\mathfrak{A}, \mathfrak{B})$ die Menge der $j_\varkappa$ bezüglich $\mathfrak{A}, \mathfrak{B}$ und entsprechend $\mathfrak{W}_1 = \mathfrak{W}(\mathfrak{A}_1, \mathfrak{B}_1)$ die analoge Menge für $\mathfrak{A}_1, \mathfrak{B}_1$, so folgt aus obiger Beziehung unter Beachtung von 9. (24) sofort

$$W(x) = W_1(x) + O(1) \qquad (x \geqq 0,\ x \to \infty).$$

Aus (2_1) ergibt sich nun die Behauptung unmittelbar.

Zusatz. Ist $a = b = j_{k\lambda}$, so erkennt man vermittels 9. (2) leicht

$$\{a\} + \mathfrak{W}(\mathfrak{A}_1, \mathfrak{B}_1) = \big(\mathfrak{W}(\mathfrak{A}, \mathfrak{B}) \cap [j_{k+1}, \infty)\big) \cup \{j_{k\lambda}, \bar{j}_{k\lambda}\},$$

und dies gilt erst recht, wenn $a = b \in \mathfrak{G}$ ist.

10.2. Um die Definition von τ^* auf den Fall der $\varphi(x)$-Dichten zu verallgemeinern (siehe 8.2. (17)) setze man ganz entsprechend

$$\tau^*\big(\mathfrak{A}, \mathfrak{B}; \varphi(x)\big) = \begin{cases} \overline{\lim\limits_{\varkappa=1,2,\ldots}} \dfrac{A(j_\varkappa) + B(j_\varkappa)}{\varphi(j_\varkappa)}, & \textit{wenn } \mathfrak{W} \textit{ unendlich,} \\ \bar{\delta}^*\big(\mathfrak{A}, \mathfrak{B}; \varphi(x)\big), & \textit{wenn } \mathfrak{W} \textit{ endlich ist.} \end{cases}$$

Von Interesse ist naturgemäß nur der Fall, daß $\delta^*(\mathfrak{A}, \mathfrak{B}; \varphi(x))$ bzw. $\bar{\delta}^*(\mathfrak{A}, \mathfrak{B}; \varphi(x))$ charakteristisch sind. Weiterhin interessieren in der Regel auch nur solche Funktionen $\varphi(x)$, die den schärferen Bedingungen 8.2. (19) genügen und für die überdies

$$x + 1 \in \mathfrak{M} \curvearrowright \frac{M(x)}{\varphi(x)} \leqq \frac{M(x+1)}{\varphi(x+1)} \quad (x > 0) \tag{4}$$

gilt, was nicht trivialerweise zutrifft, wenn z. B. die Quotienten größer als 1 sind. Ist $\delta^*(\mathfrak{A}, \mathfrak{B}; \varphi(x)) < 1$, so bestätigt man vermittels $\varphi(x+1) \leqq \varphi(x) + 1$ leicht, daß (4) für unendlich viele x gilt und, falls $\bar{\delta}^*(\mathfrak{A}, \mathfrak{B}; \varphi(x)) < 1$ ist, sogar für alle hinreichend großen x (siehe hierzu auch 12.2.). Hiermit ergeben sich leicht die Analoga zu (2_1) und (2_2):

$$\tau^*(\mathfrak{A}, \mathfrak{B}; \varphi(x)) = \overline{\lim_{x \notin [j_{\varkappa\lambda}, \bar{j}_{\varkappa\lambda}-1]}} \frac{A(x)+B(x)}{\varphi(x)} = \overline{\lim_{x=1,2,\ldots}} \frac{x - W(x)}{\varphi(x)}$$

$$(\bar{\delta}^*(\mathfrak{A}, \mathfrak{B}) < 1, \ \mathfrak{W} \textit{ unendlich}) \tag{5}$$

$$\delta^*(\mathfrak{A}, \mathfrak{B}; \varphi(x)) = \begin{cases} \underline{\lim}_{\varkappa=1,2,\ldots} \dfrac{A(j_\varkappa)+B(j_\varkappa)}{\varphi(j_\varkappa)} = \underline{\lim}_{x \notin [j_{\varkappa\lambda}, \bar{j}_{\varkappa\lambda}-1]} \dfrac{A(x)+B(x)}{\varphi(x)} = \\ \qquad = \underline{\lim}_{x=1,2,\ldots} \dfrac{x - W(x)}{\varphi(x)} \quad (\mathfrak{W} \textit{ unendlich}), \\ \underline{\lim}_{x \notin [j_{\varkappa\lambda}, \bar{j}_{\varkappa\lambda}-1]} \dfrac{A(x)+B(x)}{\varphi(x)} = \underline{\lim}_{x=\bar{g}_{\varkappa\lambda}} \dfrac{A(x)+B(x)}{\varphi(x)} = \\ \qquad = \underline{\lim}_{x=1,2,\ldots} \dfrac{x - W(x)}{\varphi(x)} \quad (\mathfrak{W} \textit{ endlich}, \mathfrak{G} \textit{ unendlich}), \end{cases}$$

$$(\delta^* < 1).$$

Die Sätze 1, 2, 4 und 5 übertragen sich in der folgenden Form

Satz 6. *Es ist*

$$\tau^*(\mathfrak{A}, \mathfrak{B}; \varphi(x)) \begin{cases} = \bar{\delta}^*(\mathfrak{A}, \mathfrak{B}; \varphi(x)) \geqq \delta^*(\mathfrak{A}, \mathfrak{B}; \varphi(x)) \geqq \underline{\lim}_{x=1,2,\ldots} \dfrac{x}{\varphi(x)}, \\ \qquad\qquad \mathfrak{W} \textit{ endlich}; \\ \leqq \bar{\delta}^*(\mathfrak{A}, \mathfrak{B}; \varphi(x)), \ \mathfrak{W} \textit{ unendlich}. \end{cases}$$

Ist die zu $(\mathfrak{A}, \mathfrak{B})$ *gehörige Folge* $(\mathfrak{G}_1, \mathfrak{H}_1), (\mathfrak{G}_2, \mathfrak{H}_2), \ldots$ *: endlich und, falls vorhanden, das letzte M-Intervall nicht unendlich lang, ist überdies* $\mathfrak{W}$ *endlich und* $\bar{\delta}^*(\mathfrak{A}, \mathfrak{B}; \varphi(x)) < 1$, *so existiert die natürliche* $\varphi(x)$*-Dichte* $\delta_*(\mathfrak{A}, \mathfrak{B}; \varphi(x))$, *wenn* $\varphi(x)$ *die Bedingungen* 8.2. (19) *erfüllt. — Satz 5 bleibt wörtlich erhalten.*

Beweis: Der erste Teil des Satzes ist evident. Das Weitere ergibt sich daraus, daß für alle hinreichend großen $x \notin [j_{\varkappa\lambda}, \bar{j}_{\varkappa\lambda} - 1]$ die Folge

$$\frac{A(x)+B(x)}{\varphi(x)} \tag{6}$$

monoton wächst; aus der Längenbeschränktheit der M-Intervalle folgt aber auch die der Intervalle des Typus $[j_{\varkappa\lambda}, \bar{j}_{\varkappa\lambda} - 1]$, so daß wegen

$$\left|\frac{A(x+1)}{\varphi(x+1)} - \frac{A(x)}{\varphi(x)}\right| = \left|\frac{(A(x)+\eta)\,\varphi(x) - A(x)\,\varphi(x+1)}{\varphi(x)\,\varphi(x+1)}\right|$$
$$\leqq \frac{A(x)}{\varphi(x)} \frac{|\varphi(x) - \varphi(x+1)|}{\varphi(x+1)} + \frac{\eta}{\varphi(x+1)}$$
$$\leqq \left(\frac{A(x)}{\varphi(x)} + \eta\right) \frac{1}{\varphi(x+1)} \quad (0 \leqq \eta =_{\mathrm{Df}} A(x, x+1) \leqq 1)$$

(und entsprechend für $A(x) + B(x)$) in Verbindung mit $\varphi(x) \to \infty$ die Konvergenz erhalten bleibt, wenn x in (6) alle natürlichen Zahlen durchläuft. — Die Invarianz von τ^* ergibt sich genau wie bei Satz 5.

11. Die arithmetischen (finiten) Dichten reduzibler Mengen.

11.1. Es seien im folgenden gleich allgemein die STÖHRschen $\varphi(x)$-Dichten zugrunde gelegt mit den in 8.2. (17) geforderten Eigenschaften. Zusätzlich wird für einige Sätze von $\varphi(x)$ auch das Erfülltsein der Dreiecksungleichung benötigt werden:

$$\varphi(x+y) \leqq \varphi(x) + \varphi(y). \tag{1}$$

Für jedes $\varrho > 0$ erfüllt dann $\psi(x) = \varrho\,\varphi(x)$ offenbar auch (1), und für jedes $\mathfrak{M} \in \Sigma$ gilt

$$\delta_v\big(\mathfrak{M};\varphi(x)\big) = \varrho\,\delta_v\big(\mathfrak{M};\psi(x)\big) \ \textit{bzw.}\ \delta\big(\mathfrak{M};\varphi(x)\big) = \varrho\,\delta\big(\mathfrak{M};\psi(x)\big).$$

STÖHR [3] fordert in diesem Zusammenhang an Stelle von (1), daß $\frac{\varphi(x)}{x}$ monoton fällt (vgl. 12.3., Satz 12).

Bemerkung. Man bestätigt mühelos, da negative Argumente nicht in Frage kommen, daß das monotone Fallen von $x^{-1}\varphi(x)$ die Dreiecksungleichung (1) nach sich zieht. Weiter erkennt man wegen $\varphi(x) > 0$ $(x > 0)$ leicht, daß beide Bedingungen stets erfüllt sind, wenn $\varphi(x)$ nach oben konvex ist. $\varphi(x) = x$ erfüllt selbstverständlich alle diese Bedingungen. Ist jedoch $\varphi(x)$ gleich der Anzahlfunktion $M(x)$ einer unendlichen Menge $\mathfrak{M} \neq \mathfrak{Z}$, so erfüllt $M(x)$ als Treppenfunktion weder die Konvexität noch diese Monotonieforderung; (1) kann jedoch für viele Mengen $\mathfrak{M}$ erfüllt werden, z. B. wenn bei $0 \in \mathfrak{M}$ die erste Differenzenfolge der Elemente von $\mathfrak{M}$ monoton wächst. Ein Vorteil obiger Monotoniebedingung besteht darin, daß für eine zu $\mathfrak{Z}$ asymptotisch gleiche Menge $\mathfrak{M}$ stets die entsprechende natürliche $\varphi(x)$-Dichte existiert und den Wert $\lim\limits_{x\to\infty} \frac{x}{\varphi(x)}$ $(\leqq \infty)$ besitzt. Schließlich erkennt man noch leicht, daß aus (1) und 8.2. (17) vermittels eines geeigneten Faktors ϱ stets die Erfüllbarkeit aller Bedingungen in 8.2. (19) mit Ausnahme der Monotonie von $\varphi(x)$ folgt, 8.2. (19) also in diesem Sinn lediglich verschärft wird. In 11. und 12. wird die Monotonie von $\varphi(x)$ selbst nicht benötigt. Auch bleiben in 11. und 12. mehrere Sätze gültig, wenn $\lim\limits_{x\to\infty} \varphi(x) = \infty$ nicht gefordert wird; siehe jedoch hierzu 8.2., Bemerkung 2, sowie die weiter unten folgende Bemerkung im Anschluß an den Beweis von

Satz 4. — Zusammengefaßt sei also im folgenden über $\varphi(x)$ vorausgesetzt

$$\begin{aligned} \varphi(x) &> 0, \; x > 0, \\ \varphi(x+y) &\leqq \varphi(x) + \varphi(y), \qquad (2) \\ \varphi(1) &\leqq 1, \\ \lim_{x\to\infty} \varphi(x) &= \infty. \end{aligned}$$

Es sei wieder

$$\mathfrak{C} = \sum_{\nu=1}^{n} \mathfrak{A}_\nu, \; \mathfrak{V} = \bigcup_{\nu=1}^{n} \mathfrak{A}_\nu = \mathfrak{D}_1, \; \mathfrak{D} = \bigcap_{\nu=1}^{n} \mathfrak{A}_\nu = \mathfrak{D}_n \quad (n \geqq 1).$$

Auf Grund der trivialen Zerlegungsmöglichkeit 1.1. (5) kann im folgenden, da leere Summanden generell ausgeschlossen werden, ohne Einschränkung in den Beweisführungen $0 \in \mathfrak{D}$ angenommen werden. Speziell sind ja die variierten Dichten gegenüber solchen Zerlegungen invariant.

Nach 9. (35) ist

$$\delta_v(\mathfrak{C}; \varphi(x)) \geqq \delta_v\left(\sum_{\nu=1}^{n} \mathfrak{D}_\nu; \varphi(x)\right) \geqq \delta_v(\mathfrak{V}; \varphi(x)) \geqq \frac{\sum_{\nu=1}^{n} \delta_v(\mathfrak{A}_\nu; \varphi(x))}{n}\,[1]$$

trivial; wie aber das im Anschluß an 9. (35) erwähnte Beispiel zeigt, kann hier durchweg das Gleichheitszeichen stehen. Wesentlichere Abschätzungen erhält man in der Gestalt von

$$\begin{aligned} &\delta_v(\mathfrak{C}; \varphi(x)) \geqq f(\delta_v(\mathfrak{A}_1, \mathfrak{A}_2, \ldots, \mathfrak{A}_n; \varphi(x))) \\ \textit{bzw.}\; &\delta(\mathfrak{C}; \varphi(x)) \geqq f_1(\delta(\mathfrak{A}_1, \mathfrak{A}_2, \ldots, \mathfrak{A}_n; \varphi(x))) \qquad (3) \\ \textit{bzw.}\; &\delta(\mathfrak{C}; \varphi(x)) \geqq g(\delta(\mathfrak{A}_1; \varphi), \delta(\mathfrak{A}_2; \varphi), \ldots, \delta(\mathfrak{A}_n; \varphi)), \end{aligned}$$

worin $f(x)$ und $f_1(x)$, $x \geqq 0$, bzw. $g(x_1, x_2, \ldots, x_n)$, $x_i \geqq 0$ für alle $i = 1, 2, \ldots, n$, in jeder Variablen einzeln monoton wachsende Funktionen bedeuten sollen. In diesen Bezeichnungen besteht ein häufig verwendeter Zusammenhang bezüglich der in 8.1. eingeführten Abschnittsdichten und den Dichten selbst; Φ bedeute dabei etwa eine der folgenden drei Funktionenmengen: alle Funktionen $\varphi(x) > 0$, $x > 0$; oder: alle $\varphi(x)$, die die Forderungen 8.2. (17) erfüllen; oder: alle $\varphi(x)$, die 8.2. (19) genügen.

Satz 1. *Ist*

$$\delta_v(\mathfrak{C}; \varphi(x)) \geqq f(\delta_v(\mathfrak{A}_1, \mathfrak{A}_2, \ldots, \mathfrak{A}_n; \varphi(x)))$$

---

[1] Ist hierin $0 \notin \mathfrak{D}$, so entfallen natürlich die beiden mittleren Terme bzw. sind durch diejenigen $\mathfrak{D}_1', \mathfrak{D}_2', \ldots, \mathfrak{D}_n', \mathfrak{V}'$ zu ersetzen, die nach Durchführung der trivialen Zerlegungen (s. 1.1. (5)) erhalten werden.

für jedes beliebige System $(\mathfrak{A}_1, \mathfrak{A}_2, \ldots, \mathfrak{A}_n)$ *von (nicht leeren) Mengen und jedes* $\varphi(x) \in \Phi$ *richtig*[1], *so trifft dies auch für*

$$\delta_v(y; \mathfrak{C}; \varphi(x)) \geqq f\big(\delta_v(y; \mathfrak{A}_1, \mathfrak{A}_2, \ldots, \mathfrak{A}_n; \varphi(x))\big) \quad (y \geqq 0)$$

zu und umgekehrt. Das nämliche gilt, wenn $0 \in \mathfrak{D}$ *ist, bezüglich*

$$\delta\big(\mathfrak{C}; \varphi(x)\big) \geqq f_1\big(\delta(\mathfrak{A}_1, \mathfrak{A}_2, \ldots, \mathfrak{A}_n; \varphi(x))\big)$$

$$\text{bzw. } \delta\big(\mathfrak{C}; \varphi(x)\big) \geqq g\big(\delta(\mathfrak{A}_1; \varphi), \ldots, \delta(\mathfrak{A}_n; \varphi(x))\big)$$

einerseits und den Abschnittsdichten andrerseits.

Bemerkung. Ist $0 \notin \mathfrak{D}$, so ist offenbar $\delta(\mathfrak{C}; \varphi(x)) = \delta(y; \mathfrak{C}; \varphi(x)) = 0$ $(y \geqq 1)$; das zöge $g(x_1, x_2, \ldots, x_n) = 0$ nach sich, wie man erkennt, wenn in mindestens einer der Mengen $\mathfrak{A}_1, \mathfrak{A}_2, \ldots, \mathfrak{A}_n$, aber nicht in allen die Null enthalten ist. Hinsichtlich der (SCHNIRELMANN-)-Dichten ist daher der Fall $0 \notin \mathfrak{D}$ ohne Interesse.

Beweis: Die Abschnittsdichten streben monoton fallend gegen den zugehörigen Dichtenwert, somit gilt:

$$\delta_v\big(y; \mathfrak{C}; \varphi(x)\big) \geqq f\big(\delta_v(y; \mathfrak{A}_1, \ldots, \mathfrak{A}_n; \varphi(x))\big) \; (y = 0, 1, \ldots) \curvearrowright$$

$$\curvearrowright \delta_v\big(\mathfrak{C}; \varphi(x)\big) \geqq f\big(\delta_v(\mathfrak{A}_1, \ldots, \mathfrak{A}_n; \varphi(x))\big). \tag{4}$$

Zum Beweis der Umkehrung nehme man die Existenz von Mengen $\mathfrak{A}_1, \mathfrak{A}_2, \ldots, \mathfrak{A}_n$ an derart, daß für ein $y_0 \geqq 0$

$$\delta_v\big(y_0; \mathfrak{C}; \varphi(x)\big) < f\big(\delta_v(y_0; \mathfrak{A}_1, \ldots, \mathfrak{A}_n; \varphi(x))\big)$$

gilt. Man setze

$$\psi(x) = \begin{cases} \varphi(x), & x \leqq y_0 + 1, \\ \varphi(y_0 + 1) + \dfrac{n(x - y_0 - 1)\,\varphi(y_0 + 1)}{n\, y_0 + 1}, & x \geqq y_0 + 1. \end{cases}$$

Da $\psi(x)$ für $x \geqq y_0 + 1$ linear ist, erfüllt $\psi(x)$ die Eigenschaften 8.2. (17) ebenfalls. Ist $\varphi(x)$ monoton, so auch $\psi(x)$. Für $u \leqq 1 + n\, y_0$ und $a \geqq 0$ bestätigt man leicht

$$\frac{u}{\psi(y_0 + 1)} \leqq \frac{u + n\,a}{\psi(y_0 + a + 1)}. \tag{5}$$

Ersetzt man nun das System $(\mathfrak{A}_1, \mathfrak{A}_2, \ldots, \mathfrak{A}_n, \mathfrak{C})$ durch

$$\mathfrak{A}'_i = \mathfrak{A}_i \cup [y_0 + 1, \infty), \mathfrak{C}' = \mathfrak{C} \cup [y_0 + 1, \infty) \quad (i = 1, 2, \ldots, n),$$

so folgt aus (5) mit $u = 1 + \sum_{\nu=1}^{n} A'_\nu(y_0)$, $a = y - y_0$, für alle $y \geqq y_0$ mühelos

$$\delta_v\big(y_0; \mathfrak{A}'_1, \ldots, \mathfrak{A}'_n; \psi(x)\big) \leqq \frac{1 + \sum_{\nu=1}^{n} A'_\nu(y_0)}{\psi(y_0 + 1)} \leqq \frac{1 + \sum_{\nu=1}^{n} A'_\nu(y)}{\psi(y + 1)}$$

[1] Man beachte hierbei, daß eine Vergrößerung von Φ — zumindest formal — mit einer Verkleinerung der Menge der Funktionen $f(x)$ korrespondiert.

sowie entsprechend

$$\delta_v\big(y_0; \mathfrak{C}; \psi(x)\big) \leqq \frac{1 + C'(y)}{\psi(y+1)} \quad (y \geqq y_0);$$

daher gilt $\delta_v(y_0; \mathfrak{A}_1, \mathfrak{A}_2, \ldots, \mathfrak{A}_n; \varphi(x)) = \delta_v(\mathfrak{A}'_1, \mathfrak{A}'_2, \ldots, \mathfrak{A}'_n; \psi(x))$ sowie wegen

$$\mathfrak{C} \cap [0, y_0] = \mathfrak{C}' \cap [0, y_0]$$

$$\delta_v\big(y_0; \mathfrak{C}; \varphi(x)\big) = \delta_v\big(\mathfrak{C}'; \psi(x)\big).$$

Aus der Annahme und aus $\mathfrak{A}'_1 + \mathfrak{A}'_2 + \cdots + \mathfrak{A}'_n = \mathfrak{C}'$ folgt daher schließlich

$$\delta_v\big(\mathfrak{C}'; \psi(x)\big) < f\big(\delta_v(\mathfrak{A}'_1, \mathfrak{A}'_2, \ldots, \mathfrak{A}'_n; \psi(x))\big),$$

was der Voraussetzung über $f(x)$ widerspricht. Die beiden restlichen Behauptungen des Satzes beweist man mit $y_0 \geqq 1$ und mit

$$\psi(x) = \begin{cases} \varphi(x), & x \leqq y_0, \\ \varphi(y_0) + \dfrac{n(x - y_0)\,\varphi(y_0)}{n\,y_0}, & x \geqq y_0, \end{cases}$$

ganz entsprechend.

Im folgenden sei zunächst für die Anzahl der zu addierenden Mengen $n = 2$ vorausgesetzt. Für die in 9., Definition 2ff. auftretenden Mengenpaare $(\mathfrak{G}_\nu, \mathfrak{H}_\nu)$ lassen sich die zweigliedrigen Abschnittsdichten mit denen von $(\mathfrak{A}, \mathfrak{B})$ in Zusammenhang bringen.

Satz 2. *Gehört zu* $(\mathfrak{A}, \mathfrak{B})$ *die Folge* $(\mathfrak{G}_1, \mathfrak{H}_1), (\mathfrak{G}_2, \mathfrak{H}_2), \ldots,$ *so gilt für jedes Paar* $(\mathfrak{G}_\nu, \mathfrak{H}_\nu)$ *dieser Folge*

$$\delta_v\big(y; \mathfrak{G}_\nu, \mathfrak{H}_\nu; \varphi(x)\big) \geqq \delta_v\big(y; \mathfrak{A}, \mathfrak{B}; \varphi(x)\big) \quad (0 \leqq y \leqq \bar{z}_\nu);$$

ferner

$$\delta\big(y; \mathfrak{G}_1, \mathfrak{H}_1; \varphi(x)\big) \geqq \mathrm{Min}\big(\delta(\mathfrak{Z}; \varphi(x)), \delta(y; \mathfrak{A}, \mathfrak{B}; \varphi(x))\big)$$
$$(1 \leqq y \leqq \bar{z}_1,\ 0 \in \mathfrak{D});$$

$\varphi(x)$ *erfülle* (2).

Bemerkung. Man bedenke, daß $\mathfrak{G}_\nu$ und $\mathfrak{H}_\nu$ $(\nu \geq 1)$ hinter der Stelle $\bar{z}_\nu$ leer sind, $\mathfrak{A}$ und $\mathfrak{B}$ jedoch im allgemeinen nicht. Darin liegt die Beschränkung auf $y \leq \bar{z}_\nu$ begründet.

Beweis: Beachtet man, daß z_ν die kleinste Zahl in $\mathfrak{G}_\nu$ und daß $0 \in \mathfrak{H}_\nu$ ist, so ergibt sich aus 9. (22) sofort

$$H_\nu(-1, y) + G_\nu(z_\nu - 1, z_\nu + y) - 1 \geqq y + 1 - W(y) \quad (0 \leqq y \leqq \bar{z}_\nu); \tag{6}$$

mithin

$$\delta_v\big(y; \mathfrak{G}_\nu, \mathfrak{H}_\nu; \varphi(x)\big) \geqq \underset{\mu = 0, 1, \ldots, y}{\mathrm{fin}} \frac{\mu + 1 - W(\mu)}{\varphi(\mu + 1)}. \tag{7}$$

Ist für ein $\mu \in [j_\varkappa, j_{\varkappa+1} - 1]$

$$\frac{j_\varkappa + 1 - W(j_\varkappa)}{\varphi(j_\varkappa + 1)} > \frac{\mu + 1 - W(\mu)}{\varphi(\mu + 1)},$$

so ergibt sich unter Beachtung von $W(\mu) = W(j_\varkappa)$

$$\big(j_\varkappa + 1 - W(j_\varkappa)\big)\,\varphi(\mu + 1) > \big(\mu + 1 - W(\mu)\big)\,\varphi\big(\mu + 1 - (\mu - j_\varkappa)\big)$$
$$\geqq \big(\mu + 1 - W(\mu)\big)\big(\varphi(\mu + 1) - \varphi(\mu - j_\varkappa)\big),$$

$$0 > (\mu - j_\varkappa)\,\varphi(\mu + 1) - \big(\mu + 1 - W(\mu)\big)\,\varphi(\mu - j_\varkappa)$$
$$\geqq (\mu - j_\varkappa)\,\varphi(\mu + 1) - \big(\mu + 1 - W(\mu)\big)(\mu - j_\varkappa)\,\varphi(1),$$

$$\frac{\mu + 1 - W(\mu)}{\varphi(\mu + 1)} > \frac{1}{\varphi(1)} = \frac{A(-1, 0) + B(-1, 0) - 1}{\varphi(1)}$$
$$\geqq \delta_v\big(y; \mathfrak{A}, \mathfrak{B}; \varphi(x)\big) \quad (y \geqq 0 \textit{ beliebig}),$$

so daß diese μ für die Berechnung von δ_v außer acht gelassen werden können. Mithin ergibt sich aus (7) unter Beachtung von 9. (24)

$$\delta_v\big(y; \mathfrak{G}_\nu, \mathfrak{H}_\nu; \varphi(x)\big) \geqq \underset{\mu = 0, 1, \ldots, y}{\underline{\mathrm{fin}}} \frac{\mu + 1 - W(\mu)}{\varphi(\mu + 1)} = \underset{\substack{\mu \in \mathfrak{W} \\ \mu \leqq y}}{\underline{\mathrm{fin}}} \frac{\mu + 1 - W(\mu)}{\varphi(\mu + 1)}$$
$$= \underset{\substack{\mu \in \mathfrak{W} \\ \mu \leqq y}}{\underline{\mathrm{fin}}} \frac{A(\mu) + B(\mu) + 1}{\varphi(\mu + 1)} \geqq \delta_v\big(y; \mathfrak{A}, \mathfrak{B}; \varphi(x)\big).$$

Die letzte Behauptung des Satzes ergibt sich, indem man (6) beiderseits zuvor um 1 verkleinert.

Satz 2 gestattet bezüglich der im Anschluß an 9. (3) erklärten z_ν nachzuweisen, daß die Summe $\mathfrak{C}$, und auch schon $\mathfrak{B} + \mathfrak{D}$, von jedem z_ν an mindestens ebenso dicht ist wie insgesamt; die Größen z_ν erweisen sich in diesem Sinn als charakteristisch für die Struktur von $\mathfrak{C}$ bzw. $\mathfrak{B} + \mathfrak{D}$ (Ostmann [1], [2]):

Satz 3. *$\varphi(x)$ erfülle (2) ($\varphi(x) \to \infty$ wird jedoch nicht benötigt). Dann gilt*

$$\delta_v\big(\mathfrak{C} \cap [z_\nu, \infty); \varphi(x)\big) \geqq \delta_v\big((\mathfrak{B} + \mathfrak{D}) \cap [z_\nu, \infty); \varphi(x)\big) \geqq f\big(\delta_v(\mathfrak{A}, \mathfrak{B}; \varphi(x))\big) \tag{8}$$

bzw.

$$\delta\big(z_\nu - 1, y; \mathfrak{C}; \varphi(x)\big) \geqq \delta\big(z_\nu - 1, y; \mathfrak{B} + \mathfrak{D}; \varphi(x)\big)$$
$$\geqq f\big(\delta_v(y - z_\nu + 1; \mathfrak{A}, \mathfrak{B}; \varphi(x))\big)^1 \quad (y \geqq z_\nu); \tag{9}$$

$f(x)$ habe hierin genau die Bedeutung aus Satz 1.

[1] Ist $0 \notin \mathfrak{D}$, so ist in den mittleren Termen $\mathfrak{B}' + \mathfrak{D}'$ gemäß Fußnote 1, S. 120 zu schreiben.

Bemerkung. Satz 3 ist als das dichtentheoretische Analogon zu 9., Satz 5 anzusehen.

Beweis: Es genügt (9) zu beweisen. Aus 9., Satz 2 folgt

$$\bigcup_{\varkappa \geqq 0} (\mathfrak{G}_{\nu+\varkappa} + \mathfrak{H}_{\nu+\varkappa}) \subseteqq (\mathfrak{B} + \mathfrak{D}) \cap [z_\nu, \infty) \subseteqq \mathfrak{C} \cap [z_\nu, \infty).$$

Sei etwa $y \in [z_{\nu+\lambda}, \bar{z}_{\nu+\lambda}]$, $\lambda \geqq 0$. Man erhält nun unmittelbar

$$(V + D)(z_\nu - 1, y) \geqq \sum_{\varkappa=0}^{\lambda-1} (G_{\nu+\varkappa} + H_{\nu+\varkappa})(z_{\nu+\varkappa} - 1, \bar{z}_{\nu+\varkappa})$$
$$+ (G_{\nu+\lambda} + H_{\nu+\lambda})(z_{\nu+\lambda} - 1, y). \qquad (10)$$

Nach der über $f(x)$ gemachten Voraussetzung gilt auf Grund von Satz 1

$$(G_{\nu+\varkappa} + H_{\nu+\varkappa})(z_{\nu+\varkappa} - 1, \bar{z}_{\nu+\varkappa}) \qquad (11)$$
$$\geqq \varphi(\bar{z}_{\nu+\varkappa} - z_{\nu+\varkappa} + 1)\, f\big(\delta_v(\bar{z}_{\nu+\varkappa} - z_{\nu+\varkappa} + 1;\, \mathfrak{G}_{\nu+\varkappa}, \mathfrak{H}_{\nu+\varkappa};\, \varphi(x))\big),$$
$$(G_{\nu+\lambda} + H_{\nu+\lambda})(z_{\nu+\lambda} - 1, y)$$
$$\geqq \varphi(y - z_{\nu+\lambda} + 1)\, f\big(\delta_v(y - z_{\nu+\lambda} + 1;\, \mathfrak{G}_{\nu+\lambda}, \mathfrak{H}_{\nu+\lambda};\, \varphi(x))\big);$$

da ferner

$$y - z_\nu + 1 = y - z_{\nu+\lambda} + 1 + \sum_{\varkappa=0}^{\lambda-1} (z_{\nu+\varkappa+1} - z_{\nu+\varkappa})$$
$$= y - z_{\nu+\lambda} + 1 + \sum_{\varkappa=0}^{\lambda-1} (\bar{z}_{\nu+\varkappa} - z_{\nu+\varkappa} + 1)$$

ist, folgt aus (10), (11) und Satz 2 in Verbindung mit der Dreiecksungleichung

$$(V + D)(z_\nu - 1, y)$$
$$\geqq \varphi(y - z_{\nu+\lambda} + 1)\, f\big(\delta_v(y - z_{\nu+\lambda} + 1;\, G_{\nu+\lambda}, \mathfrak{H}_{\nu+\lambda};\, \varphi(x))\big) +$$
$$+ \sum_{\varkappa=0}^{\lambda-1} \varphi(\bar{z}_{\nu+\varkappa} - z_{\nu+\varkappa} + 1)\, f\big(\delta_v(\bar{z}_{\nu+\varkappa} - z_{\nu+\varkappa} + 1;\, \mathfrak{A}, \mathfrak{B};\, \varphi(x))\big)$$
$$\geqq \varphi(y - z_{\nu+\lambda} + 1)\, f\big(\delta_v(y - z_\nu + 1;\, \mathfrak{A}, \mathfrak{B};\, \varphi(x))\big) +$$
$$+ \sum_{\varkappa=0}^{\lambda-1} \varphi(\bar{z}_{\nu+\varkappa} - z_{\nu+\varkappa} + 1)\, f\big(\delta_v(y - z_\nu + 1;\, \mathfrak{A}, \mathfrak{B};\, \varphi(x))\big)$$
$$\geqq f\big(\delta_v(y - z_\nu + 1;\, \mathfrak{A}, \mathfrak{B};\, \varphi(x))\big)\, \varphi(y - z_\nu + 1),$$

also

$$\operatorname*{fin}_{z_\nu \leqq \mu \leqq y} \frac{(V + D)(z_\nu - 1, \mu)}{\varphi(\mu - z_\nu + 1)} \geqq \operatorname*{fin}_{z_\nu \leqq \mu \leqq y} f\big(\delta_v(\mu - z_\nu + 1;\, \mathfrak{A}, \mathfrak{B};\, \varphi(x))\big)$$
$$= f\big(\delta_v(y - z_\nu + 1;\, \mathfrak{A}, \mathfrak{B};\, \varphi(x))\big),$$

und das ist die Behauptung.

Die Frage, welche Funktionen $f(x)$, $f_1(x)$ und $g(x_1, x_2, \ldots, x_n)$ in den vorstehenden drei Sätzen gewählt werden können, ist bezüglich $g(x_1, x_2, \ldots, x_n)$, $n \geqq 1$, sowie im Fall $n = 2$ hinsichtlich $f(x)$ und $f_1(x)$ von MANN [1] (vgl. auch die Beweisvariante bei ARTIN-SCHERK [1]) und für beliebiges n von DYSON [1] geklärt worden: Ist $\varphi(x) = x$, so ist jede Funktion

$$f(x) \leqq x, \; f_1(x) \leqq \operatorname{Min}(1, x),$$

$$g(x_1, x_2, \ldots, x_n) \leqq \operatorname{Min}(1, x_1 + x_2 + \cdots + x_n)$$

zulässig; bei beliebigem $\varphi(x)$ ist in den beiden letzten Relationen die Eins durch die $\varphi(x)$-Dichte $\delta(\varphi)$ von $\mathfrak{Z}$ zu ersetzen:

$$\operatorname{Min}\big(\delta(\varphi), x\big) \quad bzw. \quad \operatorname{Min}\big(\delta(\varphi), x_1 + x_2 + \cdots + x_n\big).$$

Zuvor lagen hierfür nur unter speziellen Voraussetzungen über die Summanden Beweise vor (CHINČIN [3], [5], OSTMANN [1]). Hinsichtlich weiterer Vorstufen des folgenden Satzes siehe die Berichte von OSTMANN [5] und ROHRBACH [3].

Satz 4 (MANN-DYSON*scher Satz*). *$\varphi(x)$ erfülle* (2) (*jedoch ist* $\lim_{x \to \infty} \varphi(x) = \infty$ *entbehrlich*). *Dann gilt*[1]

$$\begin{aligned} \delta_v\Big(\sum_{\varkappa=1}^{n} \mathfrak{A}_\varkappa;\ \varphi(x)\Big) &\geqq \delta_v\Big(\sum_{\varkappa=1}^{n} \mathfrak{D}_\varkappa; \varphi(x)\Big) \geqq \delta_v\big(\mathfrak{A}_1, \mathfrak{A}_2, \ldots, \mathfrak{A}_n; \varphi(x)\big) \\ &\geqq \operatorname{Min}\Big(\delta(\varphi),\ \delta_v(\mathfrak{A}_1; \varphi(x)) + \sum_{\nu=2}^{n} \delta_1(\mathfrak{A}_\nu; \varphi(x))\Big). \quad (12) \end{aligned}$$

Ist $0 \in \mathfrak{D}$, *so gilt ferner*

$$\begin{aligned} \delta\Big(\sum_{\varkappa=1}^{n} \mathfrak{A}_\varkappa; \varphi(x)\Big) &\geqq \delta\Big(\sum_{\varkappa=1}^{n} \mathfrak{D}_\varkappa; \varphi(x)\Big) \\ &\geqq \operatorname{Min}\big(\delta(\varphi),\ \delta(\mathfrak{A}_1, \mathfrak{A}_2, \ldots, \mathfrak{A}_n; \varphi(x))\big) \qquad (13) \\ &\geqq \operatorname{Min}\Big(\delta(\varphi),\ \sum_{\varkappa=1}^{n} \delta(\mathfrak{A}_\varkappa; \varphi(x))\Big). \end{aligned}$$

Im Fall $n = 2$ *gilt* (OSTMANN [1], [2]) *über* (12) *hinaus*

$$\delta_v\big((\mathfrak{A}_1 + \mathfrak{A}_2) \cap [z_\nu, \infty); \varphi(x)\big) \geqq \delta_v\big(\mathfrak{A}_1, \mathfrak{A}_2; \varphi(x)\big) \quad (\nu = 1, 2, \ldots).$$

Hinsichtlich der Genauigkeit der vorstehenden Abschätzungen s. 13.

Beweis: Der letzte Teil der Behauptung ist lediglich eine unmittelbare Anwendung von Satz 3. Der letzte Teil der Ungleichungen (12) entstammt 8.2. (20). Schließlich sind die Abschätzungen bezüglich $\sum_{\varkappa=1}^{n} \mathfrak{D}_\varkappa$ unmittelbare Folgen von $\sum_{\lambda=1}^{n} \mathfrak{A}_\lambda \supseteqq \sum_{\lambda=1}^{n} \mathfrak{D}_\lambda$. Dem Zusatz von Satz 1 zufolge genügt es ferner, (12) und (13) für die

[1] Ist $0 \notin \mathfrak{D}$, so sind die zweiten Terme in (12) und (13) gemäß Fußnote 1, S. 120 zu modifizieren.

entsprechenden Abschnittsdichten nachzuweisen. — Es sei $y \geqq 1$ beliebig aber fest gewählt. Abkürzend setze man

$$\sigma_\eta = \sigma_\eta(y; \mathfrak{A}_1, \mathfrak{A}_2, \ldots, \mathfrak{A}_n) = \begin{cases} \delta_v\big((y; \mathfrak{A}_1, \mathfrak{A}_2, \ldots, \mathfrak{A}_n; \varphi(x)\big) \text{ für } \eta = 1, \\ \operatorname{Min}\big(\delta(\varphi),\ \delta(y; \mathfrak{A}_1, \mathfrak{A}_2, \ldots, \mathfrak{A}_n; \varphi(x))\big) \\ \qquad \text{für } \eta = 0. \end{cases} \tag{14}$$

Für $y = 0$ ist

$$\sigma_1 = \frac{1 + A_1(0) + A_2(0) + \cdots + A_n(0)}{\varphi(1)} = \frac{1}{\varphi(1)} = \frac{C(-1,0)}{\varphi(1)} = \delta\big(0; \mathfrak{C}; \varphi(x)\big),$$

(12) also bezüglich dieser Abschnittsdichte richtig, so daß $y \geqq 1$ keine Einschränkung bedeutet. Für $\eta = 0$ folgt aus (14)

$$\sigma_0 \leqq \delta(\varphi) \leqq \frac{1}{\varphi(1)},$$

also

$$1 \geqq \sigma_0 \varphi(1). \tag{15}$$

Der Beweis wird nun weiterhin durch doppelte Induktion erbracht, und zwar erstens nach n, zweitens nach $A_n(y)$. Für $n = 1$ sind alle Behauptungen trivial; sei also $n \geqq 2$. Da y festgehalten wird, kann ohne Einschränkung

$$\mathfrak{A}_\nu \frown [y, \infty] = 0 \quad (\nu = 1, 2, \ldots, n)$$

angenommen werden. Ist $A_n(y) = 0$, so ist (man beachte $0 \in \mathfrak{A}_n$)

$$\sum_{\nu=1}^{n}{}' \mathfrak{A}_\nu = \sum_{\nu=1}^{n-1}{}' \mathfrak{A}_\nu \quad \text{und} \quad \sigma_\eta(y, \mathfrak{A}_1, \mathfrak{A}_2, \ldots, \mathfrak{A}_n) = \sigma_\eta(y, \mathfrak{A}_1, \mathfrak{A}_2, \ldots, \mathfrak{A}_{n-1}),$$

die Behauptung also richtig. Sei daher $A_n(y) > 0$ und $a_n \in \mathfrak{A}_n$, $a_n \neq 0$, beliebig. Ferner sei

$$a_k = a_k(a_n) \in \mathfrak{A}_k \smile [y+1, \infty) \quad (k = 1, 2, \ldots, n-1)$$

so bestimmt, daß

$$a_k + a_n \notin \mathfrak{A}_k$$

ist, z. B. $a_k + a_n > y$. Man setze

$$a = \operatorname*{Min}_{\substack{k=1,2,\ldots,n-1 \\ 0 \neq a_n \in \mathfrak{A}_n}} a_k(a_n).$$

Ist a in einer der Mengen $\mathfrak{A}_k$ $(1 \leqq k \leqq n-1)$ enthalten — also $a \leqq y$ —, so werde ein solches k ausgewählt und festgehalten; ist $a > y$ — also $a = y + 1$ —, so sei k $(1 \leqq k \leqq n-1)$ beliebig aber fest gewählt. Für diese Zahlen a und k sei $\mathfrak{T}$ durch

$$\mathfrak{T} = \underset{a_n \in \mathfrak{A}_n}{\in} [a_n \neq 0,\ a + a_n \notin \mathfrak{A}_k]$$

erklärt. Dann ist

$$0 \notin \mathfrak{T},\ \mathfrak{T} \subset \mathfrak{A}_n,\ (\{a\} + \mathfrak{T}) \cap \mathfrak{A}_k = 0,\ T(y) > 0. \tag{16}$$

Man setze ferner

$$\mathfrak{A}'_n = \mathfrak{A}_n - \mathfrak{T},$$
$$\mathfrak{A}'_k = \mathfrak{A}_k \cup (\{a\} + \mathfrak{T}),$$
$$\mathfrak{A}'_i = \mathfrak{A}_i\ (i = 1, 2, \ldots, n-1;\ i \neq k).$$

Dann ist $\mathfrak{A}_k \subset \mathfrak{A}'_k$, und aus $T(y) > 0$ folgt sofort $A'_n(y) < A_n(y)$, also

$$\mathfrak{A}'_n \subset \mathfrak{A}_n,\ \mathfrak{A}'_n \cap \mathfrak{T} = 0. \tag{17}$$

Im folgenden wird nun im wesentlichen $\sum_{\nu=1}^{n} \mathfrak{A}'_\nu$ an Stelle von $\sum_{\nu=1}^{n} \mathfrak{A}_\nu$ betrachtet. Durch die Wahl von $\mathfrak{A}'_k$ und $\mathfrak{A}'_n$ ist im Prinzip der Beweis auf die Diskussion der Summe $\mathfrak{A}'_k + \mathfrak{A}'_n$, d. h. auf den Fall $n = 2$ zurückgeführt. Es ist

$$\mathfrak{A}'_k + \mathfrak{A}'_n = \big(\mathfrak{A}_k \cup (\{a\} + \mathfrak{T})\big) + \mathfrak{A}'_n = (\mathfrak{A}_k + \mathfrak{A}'_n) \cup (\{a\} + \mathfrak{T} + \mathfrak{A}'_n).$$

Aus (17) folgt

$$\mathfrak{A}_k + \mathfrak{A}'_n \subseteq \mathfrak{A}_k + \mathfrak{A}_n,$$

und aus den Definitionen von a und $\mathfrak{A}'_n$ ergibt sich

$$\{a\} + \mathfrak{T} + \mathfrak{A}'_n = (\{a\} + \mathfrak{A}'_n) + \mathfrak{T} \subseteq \mathfrak{A}_k + \mathfrak{T} \subseteq \mathfrak{A}_k + \mathfrak{A}_n,$$

insgesamt ist also

$$\mathfrak{A}'_k + \mathfrak{A}'_n \subseteq \mathfrak{A}_k + \mathfrak{A}_n \ \textit{sowie}\ \sum_{\nu=1}^{n} \mathfrak{A}'_\nu \subseteq \sum_{\nu=1}^{n} \mathfrak{A}_\nu. \tag{18}$$

Nach (16) ist offensichtlich

$$A'_k(m) = A_k(m) + T(m-a) \quad (0 \leqq m \leqq y)$$

und nach (17) entsprechend

$$A_n(m) = A_n(m) - T(m).$$

Das liefert

$$\begin{aligned} A'_k(m) + A'_n(m) &= A_k(m) + A_n(m) + T(m-a) - T(m) \\ &\leqq A_k(m) + A_n(m). \end{aligned} \tag{19}$$

Ist hierin $T(m) = T(m-a)$, so folgt

$$\eta + \sum_{\nu=1}^{n} A'_\nu(m) = \eta + \sum_{\nu=1}^{n} A_\nu(m) \geqq \sigma_\eta\, \varphi(m+\eta) \quad (\eta = 0, 1). \tag{20}$$

Ist (20) für alle $0 < m \leqq y$ erfüllt, so ist wegen $A'_n(y) < A_n(y)$ die Induktionsvoraussetzung anwendbar, in diesem Fall der Satz also richtig. Es sei daher für mindestens ein m

$$T(m) > T(m-a) \geqq 0, \ d. \ h. \ A'_n(m) < A_n(m); \tag{21}$$

hieraus folgt $a > 0$ sowie die Existenz mindestens eines $t \in \mathfrak{T}$ mit

$$m - a < t \leqq m \leqq y.$$

Da t erst recht auch in $\mathfrak{A}_n$ liegt, so ist

$$\mathfrak{A}_n \cap [m-a+1, m] \neq 0;$$

ist b das kleinste positive Element in $\mathfrak{A}_n \cap [m-a+1, m]$, so gilt

$$m - a < b \leqq m \leqq y, \ \textit{also auch} \ m - b < a \quad (m - a \gtrless 0). \tag{22}$$

Vermittels (19) erhält man dann

$$\sum_{\nu=1}^{n} A'_\nu(m) = \sum_{\nu=1}^{n} A_\nu(m) - T(m-a, m) \geqq \sum_{\nu=1}^{n} A_\nu(m) - A_n(m-a, m) + 1$$
$$\geqq \sum_{\nu=1}^{n} A_\nu(m) - A_n(b-1, m). \tag{23}$$

Aus der Minimaleigenschaft von a folgt für jedes $\nu \neq n$ und jedes $a_\nu < a$, $a_\nu \in \mathfrak{A}_\nu$,

$$a_\nu + a_n \in \mathfrak{A}_\nu \quad (a_n \in \mathfrak{A}_n; \nu = 1, 2, \ldots, n-1),$$

also speziell für $a_n = b$

$$\mathfrak{A}_\nu \cap [b, m] \supseteq \{b\} + (\mathfrak{A}_\nu \cap [0, m-b]),$$

was sofort

$$A_\nu(b-1, m) \geqq A_\nu(-1, m-b) = 1 + A_\nu(m-b) \quad (\nu = 1, 2, \ldots, n-1)$$

ergibt. Vermittels (23) erhält man nun weiter

$$\sum_{\nu=1}^{n} A'_\nu(m) \geqq \sum_{\nu=1}^{n} A_\nu(b-1) + \sum_{\nu=1}^{n-1} A_\nu(b-1, m)$$
$$\geqq \sum_{\nu=1}^{n} A_\nu(b-1) + \sum_{\nu=1}^{n-1} \bigl(1 + A_\nu(m-b)\bigr)$$
$$= n - 2 + 1 + \sum_{\nu=1}^{n} A_\nu(b-1) + \sum_{\nu=1}^{n-1} A_\nu(m-b)$$
$$\geqq 1 + \sum_{\nu=1}^{n} A_\nu(b-1) + \sum_{\nu=1}^{n-1} A_\nu(m-b),$$

letzteres, da $n \geqq 2$ angenommen war. Also gilt auch

$$\eta + \sum_{\nu=1}^{n} A'_\nu(m) \geqq 1 + \sum_{\nu=1}^{n} A_\nu(b-1) + \eta + \sum_{\nu=1}^{n-1} A_\nu(m-b) \quad (\eta = 0, 1). \tag{24}$$

Mit Hilfe von (15) erhält man in Verbindung mit der Dreiecksungleichung (1)

$$1+\sum_{\nu=1}^{n} A_\nu(b-1) \geqq \begin{cases} \sigma_1 \varphi(b), \\ \sigma_0 \varphi(1) + \sigma_0 \varphi(b-1) \geqq \sigma_0 \varphi(b), \end{cases}$$

insgesamt also

$$1+\sum_{\nu=1}^{n} A_\nu(b-1) \geqq \sigma_\eta \varphi(b) \quad (\eta = 0, 1). \tag{25}$$

Gilt nun in (24) schon

$$\eta + \sum_{\nu=1}^{n-1} A_\nu(m-b) \geqq \sigma_\eta \varphi(m-b+\eta), \tag{26}$$

so ergibt sich aus (24) mit Hilfe der Dreiecksungleichung

$$\eta + \sum_{\nu=1}^{n} A'_\nu(m) \geqq \sigma_\eta \varphi(b) + \sigma_\eta \varphi(m-b+\eta) \geqq \sigma_\eta \varphi(m+\eta). \tag{27}$$

m erfüllte (21); gilt nun für alle diese m bereits (26), so gilt in Verbindung mit (20) die Abschätzung (27) für alle m, $0 < m \leqq y$, so daß in diesem Fall der Satz bewiesen ist. Der weitere Beweis läuft jetzt darauf hinaus, zu zeigen, daß für jedes m, welches der Ungleichung (21) genügt, (26) stets zutrifft, womit dann alles bewiesen wäre. Man nehme nun im Gegensatz hierzu an, (26) wäre für ein solches m falsch, und m sei zugleich der kleinste derartige Wert. Da trivialerweise

$$\eta + \sum_{\nu=1}^{n} A_\nu(m-b) \geqq \sigma_\eta \varphi(m-b+\eta)$$

ist, folgt aus der gemachten Annahme sofort $A_n(m-b) > 0$, also die Existenz eines $b_1 \in \mathfrak{A}_n$ mit

$$0 < b_1 \leqq m-b < a,$$

letzteres nach (22). Da hiernach $m-b-a$ negativ ist, gilt ferner

$$m-b-a < b_1 \leqq m-b < y, \tag{28}$$

und dies ist lediglich wieder (22) mit $m-b$ an Stelle von m und b_1 statt b, so daß die an (22) anknüpfenden Entwicklungen entsprechend gültig bleiben. Jedoch summiere man statt wie in (23) und (24) jetzt nur bis $n-1$; (23) und (24) gehen daher zusammengefaßt über in

$$\eta + \sum_{\nu=1}^{n-1} A'_\nu(m-b) = \eta + \sum_{\nu=1}^{n-1} A_\nu(m-b) + T(m-b-a) \tag{29}$$

$$= \eta + \sum_{\nu=1}^{n-1} A_\nu(m-b) \geqq \eta + \sum_{\nu=1}^{n-1} A_\nu(b_1-1) + \sum_{\nu=1}^{n-1} A_\nu(b_1-1, m-b)$$

$$\geqq 1 + \sum_{\nu=1}^{n-1} A_\nu(b_1-1) + \eta + \sum_{\nu=1}^{n-1} A_\nu(m-b-b_1).$$

Aus (28) folgt sofort $b_1 - 1 < m - b$. Aus der Minimaleigenschaft von m ergibt sich

$$1 + \sum_{\nu=1}^{n-1} A_\nu (b_1 - 1) \geqq \sigma_\eta \varphi(b_1);$$

aus $b_1 > 0$ folgt $m - b - b_1 < m - b$, also ist

$$\eta + \sum_{\nu=1}^{n-1} A_\nu (m - b - b_1) \geqq \sigma_\eta \varphi(m - b - b_1 + \eta).$$

Insgesamt folgt aus (29) somit unmittelbar

$$\begin{aligned}\eta + \sum_{\nu=1}^{n-1} A_\nu (m - b) &\geqq \sigma_\eta \big(\varphi(b_1) + \varphi(m - b - b_1 + \eta)\big)\\ &\geqq \sigma_\eta \varphi(m - b + \eta),\end{aligned}$$

was im Widerspruch zur Annahme über m steht.

DYSON [1] bewies gleich den folgenden Satz, der Satz 4 umfaßt. Der Einfachheit halber sei die Formulierung auf den Fall $0 \in \mathfrak{D}$ bezogen.

Satz 5. *$\varphi(x)$ erfülle* (2). *Weiter sei*

$$\delta_v^{(r)} =_{\mathrm{Df}} \delta_v^{(r)}(\mathfrak{A}_1, \mathfrak{A}_2, \ldots, \mathfrak{A}_n; \varphi(x))$$

$$=_{\mathrm{Df}} \frac{1}{\binom{n}{r}} \operatorname*{fin}_{x=0,1,2,\ldots} \frac{\sum\limits_{i_1, i_2, \ldots, i_r} 1 + (A_{i_1} + A_{i_2} + \cdots + A_{i_r})(x)}{\varphi(x+1)},$$

$$\delta^{(r)} =_{\mathrm{Df}} \delta^{(r)}(\mathfrak{A}_1, \mathfrak{A}_2, \ldots, \mathfrak{A}_n; \varphi(x)$$

$$=_{\mathrm{Df}} \frac{1}{\binom{n}{r}} \operatorname*{fin}_{x=1,2,\ldots} \frac{\sum\limits_{i_1, i_2, \ldots, i_r} (A_{i_1} + A_{i_2} + \cdots + A_{i_r})(x)}{\varphi(x)},$$

worin die beiden Summationen über alle Kombinationen $i_1, i_2, \ldots, i_r$ der r-ten Klasse von $\{1, 2, \ldots, n\}$ zu erstrecken sind. Dann gilt

$$\left.\begin{aligned}\delta_v^{(r)} &\geqq \frac{r}{n} \delta_v(\mathfrak{A}_1, \mathfrak{A}_2, \ldots, \mathfrak{A}_n; \varphi(x)),\\ \delta^{(r)} &\geqq \frac{r}{n} \delta(\mathfrak{A}_1, \mathfrak{A}_2, \ldots, \mathfrak{A}_n; \varphi(x)).\end{aligned}\right\} \quad (30)$$

Für mindestens eine Kombination $i_1, i_2, \ldots, i_r$ ist

$$\left.\begin{aligned}\delta_v(\mathfrak{A}_{i_1} + \mathfrak{A}_{i_2} + \cdots + \mathfrak{A}_{i_r}; \varphi(x)) &\geqq \frac{r}{n} \delta_v(\mathfrak{A}_1, \mathfrak{A}_2, \ldots, \mathfrak{A}_n; \varphi(x)),\\ \delta(\mathfrak{A}_{i_1} + \mathfrak{A}_{i_2} + \cdots + \mathfrak{A}_{i_r}; \varphi(x)) &\geqq \frac{r}{n} \delta(\mathfrak{A}_1, \mathfrak{A}_2, \ldots, \mathfrak{A}_n; \varphi(x)).\end{aligned}\right\} \quad (31)$$

(30) *und* (31) *bleiben überdies gültig, wenn in den Ausdrücken linker Hand das System aller Durchschnitte* $(\mathfrak{D}_1, \mathfrak{D}_2, \ldots, \mathfrak{D}_n)$ *an Stelle von* $(\mathfrak{A}_1, \mathfrak{A}_2, \ldots, \mathfrak{A}_n)$ *zugrunde gelegt wird.*

Die letzte Behauptung ist evident, da ja auch die rechten Seiten bei Einführung von $(\mathfrak{D}_1, \mathfrak{D}_2, \ldots, \mathfrak{D}_n)$ ungeändert bleiben. Ferner ist (31) eine unmittelbare Folge von (30). Der Nachweis von (30) beruht auf einer Modifikation des Beweises von Satz 4 (siehe DYSON [1]).

Der Grundgedanke des Beweises von Satz 4 war die Transformation des Mengensystems $(\mathfrak{A}_1, \mathfrak{A}_2, \ldots, \mathfrak{A}_n)$ in das System $(\mathfrak{A}'_1, \mathfrak{A}'_2, \ldots, \mathfrak{A}'_n)$. Eine eingehende Untersuchung dieser Transformation führt VAN DER CORPUT [7] durch und gibt zugleich einige Verallgemeinerungen der Sätze 4 und 5; siehe auch VAN DER CORPUT [10].

ERDÖS-NIVEN [1], ERRERA [1], [2], S. SELBERG [9], TROST [1] geben zusammenfassende Berichte. — (Zusatz bei der Korrektur) STALLEY [1] gibt Abschätzungen von $\delta'(\mathfrak{A} + \mathfrak{B})$ (Definition s. S. 74, Fußnote).

SCHNIRELMANN [2] bewies ein Analogon zum MANN-DYSONschen Satz für Mengen nichtnegativer reeller Zahlen (Definitionen siehe 8.2.). Verschärfend bewies diesbezüglich RAIKOV [5], [6]

$$\delta(x; \mathfrak{A} + \mathfrak{B}) \geqq \operatorname{Min}\left(1, \delta(x; \mathfrak{A}) + \delta(x; \mathfrak{B})\right) \quad (0 \in \mathfrak{A} \frown \mathfrak{B}).$$

Beim Übergang zu den ganzen GAUSSschen Zahlen (siehe ebenfalls 8.2.) bleibt Satz 4 nach CHEO [1] nicht mehr richtig. Es gilt jedoch noch, wenn $\mathfrak{G}$ alle Gitterpunkte des ersten Quadranten bezeichnet,

$$\delta(\mathfrak{A}) + \delta(\mathfrak{B}) \geqq 1 \curvearrowright \mathfrak{A} + \mathfrak{B} = \mathfrak{G} \quad (0 \in \mathfrak{A} \frown \mathfrak{B}).$$

Eine Strukturuntersuchung des Beweises von Satz 4 ermöglicht nach V. D. CORPUT-KEMPERMANN [1] eine abstrakte Verallgemeinerung.

11.2. Die BESICOVITCH-Summe $\mathfrak{A} \dotplus \mathfrak{B} = \mathfrak{A}^{(0)} + \mathfrak{B}$, $0 \in \mathfrak{B}$, (siehe 1.1. (3)) ist ebenfalls mehrfach untersucht worden. Betrachtet man gleich allgemeiner

$$\mathfrak{C} = \mathfrak{A}_1^{(0)} + \sum_{i=2}^{n} \mathfrak{A}_i \quad \left(0 \in \bigcap_{i=2}^{n} \mathfrak{A}_i\right),$$

so liefert der MANN-DYSONsche Satz vermöge (12) sofort

$$\delta_v(\mathfrak{C}; \varphi(x)) \geqq \delta_v(\mathfrak{A}_1^{(0)}, \mathfrak{A}_2, \ldots, \mathfrak{A}_n; \varphi(x)).$$

Zumeist interessieren darüber hinaus noch Abschätzungen durch die Dichten der Einzelmengen selbst, vor allem, wenn $1 \in \mathfrak{A}_1$ ist. In diesem Fall ist noch $\delta_v(\mathfrak{C}; \varphi(x)) = \delta(\mathfrak{C}; \varphi(x))$, hingegen verschwindet $\delta(\mathfrak{C}; \varphi(x))$ notwendig, wenn $1 \notin \mathfrak{A}_1$ ist. Abschätzungen der genannten Art lassen sich in der Tat finden, und Satz 4 in 8.2. enthält mehrere Formeln der gewünschten Form, und wie die Beispiele im Anschluß an 8.1. (16) zeigen, sind diese Abschätzungen in gewissen Sinn auch bereits genau. Von $\varphi(x)$ war dabei lediglich 8.2. (17) und $\varphi(x+1) - \varphi(x) \leqq 1$ bzw. $\leqq \varphi(1)$ vorausgesetzt, und diese Forderungen sind gewiß erfüllt, wenn $\varphi(x)$, wie jetzt vorausgesetzt, (2) erfüllt. In einem gewissem Umfang genügt es, um Abschätzungsformeln für $\delta_v(\mathfrak{A}_1^{(0)}, \mathfrak{A}_2, \ldots, \mathfrak{A}_n;$

$\varphi(x))$ aufzustellen, sich auf den Fall $\varphi(x) = x$ zu beschränken. Es gilt nämlich nach STÖHR [3] der folgende Übertragungssatz:

Satz 6. *Für $\varphi(x)$ sei 8.2. (17) erfüllt, und überdies sei $\frac{\varphi(x)}{x}$ für $x \to \infty$ monoton fallend (vgl. hierzu die Bemerkung zu Beginn von 11.1.). Weiter sei $g(x_1, x_2, \ldots, x_n)$ in jeder Variablen einzeln monoton wachsend und*

$$\delta_v(\mathfrak{A}_1, \mathfrak{A}_2, \ldots, \mathfrak{A}_n) \geqq g(\delta(\mathfrak{A}_1), \delta(\mathfrak{A}_2), \ldots, \delta(\mathfrak{A}_n))$$

eine allgemeingültige Abschätzung. Ferner setze man

$$G(\alpha_1, \alpha_2, \ldots, \alpha_n) = \underset{x=1,2,\ldots}{\underline{\text{fin}}} \frac{g\left(\frac{\varphi(x)}{x}\alpha_1, \frac{\varphi(x)}{x}\alpha_2, \ldots, \frac{\varphi(x)}{x}\alpha_n\right)}{\frac{\varphi(x)}{x}}$$

$$\left(\alpha_i = \delta(\mathfrak{A}_i; \varphi(x))\right).$$

Dann gilt

$$\delta_v(\mathfrak{A}_1, \mathfrak{A}_2, \ldots, \mathfrak{A}_n; \varphi(x)) \geqq G(\alpha_1, \alpha_2, \ldots, \alpha_n).$$

Es ist in Satz 6 gleichgültig, ob die Null oder Eins in gewissen Mengen enthalten ist oder nicht, Satz 6 ist also in seiner Anwendbarkeit nicht auf die BESICOVITCH-Summe beschränkt.

Beweis: Es sei $m \geqq 1$ beliebig und $1 \leqq x \leqq m$. Dann ist offensichtlich

$$A_i(x) \geqq \alpha_i \varphi(x) = \alpha_i \frac{\varphi(x)}{x} x \geqq \alpha_i \frac{\varphi(m)}{m} x = \alpha_i' x$$

$$\left(\alpha_i' = \alpha_i \frac{\varphi(m)}{m}; \; i = 1, 2, \ldots, n\right),$$

mithin

$$\delta(m; \mathfrak{A}_i) \geqq \alpha_i' \quad (i = 1, 2, \ldots, n).$$

Beachtet man nun, daß sich die Abschätzungen mit Hilfe von $g(x_1, x_2, \ldots, x_n)$ den Voraussetzungen des Satzes gemäß lediglich auf die x-Dichten beziehen, so folgt, indem man die Mengen $\mathfrak{A}_1, \mathfrak{A}_2, \ldots, \mathfrak{A}_n$ durch

$$\mathfrak{A}_i' = \mathfrak{A}_i \cup [m, \infty] \quad (i = 1, 2, \ldots, n)$$

ersetzt, was ja

$$\delta(\mathfrak{A}_i') = \delta(m; \mathfrak{A}_i) \quad (i = 1, 2, \ldots, n)$$

nach sich zieht, daß auch

$$\begin{aligned}\delta_v(m; \mathfrak{A}_1, \mathfrak{A}_2, \ldots, \mathfrak{A}_n) &\geqq g\left(\delta(m; \mathfrak{A}_1), \delta(m; \mathfrak{A}_2), \ldots, \delta(m; \mathfrak{A}_n)\right) \\ &\geqq g(\alpha_1', \alpha_2', \ldots, \alpha_n')\end{aligned}$$

gilt. Nach 8.1. (16) folgt mit der dortigen Bezeichnung leicht

$$\delta_v(m;\mathfrak{A}_1,\mathfrak{A}_2,\ldots,\mathfrak{A}_n) \leqq \frac{\sum\limits_{\nu=1}^{n} A_\nu(a_{\nu 0}-1,a_{\nu 0}+x-1)-n+1}{x} =_{\mathrm{Df}} \frac{F(x)}{x}$$

$$(1 \leqq x \leqq m),$$

mithin

$$\frac{F(m)}{m} \geqq g(\alpha_1',\alpha_2',\ldots,\alpha_n') = \frac{g(\alpha_1',\alpha_2',\ldots,\alpha_n')}{\varphi(m)}\varphi(m)$$

oder

$$\frac{F(m)}{\varphi(m)} \geqq \frac{g(\alpha_1',\alpha_2',\ldots,\alpha_n')\,m}{\varphi(m)} \geqq G(\alpha_1,\alpha_2,\ldots,\alpha_n) \ \textit{für alle}\ m \geqq 1$$

und daher

$$\delta_v(\mathfrak{A}_1,\mathfrak{A}_2,\ldots,\mathfrak{A}_n;\varphi(x)) = \underset{m=1,2,\ldots}{\underline{\mathrm{fin}}}\ \frac{F(m)}{\varphi(m)} \geqq G(\alpha_1,\alpha_2,\ldots,\alpha_n).$$

Betrachtet man die gegenüber der Besicovitch-Summe noch schwächere Summe $\mathfrak{C} = \mathfrak{A} \dotplus \mathfrak{B} = \mathfrak{A}^{(0)} + \mathfrak{B}^{(0)}$ (d. h. $\mathfrak{A}$ und $\mathfrak{B}$ sind nicht notwendig in $\mathfrak{C}$ enthalten), so sei noch das folgende einfache Resultat erwähnt:

Satz 7. $\delta(\mathfrak{A}) + \delta(\mathfrak{B}) > 1 \curvearrowright \delta_v(\mathfrak{A}^{(0)} + \mathfrak{B}^{(0)}) = 1$, *d. h.* $\mathfrak{A}^{(0)} + \mathfrak{B}^{(0)} = \{2, 3, 4, \ldots\}$.

Zusatz. Bedeutet $\mathfrak{U}$ die Menge der positiven ungeraden Zahlen, so zeigt das Beispiel $\mathfrak{A} = \mathfrak{B} = \mathfrak{U}$, da $2\,\mathfrak{U} = \{2, 4, 6, \ldots\} = \{1\} + \mathfrak{U}$ und $\delta(\mathfrak{U}) = \delta_v(2\,\mathfrak{U}) = \frac{1}{2}$ ist, daß die Voraussetzung des Satzes nicht abgeschwächt werden kann.

Beweis: Offensichtlich ist $\delta(\mathfrak{A}) > 0$ und $\delta(\mathfrak{B}) > 0$, also $1 \in \mathfrak{A} \frown \mathfrak{B}$. Somit ist

$$\delta_v(\mathfrak{A}^{(0)},\mathfrak{B}^{(0)}) = \underset{x=0,1,\ldots}{\underline{\mathrm{fin}}}\ \frac{A(0,x+1)+B(0,x+1)-1}{x+1}$$

$$= \underset{x=1,2,\ldots}{\underline{\mathrm{fin}}}\ \frac{A(x)+B(x)-1}{x} = 1,$$

da aus $\delta(\mathfrak{A}) + \delta(\mathfrak{B}) > 1$ sofort

$$A(x) + B(x) > x \ \textit{für alle}\ x \geqq 1$$

folgt; vgl. auch 9. (23_2).

11.3. Für die Anzahlfunktionen von Summenmengen gehen auf Besicovitch [3] noch Abschätzungen zurück, deren formale Struktur zwischen den Formeln aus 9. und 11. liegt. Mit der in 8.1. gegebenen Definition von δ_k gilt:

Satz 8. *Es sei* $[0, k-1] \subseteq \mathfrak{B}$, $k \geqq 1$, *und* $1 \in \mathfrak{A}$. $\varphi(x)$ *erfülle* (2). *Dann gilt für die* BESICOVITCH-*Summe* 1.1. (3):

$$x \notin \mathfrak{A}^{(0)} + \mathfrak{B} \curvearrowright (A^{(0)} + B)(x) \geqq A(x) + \varphi(x)\, \delta_k(\mathfrak{B}; \varphi(x)).$$

Beweis: Es sei $[y, z] \subseteq [1, x]$, $y \leqq z$, $x \notin \mathfrak{A}^{(0)} + \mathfrak{B}$. Mithin

$$a \in [y, z] \cap \mathfrak{A} \curvearrowright x - a \notin [x - z, x - y] \cap \mathfrak{B},$$

so daß

$$A(y-1, z) + B(x - z - 1, x - y) \leqq z - y + 1 \tag{32}$$

ist. Nun werden zunächst Teilmengen $\mathfrak{A}' \subseteq \mathfrak{A}^{(0)}$ und $\mathfrak{C}' \subseteq \overline{\mathfrak{A}^{(0)} + \mathfrak{B}}$ definiert. Es sei $a'_1 = 1 \in \mathfrak{A}'$; ist $c'_1 > a'_1$ die kleinste Zahl in $\overline{\mathfrak{A}^{(0)} + \mathfrak{B}}$ so sei $c'_1 \in \mathfrak{C}'$; $a'_2 > c'_1$ sei die kleinste derartige Zahl in $\mathfrak{A}$, $c'_2 > a'_2$ die kleinste solche Zahl in $\overline{\mathfrak{A}^{(0)} + \mathfrak{B}}$ und so rekursiv weiter. Ist eine der beiden Teilmengen endlich, so auch die andere. Offensichtlich gilt:

$$\{a'_i\} + \mathfrak{B} \subseteq \mathfrak{A}^{(0)} + \mathfrak{B} \curvearrowright (A^{(0)} + B)(c'_i - 1, u) \geqq B(c'_i - a'_i - 1, u - a'_i) \quad (u \geqq c'_i). \tag{33}$$

Weiter ist nach Definition von c'_i und vermittels (32) mit $x = c'_i$, $y = a'_i$, $z = c'_i - 1$

$$(A^{(0)} + B)(a'_i - 1, c'_i - 1) = c'_i - a'_i \geqq A(a'_i - 1, c'_i - 1) + B(0, c'_i - a'_i). \tag{34}$$

Weiter ergibt sich für $c'_i \leqq u \leqq a'_{i+1} - 1$ vermittels (34) und (33)

$$\begin{aligned}(A^{(0)} + B)(a'_i - 1, u) &= (A^{(0)} + B)(a'_i - 1, c'_i - 1) + (A^{(0)} + B)(c'_i - 1, u)\\ &\geqq A(a'_i - 1, c'_i - 1) + B(0, c'_i - a'_i) + B(c'_i - a'_i - 1, u - a'_i) \qquad (35)\\ &= A(a'_i - 1, c'_i - 1) + B(0, u - a'_i) = A(a'_i - 1, u) + B(u - a'_i),\end{aligned}$$

letzteres nach Definition von a'_{i+1}. Speziell für $u = a'_{i+1} - 1$ liefert das

$$(A^{(0)} + B)(a'_i - 1, a'_{i+1} - 1) \geqq A(a'_i - 1, a'_{i+1} - 1) + B(a'_{i+1} - a'_i - 1) \quad (i \geqq 1). \tag{36}$$

Aus $[0, k-1] \subseteq \mathfrak{B}$ und $a'_i \in \mathfrak{A}^{(0)}$ folgt sofort

$$\mathfrak{A}^{(0)} + \mathfrak{B} \supseteq \{a'_i\} + [0, k-1] = [a'_i, a'_i + k - 1]$$

und damit weiter $a'_{i+1} > c'_i > a'_i + k - 1$, so daß

$$a'_{i+1} - a'_i - 1 \geqq k \tag{37}$$

ist. Aus der Definition von $\delta_k(\mathfrak{B}; \varphi(x)) =_{\mathrm{Df}} \delta_k$ ergibt sich sofort

$$B(u) \geqq (u+1)\, \delta_k \ \textit{für alle}\ u \geqq k,$$

mithin wegen (37)

$$B(a'_{i+1} - a'_i - 1) \geqq \delta_k\, \varphi(a'_{i+1} - a'_i).$$

Hiermit geht (36) über in

$$(A^{(0)}+B)\,(a'_i-1,\,a'_{i+1}-1) \geqq A\,(a'_i-1,\,a'_{i+1}-1)+\delta_k\,\varphi\,(a'_{i+1}-a'_i)\,. \tag{38}$$

Ist nun $x \notin \mathfrak{A}^{(0)}+\mathfrak{B}$, so existiert genau ein j so, daß

$$a'_j < x < a'_{j+1}$$

ist (existiert a'_{j+1} nicht mehr, so sei der Einfachheit halber $a'_{j+1}=\infty$ gesetzt), also nach Definition der c'_i sogar

$$a'_j < c'_j \leqq x < a'_{j+1}.$$

Indem man (38) für $i=1,2,\ldots,j-1$ aufsummiert und (35) mit $u=x$ und $i=j$ hinzuaddiert, ergibt sich vermittels der Dreiecksungleichung

$$\begin{aligned}(A^{(0)}+B)\,(x) &\geqq A\,(a'_j-1)+\delta_k\,\varphi\,(a'_j-1)+A\,(a'_j-1,\,x)+B\,(x-a'_j)\\ &\geqq A\,(x)+\delta_k\,\varphi\,(x),\end{aligned}$$

da entsprechend der Herleitung von (37) auch noch

$$x \geqq c'_j \geqq a'_j+k, \textit{ also } x-a'_j \geqq k$$

gilt, womit der Satz bewiesen ist.

Bezüglich dieses Satzes vgl. man auch ERDÖS [18], MANN [2].

Durch Iteration läßt sich Satz 8 sofort auf $\mathfrak{A}_1^{(0)}+\sum\limits_{\nu=2}^{n}\mathfrak{A}_\nu$ verallgemeinern:

Satz 9. *Es sei* $1 \in \mathfrak{A}_1$, $[0,k_i-1] \subseteqq \mathfrak{A}_i$, $k_i \geqq 1$ $(i=1,2,\ldots,n)$; $\varphi(x)$ *erfülle* (2). *Dann gilt*:

$$\begin{aligned}x \notin \mathfrak{A}_1^{(0)}+\mathfrak{A}_2+\cdots+\mathfrak{A}_n \frown (A_1^{(0)}+A_2+\cdots+A_n)\,(x)\\ \geqq (A_1^{(0)}+A_2+\cdots+A_\nu)\,(x)+\varphi\,(x)\sum_{i=\nu+1}^{n}\delta_{k_i}\big(\mathfrak{A}_i;\varphi\,(x)\big)\end{aligned}$$

$$(1 \leqq \nu \leqq n-1).$$

Beweis: Auf $\mathfrak{A} =_{\mathrm{Df}} \mathfrak{A}_1^{(0)}+\mathfrak{A}_2+\cdots+\mathfrak{A}_{i-1}$ und $\mathfrak{B} =_{\mathrm{Df}} \mathfrak{A}_i$ treffen mit $k=k_i$ die Voraussetzungen von Satz 7 für alle $2 \leqq i \leqq n$ zu. Mithin für $i=n$

$$\begin{aligned}(A_1^{(0)}+A_2+\cdots+A_n)\,(x) \geqq (A_1^{(0)}+A_2+\cdots+A_{n-1})\,(x)+\\ +\varphi\,(x)\,\delta_{k_n}\big(\mathfrak{A}_n;\varphi\,(x)\big),\end{aligned}$$

woraus sich sukzessive die Behauptung ergibt.

Durch eine einfache Umformung lassen sich Satz 8 und 9 auch auf $\sum\limits_{\nu=1}^{n}\mathfrak{A}_\nu$, $0 \in \bigcap\limits_{\nu=1}^{n}\mathfrak{A}_\nu$, übertragen:

Satz 10. *Es sei* $[0, k_i - 1] \subseteqq \mathfrak{A}_i$, $k_i \geqq 1$ $(i = 2, 3, \ldots, n)$, $0 \in \mathfrak{A}_1$. $\varphi(x)$ *erfülle* (2). *Dann gilt für* $1 \leqq \nu \leqq n - 1$

$$x \notin \mathfrak{A}_1 + \mathfrak{A}_2 + \cdots + \mathfrak{A}_n \curvearrowright (A_1 + A_2 + \cdots + A_n)(x) \geqq (A_1 + A_2 + \cdots + A_\nu)(x) + \varphi(x+1) \sum_{i=\nu+1}^{n} \delta_{k_i}(\mathfrak{A}_i; \varphi(x))$$

bzw.

$$(A_1 + A_2 + \cdots + A_n)(-1, x) \geqq (A_1 + A_2 + \cdots + A_\nu)(-1, x) + \varphi(x+1) \sum_{i=\nu+1}^{n} \delta_{k_i}(\mathfrak{A}_i; \varphi(x)).$$

Beweis: Sei zunächst $n = 2$. Setzt man $\mathfrak{A} = \{1\} + \mathfrak{A}_1$, $\mathfrak{B} = \mathfrak{A}_2$ so folgt aus $0 \in \mathfrak{A}_1$ sofort $1 \in \mathfrak{A}$. Da für $\mathfrak{A}, \mathfrak{B}$ die Voraussetzungen von Satz 8 erfüllt sind, ergibt sich mit $\mathfrak{C} = \mathfrak{A}_1 + \mathfrak{A}_2$ und $\mathfrak{C}_1 = \mathfrak{A} + \mathfrak{B} = \{1\} + \mathfrak{C}$ sofort für alle $x + 1 \notin \mathfrak{A} + \mathfrak{B}$ (was ja mit $x \notin \mathfrak{A}_1 + \mathfrak{A}_2$ gleichwertig ist)

$$C(-1, x) = C_1(x+1) \geqq A(x+1) + \varphi(x+1)\,\delta_{k_2}$$
$$= A_1(-1, x) + \varphi(x+1)\,\delta_{k_2} \quad (\delta_{k_2} = \delta_{k_2}(\mathfrak{A}_2, \varphi(x))$$

oder, indem die Null links und rechts nicht mitgezählt wird:

$$C(x) \geqq A_1(x) + \varphi(x+1)\,\delta_{k_2}.$$

Wie beim Beweis von Satz 8 ergibt sich durch Iteration die Behauptung des Satzes für jedes $n \geqq 2$.

Vgl. auch v. d. Corput [7].

Folgerung. Satz 10 entnimmt man unmittelbar die Relation

$$\delta_r(\mathfrak{A}_1 + \mathfrak{A}_2 + \cdots + \mathfrak{A}_n; \varphi(x)) \geqq \operatorname{Min}\Big(\delta(\varphi), \delta_v(\mathfrak{A}_1 + \mathfrak{A}_2 + \cdots + \mathfrak{A}_\nu; \varphi(x)) + \sum_{i=\nu+1}^{n} \delta_{k_i}(\mathfrak{A}_i; \varphi(x))\Big) \quad (1 \leqq \nu \leqq n-1).$$

12. Die asymptotischen Dichten reduzibler Mengen.

12.1. Der Übersichtlichkeit halber mögen zunächst die x-Dichten betrachtet werden. Für einige der folgenden Sätze vgl. auch die Beweisdarstellungen bei Rohrbach-Volkmann [2].

In $\sum_{\nu=1}^{n} \mathfrak{A}_\nu$ sei wie bisher durchweg vorausgesetzt, daß kein Summand leer ist. Zunächst sei $n = 2$. Hinsichtlich einer Erweiterung des folgenden Satzes siehe Satz 16.

Satz 1. *Ist* $\delta^*(\mathfrak{A}, \mathfrak{B}) > 1$ (I. Schur) *oder* $\tau^*(\mathfrak{A}, \mathfrak{B}) > 1$, *so ist*

$$\delta_*(\mathfrak{A} + \mathfrak{B}) = \delta_*(\mathfrak{B} + \mathfrak{D}) = 1;$$

überdies gilt

$$\delta^*(\mathfrak{A}, \mathfrak{B}) > 1 \curvearrowright \mathfrak{B} + \mathfrak{D} \sim \mathfrak{Z}.$$

Beweis: Ist $\delta^*(\mathfrak{A}, \mathfrak{B}) > 1$, so sind nach 10.1., Satz 3 sicher $\mathfrak{W}$ und $\mathfrak{G}$ endlich. 9., Satz 1 ergibt, angewandt auf das Anfangselement des letzten M-Intervalls, daß $\overline{\mathfrak{C}}$ endlich ist. Daraus folgt der eine Teil der Behauptung; einfacher würde hier auch der letzte Teil von 9., Satz 3 zum Ziele führen, da, wie leicht zu sehen, 9. (23_1) für alle hinreichend großen x erfüllt ist. Sei nun $\tau^*(\mathfrak{A}, \mathfrak{B}) > 1$. Nach 10.1., Satz 3 interessiert auf Grund des eben Bewiesenen nur noch der Fall, daß die Folge $(\mathfrak{G}_1, \mathfrak{H}_1), (\mathfrak{G}_2, \mathfrak{H}_2), \ldots$ unendlich ist, die Längen der M-Intervalle also gegen Unendlich streben. Da $\mathfrak{W}$ endlich ist, etwa $\mathfrak{W} = \{j_0, j_1, \ldots, j_s\}$, so existiert sicher ein $z_\nu > j_s$. Man setze

$$\mathfrak{A}_1 = \mathfrak{A} \wedge [z_\nu, \infty], \quad \mathfrak{B}_1 = \mathfrak{B} \wedge [z_\nu, \infty].$$

Nach 10., Satz 5 ist $\tau^*(\mathfrak{A}, \mathfrak{B}) = \tau^*(\mathfrak{A}_1, \mathfrak{B}_1)$, und aus dem Zusatz zu 10.1., Satz 5 folgt sogar $\mathfrak{W}(\mathfrak{A}_1, \mathfrak{B}_1) = \{z_\nu = g_{\nu 1}, g_{\nu 1}\}$. Nach 9., Satz 1 geben nun höchstens die Endelemente von M-Intervallen noch Anlaß zu Elementen in $\mathfrak{Z} - (\mathfrak{B} + \mathfrak{D}) = \overline{\mathfrak{B} + \mathfrak{D}}$. Da schließlich die Differenz aufeinanderfolgender Endelemente von M-Intervallen größer als die Länge des dazwischenliegenden M-Intervalls ist, letztere aber gegen Unendlich streben, erkennt man unschwer, daß die Differenzen aufeinanderfolgender Elemente in $\overline{\mathfrak{B} + \mathfrak{D}}$ ebenfalls gegen Unendlich streben. Für jede Menge aber, deren Elemente diese Eigenschaft haben, existiert und verschwindet die natürliche Dichte (vgl. auch 18.1., Satz 1). Aus $\delta_*(\overline{\mathfrak{B} + \mathfrak{D}}) = 0$ folgt aber sofort $\delta_*(\mathfrak{B} + \mathfrak{D}) = 1$.

Zusatz. Aus dem eben gegebenen Beweis folgt unmittelbar, daß die Behauptungen von Satz 1 schon zutreffen, wenn $\mathfrak{W}$ und $\mathfrak{G}$ zugleich endlich sind.

Für den allgemeinen Fall der (unteren) asymptotischen Dichte bestehen die folgenden Hauptergebnisse:

Satz 2. *Ist $\delta^*(\mathfrak{A}, \mathfrak{B}) \leqq 1$ (oder $\mathfrak{W}$ und $\mathfrak{G}$ sind nicht zugleich endlich), dann gilt* (Ostmann [6])

$$\delta^*(\mathfrak{A} + \mathfrak{B}) \geqq \delta^*(\mathfrak{B} + \mathfrak{D}) \geqq \varliminf_{x = 1, 2, \ldots} \frac{A(x) + B(x) - G(x)}{x} \geqq$$

$$\geqq \delta^*(\mathfrak{A}, \mathfrak{B}) - \bar{\delta}^*(\mathfrak{G}) \geqq \delta^*(\mathfrak{A}) + \delta^*(\mathfrak{B}) - \bar{\delta}^*(\mathfrak{G}); \qquad (1)$$

insbesondere sind für die Gültigkeit von

$$\delta^*(\mathfrak{B} + \mathfrak{D}) \geqq \delta^*(\mathfrak{A}, \mathfrak{B}) \geqq \delta^*(\mathfrak{A}) + \delta^*(\mathfrak{B}) \qquad (2)$$

hinreichend Existenz und Verschwinden der natürlichen Dichte von $\mathfrak{G}$. Ist $\delta^*(\mathfrak{B} + \mathfrak{D}) < \delta^*(\mathfrak{A}, \mathfrak{B})$ (M. Kneser), *so ist $\mathfrak{B} + \mathfrak{D}$ eine Menge mit Relativnullen (also erst recht rational; siehe 2.), und das nämliche gilt,* *wenn* $\delta^*(\mathfrak{A}+\mathfrak{B}) < \delta^*(\mathfrak{A},\mathfrak{B})$ *ist. Es existieren dann ferner die natürlichen Dichten* $\delta_*(\mathfrak{B}+\mathfrak{D})$ *bzw.* $\delta_*(\mathfrak{A}+\mathfrak{B})$ *und sind rational* (*vgl.* 12.3., *Satz* 13).

Bezüglich der oberen asymptotischen Dichte gilt (OSTMANN):

Satz 3. *Ist* $\tau^*(\mathfrak{A},\mathfrak{B}) \leqq 1$, *so ist*

$$\bar{\delta}^*(\mathfrak{A}+\mathfrak{B}) \geqq \bar{\delta}^*(\mathfrak{B}+\mathfrak{D}) \geqq$$

$$\geqq \begin{cases} \overline{\lim\limits_{\varkappa=1,2,\ldots}} \dfrac{A(j_\varkappa)+B(j_\varkappa)-G(j_\varkappa)}{j_\varkappa} \geqq \tau^*(\mathfrak{A},\mathfrak{B}) - \bar{\delta}^*(\mathfrak{G}), \\ \qquad\qquad \textit{wenn } \mathfrak{W} \textit{ unendlich ist,} \\ \overline{\lim\limits_{x=1,2,\ldots}} \dfrac{A(x)+B(x)-G(x)}{x} = \delta_*(\mathfrak{A},\mathfrak{B}) - \delta^*(\mathfrak{G}) = 1 - \delta^*(\mathfrak{G}), \\ \qquad\qquad \textit{wenn } \mathfrak{W} \textit{ endlich ist,} \end{cases} \tag{3}$$

und speziell

$$\bar{\delta}^*(\mathfrak{A}+\mathfrak{B}) \geqq \bar{\delta}^*(\mathfrak{B}+\mathfrak{D}) \geqq \tau^*(\mathfrak{A},\mathfrak{B}), \tag{4}$$

wenn die natürliche Dichte von $\mathfrak{G}$ *existiert und verschwindet.*

Beweis der Sätze 2 und 3: Es genügt offenbar (1) und (3) zu beweisen. Ist $\mathfrak{W}$ endlich, so ist nach 10.1., Satz 1 stets $\tau^*(\mathfrak{A},\mathfrak{B}) = \bar{\delta}^*(\mathfrak{A},\mathfrak{B}) \geqq \delta^*(\mathfrak{A},\mathfrak{B}) \geqq 1$; nach Voraussetzung ist $\tau^*(\mathfrak{A},\mathfrak{B}) \leqq 1$, mithin

$$\tau^*(\mathfrak{A},\mathfrak{B}) = \bar{\delta}^*(\mathfrak{A},\mathfrak{B}) = \delta^*(\mathfrak{A},\mathfrak{B}) = 1,$$

so daß die natürliche zweigliedrige Dichte $\delta_*(\mathfrak{A},\mathfrak{B})$ existiert und den Wert 1 hat. Damit sind die Gleichheitszeichen in (3) gerechtfertigt. Nach 9., Satz 4 gilt nun

$$(V+D)(n) \geqq H_k(n-z_k) + H_k(z_k) - G(z_k) \tag{5}$$

mit $k = k(n)$. Der Einfachheit halber seien jetzt zwei Fälle unterschieden.

1. Fall. Die zu $(\mathfrak{A},\mathfrak{B})$ gehörige Folge $(\mathfrak{G}_\nu, \mathfrak{H}_\nu)$ sei endlich, etwa $(\mathfrak{G}_1,\mathfrak{H}_1), (\mathfrak{G}_2,\mathfrak{H}_2), \ldots, (\mathfrak{G}_k,\mathfrak{H}_k)$. Da jetzt $\bar{z}_k = \infty$ ist, gilt (5) für alle $n \geqq z_k$; daher in Verbindung mit 9. (22)

$$\frac{(V+D)(n)}{n} \geqq \frac{H(n-z_k)-G(z_k)}{n} \geqq \frac{n-z_k-W(n-z_k)-G(n-z_k)-G(z_k)}{(n-z_k)+z_k}, \tag{6}$$

also, da k und somit z_k Konstante bezüglich $n \to \infty$ sind, nach 9. (24)

$$\begin{aligned} \underline{\lim\limits_{x=1,2,\ldots}} \frac{(V+D)(x)}{x} &\geqq \underline{\lim\limits_{x=1,2,\ldots}} \frac{x-W(x)-G(x)}{x} \\ &= \underline{\lim\limits_{x=1,2,\ldots}} \frac{A(x)+B(x)-G(x)}{x}, \end{aligned} \tag{7}$$

womit (1) in diesem Fall bewiesen ist. Indem man in (6) beiderseits zum limes superior übergeht und für unendliches $\mathfrak{W}$

$$\overline{\lim_{x=1,2,\ldots}} \frac{x - W(x) - G(x)}{x} \geqq \overline{\lim_{\varkappa=1,2,\ldots}} \frac{j_\varkappa - W(j_\varkappa) - G(j_\varkappa)}{j_\varkappa} \tag{8}$$
$$= \overline{\lim_{\varkappa=1,2,\ldots}} \frac{A(j_\varkappa) + B(j_\varkappa) - G(j_\varkappa)}{j_\varkappa}$$

beachtet, erhält man den ersten Teil von (3). Ist jedoch $\mathfrak{W}$ endlich, so liefert der Grenzübergang unmittelbar

$$\overline{\lim_{x=1,2,\ldots}} \frac{(V+D)(x)}{x} \geqq \overline{\lim_{x=1,2,\ldots}} \left(1 - \frac{G(x)}{x}\right),$$

also wegen $\tau^*(\mathfrak{A}, \mathfrak{B}) = \delta_*(\mathfrak{A}, \mathfrak{B}) = 1$, wie eingangs gezeigt war, den restlichen Teil von (3).

2. Fall. Die Folge $(\mathfrak{G}_1, \mathfrak{H}_1), (\mathfrak{G}_2, \mathfrak{H}_2), \ldots$ ist unendlich. Aus der Definition von $k = k(n)$ (siehe 9., Satz 4) folgt jetzt

$$\lim_{n\to\infty} k(n) = \infty. \tag{9}$$

Aus (5) folgt

$$\frac{(V+D)(n)}{n} \geqq \frac{H_k(n - z_k) + H_k(z_k) - G(z_k)}{n - z_k + z_k} \tag{10}$$
$$\geqq \operatorname{Min}\left(\frac{H_k(n - z_k)}{n - z_k}, \frac{H_k(z_k) - G(z_k)}{z_k}\right).$$

Weiter ist nach Definition von $k = k(n)$

$$z_{k-1} + \bar{z}_{k-1} < n \leqq z_k + \bar{z}_k,$$

also

$$z_{k-1} \leqq n - z_k \leqq \bar{z}_k,$$

daher

$$\lim_{n\to\infty} (n - z_k) = \infty.$$

Im letzten Teil der Ungleichung (10) sind daher beide Terme für $n \to \infty$ unendliche Folgen, in denen jedes der Argumente z_k bzw. $n - z_k$ nur höchstens endlich oft auftreten kann. Daraus folgt analog zu den Umrechnungen in (6) und (7)

$$\underline{\lim_{n=1,2,\ldots}} \frac{(V+D)(n)}{n} \geqq \tag{11}$$
$$\geqq \operatorname{Min}\left(\underline{\lim_{x=1,2,\ldots}} \frac{A(x) + B(x)}{x}, \underline{\lim_{k=1,2,\ldots}} \frac{A(z_k - 1) + B(z_k - 1) - G(z_k - 1)}{z_k - 1}\right)$$
$$\geqq \underline{\lim_{x=1,2,\ldots}} \frac{A(x) + B(x) - G(x)}{x},$$

also (1). Entsprechend ist

$$\overline{\lim_{n=1,2,\ldots}} \frac{(V+D)(n)}{n} \geqq \overline{\lim_{x \notin [j_{\varkappa\nu}, \bar{j}_{\varkappa\nu}-1]}} \frac{A(x)+B(x)-G(x)}{x}, \quad (12)$$

woraus genau wie im ersten Fall die Behauptung (3) folgt. Hinsichtlich der ferner behaupteten Relativnulleneigenschaft siehe 12.3., Satz 13. Existenz und Rationalität der natürlichen Dichten folgt dann leicht aus 2. (1), demzufolge sich ihre Werte als Quotienten aus der Anzahl der vertretenen Restklassen und dem Modul ergeben.

Unter der Voraussetzung des zweiten Falles im letzten Beweis läßt sich jedoch noch mehr beweisen:

Satz 4. *Ist die zu* $(\mathfrak{A}, \mathfrak{B})$ *gehörige Folge* $(\mathfrak{G}_1, \mathfrak{H}_1), (\mathfrak{G}_2, \mathfrak{H}_2), \ldots$ *unendlich — und dies ist ja gleichbedeutend damit, daß die Längen der M-Intervalle gegen Unendlich streben — so gilt* $\delta_*(\mathfrak{G}) = 0$, *d. h. es treffen bereits die schärferen Abschätzungen der Sätze 3 und 4 zu*:

$$\delta^*(\mathfrak{A}+\mathfrak{B}) \geqq \delta^*(\mathfrak{B}+\mathfrak{D}) \geqq \delta^*(\mathfrak{A}, \mathfrak{B}),$$

$$\bar{\delta}^*(\mathfrak{A}+\mathfrak{B}) \geqq \bar{\delta}^*(\mathfrak{B}+\mathfrak{D}) \geqq \tau^*(\mathfrak{A}, \mathfrak{B});$$

und — trivialerweise — trifft dies auch zu, wenn $\mathfrak{G}$ *endlich ist.*

Beweis: Da die Längen der M-Intervalle monoton anwachsen und der Voraussetzung zufolge beliebig groß werden, so heißt das, wenn man $\mathfrak{G} = \{g_0, g_1, g_2, \ldots\}$ setzt,

$$\lim_{\nu \to \infty} (g_\nu - g_{\nu-1}) = \infty;$$

da aber bereits jede Menge mit dieser Eigenschaft, wie leicht zu sehen ist, die natürliche Dichte Null besitzt, ist bereits alles bewiesen. — Ein anderer Beweis ist dem Zusatz zu Satz 6 weiter unten zu entnehmen.

Aus den allgemeinen Abschätzungen der Sätze 3 und 4 lassen sich nach Ostmann [2], [5] noch einige speziellere herleiten, die für Anwendungen zumeist handlicher sind. Mit der im Anschluß an 9. (26) eingeführten Größe $m_\nu \geqq \bar{g}_{\nu 1} - g_{\nu 1} + 1 \geqq j + \nu \geqq j + 1$ ($j = j_1$; siehe 9. (1)) besteht

Satz 5. *Ist* $\delta^*(\mathfrak{A}, \mathfrak{B}) \leqq 1$, *so gilt für jedes existierende* $\nu \geqq 1$[1]

$$\delta^*(\mathfrak{A}+\mathfrak{B}) \geqq \delta^*(\mathfrak{B}+\mathfrak{D}) \geqq \frac{m_\nu - 1}{m_\nu} \delta^*(\mathfrak{A}, \mathfrak{B}) \geqq$$

$$\geqq \frac{\bar{g}_{\nu 1} - g_{\nu 1}}{\bar{g}_{\nu 1} - g_{\nu 1} + 1} \delta^*(\mathfrak{A}, \mathfrak{B}) \geqq \frac{j+\nu-1}{j+\nu} \delta^*(\mathfrak{A}, \mathfrak{B}) \geqq \frac{j}{j+1} \delta^*(\mathfrak{A}, \mathfrak{B}),$$

[1] In diesem Satz ist nur der Fall von Interesse, daß die zu $(\mathfrak{A}, \mathfrak{B})$ gehörige Folge $(\mathfrak{G}_1, \mathfrak{H}_1), (\mathfrak{G}_2, \mathfrak{H}_2), \ldots$ endlich, jedoch $\mathfrak{G}$ unendlich ist; in diesem Fall

und hinter $\delta^*(\mathfrak{B}+\mathfrak{D})$ *steht hierin notwendig die Größerrelation* (M. KNESER), *wenn* $\delta^*(\mathfrak{A}, \mathfrak{B})$ *irrational ist.*

Ist $\tau^*(\mathfrak{A}, \mathfrak{B}) \leqq 1$, *so gilt entsprechend*

$$\bar{\delta}^*(\mathfrak{A}+\mathfrak{B}) \geqq \bar{\delta}^*(\mathfrak{B}+\mathfrak{D}) \geqq \frac{m_\nu - 1}{m_\nu}\tau^*(\mathfrak{A}, \mathfrak{B}) \geqq$$

$$\geqq \frac{\bar{g}_{\nu 1} - g_{\nu 1}}{\bar{g}_{i1} - g_{\nu 1} + 1}\tau^*(\mathfrak{A}, \mathfrak{B}) \geqq \frac{j+\nu-1}{j+\nu}\tau^*(\mathfrak{A}, \mathfrak{B}) \geqq \frac{j}{j+1}\tau^*(\mathfrak{A}, \mathfrak{B}).$$

Ein Teilergebnis dieses Satzes geht in dem Spezialfall $\mathfrak{A} = \mathfrak{B}$, $\{0, 1\} \subseteqq \mathfrak{A}$, bereits auf ERDÖS [13] zurück.

Beweis: Ist die Folge $(\mathfrak{G}_1, \mathfrak{H}_1), (\mathfrak{G}_2, \mathfrak{H}_2), \ldots$ unendlich, so ist die Behauptung auf Grund von Satz 4 trivial. Sei die Folge also als endlich angenommen: $(\mathfrak{G}_1, \mathfrak{H}_1), (\mathfrak{G}_2, \mathfrak{H}_2), \ldots, (\mathfrak{G}_k, \mathfrak{H}_k)$. Nach Satz 4 kann ferner $\mathfrak{G}$ und somit auch $\mathfrak{G}_k$ als unendlich angenommen werden. Dann kommen für ν nur genau die Werte $1, 2, \ldots, k$ in Frage, und so genügt es, Satz 5 für $\nu = k$ zu beweisen. Aus 9. (27) f folgt mit $\nu = k$

$$G_k(z_k - 1, n) \leqq \frac{A(z_k - 1, n) + B(z_k - 1, n)}{m_k} + 1, \quad n \geqq z_k,$$

mithin

$$A(z_k - 1, n) + B(z_k - 1, n) - G_k(z_k - 1, n) \geqq$$

$$\geqq \frac{m_k - 1}{m_k}\left(A(z_k - 1, n) + B(z_k - 1, n)\right) - 1;$$

hiermit ergeben sich aber wegen

$$\overline{\lim_{x=1,2,\ldots}} \quad (\textit{bzw.} \ \underline{\lim})\frac{A(x) + B(x) - G(x)}{x} =$$

$$= \lim_{\overline{n=1,2,\ldots}} \quad (\textit{bzw.} \ \overline{\lim})\frac{A(z_k - 1, n) + B(z_k - 1, n) - G_k(z_k - 1, n)}{n}$$

sofort die behaupteten Formeln des Satzes. Ist schließlich $\delta^*(\mathfrak{A}, \mathfrak{B})$ irrational, aber $\delta^*(\mathfrak{B}+\mathfrak{D})$ rational, so muß offenbar die Größerrelation stehen und nach Satz 2 liegt die Rationalität von $\delta^*(\mathfrak{B}+\mathfrak{D})$ sicher vor, wenn nicht sogar schon $\delta^*(\mathfrak{B}+\mathfrak{D}) \geqq \delta^*(\mathfrak{A}, \mathfrak{B})$ zutrifft.

Aus Satz 5 läßt sich noch leicht ein weiteres Kriterium dafür gewinnen, daß bereits die schärfere Abschätzung $\delta^*(\mathfrak{A}+\mathfrak{B}) \geqq \delta^*(\mathfrak{A}, \mathfrak{B})$ gilt. Man schreibe noch $j = j(\mathfrak{A}, \mathfrak{B})$.

---

läßt sich m_ν noch vorteilhafter definieren als im Anschluß an 9. (26), nämlich durch

$$m_\nu = \underline{\lim}_{\lambda=1,2,\ldots} \{A(g_{\nu\lambda} - 1, g_{\nu,\lambda+1} - 1) + B(g_{\nu\lambda} - 1, g_{\nu\lambda+1} - 1)\} \quad (\leq \infty);$$

und dabei kann in $g_{\nu 1}, g_{\nu 2}, \ldots, g_{\nu\lambda}, \ldots$ noch eine Teilfolge der Dichte Null fortgelassen werden. Im oben folgenden Beweis hat dann lediglich $G_k(z_k - 1, n)$ die Elemente der verbliebenen Teilmenge zu zählen.

Satz 6. *Sind* $a \in \mathfrak{A}$, $b \in \mathfrak{B}$ *beliebig*, $\delta^*(\mathfrak{A}, \mathfrak{B}) \leqq 1$ *bzw.* $\tau^*(\mathfrak{A}, \mathfrak{B}) \leqq 1$, *und ist*

$$\mathfrak{A}_1 =_{\mathrm{Df}} \mathfrak{A} \wedge [a, \infty), \ \mathfrak{B}_1 =_{\mathrm{Df}} \mathfrak{B} \wedge [b, \infty),$$

so gilt

$$\delta^*(\mathfrak{A} + \mathfrak{B}) \geqq \frac{j(\mathfrak{A}_1, \mathfrak{B}_1)}{j(\mathfrak{A}_1, \mathfrak{B}_1) + 1}\, \delta^*(\mathfrak{A}, \mathfrak{B})$$

bzw.

$$\bar{\delta}^*(\mathfrak{A} + \mathfrak{B}) \geqq \frac{j(\mathfrak{A}_1, \mathfrak{B}_1)}{j(\mathfrak{A}_1, \mathfrak{B}_1) + 1}\, \tau^*(\mathfrak{A}, \mathfrak{B}).$$

Lassen sich insbesondere unendlich viele $a^{(\nu)} \in \mathfrak{A}$, $b^{(\nu)} \in \mathfrak{B}$ *so finden, daß*

$$j(\mathfrak{A}_\nu, \mathfrak{B}_\nu) \xrightarrow[(\nu \to \infty)]{} \infty \quad (\mathfrak{A}_\nu = \mathfrak{A} \wedge [a^{(\nu)}, \infty), \mathfrak{B}_\nu = \mathfrak{B} \wedge [b^{(\nu)}, \infty)),$$

so ist

$$\delta^*(\mathfrak{A} + \mathfrak{B}) \geqq \delta^*(\mathfrak{A}, \mathfrak{B}),$$

bzw.

$$\bar{\delta}^*(\mathfrak{A} + \mathfrak{B}) \geqq \tau^*(\mathfrak{A}, \mathfrak{B}).$$

Zusatz. Die durch die zu $(\mathfrak{A}, \mathfrak{B})$ gehörige Folge $(\mathfrak{G}_1, \mathfrak{H}_1), (\mathfrak{G}_2, \mathfrak{H}_2), \ldots$ definierten Paare $(z_1, z_1), (z_2, z_2), \ldots$ sind spezielle Zahlenpaare $(a^{(\nu)}, b^{(\nu)})$ im Sinne von Satz 6, und es ist

$$j(\mathfrak{A}_\nu, \mathfrak{B}_\nu) = \bar{g}_{\nu 1} - g_{\nu 1} = \bar{g}_{\nu 1} - z_\nu \quad (a^{(\nu)} = b^{(\nu)} = z_\nu).$$

Beweis: Aus Satz 5 in Verbindung mit 10.1., Satz 5 und Bemerkung 1 aus 8.1. ergibt sich Satz 6 unmittelbar. Hinsichtlich des Zusatzes bedenke man, daß $z_\nu = g_{\nu 1}$ Anfangselement eines M-Intervalls ist, so daß 9. (7) anwendbar ist. Man erhält

$$0 < D(z_\nu - 1, z_\nu + x) - \bar{V}(z_\nu - 1, z_\nu + x) =$$
$$= D(z_\nu - 1, z_\nu + x) - \big(x + 1 - V(z_\nu - 1, z_\nu + x)\big) \; (0 \leqq x < \bar{g}_{\nu 1}),$$

also

$$D(z_\nu - 1, z_\nu + x) + V(z_\nu - 1, z_\nu + x) - x - 2 =$$
$$= A(z_\nu - 1, z_\nu + x) + B(z_\nu - 1, z_\nu + x) - x - 2 = J(x; \mathfrak{A}_\nu, \mathfrak{B}_\nu) \geqq 0$$

nebst $J(\bar{g}_{\nu 1}; \mathfrak{A}_\nu, \mathfrak{B}_\nu) = -1$, mithin $j(\mathfrak{A}_\nu, \mathfrak{B}_\nu) = \bar{g}_{\nu 1} - z_\nu = \bar{g}_{\nu 1} - g_{\nu 1}$.

Satz 7. *Sind in* $\mathfrak{V} = \mathfrak{A} \vee \mathfrak{B}$ *Ketten beliebiger Länge enthalten, so gilt, wenn* $\delta^*(\mathfrak{A}, \mathfrak{B}) \leqq 1$ *bzw.* $\tau^*(\mathfrak{A}, \mathfrak{B}) \leqq 1$ *ist,*

$$\delta^*(\mathfrak{A} + \mathfrak{B}) \geqq \delta^*(\mathfrak{V} + \mathfrak{D}) \geqq \delta^*(\mathfrak{A}, \mathfrak{B})$$

bzw.

$$\bar{\delta}^*(\mathfrak{A} + \mathfrak{B}) \geqq \bar{\delta}^*(\mathfrak{V} + \mathfrak{D}) \geqq \tau^*(\mathfrak{A}, \mathfrak{B});$$

hingegen gilt

$$\delta^*(\mathfrak{A}+\mathfrak{B}) \geqq \delta^*(\mathfrak{B}+\mathfrak{D}) \geqq \frac{k}{k+1}\delta^*(\mathfrak{A},\mathfrak{B}) \geqq \frac{k}{k+1}\big(\delta^*(\mathfrak{A})+\delta^*(\mathfrak{B})\big)$$

bzw. (13)

$$\bar{\delta}^*(\mathfrak{A}+\mathfrak{B}) \geqq \bar{\delta}^*(\mathfrak{B}+\mathfrak{D}) \geqq \frac{k}{k+1}\tau^*(\mathfrak{A},\mathfrak{B}),$$

wenn in $\mathfrak{B}$ *eine (mindestens) k-gliedrige Kette enthalten ist* (OSTMANN). *Und* (13) *trifft hinsichtlich der (unteren) asymptotischen Dichten sogar noch zu* (M. KNESER [1]), *wenn in* $\mathfrak{B}+\mathfrak{D}$ *eine k-gliedrige Kette vorhanden ist.*

Beweis: Sei etwa die Kette $\{v, v+1, v+2, \ldots, v+k-1\}$ *in* $\mathfrak{B}$. Setzt man $\mathfrak{B}_1 = \mathfrak{B} \wedge [v, \infty)$, so ist, wie leicht zu sehen, $j(\mathfrak{B}_1, \mathfrak{D}) \geqq k$, so daß Satz 5 unmittelbar die behaupteten Formeln ergibt. Hinsichtlich der letzten Behauptung siehe den Beweis von Satz 17.

In dem Spezialfall, daß die Kette bereits in einer der beiden Mengen $\mathfrak{A}$, $\mathfrak{B}$ enthalten ist, läßt sich jedoch noch mehr beweisen (OSTMANN [6]):

Satz 8. *Enthält* $\mathfrak{B}$ *eine (mindestens) k-gliedrige Kette,* $k > 0$, *und ist* $\delta^*(\mathfrak{A},\mathfrak{B}) \leqq 1$ *bzw.* $\tau^*(\mathfrak{A},\mathfrak{B}) \leqq 1$, *so gilt*

$$\delta^*(\mathfrak{A}+\mathfrak{B}) \geqq \underline{\lim}_{x=1,2,\ldots} \frac{A(x)+\frac{k-1}{k}B(x)}{x} \geqq \delta^*(\mathfrak{A}) + \frac{k-1}{k}\delta^*(\mathfrak{B}) \qquad (14)$$

bzw.

$$\bar{\delta}^*(\mathfrak{A}+\mathfrak{B}) \geqq \begin{cases} \overline{\lim}_{\varkappa=1,2,\ldots} \dfrac{A(j_\varkappa)+\frac{k-1}{k}B(j_\varkappa)}{j_\varkappa} & (\mathfrak{W}\ \textit{unendlich}),\\[2ex] \overline{\lim}_{x=1,2,\ldots} \dfrac{A(x)+\frac{k-1}{k}B(x)}{x} = 1-\dfrac{1}{k}\delta^*(\mathfrak{B}) & (\mathfrak{W}\ \textit{endlich}).\end{cases}$$

Beweis: Da der Satz für $k=1$ trivial ist, sei $k \geqq 2$ vorausgesetzt. Läßt man die vor der Kette gelegenen Elemente von $\mathfrak{B}$ fort und wendet auf die verbleibende Menge die triviale Zerlegung 1.1. (5) an, so erkennt man, daß ohne Einschränkung von vornherein $\{0, 1, 2, \ldots, k-1\} \subseteq \mathfrak{B}$ angenommen werden kann. Nach Satz 6 gilt nun $\delta^*(\mathfrak{A}+\mathfrak{B}) \geqq \delta^*(\mathfrak{A},\mathfrak{B})$ gewiß bereits dann, wenn sich unendlich viele $a^{(\nu)} \in \mathfrak{A}$ finden lassen, so daß

$$j(\mathfrak{A}_\nu, \mathfrak{B}) \underset{\nu}{\to} \infty \quad \big(\mathfrak{A}_\nu = \mathfrak{A} \wedge [a^{(\nu)}, \infty)\big)$$

strebt. Es sei daher ferner vorausgesetzt, daß es ein $a \in \mathfrak{A}$ gibt, so daß für jedes beliebige $a' \in \mathfrak{A}$

$$j\big(\mathfrak{A} \wedge [a, \infty), \mathfrak{B}\big) \geqq j\big(\mathfrak{A} \wedge [a', \infty), \mathfrak{B}\big) \qquad (15)$$

gilt. Wiederum auf Grund der trivialen Zerlegungsmöglichkeit 1.1. (5) kann ohne Einschränkung $a=0$ angenommen werden. Der weitere

Beweis werde etwa für die asymptotische Dichte durchgeführt; für die obere asymptotische Dichte verläuft er unter Heranziehung von Satz 3 entsprechend.

Nach Satz 2 gilt in jedem Fall

$$\delta^*(\mathfrak{A}+\mathfrak{B}) \geqq \underline{\lim}_{x=1,2,\ldots} \frac{A(x)+B(x)-G(x)}{x};$$

es genügt daher offenbar,

$$B(n) \geqq k\,G(n)$$

für alle $n \geqq 1$ zu beweisen. Man nehme jetzt im Gegensatz hierzu an, es gäbe ein $m > 0$ mit

$$k\,G(m) > B(m). \tag{16}$$

Nach 9. (4) ist $\mathfrak{G} \subseteqq \mathfrak{A} \cap \mathfrak{B}$, also erst recht $\mathfrak{G} \subseteqq \mathfrak{B}$. Nun betrachte man die Gesamtheit aller in $[0, m]$ ganz oder teilweise gelegenen M-Intervalle und beachte, daß in (16) das mit Null beginnende M-Intervall $[j_{0,1} = 0, \bar{j}_{0,1}]$ bei $G(m)$ nicht mitgezählt wird. Da ferner offenbar die Kette $\{0, 1, \ldots, k-1\}$ noch ganz in $[j_{0,1}, \bar{j}_{0,1}]$ enthalten, also

$$B(\bar{j}_{1,0}) \geqq k-1 \tag{17}$$

ist, muß zunächst wegen $G(\bar{j}_{0,1}) = 0$ sicher $m > \bar{j}_{0,1}$ sein. Ferner folgt aus (16) unmittelbar, daß nicht in sämtlichen in $[\bar{j}_{0,1}+1, m]$ ganz oder teilweise gelegenen M-Intervallen jeweils mindestens k Elemente von $\mathfrak{B}$ enthalten sind, und nach (17) müssen sogar in mindestens zwei M-Intervallen weniger als k Elemente enthalten sein, da ja mindestens ein Element von $\mathfrak{B}$, nämlich das Anfangselement eines M-Intervalls stets zu $\mathfrak{B}$ gehört. Offenbar kann aber höchstens das letzte M-Intervall nicht mehr vollständig in $[0, m]$ enthalten sein; es gibt somit wenigstens ein ganz in $[1, m]$ gelegenes M-Intervall $[g_{\nu\lambda}, \bar{g}_{\nu\lambda}]$ mit der Eigenschaft

$$B(g_{\nu\lambda}-1, \bar{g}_{\nu\lambda}) \leqq k-1 \quad (0 < g_{\nu\lambda} < \bar{g}_{\nu\lambda} < m).$$

Hieraus und aus (17) folgt, da die Kette $\{0, 1, \ldots, k-1\}$ gleich am Anfang von $[0, \bar{j}_{0,1}]$ liegt,

$$B(-1, n)\begin{cases} \geqq B(g_{\nu\lambda}-1, g_{\nu\lambda}+n), & 0 \leqq n \leqq \bar{g}_{\nu\lambda}-g_{\nu\lambda}-1, \\ > B(g_{\nu\lambda}-1, \bar{g}_{\nu\lambda}), & n = \bar{g}_{\nu\lambda}-g_{\nu\lambda}. \end{cases} \tag{18}$$

Auf $[g_{\nu\lambda}, \bar{g}_{\nu\lambda}]$ ist als M-Intervall 9. (7) anwendbar; das liefert

$$A(g_{\nu\lambda}-1, g_{\nu\lambda}+n) + B(g_{\nu\lambda}-1, g_{\nu\lambda}+n) - n - 1 =$$

$$= D(g_{\nu\lambda}-1, g_{\nu\lambda}+n) - \bar{V}(g_{\nu\lambda}-1, g_{\nu\lambda}+n)$$

$$\begin{cases} > 0, & 0 \leqq n \leqq \bar{g}_{\nu\lambda}-g_{\nu\lambda}-1, \\ = 0, & n = \bar{g}_{\nu\lambda}-g_{\nu\lambda}. \end{cases}$$

Hieraus folgt nun nach Definition von $J(x)$ (siehe 7.1. (2)) und unter Beachtung von (18)

$$J(n;\mathfrak{A}\cap[g_{\nu\lambda},\infty),\mathfrak{B}) = A(g_{\nu\lambda}-1, g_{\nu\lambda}+n) + B(-1,n) - n - 2$$

$$\begin{cases} \geqq A(g_{\nu\lambda}-1, g_{\nu\lambda}+n) + B(g_{\nu\lambda}-1, g_{\nu\lambda}+n) - n - 2 \geqq 0 \\ \qquad\qquad (0 \leqq n \leqq \bar{g}_{\nu\lambda} - g_{\nu\lambda} - 1), \\ > A(g_{\nu\lambda}-1, g_{\nu\lambda}+n) + B(g_{\nu\lambda}-1, g_{\nu\lambda}+n) - n - 2 = -1 \\ \qquad\qquad (n = \bar{g}_{\nu\lambda} - g_{\nu\lambda}), \end{cases}$$

also

$$J(n;\mathfrak{A}\cap[g_{\nu\lambda},\infty),\mathfrak{B}) \geqq 0 \text{ für alle } n \in [0, \bar{g}_{\nu\lambda} - g_{\nu\lambda}],$$

mithin

$$j(\mathfrak{A}\cap[g_{\nu\lambda},\infty),\mathfrak{B}) > \bar{g}_{\nu\lambda} - g_{\nu\lambda} \geqq \bar{g}_{1,1} - g_{1,1} = j(\mathfrak{A},\mathfrak{B}) = j\ (= j_1),$$

was der Voraussetzung (15) über $\mathfrak{A}$ widerspricht. Die Annahme (16) ist somit falsch.

In dem Fall, daß die spezielle zweigliedrige Kette $\{0, 1\}$ in $\mathfrak{B}$ enthalten ist, hatte Erdös [18] unter der zusätzlichen Voraussetzung $\delta^*(\mathfrak{B}) \leqq \delta^*(\mathfrak{A})$ Satz 8 bereits in der schwächeren Form

$$\delta^*(\mathfrak{A}+\mathfrak{B}) \geqq \delta^*(\mathfrak{A}) + \frac{1}{2}\delta^*(\mathfrak{B})$$

nachgewiesen.

Bezüglich des Verhältnisses der Abschätzungen (13) und (14) zueinander bestätigt man leicht:

Satz 9.

$$\delta^*(\mathfrak{A}) \leqq \frac{1}{k}\delta^*(\mathfrak{B}) \curvearrowright \frac{k}{k+1}(\delta^*(\mathfrak{A}) + \delta^*(\mathfrak{B})) \geqq \delta^*(\mathfrak{A}) + \frac{k-1}{k}\delta^*(\mathfrak{B}).$$

Die Frage nach dem Wert von $\delta^*(\mathfrak{G}_\nu, \mathfrak{H}_\nu)$ ist nur sinnvoll, wenn die zu $(\mathfrak{A}, \mathfrak{B})$ gehörige Folge $(\mathfrak{G}_1, \mathfrak{H}_1), (\mathfrak{G}_2, \mathfrak{H}_2), \ldots$ endlich ist, und auch dann nur für das letzte Paar — etwa $(\mathfrak{G}_k, \mathfrak{H}_k)$. In allen anderen Fällen sind ja sowohl $\mathfrak{G}_\nu$ als auch $\mathfrak{H}_\nu$ lediglich endliche Mengen. In Analogie zu 11.1., Satz 2 gilt

Satz 10. *Gehört zu $(\mathfrak{A}, \mathfrak{B})$ die Folge $(\mathfrak{G}_1, \mathfrak{H}_1), (\mathfrak{G}_2, \mathfrak{H}_2), \ldots, (\mathfrak{G}_k, \mathfrak{H}_k)$, $k \geqq 1$, so ist, falls kein unendlich langes M-Intervall vorliegt,*

$$\delta^*(\mathfrak{G}_k, \mathfrak{H}_k) = \delta^*(\mathfrak{A}, \mathfrak{B}), \quad \bar{\delta}^*(\mathfrak{G}_k, \mathfrak{H}_k) = \tau^*(\mathfrak{A}, \mathfrak{B}).$$

Beweis: Aus 9. (21) und 9. (22) folgt

$$\frac{H_k(n) + G_k(n)}{n} = \frac{n - W(n) - G_k(n) + G_k(n)}{n} + o(1) = \frac{n - W(n)}{n} + o(1) \quad (n \to \infty). \quad (19)$$

Ist $\mathfrak{W} = \{j_0, j_1, j_2, \ldots\}$ unendlich, so erhält man vermittels 10.1. (2_1)

$$\bar{\delta}^*(\mathfrak{G}_k, \mathfrak{H}_k) = \overline{\lim_{x=1,2,\ldots}}\ \frac{x - W(x)}{x} = \tau^*(\mathfrak{A}, \mathfrak{B}).$$

Ist $\mathfrak{W}$ endlich, so folgt aus (19) sofort

$$\delta^*(\mathfrak{G}_k, \mathfrak{H}_k) = \bar{\delta}^*(\mathfrak{G}_k, \mathfrak{H}_k) = \delta_*(\mathfrak{G}_k, \mathfrak{H}_k) = 1,$$

und nach dem letzten Teil von 10.1., Satz 1 trifft dies für $(\mathfrak{A}, \mathfrak{B})$ ebenfalls zu. Die Behauptung bezüglich δ^* ergibt sich genau so.

Zusatz. *Existiert ein unendlich langes M-Intervall, so gilt*

$$\delta_*(\mathfrak{G}_k, \mathfrak{H}_k) = \delta_*(\mathfrak{H}_k) = 1 = \delta_*(\mathfrak{B} + \mathfrak{D}) = \delta_*(\mathfrak{A} + \mathfrak{B}).$$

Der Beweis ergibt sich unmittelbar aus Satz 1 und seinem Zusatz.

12.2. Im folgenden soll untersucht werden, inwieweit sich die bisherigen Resultate auf die asymptotischen $\varphi(x)$-Dichten verallgemeinern lassen.

Ist $\varphi(x)$ zunächst noch beliebig, so gilt für jede Menge $\mathfrak{M}$ offensichtlich

$$\varphi(x) \sim \varrho\, x \curvearrowright \delta^*(\mathfrak{M}; \varphi(x)) = \frac{1}{\varrho}\, \delta^*(\mathfrak{M}; x) \qquad (\varrho > 0).$$

$$\wedge\ \bar{\delta}^*(\mathfrak{M}; \varphi(x)) = \frac{1}{\varrho}\, \bar{\delta}^*(\mathfrak{M}; x)$$

Daher gelten die Abschätzungsformeln in 12.1. ohne weiteres für alle derartigen $\varphi(x)$-Dichten. Der Bereich der Funktionen $\varphi(x)$, die dasselbe leisten, läßt sich jedoch analog zu 11.1. erweitern. Es sei daher über $\varphi(x)$ wiederum 11.1. (2) vorausgesetzt. Die Ursache für die Übertragbarkeit der meisten Resultate aus 12.1. beruht darauf, daß diese Abschätzungen im wesentlichen aus den in 9. (28), (29) gewonnenen Abschätzungen für die Anzahlfunktion $(A + B)(n)$ hergeleitet wurden. In welchem Umfang die Ergebnisse aus 12.1. auch für die asymptotischen $\varphi(x)$-Dichten zutreffen, ist dem folgenden zusammenfassenden Satz 11 zu entnehmen. Um nicht unnötig komplizierte Verhältnisse zu haben, wird im Fall endlicher asymptotischer $\varphi(x)$-Dichte noch zumeist $\delta^*(\mathfrak{A}, \mathfrak{B}; \varphi(x)) < 1$ vorausgesetzt (siehe hierzu 10.2.). Ist z. B. $\varphi(x) = o(x)$ (nach obigem ist dies offenbar der einzig interessante unter den verbliebenen Fällen), ist weiter $\varphi(x)$ konvex, so läßt sich durch Wahl eines geeigneten $\varrho > 0$ und durch Abänderung von $\varrho\,\varphi(x)$ in einem geeigneten Anfangsintervall $\langle 0, x_0 \rangle$ diese Voraussetzung unter Erhalt von 11.1. (2) erreichen, wie leicht zu sehen ist.

Satz 11. *$\varphi(x)$ erfülle* 11.1. (2). *$\psi(x)$ sei für $x \to \infty$ asymptotisch gleich $\varphi(x)$.*

1. Der Zusatz zu Satz 1 bleibt erhalten: Sind $\mathfrak{W}$ und $\mathfrak{G}$ zugleich endlich, so gilt (wegen $\mathfrak{A} + \mathfrak{B} \sim \mathfrak{B} + \mathfrak{D} \sim \mathfrak{Z}$)

$$\delta^*(\mathfrak{A} + \mathfrak{B}; \psi(x)) = \delta^*(\mathfrak{B} + \mathfrak{D}; \psi(x)) = \delta^*(\mathfrak{Z}; \psi(x)).$$

2. Satz 10 gilt in der Gestalt

$$\delta^*\left(\mathfrak{G}_k, \mathfrak{H}_k; \psi(x)\right) = \delta^*\left(\mathfrak{A}, \mathfrak{B}; \psi(x)\right) \left(\delta^*\left(\mathfrak{A}, \mathfrak{B}; \psi(x)\right) < 1 \text{ bzw.} = \infty\right);$$

$$\bar{\delta}^*\left(\mathfrak{G}_k, \mathfrak{H}_k; \psi(x)\right) \geqq \tau^*\left(\mathfrak{A}, \mathfrak{B}; \psi(x)\right);$$

ist ferner $\mathfrak{W}$ *endlich und* $\tau^*(\mathfrak{A}, \mathfrak{B}; \psi(x)) \leqq \bar{\delta}^*(\mathfrak{Z}; \psi(x))$, *so gilt*

$$\tau^*\left(\mathfrak{A}, \mathfrak{B}; \psi(x)\right) = \bar{\delta}^*\left(\mathfrak{Z}; \psi(x)\right) = \overline{\lim_{x=1,2,\ldots}} \frac{x - W(x)}{\psi(x)}.$$

Im folgenden seien nicht $\mathfrak{W}$ *und* $\mathfrak{G}$ *zugleich endlich*[1]. *Dann gilt weiter:*

3. Von Satz 2 bleiben die Formeln (1) *und* (2) *auch für alle* $\psi(x)$-*Dichten erhalten, wenn* $\delta^*(\mathfrak{A}, \mathfrak{B}; \psi(x)) < 1$ *ist.*

4. An Stelle von (3) *in Satz 3 gilt allgemein*

$$\bar{\delta}^*\left(\mathfrak{A} + \mathfrak{B}); \psi(x)\right) \geqq \bar{\delta}^*\left(\mathfrak{B} + \mathfrak{D}; \psi(x)\right)$$

$$\geqq \overline{\lim_{x \notin [i_{\varkappa\lambda}, \bar{i}_{\varkappa\lambda} - 1]}} \frac{A(x) + B(x) - G(x)}{\psi(x)},$$

und dies ist

$$\geqq \tau^*\left(\mathfrak{A}, \mathfrak{B}; \psi(x)\right) - \bar{\delta}^*\left(\mathfrak{G}; \psi(x)\right), \text{ wenn } \mathfrak{W} \text{ unendlich ist.}$$

Ist $\mathfrak{W}$ *unendlich und die zu* $(\mathfrak{A}, \mathfrak{B})$ *gehörige Folge* $(\mathfrak{G}_1, \mathfrak{H}_1), (\mathfrak{G}_2, \mathfrak{H}_2), \ldots$ *endlich, so darf rechter Hand x alle natürlichen Zahlen durchlaufen.* (4) *bleibt erhalten, wenn* $\tau^*(\mathfrak{A}, \mathfrak{B}; \psi(x)) \leqq \bar{\delta}^*(\mathfrak{Z}; \psi(x))$ *ist.*

5. Hinsichtlich der Abschätzungen für die obere asymptotische Dichte sei in bezug auf die Übertragung der Sätze 4 und 5 noch $\tau^*(\mathfrak{A}, \mathfrak{B}; \psi(x)) \leqq \bar{\delta}^*(\mathfrak{Z}; \psi(x))$ *vorausgesetzt, bezüglich der asymptotischen Dichte sei wieder* $\delta^*(\mathfrak{A}, \mathfrak{B}; \psi(x)) < 1$ *angenommen. Dann bleiben von Satz 4 unter den gleichen Voraussetzungen wie dort die Abschätzungsformeln erhalten, obwohl jetzt nicht mehr* $\delta^*(\mathfrak{G}; \psi(x)) = 0$ *zu gelten braucht. Die Abschätzungsformeln für die beiden asymptotischen Dichten in Satz 5 bleiben ebenfalls gültig, jedoch auch bei irrationalem* $\delta^*(\mathfrak{A}, \mathfrak{B}; \psi(x))$ *im allgemeinen nur mit dem „$\geqq$"-Zeichen (jedes Beispiel nämlich, in dem bezüglich der x-Dichten das Gleichheitszeichen steht (siehe 13.1.), demonstriert für irrationales* $\varrho > 0$ *in den* ϱ *x-Dichten diese Möglichkeit; offen bleibt die Frage für rationalwertige Funktionen* $\varphi(x)$ *bzw. mit diesen asymptotisch gleiche).*

6. Satz 6 gilt in gleicher Form.

7. Für k-gliedrige Ketten in $\mathfrak{B}$ *gilt Satz 7 jetzt ebenfalls.*

8. Ohne Einschränkung übertragen sich schließlich auch die Sätze 8 und 9.

---

[1] Diese Voraussetzung tritt an Stelle von $\delta^*(\mathfrak{A}, \mathfrak{B}) \leq 1$.

Beweis: Da die Sätze 6 und 7 Anwendungen von Satz 5 sind, ferner Satz 8 vermittels der Sätze 2 und 6 erhalten wird, ist noch die Übertragung der Sätze 2, 3, 4, 5 und 10 zu gewährleisten, denn Satz 9 bleibt evident. Dem Zusatz zu Satz 6 entnimmt man sofort vermittels Satz 6 die behauptete Gültigkeit von Satz 4, da mit $z_\nu \to \infty$ auch $j(\mathfrak{A}_\nu, \mathfrak{B}_\nu) \to \infty$ strebt. Hinsichtlich Satz 10 tritt jetzt an Stelle von (19)

$$\frac{H_k(x) + G_k(x)}{\varphi(x)} = \frac{x - W(x)}{\varphi(x)} + o(1) \quad (x \to \infty), \tag{20}$$

mithin, wenn $\mathfrak{W}$ unendlich ist,

$$\overline{\delta}^*\big(\mathfrak{G}_k, \mathfrak{H}_k; \varphi(x)\big) = \overline{\lim_{x=1,2,\ldots}} \frac{x - W(x)}{\varphi(x)} \geqq \overline{\lim_{\varkappa=1,2,\ldots}} \frac{j_\varkappa - W(j_\varkappa)}{\varphi(j_\varkappa)}$$
$$= \tau^*(\mathfrak{A}, \mathfrak{B}; \varphi(x)).$$

Ist hingegen $\mathfrak{W}$ endlich, so ist nach (20) offensichtlich $\overline{\delta}^*(\mathfrak{G}_k, \mathfrak{H}_k; \varphi(x)) = \overline{\delta}^*(\mathfrak{Z}; \varphi(x))$. Ist $\overline{\delta}^*(\mathfrak{Z}; \varphi(x)) = \infty$, so ergibt sich aus $x - W(x) \leqq A(x) + B(x)$ (siehe 9. (24)), daß jetzt auch $\overline{\delta}^*(\mathfrak{A}, \mathfrak{B}; \varphi(x)) = \infty$ ist. Sei $\overline{\delta}^*(\mathfrak{Z}; \varphi(x)) < \infty$; aus 9. (24) folgt, daß $x - W(x) = A(x) + B(x)$ für alle $x \notin [j_{\varkappa\lambda}, \bar{j}_{\varkappa\lambda} - 1]$ gilt; unter der Voraussetzung von Satz 10 sind die Längen dieser Intervalle gleichmäßig beschränkt, etwa $\bar{j}_{\varkappa\lambda} - j_{\varkappa\lambda} \leqq M$. Für jedes μ, $0 \leqq \mu \leqq M$, gilt aber

$$\left|\frac{A(x+\mu) + B(x+\mu)}{\varphi(x+\mu)} - \frac{A(x) + B(x)}{\varphi(x)}\right|$$
$$= \left|\frac{(A(x) + B(x) + O(1))\,\varphi(x) - (A(x) + B(x))\,\varphi(x+\mu)}{\varphi(x)\,\varphi(x+\mu)}\right|$$
$$\leqq \frac{A(x) + B(x)}{\varphi(x)} \; \frac{\varphi(x) - \varphi(x+\mu)}{\varphi(x+\mu)} + \frac{O(1)}{\varphi(x+\mu)}$$
$$\leqq \frac{A(x) + B(x)}{\varphi(x)} \; \frac{\mu\,\varphi(1))}{\varphi(x+\mu)} + o(1),$$

letzteres als Folge der Dreiecksungleichung. Wegen $A(x) + B(x) \leqq 2x$ ist der Ausgangsausdruck für genügend große x also beliebig klein, woraus unmittelbar

$$\overline{\delta}^*(\mathfrak{Z}; \varphi(x)) = \overline{\lim_{x \notin [j_{\varkappa\lambda}, \bar{j}_{\varkappa\lambda} - 1]}} \frac{A(x) + B(x)}{\varphi(x)} = \overline{\lim_{x=1,2,\ldots}} \frac{A(x) + B(x)}{\varphi(x)} \tag{21}$$

folgt. Schließlich folgt aus (20) in Verbindung mit 10.2. (5) sofort

$$\delta^*\big(\mathfrak{A}, \mathfrak{B}; \varphi(x)\big) < 1 \frown \delta^*\big(\mathfrak{G}_k, \mathfrak{H}_k; \varphi(x)\big) =$$
$$= \underline{\lim}_{x \notin [j_{\varkappa\lambda}, \bar{j}_{\varkappa\lambda} - 1]} \frac{x - W(x)}{\varphi(x)} = \underline{\lim}_{x=1,2,\ldots} \frac{A(x) + B(x)}{\varphi(x)}.$$

Die Beweise bezüglich der Sätze 2 und 3 lassen sich wiederum auf (5) stützen. Analog zu (6) ergibt sich vermittels der Dreiecksungleichung im Fall 1

$$\frac{(V+D)(n)}{\varphi(n)} \geqq \frac{n - z_k - W(n-z_k) - G(n-z_k) - G(z_k)}{\varphi(n-z_k) + \varphi(z_k)}{}^{1},$$

und entsprechend (10) im Fall 2. Die Grenzübergänge (8) und (12) übertragen sich unmittelbar; (7) und (11) sind wegen $\bar{\delta}^* < 1$ nach 10.2. (5) übertragbar, da $z_k - 1 \notin [j_{\varkappa\lambda}, \bar{j}_{\varkappa\lambda} - 1]$ ist, also 9. (24) für $n = z_k - 1$ mit dem Gleichheitszeichen verwendbar ist. Damit ist für die (unteren) asymptotischen Dichten alles bewiesen. An Stelle (8) gewinnt man offenbar auch

$$\overline{\lim_{x=1,2,\ldots}} \frac{(V+D)(x)}{\varphi(x)} \geqq \overline{\lim_{x=1,2,\ldots}} \frac{x - W(x) - G(x)}{\varphi(x)}$$

$$\geqq \overline{\lim_{x\notin[j_{\varkappa\lambda}, \bar{j}_{\varkappa\lambda}-1]}} \frac{x - W(x) - G(x)}{\varphi(x)} = \overline{\lim_{x\notin[j_{\varkappa\lambda}, \bar{j}_{\varkappa\lambda}-1]}} \frac{A(x) + B(x) - G(x)}{\varphi(x)},$$

und, wie ein Vergleich mit (12) zeigt, gilt dies sowohl im Fall 1 wie im Fall 2, gleichgültig, ob $\mathfrak{W}$ endlich oder unendlich ist. Ist die zu $(\mathfrak{A}, \mathfrak{B})$ gehörige Folge $(\mathfrak{G}_1, \mathfrak{H}_1)$, $(\mathfrak{G}_2, \mathfrak{H}_2)$, ... endlich, so ergibt sich genau wie bei der Herleitung von (21)

$$\overline{\lim_{x\notin[j_{\varkappa\lambda}, \bar{j}_{\varkappa\lambda}-1]}} \frac{A(x) + B(x) - G(x)}{\varphi(x)} = \overline{\lim_{x=1,2,\ldots}} \frac{A(x) + B(x) - G(x)}{\varphi(x)}. \quad (22)$$

Die Übertragung von Satz 5 bereitet keine Schwierigkeiten, da der Beweis nur auf einer Abschätzung von $G(x)$ beruht. Es ist im Fall, daß $\mathfrak{W}$ endlich und die zu $(\mathfrak{A}, \mathfrak{B})$ gehörige Folge unendlich ist, lediglich $x - W(x) = A(x) + B(x)$ für die in Frage kommenden x zu beachten, nebst $\tau^* = \overline{\lim\limits_{x=1,2,\ldots}} \frac{x - W(x)}{\varphi(x)}$, da $\tau^* \leqq \bar{\delta}^*(\mathfrak{Z}; \varphi(x))$ vorausgesetzt war.

Zusatz. Dem Beweis entnimmt man sofort für den Fall $\tau^*(\mathfrak{A}, \mathfrak{B}; \varphi(x)) > \bar{\delta}^*(\mathfrak{Z}; \varphi(x))$, daß alle Aussagen ebenso wie im Fall $\tau^* \leqq \bar{\delta}^*(\mathfrak{Z}; \varphi(x))$ richtig bleiben, wenn

$$\overline{\lim_{x\notin[j_{\varkappa\lambda}, \bar{j}_{\varkappa\lambda}-1]}} \frac{A(x) + B(x)}{\varphi(x)} \quad \textit{oder} \quad \overline{\lim_{x=1,2,\ldots}} \frac{x - W(x)}{\varphi(x)}$$

an Stelle von τ^* gesetzt wird. Überhaupt erscheint die Größe

$$\overline{\lim_{x=1,2,\ldots}} \frac{x - W(x)}{\varphi(x)}$$

---

[1] Im Fall 1 genügt hier auch bereits $\varphi(n - z_k + 1 + z_k) \leq \varphi(n - z_k + 1) + z_k$, da z_k für den Grenzübergang $n \to \infty$ eine Konstante ist (vgl. auch 8.2., Satz 3).

am angemessensten. Bei Verwendung von $\underline{\lim}_{x=1,2,\ldots} \frac{x - W(x)}{\varphi(x)}$ an Stelle von $\delta^*(\mathfrak{A}, \mathfrak{B}; \varphi(x))$ wird, wie unmittelbar ersichtlich, die Voraussetzung $\delta^* < 1$ überflüssig.

12.3. Die asymptotische Dichte bei beliebiger Summandenzahl ist Gegenstand der folgenden Sätze.

Die Betrachtungen der $\varphi(x)$-Dichten erlangen naturgemäß erst Interesse, wenn die x-Dichten verschwinden, also insbesondere für den Fall $\varphi(x) = o(x)$. Unter denselben Voraussetzungen über $\varphi(x)$ wie in Satz 11 gilt, falls $\varphi(x) = o(x)$ ist, vermutlich stets

$$\delta^*\big(\mathfrak{A}_1 + \mathfrak{A}_2 + \cdots + \mathfrak{A}_n; \varphi(x)\big) \geqq \delta^*\big(\mathfrak{D}_1 + \mathfrak{D}_2 + \cdots + \mathfrak{D}_n; \varphi(x)\big)$$
$$\geqq \delta^*\big(\mathfrak{A}_1, \mathfrak{A}_2, \ldots, \mathfrak{A}_n; \varphi(x)\big) \geqq \sum_{\nu=1}^{n} \delta^*\big(\mathfrak{A}_\nu; \varphi(x)\big), \tag{23}$$

worin $\mathfrak{D}_i$ wieder den Durchschnitt i-ter Stufe bedeutet (siehe 1.1., Definition 2). Unter der stärkeren Voraussetzung, daß $\frac{\varphi(x)}{x}$ monoton fällt (siehe hierzu die in 11.1. anfangs gemachte Bemerkung), ist (23) bereits sichergestellt (STÖHR [3]). Der Beweis wird im wesentlichen auf den MANN-DYSONschen Satz gestützt, und die Gültigkeit der hierfür erforderlichen Dreiecksungleichung ist ja jetzt ohnehin gesichert. Insgesamt ergibt eine leichte Modifikation des STÖHRschen Beweises den

Satz 12. *$\varphi(x)$ erfülle 8.2. (17), und es strebe $\frac{\varphi(x)}{x}$ monoton fallend gegen Null. Weiter sei $\psi(x) \sim \varphi(x)$ $(x \to \infty)$. Dann gilt für jedes ganze $n \geqq 1$ die Abschätzung (23) bezüglich $\psi(x)$.*

Beweis: Man setze abkürzend $\delta^*(\mathfrak{A}_1, \mathfrak{A}_2, \ldots, \mathfrak{A}_n; \varphi(x)) = \sigma$. Ist $\sigma = \infty$, so ist offenbar auch $\delta^*(\mathfrak{D}_1; \varphi(x)) = \infty$, wegen $\mathfrak{D}_1 \subseteq \sum_{i=1}^{n} \mathfrak{A}_i$ ist dann auch $\delta^*\left(\sum_{i=1}^{n} \mathfrak{D}_1; \varphi(x)\right) = \infty$. Sei also $\sigma < \infty$. Zu beliebigem $\varepsilon > 0$ kann man nun $n_1 = n_1(\varepsilon)$ so wählen, daß

$$1 + \sum_{i=1}^{n} A_i(x) \geqq (\sigma - \varepsilon)\, \varphi(x+1) \quad \textit{für alle } x \geqq n_1 \tag{24}$$

gilt. Aus $\varphi(x) = o(x)$ folgt weiterhin die Existenz eines $n_2 \geqq n_1$, so daß

$$(\sigma - \varepsilon) \frac{\varphi(n_2 + 1)}{n_2 + 1} (n_1 + 1) \leqq 1 \tag{25}$$

ausfällt. Man setze nun

$$\varphi_1(x) = \begin{cases} \dfrac{\varphi(n_2 + 1)}{n_2 + 1}\, x \ \textit{für } 0 \leqq x \leqq n_2 + 1, \\ \varphi(x) \ \textit{für } x \geqq n_2 + 1. \end{cases}$$

Auch für $\varphi_1(x)$ strebt offensichtlich $\frac{\varphi_1(x)}{x}$ monoton fallend gegen Null. Für $0 \leqq x \leqq n_1$ ergibt sich aus (25)

$$1 + \sum_{i=1}^{n} A_i(x) \geqq 1 \geqq (\sigma - \varepsilon) \frac{\varphi(n_2 + 1)}{n_2 + 1} (n_1 + 1) \geqq$$

$$\geqq (\sigma - \varepsilon) \frac{\varphi(n_2 + 1)}{n_2 + 1} (x + 1) = (\sigma - \varepsilon) \varphi_1(x + 1);$$

für $n_1 \leqq x \leqq n_2$ folgt aus (24) und aus der Monotonie von $\frac{\varphi(x)}{x}$

$$1 + \sum_{i=1}^{n} A_i(x) \geqq (\sigma - \varepsilon) \varphi(x + 1) = (\sigma - \varepsilon) \frac{\varphi(x + 1)}{x + 1} (x + 1)$$

$$\geqq (\sigma - \varepsilon) \frac{\varphi(n_2 + 1)}{n_2 + 1} (x + 1) = (\sigma - \varepsilon) \varphi_1(x + 1),$$

und für $x \geqq n_2$ erhält man

$$1 + \sum_{i=1}^{n} A_i(x) \geqq (\sigma - \varepsilon) \varphi(x + 1) = (\sigma - \varepsilon) \varphi_1(x + 1),$$

so daß

$$1 + \sum_{i=1}^{n} A_i(x) \geqq (\sigma - \varepsilon) \varphi_1(x + 1) \text{ für alle } x \geqq 0 \tag{26}$$

gilt. Da die Monotonie von $\frac{\varphi_1(x)}{x}$ die Dreiecksungleichung nach sich zieht, ist der MANN-DYSONsche Satz anwendbar; es gilt somit

$$\frac{1 + (A_1 + A_2 + \cdots + A_n)(x)}{\varphi_1(x + 1)} \geqq \sigma - \varepsilon \quad (x = 0, 1, 2, \ldots)$$

für jedes $\varepsilon > 0$, also

$$\delta^*(\mathfrak{A}_1 + \mathfrak{A}_2 + \cdots + \mathfrak{A}_n; \varphi(x)) \geqq \sigma;$$

da $\varphi_1(x) \sim \varphi(x) \sim \psi(x)$ ist, folgt der Satz unmittelbar.

Eine Abschätzung der oberen asymptotischen Dichte $\bar{\delta}^*\left(\sum_{\nu=1}^{n} \mathfrak{A}_\nu; \varphi(x)\right)$ liegt für $n > 2$ bislang noch für kein $\varphi(x)$ vor. Hingegen hat bezüglich der (unteren) asymptotischen Dichte für den Fall $\varphi(x) = x$ M. KNESER [1] mehrere der für $n = 2$ gültigen Sätze auch für $n > 2$ nachgewiesen, und zwar ergeben sich diese Sätze aus einem Alternativsatz, der die Struktur der Summenmenge $\mathfrak{C} = \sum_{\nu=1}^{n} \mathfrak{A}_\nu$ für den Fall $\delta^*(\mathfrak{C}) < \delta^*(\mathfrak{A}_1, \mathfrak{A}_2, \ldots, \mathfrak{A}_n)$ in vollem Umfang aufklärt. Für jede Menge $\mathfrak{M}$ bezeichne $\mathfrak{M}^{[m]}$ für beliebiges ganzes $m \geqq 1$ die Gesamtheit der Positivteile der in $\mathfrak{M}$ vertretenen Restklassen mod m. Offensichtlich gilt:

$$\mathfrak{M} \sim \mathfrak{M}^{[m]} \curvearrowright \delta^*(\mathfrak{M}) = \delta^*(\mathfrak{M}^{[m]}) = \bar{\delta}^*(\mathfrak{M}^{[m]}) = \delta_*(\mathfrak{M}). \tag{27}$$

Satz 13 (M. Kneser [1]). *Es sei* $\mathfrak{C}$ *gleich* $\sum_{\nu=1}^{n}{}' \mathfrak{A}_\nu$ *oder gleich* $\sum_{\nu=1}^{n}{}' \mathfrak{D}_\nu$. *Die Mengen* $\mathfrak{A}_1, \mathfrak{A}_2, \ldots, \mathfrak{A}_n$ *seien so beschaffen, daß nicht schon* $\delta^*(\mathfrak{C}) \geqq \delta^*(\mathfrak{A}_1, \mathfrak{A}_2, \ldots, \mathfrak{A}_n)$ *gilt. Dann besitzt* $\mathfrak{C}$ *notwendig Relativnullen* (siehe 2.), *d. h. es gibt mindestens einen Modul* m, *so daß für jedes* $c \in \mathfrak{C}$ *auch der volle mit* c *beginnende Teil der Restklasse* $c \bmod m$ *zu* $\mathfrak{C}$ *gehört, oder etwas schwächer ausgedrückt* $\mathfrak{C} \sim \mathfrak{C}^{[m]}$. *Ist* g *der kleinste Modul derart, daß* $\mathfrak{C} \sim \mathfrak{C}^{[g]}$ *ist, so gilt* $\mathfrak{C} \subseteqq \sum_{\nu=1}^{n}{}' \mathfrak{A}_\nu^{[g]} = \mathfrak{C}^{[g]}$ *und*

$$\delta^*(\mathfrak{C}) = \delta^*(\mathfrak{A}_1^{[g]}, \mathfrak{A}_2^{[g]}, \ldots, \mathfrak{A}_n^{[g]}) - \frac{\nu}{g} \geqq \delta^*(\mathfrak{A}_1, \mathfrak{A}_2, \ldots, \mathfrak{A}_n) - \frac{\nu}{g}$$

$$(1 \leqq \nu \leqq n-1;\ \nu \text{ ganz}); \qquad (28)$$

insbesondere ist $\nu = 1$, *wenn* $n = 2$ *ist.*

Der Beweis beruht auf einer Vertiefung der zum Mann-Dysonschen Satz (11.1., Satz 4) führenden Beweismethode, insbesondere auf einer starken Ausnutzung der im Anschluß an den Beweis von Satz 5 erwähnten Transformationen. Es genügt dabei, den letzten Teil des Satzes zu beweisen, da die Relativnulleneigenschaft sofort aus $\mathfrak{C} \subseteqq \mathfrak{C}^{[g]}$ und $\mathfrak{C} \sim \mathfrak{C}^{[g]}$ folgt, indem für m ein genügend großes Vielfaches von g gewählt wird.

Trivial ist offensichtlich $\mathfrak{C}^{[g]} = \sum_{\nu=1}^{n}{}' \mathfrak{A}_\nu^{[g]}$ für beliebige $\mathfrak{A}_1, \mathfrak{A}_2, \ldots, \mathfrak{A}_n$. Vermittels Satz 13 lassen sich nun allgemeingültige Abschätzungsformeln gewinnen, die Verallgemeinerungen einiger in 12.1. für $n = 2$ angegebener Sätze darstellen (M. Kneser [1]).

Aus der trivialen Abschätzung 9. (35) folgt zunächst ohne weiteres die zu 11.1. (2) analoge Formel

$$\delta^*\left(\sum_{\nu=1}^{n} \mathfrak{A}_\nu\right) \geqq \delta^*\left(\sum_{\nu=1}^{n}{}' \mathfrak{D}_\nu\right) \geqq \frac{\delta^*(\mathfrak{A}_1, \mathfrak{A}_2, \ldots, \mathfrak{A}_n)}{n} \geqq \frac{1}{n} \sum_{\nu=1}^{n} \delta^*(\mathfrak{A}_\nu),$$

oder mit $\mathfrak{C} = \sum_{\nu=1}^{n} \mathfrak{A}_\nu$ bzw. $\mathfrak{C} = \sum_{\nu=1}^{n}{}' \mathfrak{D}_\nu$, $\delta^*(\mathfrak{A}_1, \mathfrak{A}_2, \ldots, \mathfrak{A}_n) = \sigma$ etwas anders geschrieben

$$\delta^*(\mathfrak{C}) \geqq \left(\frac{n}{\sigma}\right)^{-1},$$

und an Hand der im Anschluß an 9. (35) erwähnten Beispiele erweist sich diese Formel in gewissem Sinn schon als genau. Vermittels Satz 13 ist jedoch noch eine Verschärfung möglich (M. Kneser [1]):

Satz 14. *Es gilt stets*

$$\delta^*\left(\sum_{\nu=1}^{n} \mathfrak{A}_\nu\right) \geqq \delta^*\left(\sum_{\nu=1}^{n}{}' \mathfrak{D}_\nu\right) \geqq \left[\frac{n}{\sigma}\right]^{-1}.$$

Beweis: Es genügt, $\delta^*(\mathfrak{C}) < \sigma$ anzunehmen. Es sei nun g nach Satz 13 bestimmt, und $\mathfrak{C}^{[g]}$ bestehe aus genau m Restklassen mod g.

Dann ist nach (27) und (28)

$$\delta^*(\mathfrak{C}) = \delta^*(\mathfrak{C}^{[g]}) = \frac{m}{g} \geqq \sigma - \frac{n-1}{g}, \quad \textit{also} \quad \sigma \leqq \frac{m+n-1}{g}. \tag{29}$$

$h > 0$ und ganz sei so bestimmt, daß

$$\frac{n}{h+1} < \sigma \leqq \frac{n}{h}, \quad \textit{also} \quad h = \left[\frac{n}{\sigma}\right] \tag{30}$$

ist. Aus (29) und (30) ergibt sich sofort

$$\frac{n}{h+1} < \frac{m+n-1}{g}, \quad \textit{d. h.} \quad (m+n-1)(h+1) - n\,g > 0. \tag{31}$$

Zu zeigen ist $\frac{m}{g} \geqq \frac{1}{h}$. Wäre im Gegensatz hierzu $m\,h \leqq g-1$, so ergäbe sich im Widerspruch zu (31)

$$\begin{aligned}(m+n-1)(h+1) - n\,g &\leqq (m+n-1)(h+1) - n\,(m\,h+1)\\ &= (m-1)(1 - h\,(n-1)) \leqq 0.\end{aligned}$$

Beachtet man, daß aus (29)

$$\delta^*(\mathfrak{C}) = \frac{m+n-1}{g} - \frac{n-1}{g} \quad \textit{und} \quad m+n-1 \geqq \langle g\,\sigma\rangle$$

folgt, ferner, daß wegen $n \geqq 2$

$$\frac{\langle g\,\sigma\rangle}{g} - \frac{n-1}{g} < \frac{g\,\sigma + 1 - n + 1}{g} \leqq \sigma \tag{32}$$

ist, so ergibt sich unmittelbar als stets gültige Abschätzung

$$\delta^*(\mathfrak{C}) \geqq \underset{g=1,2,\ldots}{\text{fin}} \left(\frac{\langle g\,\sigma\rangle}{g} - \frac{n-1}{g}\right), \tag{33}$$

und eine hierzu analoge Formel in den Einzeldichten gewinnt man folgendermaßen. Setzt man abkürzend

$$\delta_*(\mathfrak{A}_1^{[g]}, \mathfrak{A}_2^{[g]}, \ldots, \mathfrak{A}_n^{[g]}) = \sigma^{[g]}, \; \delta_*(\mathfrak{A}_i^{[g]}) = \alpha_i^{[g]}, \; \delta^*(\mathfrak{A}_i) = \alpha_i$$
$$(i = 1, 2, \ldots, n),$$

so erkennt man sofort, daß (32) auch mit $\alpha_1 + \alpha_2 + \cdots + \alpha_n$ an Stelle von σ gilt. Ferner folgt aus der Rationalität der natürlichen Dichten $\alpha_1^{[g]}, \alpha_2^{[g]}, \ldots, \alpha_n^{[g]}, \sigma^{[g]}$ sofort für ein passend gewähltes ganzes $\lambda > 0$

$$\sigma^{[g]} = \sum_{i=1}^{n} \alpha_i^{[g]} = \sum_{i=1}^{n} \frac{\langle \lambda \alpha_i^{[g]}\rangle}{\lambda} \geqq \underset{g=1,2,\ldots}{\text{fin}} \sum_{i=1}^{n} \frac{\langle g\,\alpha_i\rangle}{g}. \tag{34}$$

Enthält nun ferner noch die Summe $\mathfrak{C}$ eine k-gliedrige ($k \geqq 1$) Kette, und ist nicht bereits $\delta^*(\mathfrak{C}) \geqq \sigma$, so ist für $k \geqq g$ offenbar

$$\mathfrak{C} \sim \mathfrak{C}^{[g]} \sim \mathfrak{Z}, \quad \textit{also} \quad g = 1;$$

ist jedoch $k < g$, so kann man sich in (33) und (34) zur Berechnung der unteren Grenze auf $g = k+1, k+2, \ldots$ beschränken.

Zusammenfassend liefert das (M. KNESER [1])

Satz 15. *Stets ist*

$$\delta^*\left(\sum_{\nu=1}^{n}\mathfrak{A}_\nu\right) \geqq \delta^*\left(\sum_{\nu=1}^{n}\mathfrak{D}_\nu\right) \geqq \tag{35}$$

$$\mathrm{Max}\left(\underset{g\geqq 1}{\mathrm{fin}}\ \frac{\langle g\,\delta^*(\mathfrak{A}_1,\mathfrak{A}_2,\ldots,\mathfrak{A}_n)\rangle - n + 1}{g},\ \underset{g\geqq 1}{\mathrm{fin}}\ \frac{\sum\limits_{\nu=1}^{n}\langle g\,\delta^*(\mathfrak{A}_\nu)\rangle - n + 1}{g}\right);$$

enthält $\mathfrak{D}_1 + \mathfrak{D}_2 + \cdots + \mathfrak{D}_n$ *bzw.* $\mathfrak{A}_1 + \mathfrak{A}_2 + \cdots + \mathfrak{A}_n$ *eine (mindestens) k-gliedrige Kette* ($k \geqq 1$), *und ist nicht schon* $\sum_{\nu=1}^{n}\mathfrak{A}_\nu \sim \mathfrak{Z}$ *bzw.* $\sum_{\nu=1}^{n}\mathfrak{D}_\nu \sim \mathfrak{Z}$, *so gilt* (35) *bereits mit der Vorschrift* $g = k+1, k+2, \ldots$.

Für den Fall $n = 2$ ergibt sich aus Satz 13 noch eine Erweiterung von Satz 1 (M. KNESER [1]):

Satz 16. *Ist* $\delta^*(\mathfrak{A}) + \delta^*(\mathfrak{B}) = 1$ *und mindestens eine der asymptotischen Dichten hierin Null oder irrational, so ist*

$$\delta^*(\mathfrak{A} + \mathfrak{B}) = \delta^*(\mathfrak{B} + \mathfrak{D}) = 1.$$

Bemerkung. Bei Addition von mehr als zwei Mengen gilt ein entsprechender Satz nicht mehr.

Beweis: Es genügt, den irrationalen Fall zu betrachten. Wäre $\delta^*(\mathfrak{A} + \mathfrak{B}) < 1$, so ergäbe sich wegen $\sigma \geqq 1$ aus Satz 13

$$\mathfrak{A} + \mathfrak{B} \sim \mathfrak{A}^{[g]} + \mathfrak{B}^{[g]};$$

aus der Rationalität von $\delta^*(\mathfrak{A}^{[g]})$ und $\delta^*(\mathfrak{B}^{[g]})$ folgt aber sofort

$$\delta^*(\mathfrak{A}^{[g]}) + \delta^*(\mathfrak{B}^{[g]}) > \delta^*(\mathfrak{A}) + \delta^*(\mathfrak{B}) = 1$$

und hieraus nach Satz 1 ein Widerspruch zur Annahme. Auch Satz 15 mit dem zweiten Argument rechter Hand in (35) ermöglicht einen ganz leichten Beweis von Satz 16.

In Verallgemeinerung von Satz 7 gilt (M. KNESER [1]):

Satz 17. *Es sei nicht schon* $\sum_{i=1}^{n}\mathfrak{A}_i \sim \mathfrak{Z}$. *Es sei* $\mathfrak{C}$ *gleich* $\sum_{i=1}^{n}\mathfrak{A}_i$ *bzw. gleich* $\sum_{i=1}^{n}\mathfrak{D}_i$. *Enthält* $\mathfrak{C}$ *eine k-gliedrige Kette, so gilt*

$$\delta^*(\mathfrak{C}) \geqq \frac{k}{k+n-1}\,\delta^*(\mathfrak{A}_1, \mathfrak{A}_2, \ldots, \mathfrak{A}_n). \tag{36}$$

Beweis: Ist $\delta^*(\mathfrak{C}) \geqq \sigma$, so ist (36) trivial. Ist $\delta^*(\mathfrak{C}) < \sigma$, so folgt aus (29) wegen $m \geqq k$ unmittelbar

$$\frac{m}{g} = \frac{m}{m+n-1}\cdot\frac{m+n-1}{g} \geqq \frac{m}{m+n-1}\,\sigma \geqq \frac{k}{k+n-1}\,\sigma.$$

Schließlich läßt sich Satz 8 übertragen (M. KNESER [1]):

Satz 18. *Enthält $\mathfrak{A}_\nu$ eine k_ν-gliedrige Kette* ($\nu = 1, 2, \ldots, n$), *und ist nicht bereits* $\sum\limits_{\nu=1}^{n} \mathfrak{A}_\nu \sim \mathfrak{Z}$, *so gilt*

$$\delta^*\left(\sum_{\nu=1}^{n} \mathfrak{A}_\nu\right) \geqq \operatorname*{Max}_{\substack{\lambda_1+\lambda_2+\cdots+\lambda_n=n-1\\ 1\leqq\lambda_\nu\leqq k_\nu}} \varliminf_{x=1,2,\ldots} \frac{1}{x}\sum_{\nu=1}^{n}\frac{k_\nu-\lambda_\nu}{k_\nu}A_\nu(x)$$

$$\geqq \operatorname*{Max}_{\substack{\lambda_1+\lambda_2+\cdots+\lambda_n=n-1\\ 1\leqq\lambda_\nu\leqq k_\nu}} \sum_{\nu=1}^{n}\frac{k_\nu-\lambda_\nu}{k_\nu}\delta^*(\mathfrak{A}_\nu).$$

Beweis: Es sei $\delta^*(\mathfrak{C}) < \sigma$. Dann liefert (28) sofort

$$\delta^*(\mathfrak{C}) \geqq \sigma^{[g]} - \frac{n-1}{g} = \sum_{\nu=1}^{n}\alpha_\nu^{[g]} - \sum_{\nu=1}^{n}\frac{\lambda_\nu}{g} \qquad \left(\sum_{\nu=1}^{n}\lambda_\nu = n-1\right).$$

Weiter erkennt man unmittelbar

$$\alpha_\nu^{[g]} = \lim_{x\to\infty}\frac{A_\nu^{[g]}(x)}{x} = \frac{A_\nu^{[g]}(g)}{g} \geqq \frac{k_\nu}{g},$$

daher

$$\sum_{\nu=1}^{n}\left(\alpha_\nu^{[g]} - \frac{\lambda_\nu}{g}\right) = \sum_{\nu=1}^{n}\frac{A_\nu^{[g]}(g)-\lambda_\nu}{g} = \sum_{\nu=1}^{n}\frac{A_\nu^{[g]}(g)-\lambda_\nu}{A_\nu^{[g]}(g)}\cdot\frac{A_\nu^{[g]}(g)}{g}$$

$$\geqq \sum_{\nu=1}^{n}\frac{k_\nu-\lambda_\nu}{k_\nu}\,\frac{A_\nu^{[g]}(g)}{g} = \lim_{x\to\infty}\sum_{\nu=1}^{n}\frac{k_\nu-\lambda_\nu}{k_\nu}\,\frac{A_\nu^{[g]}(x)}{x}$$

$$\geqq \varliminf_{x=1,2,\ldots}\frac{1}{x}\sum_{\nu=1}^{n}\frac{k_\nu-\lambda_\nu}{k_\nu}A_\nu(x).$$

Zusatz. Für $\lambda_i = 0, \lambda_1 = \lambda_2 = \cdots = \lambda_{i-1} = \lambda_{i+1} = \cdots = \lambda_n = 1$ erhält man aus Satz 18 noch

$$\delta^*\left(\sum_{\nu=1}^{n}\mathfrak{A}_\nu\right) \geqq \operatorname*{Max}_{1\leqq i\leqq n}\left(\delta^*(\mathfrak{A}_i) + \sum_{\substack{\nu=1\\ \nu\neq i}}^{n}\frac{k_\nu-1}{k_\nu}\delta^*(\mathfrak{A}_\nu)\right),$$

was man offenbar durch einfache Iteration von Satz 8 auch sofort erhalten kann (siehe OSTMANN [5]).

12.4. Es erscheint aussichtslos, Abschätzungen der Dichten von Summenmengen nach oben zu finden. Das folgende von LORENTZ [2] gefundene Resultat macht das besonders deutlich (s. auch die Bemerkung in 22.1.)

Satz 19. *Zu jeder beliebigen unendlichen Menge $\mathfrak{A}$ gibt es Mengen $\mathfrak{B}$, für die $\delta_*(\mathfrak{B}) = 0$, aber $\mathfrak{A} + \mathfrak{B} \sim \mathfrak{Z}$ ist. Genauer: Es läßt sich*

$$B(n) = O\left(\sum_{\substack{\nu=1\\ A(\nu)>0}}^{n}\frac{\log A(\nu)}{A(\nu)}\right) \tag{37}$$

erreichen.

Ist $\delta^*(\mathfrak{A}) > 0$, so folgt aus $\log A(\nu) < \log n$ sofort $B(n) = O(\log^2 n)$, und dieses Ergebnis läßt sich allgemein nicht verbessern; denn es gilt

Satz 20. (ERDÖS [31]). *Es gibt Mengen* $\mathfrak{A}$ *mit* $\delta^*(\mathfrak{A}) > 0$, *so daß aus* $\mathfrak{A} + \mathfrak{B} \sim \mathfrak{Z}$ *stets* $B(n) > c \log^2 n$ $(c > 0)$ *folgt.*

Wählt man für $\mathfrak{A}$ die Primzahlmenge, so folgt aus (37) leicht $B(n) = O(\log^3 n)$, doch läßt sich nach ERDÖS [31] in diesem Fall das bessere Resultat $B(n) = O(\log^2 n)$ erreichen.

13. Die Genauigkeit der Abschätzungen in 9., 11. und 12.

13.1. Die Abschätzungen für die Anzahlfunktion der Summenmengen in 9. sowie die Relationen zwischen den arithmetischen Dichten (MANN-DYSONscher Satz) in 11.1. und allen asymptotischen Dichten in 12. sind in dem Sinne genau, daß sie ohne Heranziehung weiterer kennzeichnender Eigenschaften für die zu addierenden Mengen nicht verbessert werden können. Dies läßt sich leicht an Hand von Beispielen nachweisen (OSTMANN [1], [2]). Zu diesem Zweck seien p_1, p_2 und q positive ganze Zahlen mit $p_1 + p_2 \leqq q$. Allgemein bezeichne $\mathfrak{A}_p$, $p > 0$, die Menge der nichtnegativen Teile der Restklassen $0, 1, \ldots, p-1 \pmod q$. Dann ist offensichtlich

$$\mathfrak{A}_{p_1} + \mathfrak{A}_{p_2} = \mathfrak{A}_{p_1+p_2-1} =_{\mathrm{Df}} \mathfrak{C}_{p_1,p_2}.$$

Ist $x \geqq 0$ beliebig ganz, so setze man $x = \lambda q + r$, $0 \leqq r < q$. Es folgt

$$C_{p_1,p_2}(-1, x) = \lambda(p_1 + p_2 - 1) + \mathrm{Min}(r + 1, p_1 + p_2 - 1).$$

Weiter erkennt man unmittelbar $j = j_1 = p_1 + p_2 - 1$ sowie

$$\mathfrak{W} = \{0, p_1 + p_2 - 1\} \cup \bigcup_{\lambda=0}^{\infty} [\lambda q + p_1 + p_2, (\lambda + 1) q - 1],$$

$$\mathfrak{G} = \mathfrak{G}_1 = \{0, q, 2q, \ldots, \lambda q, \ldots\}, \tag{1}$$

und die Menge $\mathfrak{E}$ aller Endelemente von M-Intervallen ist

$$\mathfrak{E} = \{p_1 + p_2 - 1\} + q \times \mathfrak{Z}.$$

$\mathfrak{H}_1$ ist durch

$$\mathfrak{H}_1 = \mathfrak{Z} - (\mathfrak{W} \cup \mathfrak{E}).$$

erklärt, woraus sofort

$$\mathfrak{C}_{p_1,p_2} = \mathfrak{H}_1$$

folgt; in der Abschätzung 9., Satz 4 mit $k = 1$, d. h. $z_k = 0$ tritt hier das Gleichheitszeichen ein, 9. (28) läßt sich also ohne weiteres nicht verbessern. Weiter ist

$$\delta_*(\mathfrak{A}_{p_1}) = \frac{p_1}{q}, \quad \delta_*(\mathfrak{A}_{p_2}) = \frac{p_2}{q}, \quad \delta_*(\mathfrak{A}_{p_1}, \mathfrak{A}_{p_2}) = \frac{p_1 + p_2}{q},$$

$$\delta_*(\mathfrak{C}_{p_1,p_2}) = \frac{p_1 + p_2 - 1}{q} = \frac{j}{j+1} \frac{p_1 + p_2}{q} = \frac{j}{j+1} \delta_*(\mathfrak{A}_{p_1}, \mathfrak{A}_{p_2});$$

dies zeigt, daß in 12.1., Satz 5 das Gleichheitszeichen eintreten kann; und (1) läßt sich augenscheinlich immer erreichen, wenn $\delta_*(\mathfrak{A})$ und $\delta_*(\mathfrak{B})$ beliebig rational mit $\delta_*(\mathfrak{A}) + \delta_*(\mathfrak{B}) \leqq 1$ vorgegeben sind. Es genügt auch, lediglich $\delta_*(\mathfrak{A}, \mathfrak{B})$ rational vorzugeben; durch geeignetes Erweitern ist (1) mühelos herzustellen. Da hier die natürlichen Dichten existieren, ergibt sich für beide asymptotischen Dichtentypen, daß die gewonnenen Abschätzungen genau sind. Sind $\delta_*(\mathfrak{A})$ und $\delta_*(\mathfrak{B})$ hingegen lediglich reell mit $\delta_*(\mathfrak{A}) + \delta_*(\mathfrak{B}) < 1$, so wähle man zunächst zwei rationale Zahlen $\frac{p_1}{q}$, $\frac{p_2}{q}$, so daß bei beliebig gegebenem $\varepsilon > 0$

$$\frac{1}{q} < \frac{\varepsilon}{2}, \quad \frac{p_1 - 2}{q} < \delta_*(\mathfrak{A}) < \frac{p_1 - 1}{q}, \quad \frac{p_2 - 2}{q} < \delta_*(\mathfrak{B}) < \frac{p_2 - 1}{q}$$

ist; dann gilt für das gesuchte $\mathfrak{A}$ (analog für $\mathfrak{B}$)

$$\frac{p_1 - 1}{q} = \delta_*(\mathfrak{A}_{p_1 - 1}) < \delta_*(\mathfrak{A}) < \delta_*(\mathfrak{A}_{p_1}) = \frac{p_1}{q}.$$

Aus $\mathfrak{A}_{p_1 - 1} \subset \mathfrak{A}_{p_1}$ folgt nun leicht, daß man geeignete Elemente in $\mathfrak{A}_{p_1}$, sie mögen noch größer als q sein, so fortlassen kann, daß $\mathfrak{A}_{p_1 - 1} \subset \mathfrak{A} \subset \mathfrak{A}_{p_1}$ ist, und überdies $\mathfrak{A}$ die vorgeschriebene Dichte $\delta_*(\mathfrak{A})$ annimmt. Da sich das Fortlassen der Elemente so einrichten läßt, daß in $[\lambda q, (\lambda + 1) q - 1] \cap \mathfrak{A}_{p_1 - 1}$ für jedes $\lambda \geqq 1$ höchstens ein Element, jedoch nicht das erste und letzte, gestrichen wird, erkennt man auf Grund von $[0, p_1 - 1] \subset \mathfrak{A}$, daß sich die Summenmenge nicht ändert:

$$\mathfrak{A} + \mathfrak{B} = \mathfrak{A}_{p_1 - 1} + \mathfrak{B}_{p_1 - 1},$$

und ebenso bleibt $j = p_1 + p_2 - 1$. Mithin

$$\delta_*(\mathfrak{A} + \mathfrak{B}) = \frac{p_1 + p_2 - 1}{q} = \frac{j}{j + 1} \frac{p_1 + p_2}{q} = \frac{j}{j + 1}\left(\frac{p_1 - 1}{q} + \frac{p_2 - 1}{q} + \frac{2}{q}\right)$$

$$< \frac{j}{j + 1}(\delta_*(\mathfrak{A}) + \delta_*(\mathfrak{B}) + \varepsilon) < \frac{j}{j + 1}(\delta_*(\mathfrak{A}) + \delta_*(\mathfrak{B})) + \varepsilon.$$

Damit ist gezeigt, daß sich Satz 5 nicht allgemein verschärfen läßt. Diese Beispiele beleuchten auch den Alternativsatz 13 in 12.3. Diesem Satz zufolge sind nämlich die eben beschriebenen Mengen bis auf asymptotisch gleiche ihrer Struktur nach schon die einzigen, an denen sich die obigen Relationen aufweisen lassen.

Auch die Genauigkeit des MANN-DYSONschen Satzes läßt sich vermöge $\mathfrak{A}_{p_1}$ und $\mathfrak{A}_{p_2}$ prüfen. Offenbar ist

$$\delta_v(\mathfrak{A}_{p_1}, \mathfrak{A}_{p_2}) = \underline{\operatorname{fin}}_{x = 0, 1, \ldots} \frac{A_{p_1}(-1, x) + A_{p_2}(-1, x) - 1}{x + 1}$$

$$= \underline{\operatorname{fin}}_{\lambda = 1, 2, \ldots} \frac{A_{p_1}(-1, \lambda q - 1) + A_{p_2}(-1, \lambda q - 1) - 1}{\lambda q}$$

$$= \underline{\operatorname{fin}}_{\lambda = 1, 2, \ldots} \frac{\lambda p_1 + \lambda p_2 - 1}{\lambda q}$$

$$= \underline{\operatorname{fin}}_{\lambda = 1, 2, \ldots} \left(\frac{p_1 + p_2}{q} - \frac{1}{\lambda q}\right) = \frac{p_1 + p_2 - 1}{q}.$$

Ferner ergibt sich

$$\delta_v(\mathfrak{A}_{p_1} + \mathfrak{A}_{p_2}) = \underset{\lambda=\overline{1,2,\ldots}}{\text{fin}} \frac{(A_{p_1} + A_{p_2})(-1, \lambda q - 1)}{\lambda q}$$

$$= \underset{\lambda=\overline{1,2,\ldots}}{\text{fin}} \frac{\lambda(p_1 + p_2 - 1)}{\lambda q} = \frac{p_1 + p_2 - 1}{q},$$

mithin

$$\delta_v(\mathfrak{A}_{p_1} + \mathfrak{A}_{p_2}) = \delta_v(\mathfrak{A}_{p_1}, \mathfrak{A}_{p_2}),$$

und hierin kann $\delta_v(\mathfrak{A}_{p_1}, \mathfrak{A}_{p_2})$ eine beliebig gegebene rationale Zahl aus $\langle 0; 1\rangle$ sein. Auch bei irrationalem δ_v lassen sich Mengen $\mathfrak{A}$, $\mathfrak{B}$ konstruieren, für die $\delta_v(\mathfrak{A} + \mathfrak{B}) = \delta_v(\mathfrak{A}, \mathfrak{B}) = \delta_v$ ausfällt (OSTMANN [7]). Während in den obigen Beispielen die zum Summandenpaar gehörige Folge $(\mathfrak{G}_1, \mathfrak{H}_1), (\mathfrak{G}_2, \mathfrak{H}_2), \ldots$ jeweils endlich war, wird bei irrationalem δ_v diese Folge unendlich gewählt, und die Längen der zu den $\mathfrak{G}_\nu$ gehörigen M-Intervallen haben lediglich hinreichend schnell anzuwachsen. Andere Beispiele hinsichtlich der arithmetischen x-Dichten gibt LEPSON [1]. CHEO [2] zeigt, daß es zu beliebig gegebenen $\alpha > 0, \beta > 0, 1 \geqq \gamma \geqq \alpha + \beta$, Mengen $\mathfrak{A}$, $\mathfrak{B}$ gibt, so daß $\delta(\mathfrak{A}) = \alpha$, $\delta(\mathfrak{B}) = \beta$, $\delta(\mathfrak{A} + \mathfrak{B}) = \gamma$ wird, was auch durch leicht ersichtliche Modifikationen des oben beschriebenen Konstruktionsverfahrens erhalten werden kann.

Es sei noch erwähnt, daß nicht notwendig

$$\delta_v(\mathfrak{A}_1, \mathfrak{A}_2, \ldots, \mathfrak{A}_n) > \operatorname{Max}(\delta_v(\mathfrak{A}_1), \delta_v(\mathfrak{A}_2), \ldots, \delta_v(\mathfrak{A}_n))$$

gilt, wie man leicht etwa an Hand der Menge der geraden Zahlen oder der Multipla irgendeines ganzen $g > 0$ erkennt. In diesen Fällen ist offensichtlich

$$\mathfrak{A}_1 = \mathfrak{A}_2 = \cdots = \mathfrak{A}_n = \sum_{\nu=1}^{n}{}' \mathfrak{A}_\nu.$$

Abschätzungen von $\delta\left(\sum_{\nu=1}^{n}{}' \mathfrak{A}_\nu\right)$ nach oben sind ohne weiteres nicht zu erwarten. Siehe hierzu 12.4.

13.2. Die Genauigkeit der Abschätzungen hinsichtlich der arithmetischen wie asymptotischen $\varphi(x)$-Dichten untersucht STÖHR [3] in dem besonders interessierenden Fall $\varphi(x) = o(x)$, zumal sich hier die Frage erhebt, ob generell ein Anwachsen der Größenordnung bei Addition von Mengen $\mathfrak{A}$, $\mathfrak{B}$ eintritt, wenn die $\varphi(x)$-Dichten für $\mathfrak{A}$ und $\mathfrak{B}$ charakteristisch sind, d. h. also, ob dann stets $\delta^*(\mathfrak{A} + \mathfrak{B}; \varphi(x)) = \infty$ ist. Die Frage ist, wie STÖHR beweist, zu verneinen. Hierfür sei zunächst ein allgemeinerer Satz vorangestellt; aus ihm läßt sich das gewünschte Resultat dann leicht durch Spezialisierung ableiten:

Satz 1 (STÖHR [3]). *Für* $\varphi_1(x)$ *und* $\varphi_2(x)$ *seien die vollen Bedingungen in* 8.2. (19) *erfüllt, und es sei* $\varphi_i(x) = o(x)$ $(i = 1, 2)$. *Ferner* *sei $\zeta(x)$ eine Funktion mit $\lim_{x\to\infty} \zeta(x) = \infty$. Dann existieren stets Mengen $\mathfrak{A}_1, \mathfrak{A}_2$ mit*

$$\delta(\mathfrak{A}_i; \varphi(x)) = \delta^*(\mathfrak{A}_i; \varphi(x)) = 1 \quad (i = 1, 2)$$

und

$$(A_1 + A_2)(x) < \varphi_1(x) + \varphi_2(x) + \zeta(x) \text{ für unendlich viele } x.$$

Beweis: Aus $\varphi(x) = o(x)$ folgt sofort $\lim_{x\to\infty}(x - \varphi(x)) = \infty$. Ferner ist nach 8.2. (19)

$$x + 1 - \varphi(x+1) \geqq x + 1 - \varphi(x) - 1 = x - \varphi(x) \qquad (x = 1, 2, \cdots),$$

die Folge $x - \varphi(x)$ strebt somit monoton wachsend gegen Unendlich. Zum Beweis sollen nun die Mengen $\mathfrak{A}_1, \mathfrak{A}_2$ und zugleich eine Zahlenfolge $x_0, x_1, \ldots$ durch vollständige Induktion erklärt werden. Es sei $x_0 = 0$ und $0 \in \mathfrak{A}_1 \frown \mathfrak{A}_2$. Nun nehme man an, x_ν und $\mathfrak{A}_i \frown [0, x_\nu]$ $(i = 1, 2)$ seien bereits bestimmt und so beschaffen, daß

$$A_i(x_\nu) \geqq \varphi_i(x_\nu) \tag{2}$$

ist. Da $\varphi_i(x)$ nach 8.2. (19) nur für $x \geqq 1$ erklärt zu sein braucht, kann ohne weiteres $\varphi_i(0) = 0$ festgesetzt werden, womit (2) für $\nu = 0$ erfüllt ist. Aus $\varphi_i(x) \leqq x$ (siehe 8.2., Satz 3) folgt dann $0 - \varphi_i(0) \leqq x - \varphi_i(x)$, so daß die nachgewiesene Monotonie von $x - \varphi_i(x)$ erhalten bleibt. Für alle hinreichend großen x gelten die folgenden Ungleichungen offenbar simultan:

$$\varphi_i(x) > A_i(x_\nu), \tag{3}$$

$$x - \varphi_i(x) > 1 + x_\nu - A_i(x_\nu), \qquad (i = 1, 2) \tag{4}$$

$$\zeta(x) > 2 + 2x_\nu - A_1(x_\nu) - A_2(x_\nu); \tag{5}$$

$x_{\nu+1}$ sei ein beliebiges derartiges x. Weiter setze man

$$y_{i\nu} = \langle \varphi_i(x_{\nu+1}) \rangle + x_\nu - A_i(x_\nu) \quad (i = 1, 2). \tag{6}$$

Aus (3) folgt $y_{i\nu} > x_\nu$, und (4) liefert

$$y_{i\nu} < \varphi_i(x_{\nu+1}) + 1 + x_\nu - A_i(x_\nu) < \varphi_i(x_{\nu+1}) + x_{\nu+1} - \varphi_i(x_{\nu+1}) = x_{\nu+1},$$

insgesamt gilt mithin

$$x_\nu < y_{i\nu} < x_{\nu+1} \quad (i = 1, 2).$$

Nunmehr sei

$$[x_\nu + 1, y_{i\nu}] \subset \mathfrak{A}_i, \ \mathfrak{A}_i \frown [y_{i\nu} + 1, x_{\nu+1}] = 0 \quad (i = 1, 2). \tag{7}$$

Daher gilt:

$$\begin{aligned} x \in [x_\nu + 1, y_{i\nu}] \curvearrowright A_i(x) &= A_i(x_\nu) + x - x_\nu \geqq \varphi_i(x_\nu) + x - x_\nu \\ &= x - (x_\nu - \varphi_i(x_\nu)) \geqq x - (x - \varphi_i(x)) = \varphi_i(x) \quad (i = 1, 2); \end{aligned}$$

ferner mit Hilfe von (6):

$$x \in [y_{i\nu} + 1, x_{\nu+1}] \curvearrowright A_i(x) = A_i(y_{i\nu}) = A_i(x_\nu) + y_{i\nu} - x_\nu$$

$$= \langle \varphi_i(x_{\nu+1}) \rangle \begin{cases} \geqq \varphi_i(x_{\nu+1}) \geqq \varphi_i(x), \\ < \varphi_i(x_{\nu+1}) + 1, \end{cases}$$

also stets

$$\begin{aligned} &A_i(x_{\nu+1}) < \varphi_i(x_{\nu+1}) + 1, \\ &A_i(x) \geqq \varphi_i(x) \textit{ für alle } x \in [x_\nu + 1, x_{\nu+1}], \end{aligned} \tag{8}$$

womit speziell für $x = x_{\nu+1}$ die Induktionsvoraussetzung (2) für $\nu + 1$ geliefert wird. Die Mengen $\mathfrak{A}_1$, $\mathfrak{A}_2$ und die Folge $x_0, x_1, x_2, \ldots$ sind mithin eindeutig festgelegt. Aus (8) folgt

$$1 \leqq \underset{x=1,2,\ldots}{\text{fin}} \frac{A_i(x)}{\varphi_i(x)} \leqq \underset{\nu=1,2,\ldots}{\underline{\lim}} \frac{A_i(x_\nu)}{\varphi_i(x_\nu)} \leqq \underset{\nu=1,2,\ldots}{\underline{\lim}} \frac{\varphi_i(x_\nu) + 1}{\varphi_i(x_\nu)} = 1,$$

und dies liefert den ersten Teil der Behauptungen des Satzes. Aus $x \in \mathfrak{A}_i$ und $x \leqq x_{\nu+1}$ folgt nach (7) sofort $x \leqq y_{i\nu}$; für $x \in \mathfrak{A}_1 + \mathfrak{A}_2$ und $x \leqq x_{\nu+1}$ ist daher sicher $x \leqq y_{1\nu} + y_{2\nu}$, und diese grobe Abschätzung liefert bereits die restliche Behauptung: Nach (6) und (5) ist nämlich

$$\begin{aligned} (A_1 + A_2)(x_{\nu+1}) &\leqq y_{1\nu} + y_{2\nu} = \langle \varphi_1(x_{\nu+1}) \rangle + x_\nu - A_1(x_\nu) + \\ &\quad + \langle \varphi_2(x_{\nu+1}) \rangle + x_\nu - A_2(x_\nu) \\ &< \varphi_1(x_{\nu+1}) + \varphi_2(x_{\nu+1}) + 2 + 2x_\nu - A_1(x_\nu) - A_2(x_\nu) \\ &< \varphi_1(x_{\nu+1}) + \varphi_2(x_{\nu+1}) + \zeta(x_{\nu+1}), \end{aligned}$$

und die Anzahl der $x_{\nu+1}$ ist nach Konstruktion unendlich.

Satz 2. (STÖHR [3]) $\alpha_1 \leqq 1$, $\alpha_2 \leqq 1$ *seien beliebige nicht negative reelle Zahlen.* $\varphi(x)$ *erfülle* 8.2. (19), *und es sei* $\varphi(x) = o(x)$. *Dann gibt es Mengen* $\mathfrak{A}_1$, $\mathfrak{A}_2$ *mit*

$$\delta(\mathfrak{A}_i; \varphi(x)) = \delta^*(\mathfrak{A}_i; \varphi(x)) = \alpha_i \quad (i = 1, 2)$$

und

$$\delta(\mathfrak{A}_1 + \mathfrak{A}_2; \varphi(x)) = \delta^*(\mathfrak{A}_1 + \mathfrak{A}_2; \varphi(x)) = \alpha_1 + \alpha_2, \tag{9}$$

d. h. also, daß weder 11.1., *Satz 4 für* $\varphi(x)$*-Dichten, noch* 12.3., *Satz 12 verschärft werden können.*

Man beachte, daß die Voraussetzungen über $\varphi(x)$ in den eben zitierten zwei Sätzen die Eigenschaften 8.2. (19) abgesehen von der Monotonie nach sich ziehen. Für die monotonen $\varphi(x)$ in den Sätzen 11.1., Satz 4 und 12.3., Satz 12 ist mithin das Gleichheitszeichen möglich.

Beweis: Es sei zunächst $\alpha_1 > 0$ und $\alpha_2 > 0$. Dann setze man in Satz 1

$$\varphi_1(x) = \alpha_1 \varphi(x), \quad \varphi_2(x) = \alpha_2 \varphi(x), \quad \zeta(x) = \sqrt{\varphi(x)}.$$

$\varphi_1(x)$ und $\varphi_2(x)$ erfüllen wegen $\alpha_i \leqq 1$ offensichtlich ebenfalls alle Bedingungen in 8.2. (19). Nach Satz 1 gibt es daher Mengen $\mathfrak{A}_i$, für die sowohl

$$\delta\big(\mathfrak{A}_i;\varphi_i(x)\big) = \delta^*\big(\mathfrak{A}_i;\varphi_i(x)\big) = 1 \quad (i = 1, 2),$$

und dies ist mit

$$\delta\big(\mathfrak{A}_i;\varphi(x)\big) = \delta^*\big(\mathfrak{A}_i;\varphi(x)\big) = \alpha_i \quad (i = 1, 2)$$

gleichwertig, als auch

$$(A_1 + A_2)(x) < \varphi_1(x) + \varphi_2(x) + \sqrt{\varphi(x)} = (\alpha_1 + \alpha_2)\,\varphi(x) + \sqrt{\varphi(x)} \tag{10}$$

für unendlich viele x ist. Aus (10) folgt für diese x unmittelbar

$$\frac{(A_1 + A_2)(x)}{\varphi(x)} < \alpha_1 + \alpha_2 + \frac{1}{\sqrt{\varphi(x)}},$$

also

$$\delta\big(\mathfrak{A}_1 + \mathfrak{A}_2;\varphi(x)\big) \leqq \delta^*\big(\mathfrak{A}_1 + \mathfrak{A}_2;\varphi(x)\big) \leqq \alpha_1 + \alpha_2.$$

Ist $\alpha_1 = \alpha_2 = 0$, so leisten bereits endliche Mengen $\mathfrak{A}_1$, $\mathfrak{A}_2$ alles Verlangte. Auch brauchte man wegen $(A_1 + A_2)(x) \leqq A_1(x)\,A_2(x)$ lediglich $\mathfrak{A}_1$ und $\mathfrak{A}_2$ so dünn zu wählen, daß auch noch

$$A_1(x)\,A_2(x) = o\big(\varphi(x)\big)$$

ist, was keine Schwierigkeiten bereitet. Ist $\alpha_1 > 0$, $\alpha_2 = 0$, so bilde man $\mathfrak{A}_1$ und $\mathfrak{A}_2$ vermittels Satz 1 folgendermaßen. Man setze $\varphi_1(x) = \alpha_1\varphi(x)$, $\varphi_2(x) = \zeta(x) = \sqrt{\varphi(x)}$. Wegen

$$\sqrt{\varphi(x+1)} - \sqrt{\varphi(x)} \leqq \sqrt{\varphi(x) + 1} - \sqrt{\varphi(x)} \leqq 1$$

wird 8.2. (19) von $\varphi_2(x)$ erfüllt. Aus

$$(A_1 + A_2)(x) < \alpha_1\varphi(x) + 2\sqrt{\varphi(x)}$$

folgt unter Beachtung von $\mathfrak{A}_1 \subseteqq \mathfrak{A}_1 + \mathfrak{A}_2$ unmittelbar

$$\delta(\mathfrak{A}_1 + \mathfrak{A}_2;\varphi(x)) = \delta^*(\mathfrak{A}_1 + \mathfrak{A}_2;\varphi(x)) = \alpha_1.$$

14. Basen endlicher Ordnung.

14.1. Die Einführung des Dichtenbegriffs diente ursprünglich dazu, hinreichende Kriterien für die Basiseigenschaft einer Menge zu gewinnen (SCHNIRELMANN [1]). Dabei sei, wenn nicht ausdrücklich etwas anderes gesagt wird, die Basisordnung stets als endlich vorausgesetzt.

Definition 1. (SCHNIRELMANN [1]). *Eine Basis heißt beständig, wenn jede Null und Eins enthaltende dichte Teilmenge wieder Basis ist. Eine asymptotische Basis heißt beständig, wenn jede dichte Teilmenge asymptotische Basis ist.*

Satz 1 (SCHNIRELMANN*scher Basissatz*). *Jede Menge* $\mathfrak{A}$ *mit* $0 \in \mathfrak{A}$ *und positiver Dichte* $\delta(\mathfrak{A})$ *ist beständige Basis endlicher Ordnung. Die Voraussetzungen sind gleichwertig mit* $\{0, 1\} \subset \mathfrak{A}$, $\delta_v(\mathfrak{A}) > 0$.

Beweis: Die Behauptung des Satzes ist zwar eine unmittelbare Folge des MANN-DYSONschen Satzes (11.1., Satz 4, (13)), läßt sich aber auch einfacher bestätigen: Aus der schon zu Beginn von 9. erwähnten und leicht ersichtlichen Abschätzung

$$(2A)(x) \geqq A(x) + \sum_{\nu=1}^{n} A(a_\nu - a_{\nu-1} - 1) + A(x - a_n)$$

$$(\mathfrak{A} = \{a_0, a_1, \ldots\}, \quad a_n \leqq x < a_{n+1})$$

ergibt sich durch einfache Rechnung

$$\delta(2\mathfrak{A}) \geqq 2\delta(\mathfrak{A}) - \delta(\mathfrak{A})^2 = 1 - \big(1 - \delta(\mathfrak{A})\big)^2,$$

und durch Iteration erhält man sofort

$$\delta(2^k \mathfrak{A}) \geqq 1 - \big(1 - \delta(\mathfrak{A})\big)^{2^k}.$$

Für genügend große s ist wegen $\delta(\mathfrak{A}) > 0$ daher $\delta(s\mathfrak{A}) \geqq \frac{1}{2}$ erreichbar, also $2 \cdot (sA)(x) \geqq x$ für alle $x \geqq 0$. Aus 9., Satz 3 folgt hieraus sofort $2s\mathfrak{A} = \mathfrak{Z}$ (im letzten Teil des Beweises von 9., Satz 3 war hierfür ein einfacher Beweis angegeben worden). Die Beständigkeit ist evident.

Der MANN-DYSONsche Satz ermöglicht jedoch gegenüber diesem Beweisgang sofort eine bessere Abschätzung der Basisordnung. Aus $n\delta(\mathfrak{A}) \geqq 1 > (n-1)\delta(\mathfrak{A})$ folgt nämlich $n = \left\langle \frac{1}{\delta(\mathfrak{A})} \right\rangle$ und damit

Satz 2. *Ist* $0 \in \mathfrak{A}$ *und* $\delta(\mathfrak{A}) > 0$, *so gilt für die Basisordnung* h *von* $\mathfrak{A}$

$$h \leqq \left\langle \frac{1}{\delta(\mathfrak{A})} \right\rangle. \tag{1}$$

Konstruiert man $\mathfrak{A}$ nach dem in 13.1. angegebenen Verfahren, so erkennt man leicht, daß in (1) das Gleichheitszeichen stehen kann, sogar für jedes beliebig gegebene reelle $\delta(\mathfrak{A})$, $0 < \delta(\mathfrak{A}) \leqq 1$ (vgl. auch OSTMANN [2]).

Auf Grund von Satz 1 interessieren weiterhin nur Basiskriterien für Mengen verschwindender Dichte. Die folgende Modifikation von Satz 1 findet für solche Mengen häufig Anwendung:

Satz 3. *Eine Menge* $\mathfrak{A}$ *mit* $0 \in \mathfrak{A}$ *ist dann und nur dann Basis endlicher Ordnung, wenn eine natürliche Zahl* n *existiert, so daß* $\delta(n\mathfrak{A}) > 0$ *ist.*

Man beachte, daß $\delta(n\mathfrak{A}) > 0$ sofort $1 \in \mathfrak{A}$ nach sich zieht. — Für die asymptotischen Basen erhält man

Satz 4. *Es sei d der größte Teiler der ersten Differenzenfolge der Elemente von $\mathfrak{A}$. Dann ist notwendig und hinreichend dafür, daß $\mathfrak{A}$ asymptotische Basis endlicher Ordnung einer Restklasse modulo d ist, die Existenz einer natürlichen Zahl n, für die $\delta^*(n\,\mathfrak{A}) > 0$ (oder auch $\delta_v(n\,\mathfrak{A}) > 0$) ist.*

Beweis: Wie vermittels 1.1. (5) leicht zu sehen, kann man sich auf die Voraussetzung beschränken, daß $0 \in \mathfrak{A}$ und d größter Teiler von $\mathfrak{A}$ ist. Nach 3., Satz 1 (vgl. auch den ersten Teil des Beweises daselbst) gibt es sicher ein ganzes $l > 0$ so, daß in $l\frac{\mathfrak{A}}{d}$ eine zweigliedrige Kette, etwa $\{x_0, x_0 + 1\}$ liegt. Setzt man $m = \operatorname{Max}(n, l)$, so trifft auf die durch $\mathfrak{B} + \{x_0\} = m\,\frac{\mathfrak{A}}{d} \cap [x_0, \infty)$ erklärte Menge $\mathfrak{B}$ Satz 1 zu, und hieraus ergibt sich mühelos die Behauptung.

Der Bequemlichkeit halber sei in den folgenden Sätzen für asymptotische Basen der größte Teiler $d = 1$ angenommen, was nach Satz 4 offenbar keine Einschränkung bedeutet.

Satz 5 (M. Kneser [1]). *Ist $0 \in \mathfrak{A}$ und $\delta^*(\mathfrak{A}) > 0$, so gilt für die asymptotische Basisordnung $h^*(\mathfrak{A})$*

$$h^*(\mathfrak{A}) \leqq \operatorname{Max}\left(2, \left[\frac{2}{\delta^*(\mathfrak{A})} - 1\right]\right). \tag{2}$$

Beweis: Ist $\delta^*(\mathfrak{A}) > \frac{1}{2}$, so ist nach 12.1., Satz 1 bereits $2\,\mathfrak{A} \sim \mathfrak{Z}$. Sei daher $\delta^*(\mathfrak{A}) \leqq \frac{1}{2}$. Falls schon $\delta^*((h^* - 1)\,\mathfrak{A}) \geqq (h^* - 1)\,\delta^*(\mathfrak{A})$ gilt, so ergibt sich sofort $h^* - 1 \leqq \frac{1}{\delta^*(\mathfrak{A})}$, also (2). Andernfalls ist nach 12.3., Satz 13 $((h^* - 1)\,\mathfrak{A})^{[g]} \sim (h^* - 1)\,\mathfrak{A}$ für ein gewisses g sowie

$$\delta^*((h^* - 1)\,\mathfrak{A}) \geqq (h^* - 1)\,\delta^*(\mathfrak{A}^{[g]}) - \frac{h^* - 2}{g}. \tag{3}$$

Weiter ergibt sich nun

$$(h^* - 1)\,\mathfrak{A} \not\sim \mathfrak{Z} \curvearrowright \left((h^* - 1)\,\mathfrak{A}\right)^{[g]} \not\sim \mathfrak{Z} \curvearrowright \delta^*\left((h^* - 1)\,\mathfrak{A}\right) \leqq \frac{g-1}{g}. \tag{4}$$

Besteht $\mathfrak{A}^{[g]}$ aus etwa k Restklassen modulo g, so folgt aus $0 \in \mathfrak{A}$ sofort $k \geqq 2$, da der größte Teiler von $\mathfrak{A}$ gleich 1 sein sollte. Aus $\frac{k}{g} = \delta^*(\mathfrak{A}^{[g]}) \geqq \delta^*(\mathfrak{A})$ in Verbindung mit (3) und (4) folgt nach leichter Rechnung

$$h^* - 1 \leqq \left[\frac{g-2}{k-1}\right],$$

und es genügt daher $\left[\frac{g-2}{k-1}\right] \leqq \left[\frac{2}{\delta^*(\mathfrak{A})}\right] - 2 =_{\mathrm{Df}} A$ zu zeigen, wobei wegen $\delta^*(\mathfrak{A}) \leqq \frac{1}{2}$ noch $A \geqq 2$ ist. Aus $\delta^*(\mathfrak{A}) \leqq \frac{k}{g}$ ergibt sich $2g < (A + 3)\,k$.

Wäre nun $\frac{g-2}{k-1} \geqq A+1$, so würde andererseits

$$2g - k(A+3) \geqq 2(k-1)(A+1) + 4 - k(A+3)$$
$$= (k-2)(A-1) \geqq 0$$

folgen.

Kennt man in $\mathfrak{A}$ eine Kette mit einer Gliederzahl $k \geqq 2$, so läßt sich die asymptotische Basisordnung noch als Funktion von k und $\delta^*(\mathfrak{A})$ leicht abschätzen (OSTMANN [5]):

Satz 6. *Unter den Voraussetzungen von Satz 5 gilt, wenn in $\mathfrak{A}$ eine Kette der Länge k liegt,*

$$h^*(\mathfrak{A}) \leqq \mathrm{Max}\left(2, \left[\frac{k\left(\frac{1}{\delta^*(\mathfrak{A})}+1\right)-3}{k-1}\right]\right) \quad (k \geqq 2). \tag{5}$$

Für $\delta^*(\mathfrak{A}) \geq \frac{1}{2}$ sind (2) und (5) rechter Hand identisch, desgleichen, wenn $k = 2$ ist. In den verbleibenden Fällen ist (5) schärfer.

Beweis: Nach 12.1., Satz 8 ist $\delta^*(2\,\mathfrak{A}) \geqq \mathrm{Min}\left(1, \alpha^* + \frac{k-1}{k}\alpha^*\right)$, $\alpha^* = \delta^*(\mathfrak{A})$; durch vollständige Induktion erhält man sofort

$$\delta^*(n\,\mathfrak{A}) \geqq \mathrm{Min}\left(1, \left(n\left(1-\frac{1}{k}\right)+\frac{1}{k}\right)\alpha^*\right) \quad (n = 1, 2, \ldots). \tag{6}$$

Löst man

$$\left((n-1)\left(1-\frac{1}{k}\right)+\frac{1}{k}\right)\alpha^* \leqq 1-\alpha^* < \left(n\left(1-\frac{1}{k}\right)+\frac{1}{k}\right)\alpha^*$$

nach n auf, so ergibt sich

$$n = 1 + \left[\frac{\frac{1}{\alpha^*}-\frac{1}{k}-1}{1-\frac{1}{k}}\right];$$

für $0 < \alpha^* \leqq \frac{k}{k+1}$ ist $n \geqq 1$, erst recht also für $0 < \alpha^* \leqq \frac{1}{2}$. In diesem Fall wird daher nach (6)

$$\delta^*(n\,\mathfrak{A}, \mathfrak{A}) \geqq \delta^*(n\,\mathfrak{A}) + \delta^*(\mathfrak{A}) \geqq \mathrm{Min}\left(1, \left(n\left(1-\frac{1}{k}\right)+\frac{1}{k}\right)\alpha^*\right) + \alpha^* > 1,$$

und $\delta^*(n\,\mathfrak{A}, \mathfrak{A}) > 1$ trifft auch für $n = 2$ zu, falls $\alpha^* > \frac{1}{2}$ ist. Nach 12.1., Satz 1 ist daher $(n+1)\,\mathfrak{A} \sim \mathfrak{Z}$, also $h^*(\mathfrak{A}) \leqq n+1$, und das ergibt (5).

Die Abschätzungen (2) und (5) können allgemein nicht verbessert werden, da sich mit den in 13.1. verwendeten Verfahren leicht Mengen konstruieren lassen, so daß in (2) bzw. (5) das Gleichheitszeichen steht, gleichgültig, ob $\delta^*(\mathfrak{A})$ rational oder irrational ist (s. auch STÖHR [5]).

Gelegentlich wird noch die *schwache Basisordnung* betrachtet, die als kleinste ganze Zahl $h^{**} \geqq 1$ erklärt ist, so daß

$$\delta_*(h^{**}\mathfrak{A}) = 1$$

ist (HARDY-LITTLEWOOD [1, IV]). Bedeutet $s^* > 0$ die kleinste ganze Zahl, so daß $\delta^*(s^*\mathfrak{A}) > 0$ wird, so folgt aus 12.1., Satz 1 sofort

$$h^* \leqq h^{**} + s^* \leqq 2h^{**},$$

speziell also $h^* \leqq h^{**} + 1$, falls schon $\delta^*(\mathfrak{A}) > 0$ ist. Wie das folgende Beispiel (HORNFECK) zeigt, kann $h^* = h^{**} + 1$ sein. In der Menge $\{0, 1, g, 2g, 3g, \ldots\}$, $g > 0$ streiche man unendlich viele Glieder $2\mu g > 0$ derart, daß die Menge der gestrichenen Elemente die natürliche Dichte Null hat. Dann ist ersichtlich $h^{**} = g$, $h^* = g + 1$. — Siehe auch LINNIK [3], STÖHR [5].

Die folgenden Basissätze werden durchweg auf Satz 3 gestützt. Ohne Einschränkung genügt es, sie für Basen auszusprechen; die Übertragung auf asymptotische Basen bietet vermittels Satz 4 keine Schwierigkeiten.

Satz 7 (SCHNIRELMANN [1]). *Es sei $\{0, 1\} \subset \mathfrak{A}$. Wenn für ein $n > 0$ (Bezeichnungen siehe 7.2.)*

$$\sum_{\nu \leqq x} p^2(\nu; n, \mathfrak{A}) = O\left(\frac{A\left(\frac{x}{n}\right)^{2n}}{x}\right) \quad (x \geqq 1) \tag{7}$$

ist, so ist $\mathfrak{A}$ beständige Basis endlicher Ordnung, und es ist $\delta(n\mathfrak{A}) > 0$.

Zusatz. Wählt man die in 7.3. angegebene Zuordnung $\mathfrak{A} \leftrightarrow \sum_{a \in \mathfrak{A}} e^{2\pi i a s}$ und setzt abkürzend

$$f(x, s) = \sum_{\substack{a \in \mathfrak{A} \\ a \leqq x}} e^{2\pi i a s},$$

so gilt Satz 7 auch unter der Voraussetzung

$$\int_0^1 |f(x, s)|^{2n}\, ds = O\left(\frac{A\left(\frac{x}{n}\right)^{2n}}{x}\right) \tag{8}$$

an Stelle von (7), was für analytische Behandlungsweise meist vorteilhafter ist.

Beweis: Die Abschätzung 7.2. (11) auf $(nA)(x)$ angewandt, ergibt sofort $\delta(n\mathfrak{A}) > 0$. Für das Integral in (8) ergibt sich leicht

$$\int_0^1 |f(x, s)|^{2n}\, ds = \sum_{\nu=1}^{nx} k^2(\nu; n, \mathfrak{A} \cap [0, x]) \geqq \sum_{\nu=1}^{x} k^2(\nu; n, \mathfrak{A}),$$

so daß wiederum $\delta(n\mathfrak{A}) > 0$ aus 7.2. (11) folgt. Der Beweis für die dichten Teilmengen $\mathfrak{A}'$ verläuft wegen $A'(x) \geqq \alpha A(x)$, $\alpha > 0$, entsprechend.

Anwendung findet der vorstehende Satz z. B. bei der Behandlung des WARING-Problems.

Satz 8 (SCHNIRELMANN [1]). *Es sei* $\mathfrak{A} = \{a_0 = 0, a_1 = 1, a_2, \ldots\}$. *Weiter sei* $\varphi(x) > 0$ *und monoton wachsend. Dann gilt:*

$$a_\nu = O(\nu\varphi(\nu)) \wedge \sum_{\nu=1}^{x} p^2(\nu; n, \mathfrak{A}) = O\left(\frac{x^{2n-1}}{\varphi^{2n}(x)}\right) \curvearrowright \delta(n\,\mathfrak{A}) > 0, \tag{9}$$

und $\mathfrak{A}$ *ist beständige Basis endlicher Ordnung.*

Beweis: Da der Fall $\mathfrak{A} = \mathfrak{Z}$ als trivial ausgeschlossen werden kann, folgt aus $a_\nu \leqq x < a_{\nu+1}$ vermittels (9) für hinreichend große x

$$\nu + 1 \leqq x < a_{\nu+1} \leqq c(\nu+1)\,\varphi(\nu+1) \leqq 2c\nu\varphi(x) \quad (c = const),$$

also

$$\nu = A(x) > \frac{x}{2c\varphi(x)}. \tag{10}$$

Nach 7.2. (11) ergibt sich daher

$$(nA)(x) \geqq \frac{A\left(\frac{x}{n}\right)^{2n}}{(n!)^2 \sum\limits_{\nu \leqq x} p^2(\nu; n, \mathfrak{A})} \geqq \frac{\left(\frac{x}{n}\right)^{2n} \varphi^{2n}(x)}{2^{2n} c^{2n} \varphi^{2n}(x)\,(n!)^2\, c_1 x^{2n-1}},$$

also $\delta(n\,\mathfrak{A}) > 0$.

Der folgende Satz diente dazu, $\delta(2\,\mathfrak{P}) > 0$ für die Primzahlmenge $\mathfrak{P}$ nachzuweisen.

Satz 9 (SCHNIRELMANN [1]). *Es sei* $\mathfrak{A} = \{a_0 = 0, a_1 = 1, a_2, \ldots\}$, $\varphi(x) > 0$ *eine monoton wachsende Funktion mit* $\varphi(x) = o(\sqrt{x})$. *Weiter bedeute* $d(x, y)$ *die Anzahl der Lösungen von*

$$a_i - a_j = y,\ 0 \leqq y \leqq x,\ a_i \leqq x,\ a_j \leqq x.$$

Dann gilt

$$a_\nu = O(\nu\varphi(\nu)) \wedge \sum_{y=1}^{x} d^2(x, y) = O\left(\frac{x^3}{\varphi^4(x)}\right) \curvearrowright \delta(2\,\mathfrak{A}) > 0,$$

und $\mathfrak{A}$ *ist beständige Basis endlicher Ordnung.*

Beweis: Da für dichte Teilmengen die Voraussetzungen des Satzes offenbar auch erfüllt sind, genügt es $\mathfrak{A}$ selbst zu betrachten. Entsprechend (10) ist

$$A\left(\frac{x}{2}\right) > \frac{cx}{\varphi\left(\frac{x}{2}\right)} \geqq \frac{cx}{\varphi(x)},$$

also nach 7.2. (11)

$$(2A)(x) \geqq \frac{A\left(\frac{x}{2}\right)^4}{\sum\limits_{\nu=1}^{x} k^2(\nu; 2, \mathfrak{A})} > \frac{Cx^4}{\varphi^4(x) \sum\limits_{\nu=1}^{x} k^2(\nu; 2, \mathfrak{A})}. \tag{11}$$

$k^2(\nu; 2, \mathfrak{A})$ stellt offenbar die Anzahl der Quadrupel a_i, a_j, a_v, a_w mit

$$\nu = a_i + a_j = a_v + a_w$$

dar. Unter der Bedingung $i = v$ ist diese Anzahl gleich

$$k(\nu; 2, \mathfrak{A}) \leqq \frac{1 + k^2(\nu; 2, \mathfrak{A})}{2}.$$

Ist $i \neq v$, so ist die Lösungsanzahl von $1 \leqq a_i + a_j = a_v + a_w \leqq x$, d. h. von $a_i - a_v = a_w - a_j = \pm y$ — wegen $i \neq v$ ist dabei $y \geqq 1$ — höchstens gleich $2 \sum_{y=1}^{x} d^2(x, y)$. Mithin

$$\sum_{\nu=1}^{x} k^2(\nu; 2, \mathfrak{A}) \leqq 2 \sum_{y=1}^{x} d^2(x, y) + \sum_{\nu=1}^{x} \frac{1 + k^2(\nu; 2, \mathfrak{A})}{2}$$

$$\leqq \frac{c\, x^3}{\varphi^4(x)} + \frac{x}{2} + \frac{1}{2} \sum_{\nu=1}^{x} k^2(\nu; 2, \mathfrak{A}),$$

also wegen $\varphi(x) = o(\sqrt{x})$

$$\sum_{\nu=1}^{x} k^2(\nu; 2, \mathfrak{A}) \leqq \frac{2\, c\, x^3}{\varphi^4(x)} + x \leqq \frac{2\, c\, x^3}{\varphi^4(x)} + x \left(\frac{\sqrt{x}}{\varphi(x)}\right)^4 \qquad (x \geqq x_0).$$

(11) geht daher über in

$$(2\, A)(x) \geqq \alpha\, x, \quad x \geqq 1, \quad \alpha > 0.$$

Ebenfalls auf SCHNIRELMANN [1] geht das folgende Kriterium zurück:

Satz 10. *Es sei $f(x) \geqq 0$ $(x \geqq 0)$ und dreimal differenzierbar. Ferner erfülle $f(x)$ die Bedingungen*

$$f(x) > 0, \; f'(x) > 1, \; 0 < \frac{c_1}{x \log x} < f''(x) < \frac{c_2}{x},$$

$$-\frac{c_3}{x^2} < f'''(x) < 0 \qquad (x > 1).$$

Es sei $\mathfrak{A} = \{0, 1\} \cup \{[f(1)], [f(2)], \ldots, [f(n)], \ldots\}$. Dann ist $\mathfrak{A}$ beständige Basis endlicher Ordnung.

Abgesehen von der Basiseigenschaft der dichten Teilmengen ist Satz 10 ein Spezialfall des anschließenden Satzes, wie man erkennt, wenn man etwa $\alpha = \frac{3}{4}$, $\beta = \frac{5}{4}$ setzt. Es ist dann sogar schon $\delta(2\, \mathfrak{A}) > 0$.

Satz 11 (WIRSING). *Es sei $f(x) \geqq x$ für $x \geqq 0$ zweimal differenzierbar und $f''(x)$ daselbst integrierbar, ferner sei*

$$0 < C_1\, x^{-\beta} \leqq f''(x) \leqq C_2\, x^{-\alpha} \quad (x \geqq 1)$$

sowie $\alpha \leqq \beta < 2\alpha$, $0 < \alpha < 1$. Für die Elemente von $\mathfrak{A} = \{a_0, a_1, a_2, \ldots\}$ gelte $a_\nu = f(\nu) + O(1)$. Dann ist $\mathfrak{A}$ asymptotische Basis endlicher Ordnung. Gilt an Stelle von $\beta < 2\alpha$ schärfer $\beta \leqq 3\alpha - 1$, so ist bereits $\delta^*(2\, \mathfrak{A}) > 0$.

Beweis: Es sei zunächst $\gamma \geqq 1$ beliebig reell. Man setze $m = [\gamma n^\alpha]$. Für $n > m$ betrachte man in $2\mathfrak{A}$ die Elemente

$$2a_n, a_{n-1} + a_{n+1}, a_{n-2} + a_{n+2}, \ldots, a_{n-m} + a_{n+m}. \tag{12}$$

Für die erste Differenzenfolge hiervon ergibt sich

$$\begin{aligned} &a_{n-\nu-1} + a_{n+\nu+1} - a_{n-\nu} - a_{n+\nu} \\ &= f(n+\nu+1) - f(n+\nu) - \big(f(n-\nu) - f(n-\nu-1)\big) + O(1) \\ &= f'(n+\nu+\vartheta_1) - f'(n-\nu-\vartheta_2) + O(1) = 2\nu f''(n+\vartheta_3) + O(1) \\ &\leqq 2m\,C_2(n+\vartheta_3)^{-\alpha} + O(1) \leqq 2\gamma\,C_2\Big(\frac{n}{n-\gamma n^\alpha}\Big)^\alpha + O(1) \\ &= O(1)\ (\textit{wegen}\ \alpha < 1) \quad (0 < \vartheta_1, \vartheta_2 < 1;\ |\vartheta_3| < m). \end{aligned} \tag{13}$$

Weiter ist

$$\begin{aligned} a_{n-m} + a_{n+m} - 2a_n &= \int_0^m \int_0^m f''(n-m+x+y)\,dx\,dy + O(1) \\ &\geqq \int_0^m \int_0^m \frac{C_1\,dx\,dy}{(n+m)^\beta} + O(1) = C_1 \frac{m^2}{(n+m)^\beta} + O(1) \\ &\geqq \frac{C_1(\gamma n^\alpha - 1)^2}{(2n)^\beta} + O(1) \geqq \frac{C_1}{2^\beta} n^{2\alpha-\beta}\gamma^2 + O(1). \end{aligned} \tag{14}$$

Ferner ist

$$\begin{aligned} 2a_{n+1} - 2a_n &= 2f'(n+\vartheta) + O(1) \leqq 2f'(n+1) + O(1) \\ &= 2\int_1^{n+1} f''(x)\,dx + O(1) \leqq 2C_2 \int_1^{n+1} \frac{dx}{x^\alpha} + O(1) \\ &= \frac{2C_2}{1-\alpha} n^{1-\alpha} + O(1) \quad (0 < \vartheta < 1). \end{aligned} \tag{15}$$

Ist nun zunächst $\beta \leqq 3\alpha - 1$, d. h. $2\alpha - \beta \geqq 1 - \alpha$, so kann man offenbar γ so groß wählen, daß der letzte Ausdruck in (14) größer als der letzte in (15) ist; daher ist $a_{n-m} + a_{n+m} - 2a_n > 2a_{n+1} - 2a_n$ $(n > m)$, die Folge (12) greift also über $2a_{n+1}$ hinaus. $2\mathfrak{A}$ hat somit nach (13) beschränkte Lücken, also ist $\delta^*(2\mathfrak{A}) > 0$. Sei nun lediglich $\beta < 2\alpha$. Man setze in obigen Formeln $\gamma = 1$, also $m (= m(n)) = [n^\alpha]$. Bildet man für zunächst beliebiges ganzes $k > 1$ die Menge $2 \times k\mathfrak{A} =_{\mathrm{Df}} \mathfrak{C} = \{c_0 = 0, c_1, c_2, \ldots\}$, so hat ein c_i die Gestalt $c_i = 2a_{n_1} + 2a_{n_2} + \cdots + 2a_{n_k}$, und für mindestens ein $n_\varkappa$ $(1 \leqq \varkappa \leqq k)$, es sei dies etwa n_1, gilt $a_{n_1} \geqq \frac{c_i}{2k}$. Für hinreichend großes c_i ist $n_1 > 1$, also $n_1 > m = [n_1^\alpha]$. Man ersetze in der Darstellung von c_i den Summanden $2a_{n_1}$ durch

$a_{n_1-\nu} + a_{n_1+\nu}$ $(\nu = 1, 2, \ldots, m)$. Für $\nu = m$ erhält man vermittels (14)

$$\begin{aligned} a_{n_1-m} &+ a_{n_1+m} + 2a_{n_2} + \cdots + 2a_{n_k} \\ &\geqq 2a_{n_1} + 2^{-\beta} C_1 n_1^{2\alpha-\beta} + 2a_{n_2} + \cdots + 2a_{n_k} + O(1) \\ &= c_i + 2^{-\beta} C_1 n_1^{2\alpha-\beta} + O(1) \quad (c_i \to \infty). \qquad (16) \end{aligned}$$

Weiter folgt aus $f''(x) \leqq C_2 x^{-\alpha}$ leicht $a_{n_1} \leqq C_3 n_1^{2-\alpha}$ mit einem geeigneten $C_3 > 0$; daher ergibt sich in (16) unter Beachtung von $a_{n_1} \geqq \frac{c_i}{2k}$ weiter

$$\begin{aligned} c_i + 2^{-\beta} C_1 n_1^{2\alpha-\beta} + O(1) &\geqq c_i + C_4 a_{n_1}^{\frac{2\alpha-\beta}{2-\alpha}} + O(1) \\ &\geqq c_i + C_5 c_i^{\varepsilon} + O(1), \quad 0 < \varepsilon < \frac{2\alpha-\beta}{2-\alpha}, \; c_i \to \infty. \end{aligned}$$

Es werde zunächst der folgende *Satz* (WINKLER) eingeschaltet:

Für $\mathfrak{A} = \{a_0 = 0, a_1, a_2, \ldots\}$ *bzw.* $\mathfrak{B} = \{b_0 = 0, b_1, b_2, \ldots\}$ *gelte* $a_{n+1} - a_n = O(a_n^{\sigma})$, $\sigma \geqq 0$, *bzw.* $b_{n+1} - b_n = O(b_n^{\tau})$, $\tau \geqq 0$. *Dann gilt für* $\mathfrak{C} = \mathfrak{A} + \mathfrak{B} = \{c_0 = 0, c_1, c_2, \ldots\}$

$$c_{n+1} - c_n = O(c_n^{\sigma\tau}).$$

Beweis: Man bestimme zu c_n, c_{n+1} den Index $i \geqq 0$, so daß $b_i \leqq c_n < c_{n+1} \leqq b_{i+1}$ ist, und danach $j \geqq 0$ so, daß $b_i + a_j \leqq c_n < c_{n+1} \leqq b_i + a_{j+1}$ ist. Dann wird

$$\begin{aligned} c_{n+1} - c_n \leqq a_{j+1} - a_j = O(a_j^{\sigma}) &= O\left((c_n - b_i)^{\sigma}\right) \\ &= O\left((b_{i+1} - b_i)^{\sigma}\right) = O(b_i^{\sigma\tau}) = O(c_n^{\sigma\tau}). \end{aligned}$$

Aus (15) folgt noch $a_{n+1} - a_n = O(n^{1-\alpha}) = O(a_n^{1-\alpha})$. Der eben bewiesene Satz ergibt daher für $\mathfrak{C} = 2 \times k\mathfrak{A}$

$$c_{i+1} = c_i + O\left(c_i^{(1-\alpha)^k}\right).$$

Wählt man nun k so groß, daß $(1-\alpha)^k < \varepsilon' < \varepsilon$ ist, so wird $c_{i+1} = c_i + O(c_i^{\varepsilon'})$. Für hinreichend großes i entnimmt man daher (16), daß das zu $2k\mathfrak{A} \supseteqq 2 \times k\mathfrak{A}$ gehörende Element $a_{n_1-m} + a_{n_1+m} + 2a_{n_2} + \cdots + 2a_{n_k}$ größer als $c_{i+1} \in 2 \times k\mathfrak{A}$ ist. Aus (13) folgt nunmehr, daß das Intervall $[c_i, c_{i+1}]$ durch die Elemente von $2k\mathfrak{A}$ derart ausgefüllt wird, daß die Lücken gleichmäßig für alle i beschränkt sind. Daher ist $\delta^*(2k\mathfrak{A}) > 0$. Die restliche Behauptung folgt aus Satz 4.

Satz 11 ist beispielsweise auf $a_n = [n^{\varrho}]$, $1 < \varrho < 2$, anwendbar; für $1 < \varrho \leqq \frac{3}{2}$ ist schon $\delta^*(2\mathfrak{A}) > 0$. Beispiele für Satz 10 sind $[f(n)] = [n \log n]$, $= [n \log\log n]$, $= [\log \Gamma(n)]$.

Die Frage, ob es asymptotische Basen $\mathfrak{B} = \{b_0 = 0, b_1, b_2, \ldots\}$ zweiter Ordnung gibt derart, daß alle hinreichend großen $b_i + b_j$ paarweise verschieden sind, ist zu verneinen, wie bereits durch 7.7., Satz 15 gezeigt ist. Hinsichtlich einer Verallgemeinerung dieser Fragestellung auf Basen höherer Ordnung bezüglich einer Menge $\mathfrak{S}$ siehe WINTNER [5].

Die bisher erwähnten Sätze gaben hinreichende Bedingungen für Basen endlicher Ordnung. STÖHR [5] greift auch die Frage nach notwendigen Bedingungen an. Es werden u. a. die folgenden Kriterien für *Nichtbasen* $\mathfrak{A} = \{a_0, a_1, a_2, \ldots\}$ angegeben:

I. $\mathfrak{A}$ *ist keine asymptotische Basis endlicher Ordnung, wenn* $\varliminf\limits_{i=1,2,\ldots} \frac{a_i}{a_{i+1}} = 0$ *ist.*

Beweis: Für unendlich viele i und jedes $h > 0$ ist $h a_i + 1 < a_{i+1}$.

II. *Es sei* $R(\mathfrak{A}, \text{mod } m)$ *die Anzahl der unendlich oft in* $\mathfrak{A}$ *vertretenen Restklassen* mod m. *Ist*

$$\varliminf_{m=1,2,\ldots} \frac{R(\mathfrak{A}, \text{mod } m)}{\sqrt[h]{m}} = 0 \qquad (h > 0 \text{ ganz}),$$

so ist $\mathfrak{A}$ *keine asymptotische Basis h-ter Ordnung.*

Aus II folgt sofort

III. $\mathfrak{A}$ *ist keine asymptotische Basis endlicher Ordnung, wenn der größte Teiler von* $\mathfrak{A} \cap [n, \infty)$ *mit wachsendem n gegen Unendlich geht.*

Schließlich folgt aus II noch leicht

IV. $\mathfrak{A}$ *ist keine asymptotische Basis endlicher Ordnung, wenn die Folge der Elemente* a_i *von* $\mathfrak{A}$ *p-adisch konvergiert oder* $\mathfrak{A}$ *Vereinigung endlich vieler p-adisch konvergenter Folgen ist.*

Bemerkung 1. Kriterium III erlaubt es, zu jedem $\varphi(x) = o(x) \leqq x$, das 8.2. (17) erfüllt, Nichtbasen $\mathfrak{N}$ zu konstruieren, für die $\delta^*(\mathfrak{N}; \varphi(x)) = \delta_v(\mathfrak{N}; \varphi(x)) = \alpha(0 \leqq \alpha \leqq \delta(\mathfrak{Z}; \varphi^{(x)}))$ ist. Zum Beweis sei $d_1 = 1, d_2, \ldots$ mit $d_\nu | d_{\nu+1}$ eine Folge ganzer Zahlen. $\mathfrak{N}$ konstruiere man nun intervallweise: Das ν-te Intervall $[a_\nu, a_{\nu+1} - 1]$ $(a_1 = 0)$ enthalte genau die Zahlen $\equiv 0$ (mod d_ν und $a_{\nu+1}$ sei so groß gewählt, daß $\frac{x}{d_{\nu+1}} \geqq \alpha\varphi(x)$ für alle $x \geqq a_{\nu+1}$ gilt; in der so zunächst entstehenden Menge lasse man gegebenenfalls so viele Elemente weg, daß die gewünschten Dichtenwerte angenommen werden. — Ist $\alpha = 1$, so ergibt sich noch $\mathfrak{N}(x) \geqq \varphi(x)$ für alle $x > 0$. — Hinsichtlich $\varphi(x) = x$ siehe 14.1., Satz 2f (siehe auch STÖHR [6]).

Bemerkung 2. Vereinigt man etwa die im Anschluß an Satz 11 genannte Basis $\mathfrak{B} = \{0, 1, [2^{\frac{3}{2}}], \ldots, [n^{\frac{3}{2}}], \ldots\}$ mit einer nach Bemerkung 1 konstruierten Nichtbasis $\mathfrak{N}$ für $\varphi(x) = x^{\frac{3}{4}}$, so liegt offenbar $\mathfrak{N}$ in $\mathfrak{B} \cup \mathfrak{N}$ dicht, d. h. $\mathfrak{B} \cup \mathfrak{N}$ *ist Beispiel einer nichtbeständigen Basis.*

Über Basismengen siehe ferner STÖHR [5], [6].

14.2. In Relationen, in denen von einer Basis nur ihre Ordnung eingeht, erhält man zuweilen bessere Resultate, wenn man die Ordnung durch die — in gewissem Sinn — mittlere Summandenanzahl ersetzt, die zur Darstellung der natürlichen Zahlen erforderlich ist.

Definition 2. *Es sei* $\mathfrak{M}$ *beliebig.* $l_{\mathfrak{M}}(n) = l(n)$ *bedeute die Mindestanzahl von Summanden, die zur Darstellung von n als Summe von Zahlen aus* $\mathfrak{M}$ *erforderlich sind. Ist n nicht in dieser Form darstellbar, so bleibt* $l(n)$ *undefiniert. Ist* $\{0, 1\} \subseteq \mathfrak{M}$ *(also* $\mathfrak{M}$ *Basis eventuell unendlicher Ordnung), so heißt*

$$\lambda = \lambda(\mathfrak{M}) = \overline{\underset{x=1,2,\ldots}{\text{fin}}}\ \frac{1}{x} \sum_{n=1}^{x} l(n)\ (\leqq \infty)$$

die mittlere Ordnung von $\mathfrak{M}$. *Die variierte mittlere Ordnung von* $\mathfrak{M}$ *sei*

$$\lambda_v = \lambda_v(\mathfrak{M}) = \overline{\underset{x=0,1,2,\ldots}{\text{fin}}}\ \frac{1}{x+1} \sum_{n=0}^{x} l(n).$$

Ist $0 \in \mathfrak{M}$ *und der größte Teiler von* $\mathfrak{M}$ *gleich Eins (also* $\mathfrak{M}$ *asymptotische Basis von eventuell unendlicher Ordnung), so bestimme man ein* n_0 *so, daß* $l(n) \geqq 1$ *ist für alle* $n \geqq n_0$. *Dann heißt*

$$\lambda^* = \lambda^*(\mathfrak{M}) = \overline{\lim_{x=n_0, n_0+1,\ldots}}\ \frac{1}{x} \sum_{n=n_0}^{x} l(n)$$

mittlere asymptotische Ordnung von $\mathfrak{M}$.

Der Gedanke, obere Schranken von $\frac{1}{x} \sum_{n=1}^{x} l(n)$ an Stelle von Basisordnungen zu betrachten, geht auf LANDAU [12] zurück. Die obige Präzisierung hat STÖHR [2], die Übertragung auf den asymptotischen Fall ROHRBACH [3] durchgeführt. Die Definition von λ^* gab KLÖTER [1] bzw. KLÖTER-STÖHR [1].

Wegen der Darstellbarkeit der Null durch die leere Summe ist $l(0) = 0$; sonst $l(n) \geq 1$ für jedes definierte $l(n)$. Unmittelbar ersichtlich ist $\lambda^* \leq \lambda_v \leq \lambda$; ferner $1 \leq \lambda \leq h$, wenn $\mathfrak{M}$ Basis der Ordnung h, sowie $1 \leq \lambda^* \leq h^*$, wenn $\mathfrak{M}$ asymptotische Basis der Ordnung h^* ist. Ist schließlich λ_v endlich, so auch λ.

Sind $l(a)$ und $l(b)$ definiert, so ist offenbar auch $l(a+b)$ definiert; es gilt, wie sofort zu sehen, die Dreiecksungleichung

$$l(a+b) \leqq l(a) + l(b).$$

Sind $l_{\mathfrak{A}}(n)$ und $l_{\mathfrak{B}}(n)$ erklärt, so hat man noch, falls $0 \in \mathfrak{A} \wedge \mathfrak{B}$ ist,

$$l_{\mathfrak{A}+\mathfrak{B}}(n) \leqq l_{\mathfrak{A} \vee \mathfrak{B}}(n) \leqq \text{Min}\left(l_{\mathfrak{A}}(n), l_{\mathfrak{B}}(n)\right),$$

$$l_{\nu\mathfrak{A}} = \left\langle \frac{l_{\mathfrak{A}}(n)}{\nu} \right\rangle, \ \nu \geqq 1.$$

Der folgende Satz geht auf VINOGRADOV (siehe bei RAIKOV [5]) zurück; siehe auch S. SELBERG [6], STÖHR [2].

Satz 12. *Ist* $\{0, 1\} \subseteqq \mathfrak{M}$ *und* λ *(bzw.* λ_v*) endlich, so ist* $\mathfrak{M}$ *Basis von endlicher, etwa h-ter Ordnung, und es gilt* $h < 2\lambda$.

Beweis:

$$x \geqq 1 \curvearrowright \sum_{n=1}^{x} l(n) = \sum_{n=0}^{x-1} l(x-n) \geqq \sum_{n=0}^{x-1} \big(l(x) - l(n)\big)$$

$$= x\,l(x) - \sum_{n=0}^{x-1} l(n) > x\,l(x) - \sum_{n=1}^{x} l(n) \curvearrowright l(x) < \frac{2}{x} \sum_{n=1}^{x} l(n) \leqq 2\lambda.$$

Auf ähnliche Weise ergibt sich (KLÖTER [1] bzw. KLÖTER-STÖHR [1]) leicht

Satz 13. *Es sei* $0 \in \mathfrak{M}$ *und der größte Teiler von* $\mathfrak{M}$ *gleich Eins. Ist* λ^* *endlich, so ist* $\mathfrak{M}$ *asymptotische Basis endlicher Ordnung, etwa* h^*, *und es ist* $h^* \leqq 2\lambda^*$.

Satz 14. *Es sei* $\mathfrak{B}$ *Basis, h die Ordnung,* λ *die mittlere Ordnung,* λ_v *die variierte mittlere Ordnung. Dann ist* (STÖHR [2]; *vgl. auch* OSTMANN [3])

$$h = \lambda + \delta\big(\mathfrak{B}, 2\mathfrak{B}, \ldots, (h-1)\,\mathfrak{B}\big) \geqq \lambda + \sum_{\nu=1}^{h-1} \delta(\nu\,\mathfrak{B}),$$

$$h = \lambda_v + \underset{x=0,1,2,\ldots}{\overline{\text{fin}}} \frac{1 + \sum_{\nu=1}^{h-1} (\nu\,B)\,(-1, x)}{x+1}.$$

Ist $\mathfrak{B}$ *asymptotische Basis,* h^* *die asymptotische Ordnung,* λ^* *die mittlere asymptotische Ordnung, so gilt analog* (KLÖTER [1] *bzw.* KLÖTER-STÖHR [1])

$$h^* = \lambda^* + \delta^*\big(\mathfrak{B}, 2\mathfrak{B}, \ldots, (h^*-1)\,\mathfrak{B}\big) \geqq \lambda^* + \sum_{\nu=1}^{h^*-1} \delta^*(\nu\,\mathfrak{B}).$$

Beweis: Es sei etwa $l(n) \geqq 1$ für alle $n > n_0$. Für $n_0 < n \leqq x$ ist die Anzahl der n mit $l(n) = k$ offenbar gleich $(k\,B)\,(n_0, x) - ((k-1)\,B)\,(n_0, x)$. Mithin für festes $x > n_0 \geqq 0$

$$\sum_{n=n_0+1}^{x} l(n) = \sum_{k=1}^{h^*} \{(k\,B)\,(n_0, x) - ((k-1)\,B)\,(n_0, x)\}\,k$$

$$= h^*\,(h^*\,B)\,(n_0, x) - \sum_{k=1}^{h^*-1} (k\,B)\,(n_0, x),$$

da $(0\,B)\,(n_0, x) = 0$ wegen $n_0 \geqq 0$ ist. Aus $h^*\,\mathfrak{B} \sim \mathfrak{Z}$ folgt für ein geeignetes a sofort $(h^*\,B)\,(n_0, x) = x - a$, mithin

$$\lambda^* = h^* - \underset{x=1,2,\ldots}{\overline{\lim}} \frac{\sum_{k=1}^{h^*-1} (k\,B)\,(n_0, x)}{x} = h^* - \delta^*\,(\mathfrak{B}, 2\,\mathfrak{B}, \ldots, (h-1)\,\mathfrak{B}).$$

Setzt man $n_0 = 0$ und nimmt die obere Grenze, so ergibt sich der erste Teil der Behauptung und durch einfache Umrechnung schließlich auch der restliche Teil.

Satz 15. $\lambda = h \curvearrowright \delta(\mathfrak{B}, 2\mathfrak{B}, \ldots, (h-1)\mathfrak{B}) = 0 \curvearrowright \delta((h-1)\mathfrak{B}) = 0$ (STÖHR [2]; vgl. auch OSTMANN [3]).

$\lambda^* = h^* \curvearrowright \delta^*(\mathfrak{B}, 2\mathfrak{B}, \ldots, (h^*-1)\mathfrak{B}) = 0 \curvearrowright \delta^*\big((h^*-1)\mathfrak{B}\big) = 0$

(KLÖTER [1] bzw. KLÖTER-STÖHR [1]).

Die Relationen ergeben sich aus Satz 14 bzw. sind evident.

Es war noch die Frage aufgetaucht, ob für Basen h-ter Ordnung

$$\delta(\mathfrak{B}, 2\mathfrak{B}, \ldots, (h-1)\mathfrak{B}) = \sum_{\nu=1}^{h-1} \delta(\nu\mathfrak{B})$$

ist. Dies ist zu verneinen, wie das folgende Beispiel (OSTMANN [3]) einer Basis dritter Ordnung zeigt: $\mathfrak{B} = \{0, 1, 2, 3, 10, 11, 17, 18, 19, \ldots\}$. Es ist $2\mathfrak{B} = \{0, 1, 2, 3, 4, 5, 6, 10, 11, 12, 13, 14, 17, 18, 19, \ldots\}$, $\delta(2\mathfrak{B}) = \frac{2}{3}$, $\delta(\mathfrak{B}, 2\mathfrak{B}) = 1$. — Die Möglichkeit von $\lambda_v < \lambda < h$ ist leicht realisierbar; z. B. $\mathfrak{B} = \{0, 1, 6, 7, 8, \ldots\}$; es ist $h = 5$, $\lambda = 3$, $\delta(\mathfrak{B}, 2\mathfrak{B}, 3\mathfrak{B}, 4\mathfrak{B}) = 2$,

$$\lambda_v = \frac{5}{2}\left(= \underset{x=0,1,\ldots}{\overline{\text{fin}}} \frac{1 + \sum_{\nu=1}^{h-1} (\nu B)(-1, x)}{x+1}\right).$$

14.3. Einen anderen Basisbegriff erhält man, indem man an die g-adische Zifferndarstellung anknüpft. Es sei gleich der Bereich $\mathfrak{C}$ aller ganzen Zahlen zugrunde gelegt. Dann heißt eine Menge $\{b_1, b_2, \ldots\}$, b_i ganz, *Basis von* $\mathfrak{C}$, wenn sich jedes ganze x eindeutig in der Gestalt

$$x = \sum_{i=1}^{\infty} \varepsilon_i b_i;\ \varepsilon_i = 0, 1;\ \sum_{i=1}^{\infty} \varepsilon_i < \infty,$$

ausdrücken läßt. Beispielsweise liefert die Menge aller $b_i = (-2)^i$ eine Basis. Nach DE BRUIJN [2] läßt sich jede Basis in der Form $b_1 = d_1$, $b_2 = 2d_2$, $b_3 = 2^2 d_3, \ldots, b_i = 2^{i-1} d_i, \ldots$ schreiben, wobei alle d_i ungerade sind (womit eine Vermutung von SZELE bewiesen ist). Die weiteren Untersuchungen beziehen sich daher auf die Betrachtung der *Grundfolge* $(d_1, d_2, \ldots)$.

Näheres s. bei DE BRUIJN [2], STÖHR [5].

15. Minimalbasen.

15.1. *Unter einer Minimalbasis h-ter Ordnung des Intervalls* $[0, n]$ *versteht man jede Basis* $\mathfrak{B}$ *von h-ter Ordnung bezüglich* $[0, n]$, *für die* $B(0, n)$ *von keiner anderen Basis h-ter Ordnung unterschritten wird* (ROHRBACH [3]). — *Minimalbasis h-ter Ordnung von* $\mathfrak{Z}$ *heiße jede Basis* $\mathfrak{B}$ *von h-ter Ordnung, für die* $B(x) = O\left(\sqrt[h]{x}\right)$ *gilt, und die überdies keine Basis h-ter Ordnung als echte Teilmenge enthält.*

Die Unabhängigkeit der letzten beiden Eigenschaften erkennt man sofort an Hand der Basis $\{0, 1, h+1, 2h+1, \ldots, \lambda h+1, \ldots\}$, $h \geqq 2$, die offensichtlich keine Basis h-ter Ordnung als echte Teilmenge enthält. — Hinsichtlich der Existenz von Minimalbasen siehe weiter unten Satz 4 nebst Zusatz.

Satz 1. *Für jede Basis $\mathfrak{B}$ von $\mathfrak{Z}$ der Ordnung h gilt $B(-1, x) \geqq \sqrt[h]{x+1}$, $x \geqq 0$, bzw. $B(x) \geqq \alpha \sqrt[h]{x}$, $x \geqq 0$, mit einem (von $\mathfrak{B}$ unabhängigen) $\alpha = \alpha(h) > 0$ (x ganz).*

Beweis: Aus den $B(-1, x)$ Elementen von $\mathfrak{B} \cap [0, x]$ lassen sich höchstens $B(-1, x)^h$ Summen von je h Summanden aus $\mathfrak{B}$ bilden. Aus der Basiseigenschaft folgt also

$$x + 1 \leqq B(-1, x)^h, \textit{ mithin } B(-1, x) \geqq \sqrt[h]{x+1}, \ x \geqq 0,$$

oder für ein geeignetes $\alpha > 0$

$$B(x) \geqq \sqrt[h]{x+1} - 1 \geqq \alpha \sqrt[h]{x}, \ x \geqq 0.$$

Satz 2 (Raikov [1], Stöhr [1]). *Es gibt für jedes ganze $h \geqq 1$ Basen h-ter Ordnung mit $B(x) = O\left(\sqrt[h]{x}\right)$.*

Beweis: $h = 1$ ist trivial. Sei daher $h > 1$. Es bedeute $\mathfrak{B}^{(\nu)}$ ($\nu = 1, 2, \ldots, h$) die Menge aller der Zahlen $b^{(\nu)}$, die bei Entwicklung nach Potenzen von 2^h nur die Ziffern 0 oder $2^{\nu-1}$ aufweisen. Für $\mathfrak{B} = \bigcup_{\nu=1}^{h} \mathfrak{B}^{(\nu)}$ soll die Behauptung des Satzes nachgewiesen werden. Offensichtlich gilt

$$1 \leqq \nu < \mu \leqq h \curvearrowright \mathfrak{B}^{(\nu)} \cap \mathfrak{B}^{(\mu)} = \{0\},$$

also, wenn noch s aus $2^{hs} \leqq x \leqq 2^{h(s+1)} - 1$ bestimmt wird,

$$\begin{aligned} B(x) &= \sum_{\nu=1}^{h} B^{(\nu)}(x) \leqq \sum_{\nu=1}^{h} B^{(\nu)}(2^{h(s+1)} - 1) \\ &= \sum_{\nu=1}^{h} (2^{s+1} - 1) = h\, 2^{s+1} - h; \end{aligned} \tag{1}$$

daher

$$\frac{B(x)}{\sqrt[h]{x}} \leqq \frac{h\, 2^{s+1} - h}{\sqrt[h]{2^{hs}}} < 2h, \ \textit{d.h.} \ B(x) = O\left(\sqrt[h]{x}\right). \tag{2}$$

Es bleibt noch die Basiseigenschaft nachzuweisen. Ist $c \in [0, 2^h - 1]$, so ist c offensichtlich in der Form

$$c = \sum_{\nu=1}^{h} b^{(\nu)}, \ b^{(\nu)} \in \mathfrak{B}^{(\nu)}, \tag{3}$$

(sogar eindeutig) darstellbar; es ist hier noch $b^{(\nu)} = 0$ oder $2^{\nu-1}$. Stellt man ein beliebiges $n \in \mathfrak{Z}$ durch Potenzen von 2^h dar: $n =$

$\sum_{\varrho=0}^{r} c_\varrho 2^{h\varrho}$, und verwendet für jedes c_ϱ die Darstellung (3), so wird

$$n = \sum_{\varrho=0}^{r} \sum_{\nu=1}^{h} b_\varrho^{(\nu)} 2^{h\varrho} = \sum_{\nu=1}^{h} \sum_{\varrho=0}^{r} b_\varrho^{(\nu)} 2^{h\varrho} \quad (b_\varrho^{(\nu)} \in \mathfrak{B}^{(\nu)}).$$

Wegen $\sum_{\varrho=0}^{r} b_\varrho^{(\nu)} 2^{h\varrho} \in \mathfrak{B}^{(\nu)} \subset \mathfrak{B}$ folgt daher sofort $n \in h\,\mathfrak{B}$ für alle $n \in \mathfrak{Z}$; nach (2) und Satz 1 kann aber die Basisordnung nicht kleiner als h sein. Vgl. auch CHATROVSKI [1].

Satz 3 (STÖHR [5]). *In jeder Basis h-ter Ordnung ist mindestens eine solche Basis h-ter Ordnung als Teilmenge enthalten, die ihrerseits keine Basis h-ter Ordnung als echte Teilmenge enthält.*

Beweis: Die Behauptung läßt sich durch Anwendung des HAUSDORFF[1]-ZORNschen Lemmas unmittelbar bestätigen, ist aber auch einfacher zu beweisen: Es sei bereits die Folge $\mathfrak{B} = \mathfrak{B}_1 \supset \mathfrak{B}_2 \cdots \supset \mathfrak{B}_n$, $n \geqq 1$, konstruiert. Entweder ist $\mathfrak{B}_n$ eine Basis im Sinne der Behauptung, oder es gibt ein kleinstes $b_n \in \mathfrak{B}_n$ so, daß $\mathfrak{B}_n - \{b_n\} =_{\mathrm{Df}} \mathfrak{B}_{n+1}$ noch Basis h-ter Ordnung ist. $\bigcap_{\nu \geqq 1} \mathfrak{B}_\nu$ leistet alles Verlangte.

Wendet man Satz 3 auf die speziellen Basen des Satzes 2 an, so ergibt sich sofort:

Satz 4. *Es gibt für $\mathfrak{Z}$ Minimalbasen jeder Ordnung.*

Zusatz. Die entsprechende Existenzaussage bezüglich Basen h-ter Ordnung für $[0, n]$ lautet: *Ist $n < h$, so gibt es überhaupt keine Basen h-ter Ordnung. Für $n \geqq h$ gibt es Minimalbasen der Ordnung h.*

Der erste Teil der Behauptung ist wegen der Minimaleigenschaft der Ordnung trivial; ist jedoch $n \geqq h$, so genügt es zu zeigen, daß es schlechthin Basen h-ter Ordnung für $[0, n]$ gibt; offensichtlich ist $\{0, 1, h+1, 2h+1, \ldots, \lambda h + 1\}, \lambda = \left[\frac{n-1}{h}\right]$, eine solche.

Betrachtet man die Gesamtheit der Basen h-ter Ordnung für $[0, n]$ bzw. $\mathfrak{Z}$ gegenüber der Relation „$\subsetneqq$" als teilweise geordnete Menge, so sind die Minimalbasen offensichtlich in dieser Menge spezielle minimale Elemente im Sinn der Theorie der teilweise geordneten Mengen, wodurch die Bezeichnung gerechtfertigt wird.

Ist $\mathfrak{M}_{h\,n}$ eine Minimalbasis h-ter Ordnung für $[0, n]$, so erhebt sich die Frage nach dem Wert $M_{h\,n}(n)$. Bisher ist für kein $h \geqq 2$ eine für alle n gültige explizite Formel der Funktion $M_{h\,n}(n)$ bekannt. Evident ist $M_{h\,h}(h) = 1$, $M_{h,h+1}(h+1) = 2$. Leicht bestätigt man beispielsweise

$$M_{2,3}(3) = M_{2,4}(4) = 2, M_{2,5}(5) = M_{2,6}(6) = M_{2,7}(7)$$
$$= M_{2,8}(8) = 3, M_{2,9}(9) = 4.$$

---

[1] Siehe HAUSDORFF [1], Kap. 6, § 1.

In die Richtung $M_{hn}(n)$ nach oben abzuschätzen, zielt der folgende Satz von ROHRBACH [1], [3]:

Satz 5. *Für jedes ganze $h \geqq 2$ gibt es Basen $\mathfrak{B}_h$ von höchstens h-ter Ordnung für $[0, n]$, $n \geqq h$, mit*

$$B_h(n) < h\sqrt[h]{n} \quad (n \geqq h). \tag{4}$$

Die entsprechende Abschätzung für $M_{hn}(n)$ würde sofort folgen, wenn die Monotonie in h

$$M_{hn}(n) \leq M_{h-1,n}(n) \tag{5}$$

für alle $n \geq h$ gesichert wäre. Bislang ist diese Frage noch offen (vgl. auch (11) weiter unten).

Beweis: $x_1, x_2, \ldots, x_h$ seien beliebige natürliche Zahlen (> 0). Weiter sei $d_1 = 1, d_2, \ldots, d_{h+1}$ eine durch

$$d_\nu = \sum_{i=1}^{\nu-1} x_i\, d_i + d_{\nu-1} \quad (\nu = 2, 3, \ldots, h+1;\, h \geqq 1) \tag{6}$$

definierte endliche Zahlenfolge. Dann soll zunächst gezeigt werden, daß

$$\begin{aligned}\mathfrak{B}_h = \{0, 1, 2, \ldots, x_1, \\ & x_1 d_1 + d_2,\ x_1 d_1 + 2\,d_2, \ldots, x_1 d_1 + x_2 d_2, \\ & \vdots \quad . \quad . \quad . \quad . \quad . \\ & \sum_{\nu=1}^{h-2} x_\nu d_\nu + d_{h-1},\ \sum_{\nu=1}^{h-2} x_\nu d_\nu + 2\,d_{h-1}, \ldots, \sum_{\nu=1}^{h-1} x_\nu d_\nu, \\ & \sum_{\nu=1}^{h-1} x_\nu d_\nu + d_h,\ \sum_{\nu=1}^{h-1} x_\nu d_\nu + 2\,d_h, \ldots, \sum_{\nu=1}^{h} x_\nu d_\nu\}\end{aligned} \tag{7}$$

Basis höchstens h-ter Ordnung von $[0, d_{h+1} - 1]$ ist. Für $h = 1$ ist die Behauptung evident, da aus (6) sofort $d_2 - 1 = x_1$ folgt. Zwecks Durchführung vollständiger Induktion sei daher angenommen, daß die ersten $h-1$ Zeilen in (7) eine Basis höchstens $(h-1)$-ter Ordnung für $[0, d_h - 1]$ bilden. Dann aber genügt es, lediglich noch die Zahlen aus $[d_h, d_{h+1} - 1]$ zu betrachten; sie haben nach (6) und (7) die Form

$$\sum_{\nu=1}^{h-1} x_\nu d_\nu + \lambda\, d_h + r \quad (0 \leqq \lambda \leqq x_h;\, 0 \leqq r \leqq d_h - 1).$$

Hierin ist $\sum_{\nu=1}^{h-1} x_\nu\, d_\nu + \lambda\, d_h \in \mathfrak{B}_h$, und r ist nach Induktionsvoraussetzung Summe von höchstens $h-1$ Summanden aus $\mathfrak{B}_h$. — Offensichtlich ist $B_h\,(d_{h+1} - 1) = x_1 + x_2 + \cdots + x_h =_{\mathrm{Df}} k$, und wegen $x_i \geqq 1$ ist $k \geqq h$. Zu vorgegebenem ganzen $k \geqq h$ bestimme man jetzt ein $\mathfrak{B}_h$ nach (7) so, daß $x_2 = x_3 = \cdots = x_h = \left[\frac{k+1}{h}\right]$, $x_1 = k - (h-1)\left[\frac{k+1}{h}\right]$

ist. Aus (6) folgt noch $d_\nu \geqq (x_{\nu-1}+1)\, d_{\nu-1} (\nu = 2, 3, \ldots, h+1)$, also

$$d_{h+1} \geqq (x_h+1)\, d_h \geqq \prod_{\nu=1}^{h} (x_\nu+1) = \tag{8}$$

$$= \left(\left[\frac{k+1}{h}\right]+1\right)^{h-1} \left(\left[\frac{k+1}{h}\right]+k+1-h\left[\frac{k+1}{h}\right]\right) > \left(\frac{k+1}{h}\right)^h .$$

Setzt man bei gegebenem n nun $k = \langle h\sqrt[h]{n}\rangle - 1$, so wird offenbar $d_{h+1} - 1 \geqq n$ und $B_h(n) = k < h\sqrt[h]{n}$.

Zusatz 1. ROHRBACH [1] verschärft (4) zu

$$B_h(-1, n) < h\sqrt[h]{n} \quad (n \geqq h \geqq 2). \tag{9}$$

Zum Beweis müssen die Fälle $h = 2$, $h > 2$ unterschieden werden. Im Fall $h > 2$ führt eine Verfeinerung des Beweises von Satz 5 zum Ziel, für $h = 2$ wird das Konstruktionsverfahren (7) durch ein anderes ersetzt: Konstruktion sogenannter *symmetrischer Basen*: *Eine Basis* $\mathfrak{B} = \{b_0, b_1, \ldots, b_k\}$ *heißt symmetrisch, wenn* $b_k - b_i \in \mathfrak{B}$ *für alle* $i = 0, 1, 2, \ldots, k$ *gilt.*

ROHRBACH [4] führt eine Anwendung von (9) auf ABELsche Gruppen durch.

Zusatz 2 (STÖHR). Es gibt ein $n_0 = n_0(h)$, so daß für alle $n \geqq n_0$ auch Basen (genau) h-ter Ordnung existieren, für die (9) gilt; insbesondere gilt dies dann auch für die Minimalbasen von $[0, n]$, $n \geqq n_0$.

Beweis: Wäre jede Basis $\mathfrak{B}_h$, die (9) erfüllt, höchstens von $(h-1)$-ter Ordnung, so wäre nach Satz 1 sofort $B_h(n) \geqq \alpha \sqrt[h-1]{n}$, und dies ist für große n mit (4) nicht verträglich.

Die durch (7) erklärten Basen haben noch eine weitere Eigenschaft (ROHRBACH [1]):

Satz 6. *Zu jeder ganzen Zahl* s, $1 \leqq s \leqq h$, *und jedem* $b \in [0, \sum_{i=1}^{h} x_i d_i]$ *gibt es Zahlen* $b_{i_1}, b_{i_2}, \ldots, b_{i_h}$ *in jeder durch* (7) *erklärten Basis* $\mathfrak{B}_h$, *so daß sich* b *in der Form*

$$b = b_{i_1} + b_{i_2} + \cdots + b_{i_s} - b_{i_{s+1}} - b_{i_{s+2}} - \cdots - b_{i_h} \tag{10}$$

darstellen läßt.

Bezüglich der Konstruktion von Basen für $\mathfrak{Z}$ mit dieser Eigenschaft siehe STÖHR [1].

Fordert man die Gültigkeit von (10) für alle $b \in [0, n]$ lediglich im Fall $h = 2$, $s = 1$, so spricht man auch von *Differenzbasen.* ERDÖS-GÁL [1] und RÉDEI-RÉNYI [1] untersuchen Differenzbasen mit minimaler Elementeanzahl. Ist $\mathfrak{B}_n$ eine solche *minimale Differenzbasis,* so gilt nach RÉDEI-RÉNYI [1]: *Es gibt ein $\varkappa$ so, daß*

$$n \geqq 1 \frown \frac{B_n(n)}{\sqrt{n}} \geqq \varkappa \wedge \lim_{n\to\infty} \frac{B_n(n)}{\sqrt{n}} = \varkappa \wedge \sqrt{2 + \frac{4}{3\pi}} \leqq \varkappa \leqq 2\sqrt{\frac{2}{3}}$$

gilt. — ERDÖS-GÁL [1] betrachten Differenzbasen unter der zusätzlichen Bedingung $0 \leqq b \leqq n$ für alle $b \in \mathfrak{B}_n$[1].

Siehe hierzu auch den Bericht bei STÖHR [6], ferner KASCH [1].

Hinsichtlich eines Zusammenhangs des Spezialfalles $h = 2$, $s = 1$ mit der projektiven Geometrie über endlichen Körpern s. SINGER [1]. — Bezüglich der Anwendung auf ein Problem der Elektrotechnik s. A. BRAUER [4]. — Den Fall $h = 2$, $s = 1$ im Restklassenring mod v behandeln EVANS-MANN [1]. Siehe ferner S. CHOWLA-SINGH [1].

Unter der Reichweite $r(h, k)$ verstehe man die größte ganze Zahl so, daß mindestens eine aus genau k Elementen bestehende Basis h-ter Ordnung für $[0, r(h, k)]$ existiert. Man bestätigt leicht, daß $r(h, k)$ in jeder Variablen einzeln streng monoton wächst. — Schließlich bedeute noch $r^*(h, n)$ die größte ganze Zahl so, daß unter den Minimalbasen h-ter Ordnung von $[0, n]$ mindestens eine existiert, die Basis höchstens h-ter Ordnung von $[0, r^*(h, n)]$ ist. Offensichtlich ist die Basisordnung bezüglich $[0, r^*(h, n)]$ sogar genau gleich h. Es dürfte bemerkenswert sein, daß $r^*(h, n)$ nicht mehr monoton in h ist. Es ist z. B. $r^*(10, 25) = 28$, wie die Basis $\{0, 1, 10\}$ zeigt, während $r^*(9, 25) = 30$ ist, was die Basis $\{0, 1, 8\}$ demonstriert. Schließlich liefert $\{0, 1, 7\}$ noch $r^*(8, 25) = 26$. Hingegen sieht man leicht, daß $r^*(h, n)$ als Funktion von n monoton wächst.

Gleichwertig mit der Vermutung (5) ist, wie leicht zu sehen,

$$r(h, k) \geqq r^*(h, n) \geqq n > r(h, k-1) \quad \textit{mit} \quad k = M_{hn}(-1, n)$$

bzw.

$$r^*\big(h, r^*(h, n)\big) = r^*(h, n). \tag{11}$$

Nach STÖHR *gibt es zumindest zu jedem h unendlich viele n mit $r^*(h, n) = n$.*

Beweis: Es sei $n > 0$ beliebig ganz. Durch $n_{i+1} = r^*(h, n_i)$ ist dann die Folge $n_1 \leqq n_2 \leqq \cdots \leqq n_i \leqq \cdots$ eindeutig festgelegt. Es folgt unmittelbar

$$M_{hn_i}(n_i) \leqq M_{hn_1}(n_1) \quad \textit{für alle } i = 1, 2, \ldots.$$

Da man nun mit höchstens $M_{hn_1}(n_1)$ Elementen nicht Basen h-ter Ordnung beliebig großer Reichweiten erhalten kann, muß die Folge $n_1, n_2, \ldots$ von einer Stelle an konstant sein. n_1 war beliebig, und hieraus folgt sofort die restliche Behauptung.

---

[1] Die Beweisführung in dieser Arbeit ist nicht in allen Teilen stichhaltig.

Von einer näheren Kenntnis der eben erklärten Funktionen ist man zur Zeit noch weit entfernt. Im Falle $h = 2$ gibt ROHRBACH [1] die Abschätzung

$$\frac{k^2}{4} < r(2, k) \leqq \frac{k^2}{2},$$

deren erster Teil eine unmittelbare Folge von (9) ist, während die Abschätzung nach oben tiefer liegt. Für große k gilt darüber hinaus

$$r(2, k) < 0{,}4992\, k^2,$$

was bereits umfangreiche Betrachtungen erfordert. Trivial ist $r(h, 1) = h$. STÖHR [5] gibt noch

$$r(h, 2) = \left[\frac{h^2 + 6h + 1}{4}\right]$$

an; für ungerades h ist $\left\{0, 1, \frac{h+3}{2}\right\}$ die einzige Minimalbasis, während für gerades h genau die beiden Minimalbasen $\left\{0, 1, \frac{h}{2} + 1\right\}$, $\left\{0, 1, \frac{h}{2} + 2\right\}$ die angegebene Reichweite besitzen. — Über die Anzahl der Minimalbasen von $[0, n]$ ist allgemein nichts bekannt.

Hinsichtlich der eingangs getroffenen Definition von Minimalbasen h-ter Ordnung für $\mathfrak{Z}$ erhebt sich die Frage, ob nicht durch zusätzliche Forderungen eine weitere sinnvolle Einengung des Begriffs möglich ist. Die vielleicht naheliegende Definition: „$\mathfrak{M}_h$ heiße Minimalbasis h-ter Ordnung, wenn $M_h(x) \leqq B(x)$ für alle $x \geqq 0$ und jede Basis $\mathfrak{B}$ von h-ter Ordnung gilt" ist nicht angängig, da sich zeigen läßt (STÖHR [5]), daß es solche $\mathfrak{M}_h$ für kein $h \geqq 2$ gibt.

B e w e i s: Man betrachte die spezielle Basis h-ter Ordnung $\mathfrak{B} = \{0, 1, h+1, 2h+1, \ldots, \lambda h + 1, \ldots\}$ und nehme $\mathfrak{B} \cap [0, \lambda h + 1] = \mathfrak{M}_h \cap [0, \lambda h + 1]$ für ein $\lambda \geqq 0$ als richtig an. Wäre $\mathfrak{M}_h \cap [\lambda h + 2, (\lambda + 1) h] \neq 0$, so wäre

$$M_h\big((\lambda + 1) h\big) > B\big((\lambda + 1) h\big)$$

entgegen der getroffenen Definition. Mithin $\mathfrak{B} \cap [0, (\lambda + 1) h] = \mathfrak{M}_h \cap [0(, \lambda + 1) h]$. Da ferner $(\lambda + 1) h + 1 \in h\,\mathfrak{M}_h$ sein muß, sieht man leicht $(\lambda + 1) h + 1 \in \mathfrak{M}_h$. Also $\mathfrak{M}_h = \mathfrak{B}$. Andererseits ist aber $B(x) = \left[\frac{x-1}{h}\right] \neq O(\sqrt[h]{x})$, während aus Satz 2 sofort $M_h(x) = O(\sqrt[h]{x})$ folgt.

Schwächt man die obige Forderung ab, etwa „$M_h(x) \leqq B(x)$ *für alle hinreichend großen* x" oder „*für unendlich viele* x" usw., so ist bisher die Existenzfrage offen[1].

[1] (Zusatz bei der Korrektur.) Siehe hierzu eine demnächst erscheinende Arbeit von HÄRTTER [1].

Analog der eingangs getroffenen Definition ließe sich der Begriff der asymptotischen Minimalbasis fassen: $\mathfrak{B}$ *heißt asymptotische Minimalbasis der Ordnung* h^* *für* $\mathfrak{Z}$, *wenn* $\mathfrak{B}$ *asymptotische Basis der Ordnung* h^* *ist mit den Eigenschaften*: $B(x) = O(\sqrt[h^*]{x})$; $\mathfrak{B}$ *enthält keine asymptotische Basis der Ordnung* h^* *als echte Teilmenge.*

Die Sätze 1 und 2 übertragen sich ganz entsprechend, jedoch ist die Gültigkeit von Satz 3 und damit auch die von Satz 4 noch ungeklärt.

Zur näheren Untersuchung der Basen h-ter Ordnung führt STÖHR [5] die folgenden Konstanten ein. B_h bedeute dabei die Gesamtheit aller Basen h-ter Ordnung für $\mathfrak{Z}$.

$$\nu_1'(h) = \underline{\operatorname{fin}}_{\mathfrak{B}\in\mathsf{B}_h} \delta(\mathfrak{B}; \sqrt[h]{x}),$$

$$\nu_2(h) = \underline{\operatorname{fin}}_{\mathfrak{B}\in\mathsf{B}_h} \delta^*(\mathfrak{B}; \sqrt[h]{x}),$$

$$\nu_3(h) = \underline{\operatorname{fin}}_{\mathfrak{B}\in\mathsf{B}_h} \bar{\delta}^*(\mathfrak{B}; \sqrt[h]{x})$$

und daneben noch

$$\nu_4(h) = \underline{\operatorname{fin}}_{\mathfrak{B}\in\mathsf{B}_h} \overline{\operatorname{fin}}_{n=1,2,\ldots} \frac{B(n)}{\sqrt[h]{n}}.$$

$\nu_2(h)$ und $\nu_3(h)$ dürften das größere Interesse verdienen, da $\nu_2(h)$ und $\nu_3(h)$ offenbar ungeändert bleiben, wenn $\sqrt[h]{x}$ durch asymptotisch gleiche Funktionen ersetzt wird. Trivial ist $\nu_1(h) \leqq \nu_2(h) \leqq \nu_3(h) \leqq \nu_4(h)$.

Satz 7 (STÖHR [5]).

$$\nu_1(h) = \frac{1}{\sqrt[h]{h}} \quad (h \geqq 1).$$

Beweis: Für die spezielle Basis $\mathfrak{B} = \{0, 1\} \cup [h+1, \infty)$ ist offensichtlich $\nu_1(h) \leqq \delta(\mathfrak{B}; \sqrt[h]{x}) = h^{-\frac{1}{h}}$. Die entgegengesetzte Ungleichung ergibt sich folgendermaßen. Aus den $B(-1, x)$ Zahlen einer Basis $\mathfrak{B} \in \mathsf{B}_h$ erhält man durch Betrachtung aller Kombinationen mit Wiederholung zur h-ten Klasse höchstens $\binom{B(-1,x)+h-1}{h}$ verschiedene Summen mit je h Summanden, mithin ist

$$\binom{B(x)+h}{h} \geqq x + 1. \tag{12}$$

Es genügt nun offenbar, die Ungleichung

$$\binom{y+h}{h} \leqq h\,y^h + 1 \quad (y \geqq 0;\ h \geqq 1,\ \textit{beide ganz})$$

zu bestätigen. Es ist für jedes ganze $\lambda \geqq 1$

$$((\lambda-1)\,y^{\lambda-1}+1)\,(y+\lambda)=(\lambda-1)\,y^{\lambda}+\lambda(\lambda-1)\,y^{\lambda-1}+y+\lambda$$
$$\leqq(\lambda-1)\,y^{\lambda}+\lambda\,(\lambda-1)\,y^{\lambda}+y^{\lambda}+\lambda=\lambda\,(\lambda\,y^{\lambda}+1),$$

also

$$\frac{y+\lambda}{\lambda}\leqq\frac{\lambda\,y^{\lambda}+1}{(\lambda-1)\,y^{\lambda-1}+1},$$

mithin

$$\binom{y+h}{h}=\prod_{\lambda=1}^{h}\frac{y+\lambda}{\lambda}\leqq\prod_{\lambda=1}^{h}\frac{\lambda\,y^{\lambda}+1}{(\lambda-1)\,y^{\lambda-1}+1}=h\,y^{h}+1.$$

Folgerung. $\nu_i\,(h)>0$ *für* $i=1,2,3,4;\ h\geqq 1.$

Satz 8 (STÖHR [5]). $\sqrt[h]{h!}\leqq\nu_2\,(h)\leqq h\ \ (h\geqq 1).$

Beweis: (12) ergibt sofort

$$\frac{(B\,(x)+h)^{h}}{h!}\geqq\binom{B\,(x)\ +h}{h}$$
$$\geqq x+1>x\curvearrowright B\,(x)>\sqrt[h]{h!}\,\sqrt[h]{x}-h\curvearrowright\nu_2\,(h)\geqq\sqrt[h]{h!}\,.$$

Für die spezielle Basis, die zum Beweis für Satz 2 konstruiert wurde, folgt aus (1) für die Werte $x=2^{hs}$

$$\frac{B(x)}{\sqrt[h]{x}}<h,\ d.\ h.\ \delta^*\,(\mathfrak{B};\sqrt[h]{x})\leqq h.$$

Satz 9 (STÖHR [4], [5]).

$$\sqrt[h]{h!}\,\Gamma\left(1+\frac{1}{h}\right)\leqq\nu_3\,(h)\leqq\nu_4\,(h)\leqq\operatorname*{Max}_{\tau=1,2,\ldots,h}\,(h+\tau)\sqrt[h]{\frac{1-2^{-h}}{2^{\tau-1}}}$$
$$<\frac{2\,h}{e\log 2}\sqrt[h]{2\,(1-2^{-h})}\quad(h\geqq 1).$$

($\Gamma\,(x)$ ist dabei die geläufige Gammafunktion.)

An die STÖHRschen Konstanten $\nu_i\,(h)$ $(i=1,2,3,4)$ knüpft die — offene — Frage nach der Existenz von Basen h-ter Ordnung an, für die

$$\delta^*\,(\mathfrak{B};\sqrt[h]{x})=\nu_2\,(h)\ \ bzw.\ \ \bar{\delta}^*\,(\mathfrak{B};\sqrt[h]{x})=\nu_3\,(h)\qquad(13)$$

(und Entsprechendes bez. $\nu_4\,(h)$) ist. Bejahendenfalls ergäbe dies die Möglichkeit, die Definition der Minimalbasen noch enger zu halten, indem etwa als dritte Bedingung noch $\bar{\delta}^*\,(\mathfrak{B};\sqrt[h]{x})=\nu_3\,(h)$ gefordert wird, falls nicht schon (13) simultan erfüllbar ist.

Ist wieder $\mathfrak{M}_{h\,n}$ Minimalbasis für $[0,n]$, so erkennt man noch leicht

$$\operatorname*{fin}_{n=1,2,\ldots}\frac{M_{h\,n}(n)}{\sqrt[h]{n}}=\nu_1(h);$$

STÖHR [5] zeigt fernerhin

$$\lim_{n=\overline{1,2,\ldots}} \frac{M_{hn}(n)}{\sqrt[h]{n}} = \nu_2(h).$$

15.2. RAIKOV [3] führt als Analogon zur SCHNIRELMANN-Summe das *Produkt von Mengen* positiver ganzer Zahlen ein: $\mathfrak{C} = \mathfrak{A}_1 \mathfrak{A}_2 \cdots \mathfrak{A}_n$ ist die Menge aller $a_{1i_1} a_{2i_2} \cdots a_{ni_n}$, $a_{\nu i_\nu} \in \mathfrak{A}_\nu$, $\prod_{i=1}^{n} \mathfrak{A} = \mathfrak{A}^n$. Eine Menge $\mathfrak{B}$ heißt dann *multiplikative Basis h-ter Ordnung, wenn* $\mathfrak{B}^h = \mathfrak{Z}$ und h minimal ist. Der Satz 1 entsprechende Satz lautet: *Für jede multiplikative Basis h-ter Ordnung gilt*

$$\overline{\lim_{x=1,2,\ldots}} \frac{B(x)}{x(\log x)^{\frac{1}{h}-1}} \geqq \Gamma\left(\frac{1}{h}\right).$$

Ferner: *Es gibt multiplikative Basen h-ter Ordnung, so daß* $\lim\limits_{x\to\infty} B(x)\, x^{-1} \cdot (\log x)^{1-\frac{1}{h}}$ $(<\infty)$ *existiert.* — Siehe auch HORNFECK [4], STÖHR [6].

16. Wesentliche Komponenten.

Abschätzungen für die Dichten von Summenmengen waren in 11. und 12. betrachtet worden. Sie sind nur dann nicht trivial, wenn die Dichten der Summanden (bzw. die entsprechende n-gliedrige Dichte) nicht verschwinden. Im folgenden — es sei etwa $n = 2$ — handelt es sich hauptsächlich um Abschätzungen der Dichten von $\mathfrak{A} + \mathfrak{B}$, wenn einer der Summanden verschwindende Dichte hat.

Im Anschluß an STÖHR-WIRSING [1] seien zunächst noch die folgenden *finiten Wirkungsfunktionen*

$$\varphi(\alpha) = \varphi(\alpha, \mathfrak{W}) = \underset{\mathfrak{A}}{\underline{\text{fin}}}\, \delta(\mathfrak{A} + \mathfrak{W}),$$

$$\varphi_v(\alpha) = \varphi_v(\alpha, \mathfrak{W}) = \underset{\mathfrak{A}}{\underline{\text{fin}}}\, \delta_v(\mathfrak{A} + \mathfrak{W})$$

bzw. die *asymptotische Wirkungsfunktion* für eine beliebige Menge $\mathfrak{W}$

$$\varphi^*(\alpha) = \varphi^*(\alpha, \mathfrak{W}) = \underset{\mathfrak{A}}{\underline{\text{fin}}}\, \delta^*(\mathfrak{A} + \mathfrak{W})$$

eingeführt, wobei $\mathfrak{A}$ alle Mengen mit $\delta(\mathfrak{A}) \geqq \alpha$ bzw. $\delta_v(\mathfrak{A}) \geqq \alpha$ bzw. $\delta^*(\mathfrak{A}) \geqq \alpha$ durchläuft.

Definition 1. *Eine Menge $\mathfrak{W}$ heißt wesentliche Komponente, wenn für alle Mengen $\mathfrak{A}$ mit positiver und von Eins verschiedener Dichte $\delta_v(\mathfrak{A})$ stets $\delta_v(\mathfrak{A} + \mathfrak{W}) > \delta_v(\mathfrak{A})$ ist. $\mathfrak{W}$ heißt asymptotische wesentliche Komponente, wenn $\delta^*(\mathfrak{A} + \mathfrak{W}) > \delta^*(\mathfrak{A})$ für alle $\mathfrak{A}$ mit $0 < \delta^*(\mathfrak{A}) < 1$ ist.*

Bemerkung. Hiernach ist offenbar die Eigenschaft einer Menge $\mathfrak{W}$, wesentliche Komponente zu sein, *verschiebungsinvariant*, d. h. mit $\mathfrak{W}$ ist auch $\{n\} + \mathfrak{W}$ ($n \geqq 0$ beliebig ganz) wesentliche Komponente und umgekehrt. Im Fall $0 \in \mathfrak{W}$ ist Definition 1 mit „$\delta(\mathfrak{A} + \mathfrak{W}) > \delta(\mathfrak{A})$ *für alle* $\mathfrak{A}$ *mit* $0 < \delta(\mathfrak{A}) < 1$" gleichwertig[1].

Beweis: Es sei zunächst $\delta_v(\mathfrak{A} + \mathfrak{W}) > \delta_v(\mathfrak{A})$ für alle $\mathfrak{A}$ mit $0 < \delta(\mathfrak{A}) \leqq \delta_v(\mathfrak{A}) < 1$ (also $1 \in \mathfrak{A}$). Aus $\delta_v(\mathfrak{A}^{(0)}) = \delta(\mathfrak{A}) < 1$ folgt nach Definition von $\mathfrak{W}$ sofort $\delta_v(\mathfrak{A}^{(0)} + \mathfrak{W}) > \delta_v(\mathfrak{A}^{(0)})$. Wegen $0 \in \mathfrak{A}^{(0)} + \mathfrak{W}$, $1 \in \mathfrak{A}^{(0)} + \mathfrak{W}$, $\mathfrak{A}^{(0)} + \mathfrak{W} \subseteqq \mathfrak{A} + \mathfrak{W}$ ist aber $\delta_v(\mathfrak{A}^{(0)} + \mathfrak{W}) = \delta(\mathfrak{A}^{(0)} + \mathfrak{W}) \leqq \delta(\mathfrak{A} + \mathfrak{W})$; mithin $\delta(\mathfrak{A} + \mathfrak{W}) > \delta(\mathfrak{A})$. Sei nun umgekehrt $\delta(\mathfrak{A} + \mathfrak{W}) > \delta(\mathfrak{A})$ für alle $\mathfrak{A}$ mit $0 < \delta(\mathfrak{A}) < 1$, also $1 \in \mathfrak{A}$, $\delta_v(\mathfrak{A}) \geqq \delta(\mathfrak{A}) > 0$. Ist $0 \notin \mathfrak{A}$, so hat man sofort $\delta_v(\mathfrak{A} + \mathfrak{W}) = \delta(\mathfrak{A} + \mathfrak{W}) > \delta(\mathfrak{A}) = \delta_v(\mathfrak{A})$. Sei daher $0 \in \mathfrak{A}$. Setzt man $\mathfrak{A}' = \mathfrak{A} + \{1\}$, so ist offenbar $0 < \delta_v(\mathfrak{A}) = \delta_v(\mathfrak{A}') = \delta(\mathfrak{A}')$ sowie $\delta(\mathfrak{A}' + \mathfrak{W}) = \delta_v(\mathfrak{A}' + \mathfrak{W}) = \delta_v(\mathfrak{A} + \mathfrak{W})$. Wegen $\delta(\mathfrak{A}) < 1$ ist $\mathfrak{A} \neq \mathfrak{Z}$, also auch $\mathfrak{A}' \neq \mathfrak{Z}^{(0)}$, mithin $\delta(\mathfrak{A}') < 1$. Nach Voraussetzung über $\mathfrak{W}$ ist daher insgesamt $\delta_v(\mathfrak{A} + \mathfrak{W}) = \delta(\mathfrak{A}' + \mathfrak{W}) > \delta(\mathfrak{A}') = \delta_v(\mathfrak{A})$.

Nach dem Mann-Dysonschen Satz (11.1., Satz 4) ist beispielsweise jede Menge $\mathfrak{B}$ mit $0 \in \mathfrak{B}$ und $\delta(\mathfrak{B}) > 0$ wesentliche Komponente. Eine Verallgemeinerung hiervon ist

Satz 1 (Erdös [7]). *Jede Basis endlicher Ordnung ist wesentliche Komponente. Für die Wirkungsfunktion* $\varphi_v(\alpha)$ *gilt* $\varphi_v(\alpha) > \alpha$, $0 < \alpha < 1$.

Beweis: Es sei $\mathfrak{A}$ eine beliebige Menge mit $0 \in \mathfrak{A}$; $\mathfrak{B}$ eine Basis der variierten mittleren Ordnung λ_v. Für $0 \leqq m \leqq x$ bedeute $\mathfrak{A}_m$ die Gesamtheit aller $a \in \mathfrak{A}$ mit $a + m \in \mathfrak{A}$, sowie $\mathfrak{A}'_m$ die Menge aller $a \in \mathfrak{A}$ mit $a + m \notin \mathfrak{A}$. Es ist $A_m(-1, x - m) + A'_m(-1, x - m) = A(-1, x - m)$, also

$$\sum_{m=0}^{x} A(-1, x-m) = \sum_{m=0}^{x} A_m(-1, x-m) + \sum_{m=0}^{x} A'_m(-1, x-m). \tag{1}$$

Setzt man $a + m = a_1$, so folgt, daß $\sum_{m=0}^{x} A_m(-1, x-m)$ die Anzahl aller Lösungspaare (a, a_1) von

$$0 \leqq a_1 - a = m \leqq x, \quad \{a, a_1\} \subseteqq \mathfrak{A} \wedge [0, x],$$

ist; und diese ist andererseits gleich $\binom{A(-1, x) + 1}{2}$. Mithin

$$\sum_{m=0}^{x} A_m(-1, x-m) = \frac{A^2(-1, x) + A(-1, x)}{2}. \tag{2}$$

---

[1] Auf die Forderung $0 \in \mathfrak{W}$ kann nicht verzichtet werden, wie man erkennt, wenn man Mengen $\mathfrak{A}$ mit $0 \notin \mathfrak{A}$ betrachtet, da dann $1 \notin \mathfrak{A} + \mathfrak{W}$, also $\delta(\mathfrak{A} + \mathfrak{W}) = 0$ ist.

Die $a' \in \mathfrak{A}'_m$ sollen nun in Klassen eingeteilt werden. Zu diesem Zweck sei $m = b_1 + b_2 + \cdots + b_{l(m)}$ eine festzuhaltende Zerlegung, wobei die $b_i (1 \leqq i \leqq l(m))$ der Basis $\mathfrak{B}$ zu entnehmen sind. Zu jedem $a' \in \mathfrak{A}'_m \wedge [0, x - m]$ bestimme man $i(a') = i$ als kleinste ganze Zahl so, daß

$$a' + b_1 + b_2 + \cdots + b_{i-1} \in \mathfrak{A} \textit{ und } a' + b_1 + \cdots + b_i \notin \mathfrak{A}$$

gilt. Wegen $a' + m \notin \mathfrak{A}$ existiert $i(a') \geqq 1$ sicher. Alle $a' \in \mathfrak{A}'_m$, die zum selben i gehören, fasse man nun zu einer Klasse zusammen. In jeder Klasse sind offensichtlich höchstens $A'_{b_i}(-1, x - b_i)$ Elemente enthalten. Da es höchstens $l(m)$ Klassen gibt, so ist wegen $A'_{b_i}(-1, x - b_i) \leqq (A + B)(x) - A(x)$

$$A'_m(-1, x - m) \leqq \sum_{i=1}^{l(m)} A'_{b_i}(-1, x - b_i) \leqq l(m)\big((A + B)(x) - A(x)\big); \quad (3)$$

daher nach (1) und (2)

$$\sum_{m=0}^{x} A(-1, x - m) \leqq \frac{1}{2}\big(A^2(-1, x) + A(-1, x)\big) + \\ + \big((A + B)(x) - A(x)\big) \sum_{m=0}^{x} l(m),$$

also

$$A(-1, x) + \sum_{m=0}^{x-1} A(-1, m) \leqq \frac{1}{2}\big(A^2(-1, x) + A(-1, x)\big) + \\ + \big((A + B)(-1, x) - A(-1, x)\big)\lambda_v(x + 1);$$

mithin

$$\frac{(A + B)(-1, x)}{x + 1} \geqq \\ \geqq \frac{\delta_v(\mathfrak{A})\frac{x(x+1)}{2} + \frac{1}{2}A(-1, x) - \frac{1}{2}A^2(-1, x)}{\lambda_v(x + 1)^2} + \frac{A(-1, x)}{x + 1} \\ \geqq \frac{\delta_v(\mathfrak{A})}{2\lambda_v} + \xi - \frac{1}{2\lambda_v}\xi^2 \qquad \left(\xi = \frac{A(-1, x)}{x + 1} \geqq \delta_v(\mathfrak{A})\right),$$

also, da $\xi - \frac{1}{2\lambda_v}\xi^2$ in $(-\infty, \lambda_v\rangle$ monoton steigt,

$$\delta_v(\mathfrak{A} + \mathfrak{B}) \geqq \delta_v(\mathfrak{A}) + \frac{\delta_v(\mathfrak{A})(1 - \delta_v(\mathfrak{A}))}{2\lambda_v}, \quad (4)$$

und dies ist für $0 < \delta_v(\mathfrak{A}) < 1$ größer als $\delta_v(\mathfrak{A})$. Die Behauptung über die Wirkungsfunktion folgt nun leicht aus (4).

Zusatz. *Ist* $0 \notin \mathfrak{A}$ *(was dann gleichwertig mit der* BESICOVITCH-*Summe* 1.1. (3) *ist),* $1 \in \mathfrak{A}$, *also* $\delta_v(\mathfrak{A}) = \delta(\mathfrak{A})$, $\delta_v(\mathfrak{A} + \mathfrak{B}) = \delta(\mathfrak{A} + \mathfrak{B})$, *so liefert* (4) *noch*

$$\delta(\mathfrak{A} + \mathfrak{B}) \geqq \delta(\mathfrak{A}) + \frac{\delta(\mathfrak{A})(1 - \delta(\mathfrak{A}))}{2\lambda_v} \geqq \delta(\mathfrak{A}) + \frac{\delta(\mathfrak{A})(1 - \delta(\mathfrak{A}))}{2\lambda} \\ \geqq \delta(\mathfrak{A}) + \frac{\delta(\mathfrak{A})(1 - \delta(\mathfrak{A}))}{2h}, \quad (5)$$

worin λ die mittlere Ordnung, h die Ordnung der Basis $\mathfrak{B}$ bedeutet, und für die Wirkungsfunktion $\varphi(\alpha)$ gilt

$$\varphi(\alpha) \geqq \alpha + \frac{\alpha(1-\alpha)}{2\lambda_v}.$$

Eine Verschärfung hiervon gibt weiter unten Satz 3.

(5) mit h auf der rechten Seite geht ebenfalls wie Satz 1 auf ERDÖS [7] zurück; die Verbesserung durch Verwendung von λ gewann LANDAU [12]; (4) und (5) mit λ_v gibt OSTMANN. Zum numerischen Vergleich kann etwa das am Schluß von 14.2. erwähnte Beispiel dienen. — Außer dem Spezialfall der Basen positiver Dichte war der obige Satz zuvor nur für den Spezialfall der Quadratzahlen, die bekanntlich eine Basis vierter Ordnung bilden (siehe 22.2., Satz 3), bekannt (CHINČIN [4]; siehe auch BUCHSTAB [1], LANDAU [12], MORIMOTO [1]).

Die Übertragung von Satz 1 auf den asymptotischen Fall geht auf ROHRBACH [3] und I. SCHUR zurück:

Satz 2. *Jede asymptotische Basis endlicher Ordnung ist eine asymptotische wesentliche Komponente, und die Wirkungsfunktion $\varphi^*(\alpha^*)$ ist größer als α^* $(0 < \alpha^* < 1)$.*

Beweis: $\mathfrak{A}$ sei eine beliebige Menge mit $0 \in \mathfrak{A}$. Zu beliebigem $\varepsilon > 0$ sei n_0 so bestimmt, daß

$$l(n) \geqq 1 \text{ für } n \geqq n_0,$$

$$\sum_{n=n_0+1}^{x} l(n) < (\lambda^* + \varepsilon)\, x \text{ für } x > n_0,$$

$$A(x) > (\alpha^* - \varepsilon)\, x \text{ für } x > n_0 \quad (\delta^*(\mathfrak{A}) = \alpha^*)$$

zugleich erfüllt sind. Aus (1) und (2) nebst $A'_m(-1, x-m) \leqq A(-1, x-m)$ folgt

$$\sum_{m=0}^{n_0} A(-1, x-m) + \sum_{m=n_0+1}^{x} A(-1, x-m) \leqq$$

$$\leqq \frac{A^2(-1, x) + A(-1, x)}{2} + \sum_{m=0}^{n_0} A(-1, x-m) +$$

$$+ \sum_{m=n_0+1}^{x} A'_m(-1, x-m),$$

also

$$\frac{A^2(-1, x) + A(-1, x)}{2} + \sum_{m=n_0+1}^{x} A'_m(-1, x-m) \geqq \sum_{m=n_0+1}^{x} A(-1, x-m)$$

$$\geqq \sum_{m=0}^{x} A(-1, m) - (n_0 + x)(x+1)$$

$$\geqq \sum_{m=n_0+1}^{x} A(-1, m) - (n_0 + x)(x+1).$$

Die Weiterführung des Beweises erfolgt nach dem Muster von Satz 1. Man erhält als Abschätzung

$$\delta^*(\mathfrak{A}+\mathfrak{B}) \geqq \alpha^* + \frac{\alpha^*-\alpha^{*2}}{2\lambda^*} \geqq \alpha^* + \frac{\alpha^*-\alpha^{*2}}{2h^*} > \alpha^*. \tag{6}$$

Die Abschätzungen (4) und (5) bzw. (6), die die Beweise von Satz 1 bzw. Satz 2 mitlieferten, lassen sich verbessern. Die erste Verschärfung gab A. BRAUER [1] durch den Beweis von $\delta_v(\mathfrak{A}+\mathfrak{B}) \geqq \alpha_v + \alpha_v(1-\sqrt{\alpha_v})/\lambda$, $\alpha_v \leqq \delta_v(\mathfrak{A})$; die entsprechende Abschätzung für den asymptotischen Fall gewann KLÖTER [1] bzw. KLÖTER-STÖHR [1] nach dem Muster des BRAUERschen Beweises, wobei jedoch eine wesentliche Abkürzung gegenüber dem finiten Fall möglich war. STÖHR [7] ist es gelungen, auch für den finiten Fall eine wesentlich vereinfachte Beweisführung zu geben. KASCH [1] beweist schließlich

Satz 3. *Ist $\mathfrak{B}$ Basis bzw. asymptotische Basis, so gilt*

$$\delta(\mathfrak{A}+\mathfrak{B}) \geqq \alpha + c(\alpha)\frac{\alpha(1-\alpha)}{\lambda} \qquad (\delta(\mathfrak{A})=\alpha),$$

$$\delta^*(\mathfrak{A}+\mathfrak{B}) \geqq \alpha^* + c(\alpha^*)\frac{\alpha^*(1-\alpha^*)}{\lambda^*} \qquad (\delta^*(\mathfrak{A})=\alpha^*)$$

$$\left(c(x) = \frac{1+\sqrt{x}+x}{(1+\sqrt{x})^2}\right),$$

und die Abschätzungen bleiben richtig, wenn $c(x)$ durch $c(1-x)$ ersetzt wird.

Siehe auch S. SELBERG [6].

Schwierig dürfte es sein, allgemeine Bedingungen dafür anzugeben, daß die Summe von Mengen verschwindender asymptotischer Dichten eine positive asymptotische Dichte besitzt. Die vielleicht naheliegende Vermutung, daß die Addition einer genügend großen Anzahl von Basen höchstens h-ter Ordnung zu positiven Dichten führt, ist jedenfalls falsch. STÖHR [6] beweist nämlich den folgenden

Satz 4. *Zu jedem ganzen $k \geqq 1$ gibt es k Basen $\mathfrak{B}_1, \mathfrak{B}_2, \ldots, \mathfrak{B}_k$ von h-ter Ordnung, so daß $\sum_{\varkappa=1}^{k} \mathfrak{B}_\varkappa = \mathfrak{S}$ noch Basis (genau) h-ter Ordnung ist, und es lassen sich sogar zu jedem $\varepsilon > 0$ die $\mathfrak{B}_\varkappa$ ($\varkappa = 1, 2, \ldots, k$) so wählen, daß*

$$((h-1)\,S)(x) = O(x^{\tau+\varepsilon}), \quad \tau = 1 - \frac{1}{h^k},$$

ist, d. h. auch $(h-1)\,\mathfrak{S}$ hat noch verschwindende natürliche Dichte.

Die Frage, ob die Basen endlicher Ordnung die einzigen wesentlichen Komponenten sind, ist negativ entschieden; LINNIK [2] gibt nämlich ein Beispiel einer *wesentlichen Komponente an, die nicht Basis endlicher Ordnung ist.*

Den Beweis führt LINNIK unter Heranziehung WEYLscher Summen. STÖHR-WIRSING [1] konstruieren *Nichtbasen*, die sowohl asymptotische wesentliche Komponenten als auch wesentliche Komponenten sind, mit Hilfe von Satz 4 und unter Anwendung des Zusatzes zu Satz 1. Definiert man nämlich für zunächst noch beliebige nicht leere Mengen $\mathfrak{A}_1, \mathfrak{A}_2, \ldots$ eine Menge $\mathfrak{W}$ sukzessive in den Intervallen $\mathfrak{J}_\nu = [1 + \sum_{\lambda=1}^{\nu-1} m_\lambda, \sum_{\lambda=1}^{\nu} m_\lambda]$, $m_\lambda > 0$ ganz, $\nu = 1, 2, \ldots$, durch

$$\mathfrak{W} \cap \mathfrak{J}_\nu = \left\{\sum_{\lambda=1}^{\nu-1} m_\lambda\right\} + (\mathfrak{A}_\nu \cap [1, m_\nu]) \textit{ nebst } 0 \in \mathfrak{W},$$

so ist offenbar jede Intervalldichte $\delta\left(\sum_{\lambda=1}^{\nu-1} m_\lambda, \sum_{\lambda=1}^{\nu} m_\lambda; \mathfrak{A} + \mathfrak{W}\right)$ größer oder gleich der Abschnittsdichte $\delta(m_\nu; \mathfrak{A} + \mathfrak{A}_\nu)$, $\mathfrak{A} \neq 0$ beliebig, also

$$\delta(\mathfrak{A} + \mathfrak{W}) \geqq \underline{\text{fin}}_{\nu \geqq 1}\, \delta(m_\nu; \mathfrak{A} + \mathfrak{A}_\nu) \geqq \underline{\text{fin}}_{\nu \geqq 1}\, \delta(\mathfrak{A} + \mathfrak{A}_\nu)$$

und daher auch

$$\varphi(\alpha, \mathfrak{W}) \geqq \underline{\text{fin}}_{\nu \geqq 1}\, \varphi(\alpha, \mathfrak{A}_\nu) \qquad (\delta(\mathfrak{A}) \geqq \alpha).$$

Nun wähle man $\mathfrak{A}_\nu$ $(\nu \geqq 1)$ als Summe von k_ν Basen ν-ter Ordnung gemäß Satz 4, so daß $\delta_*((\nu - 1)\,\mathfrak{A}_\nu) = 0$ ist. Vermittels der einfachen Relation

$$\varphi(\alpha, \mathfrak{M} + \mathfrak{N}) \geqq \varphi(\varphi(\alpha, \mathfrak{M}), \mathfrak{N})$$

erhält man aus dem Zusatz zu Satz 1 die Abschätzung

$$\varphi(\alpha, \mathfrak{A}_\nu) \geqq \psi_\nu^{(k_\nu)}(\alpha),$$

worin $\psi_\nu^{(k_\nu)}(\alpha)$ die k_ν-fach iterierte Funktion von $\psi_\nu(\alpha) = \alpha + \frac{\alpha(1-\alpha)}{2\nu}$ ist. Die Rekursionsformel

$$\psi_\nu^{(n+1)}(\alpha) = \psi_\nu^{(n)}(\alpha) + \frac{\psi_\nu^{(n)}(\alpha)\,(1 - \psi_\nu^{(n)}(\alpha))}{2\nu}$$

ergibt für $n \to \infty$ wegen der leicht ersichtlichen Existenz von $\lim_{n\to\infty} \psi_\nu^{(n)}(\alpha) =_{\mathrm{Df}} r > 0$ für $0 < \alpha \leqq 1$ sofort $r = 1$. Daher lassen sich die $k_\nu = k_\nu(\alpha)$ so wählen, daß $\psi_\nu^{(k_\nu)}(\alpha) > \psi_1(\alpha)$ für $0 < \alpha < 1$ ist. Die Funktionen $\psi_\nu(\alpha)$ haben die Eigenschaften

$$0 \leqq \psi_\nu(\alpha) \leqq 1, \quad \psi_\nu'(\alpha) > 0, \quad \psi_\nu''(\alpha) < 0 \qquad (0 \leqq \alpha \leqq 1);$$

es folgt leicht, daß dann auch alle iterierten Funktionen $\psi_\nu^{(n)}(\alpha)$ die nämlichen Eigenschaften besitzen, also sämtlich konvex sind. Die in $\alpha = 0$ und $\alpha = 1$ an $\psi_1(\alpha)$ gelegten Tangenten schneiden sich im Punkt $\left(\frac{1}{2}; \frac{3}{4}\right)$. Wählt man nun noch $k_\nu'\left(\frac{1}{2}\right) =_{\mathrm{Df}} k_\nu$ so groß, daß $\psi_\nu^{(k_\nu)}\left(\frac{1}{2}\right) > \frac{3}{4}$ ist, so gilt offenbar $\psi_\nu^{(k_\nu)}(\alpha) \geqq \psi_1(\alpha)$ simultan für alle

$0 \leqq \alpha \leqq 1$; mithin

$$\varphi(\alpha, \mathfrak{W}) \geqq \alpha + \frac{\alpha(1-\alpha)}{2},$$

d. h. $\mathfrak{W}$ ist eine wesentliche Komponente. Um zu zeigen, daß $\mathfrak{W}$ keine asymptotische Basis endlicher Ordnung ist, bestimme man die m_ν folgendermaßen: $m_1 = 1$; sind $m_1, m_2, \ldots, m_{\nu-1}$ bereits gewählt, so läßt sich wegen

$$\delta_*((\nu-1)\mathfrak{A}_\nu) = 0 = \delta_*([0, (\nu-1)\sum_{\lambda=1}^{\nu-1} m_\lambda] + (\nu-1)\mathfrak{A}_\nu)$$
$$= \delta_*((\nu-1)([0, \sum_{\lambda=1}^{\nu-1} m_\lambda] + \mathfrak{A}_\nu))$$

m_ν so groß wählen, daß

$$[0, \sum_{\lambda=1}^{\nu} m_\lambda] \cap (\nu-1)([0, \sum_{\lambda=1}^{\nu-1} m_\lambda] + \mathfrak{A}_\nu) \subset [0, \sum_{\lambda=1}^{\nu} m_\lambda]$$

ist. Für beliebiges ganzes $\mu \geqq 1$ ist dann

$$[0, \sum_{\lambda=1}^{\mu} m_\lambda] \cap (\mu-1)\mathfrak{W} = [0, \sum_{\lambda=1}^{\mu} m_\lambda] \cap (\mu-1)([0, \sum_{\lambda=1}^{\mu} m_\lambda] \cap \mathfrak{W})$$
$$\subseteqq [0, \sum_{\lambda=1}^{\mu} m_\lambda] \cap (\mu-1)([0, \sum_{\lambda=1}^{\mu-1} m_\lambda] + \mathfrak{A}_\mu)$$
$$\subset [0, \sum_{\lambda=\nu}^{\mu} m_\lambda];$$

$\mathfrak{W}$ ist daher keine Basis endlicher Ordnung. Für die eben konstruierte Menge $\mathfrak{W}$ zeigen STÖHR-WIRSING [1] noch: *Für die asymptotische Wirkungsfunktion von* $\mathfrak{W}$ *gilt*

$$\varphi^*(\alpha, \mathfrak{W}) = 1 \quad \text{für alle} \quad 0 \leqq \alpha \leqq 1,$$

woraus folgt, daß $\mathfrak{W}$ auch asymptotische wesentliche Komponente ist.

ERDÖS [13] verallgemeinert (6) noch auf den Fall, daß $\mathfrak{B}$ die Eigenschaft hat, daß alle $n \geqq n_0(\varepsilon)$, $\varepsilon > 0$ beliebig, Darstellungen der Form $n = \sum_{i=1}^{t} (\pm b_i)$, $t = t(n)$ beschränkt, besitzen, wobei noch die mit dem Minuszeichen versehenen b_i kleiner als εn sein sollen.

Siehe auch KASCH [1].

RAIKOV [5] überträgt den Basisbegriff auf Mengen nicht negativer reeller Zahlen. $\mathfrak{B}$ heißt *Basis von* $\langle 0, x\rangle$, wenn jedes $\xi \in \langle 0, x\rangle$ als Summe endlich vieler Elemente aus $\mathfrak{B}$ darstellbar ist. $\mathfrak{B}$ heißt *schwache Basis von* $\langle 0, x\rangle$, wenn die aus $\langle 0, x\rangle$ als endliche Summen darstellbaren Zahlen überall dicht liegen. Es gibt Basen vom LEBESGUEschen Maß Null, es gibt ferner perfekte Mengen vom Maß Null, die keine Basen sind. Der Begriff der (mittleren) Ordnung einer schwachen Basis wird folgendermaßen erklärt: *Es sei* $l = l(\eta) \geqq 0$ *die kleinste ganze Zahl, so daß* $\eta \in l\,\mathfrak{B}$ *ist. Weiter sei* $h(\xi) = \lim_{\eta \to \xi} l(\eta)$. *Ordnung von* $\mathfrak{B}$ *in* $\langle 0, x\rangle$ *heißt dann die Zahl*

$$\lambda = \overline{\operatorname{fin}}_{0<y\leqq x} \frac{1}{y} \int_0^y h(\xi)\, d\xi. \tag{7}$$

Mit den am Schluß von 8.2. erklärten Dichten gilt dann (5) auch jetzt.

CHATROVSKI [3] gibt die nach dem Vorbild von 8.2. durchzuführende n-dimensionale Verallgemeinerung[1] und zeigt an Stelle von (5)

$$\delta(x; \mathfrak{A} + \mathfrak{B}) \geqq \alpha + \frac{\alpha(1 - 2^{n-1}\alpha)}{2^n \lambda}, \quad \alpha = \delta(x; \mathfrak{A}), \tag{8}$$

worin λ analog zu (7) mit dem entsprechenden n-fachen Integral zu bilden ist. Für $x = \infty$ bleibt (8) erhalten.

Asymptotische Basis von $m(P)$ (siehe 8.2.) heißt schließlich eine Menge $\mathfrak{B}$, wenn alle in $m(P)$ liegenden endlichen Summen in $m(P)$ mit eventueller Ausnahme eines Quaders $m(P_0) \subset m(P)$ überall dicht liegen. Als (mittlere) Ordnung wird dann

$$\lambda^* = \overline{\lim_{P_0}} \left(\overline{\operatorname{fin}}_{\substack{m(X) \subseteqq m(P) \\ m(P_0) \subseteqq m(P)}} \frac{1}{m(X)} \int_{m(X)} h(\xi)\, d\xi \right) \left(= \overline{\lim_{P_0}}\, \lambda\right)$$

erklärt. Dann gilt die zu (8) analoge Formel (CHATROVSKI [3])

$$\delta^*(\mathfrak{A} + \mathfrak{B}) \geqq \alpha^* + \frac{\alpha^*(1 - 2^{n-1}\alpha^*)}{2^n \lambda^*} \qquad (\alpha^* = \delta^*(\mathfrak{A})).$$

Siehe hierzu auch die Arbeiten von NEMYCKIJ [1], RANDOLPH [1], [2], STEINHAUS [1], wo u. a. das CANTORsche Diskontinuum als Basis untersucht wird.

17. Weitere Zusammenhänge mit den zugeordneten dyadischen Reihenentwicklungen.

17.1. Im folgenden wird an die Entwicklungen und Bezeichnungen in 1.5. angeknüpft. Während jedoch in 1.5. der JORDANsche Inhalt von Punktmengen im Vordergrund stand, sei jetzt als Inhaltsfunktion das LEBESGUEsche Maß vorausgesetzt, in Zeichen: $L(\mathfrak{M})$, wenn $\mathfrak{M}$ eine Punktmenge bedeutet. Alle im folgenden auftretenden Punktmengen sind als Bilder von Teilmengen aus Σ im Intervall $\langle 0; 1\rangle$ enthalten. Die inhalts- (bzw. maß-)theoretischen Begriffe des reellen Kontinuums lassen sich daher ohne weiteres auf Σ übertragen. $\Gamma \subseteqq \Sigma$ heiße z. B. eine *Nullmenge*, wenn $L(\varrho(\Gamma)) = 0$ ist. „*Fast alle* $\mathfrak{A} \in \Sigma$" heißt, daß für die Gesamtheit Γ aller in Frage kommenden $\mathfrak{A}$ genau $L(\varrho(\Gamma)) = 1$ gilt.

---

[1] (Zusatz bei der Korrektur.) Hierzu sowie zur n-dimensionalen Verallgemeinerung auf Gitterpunktmengen nichtnegativer Koordinaten siehe KASCH [2].

Um für Nullmengen, die in diesem Zusammenhang häufig auftreten, weitergehende Aussagen zu erhalten, erweist sich noch die Heranziehung des HAUSDORFFschen Maßbegriffs (HAUSDORFF [2], vgl. auch KNICHAL [1]) und des durch ihn induzierten Dimensionsbegriffs als zweckmäßig. Es sei kurz eine Definition der Begriffe gegeben: $\mathfrak{B}$ heiße eine ϱ-Überdeckung der linearen (Punkt-)Menge $\mathfrak{M}$, wenn $\mathfrak{M} \subseteq \mathfrak{B}$ und $\mathfrak{B}$ die höchstens abzählbare Vereinigung offener Intervalle $\mathfrak{i}_\nu$ $(\nu = 1, 2, \ldots)$ der Länge $|\mathfrak{i}_\nu| \leqq \varrho$ ist. Man setze

$$f_\varrho(\mathfrak{M}, \alpha) = \overline{\underset{\mathfrak{B}}{\text{fin}}} \sum_{\mathfrak{i}_\nu \subseteq \mathfrak{B}} |\mathfrak{i}_\nu|^\alpha \quad (0 < \alpha \leqq 1),$$

worin $\mathfrak{B}$ alle ϱ-Überdeckungen von $\mathfrak{M}$ durchlaufe.

$$\varrho' < \varrho \curvearrowright f_{\varrho'}(\mathfrak{M}, \alpha) \geqq f_\varrho(\mathfrak{M}, \alpha)$$

zieht die Existenz von

$$\lim_{\varrho \to 0} f_\varrho(\mathfrak{M}, \alpha) = L(\mathfrak{M}, \alpha) \; (\leqq \infty)$$

nach sich. $L(\mathfrak{M}, \alpha)$ heißt das *α-dimensionale* HAUSDORFF*sche Maß von* $\mathfrak{M}$, das für $\alpha = 1$ mit dem äußeren LEBESGUEschen Maß identisch ist. Es gilt

$$\mathfrak{M}_1 \subseteq \mathfrak{M}_2 \curvearrowright L(\mathfrak{M}_1, \alpha) \leq L(\mathfrak{M}_2, \alpha),$$

$$L\left(\bigcup_{i=1}^{\infty} \mathfrak{M}_i, \alpha\right) \leq \sum_{i=1}^{\infty} L(\mathfrak{M}_i, \alpha),$$

$$\alpha_1 > \alpha \wedge L(\mathfrak{M}, \alpha) < \infty \curvearrowright L(\mathfrak{M}, \alpha_1) = 0,$$

$$\alpha_1 < \alpha \wedge 0 < L(\mathfrak{M}, \alpha) \curvearrowright L(\mathfrak{M}, \alpha_1) = \infty.$$

Die hierdurch nahegelegte untere Grenze der α mit $L(\mathfrak{M}, \alpha) = 0$ heißt nach HAUSDORFF die *Dimension der Menge*: dim $\mathfrak{M}$, wobei noch dim $\mathfrak{M} = 1$ gesetzt sei, wenn $L(\mathfrak{M}, 1) > 0$ ist. Daher

$$0 \leqq \dim \mathfrak{M} \leqq 1$$ [1].

Hinsichtlich weiterer Sätze, insbesondere über die Dimension, siehe VOLKMANN [1].

Man beachte noch, daß die Anzahl der Einsen in $\varrho(\mathfrak{A})$, $\mathfrak{A} \in \Sigma$ gleich $A(-1, x)$ ist.

Über die Häufigkeit der Mengen von gegebener (asymptotischer usw.) Dichte gibt der folgende Satz von E. BOREL [1] Aufschluß.

Satz 1. *Fast alle $\mathfrak{A} \in \Sigma$ haben die natürliche Dichte $\frac{1}{2}$.*

Siehe auch CHINČIN [1], KNOPP [2].

---

[1] HAUSDORFFsches Maß und Dimension sind nicht auf lineare Punktmengen beschränkt. Im allgemeinen ist daher auch $\alpha > 1$ möglich, und sogar jedes reelle $\alpha \geq 0$ realisierbar.

Bezeichnet man mit $\Gamma(\alpha)$ alle $\mathfrak{A} \in \Sigma$, deren asymptotische Dichte $\delta^*(\mathfrak{A}) = \alpha$ ist, und setzt man $f(\alpha) = L(\varrho(\Gamma(\alpha)))$, so ist dem BORELschen Satz zufolge

$$f(x) = \begin{cases} 0, & x \neq \frac{1}{2}, \\ 1, & x = \frac{1}{2}, \end{cases}$$

und das Entsprechende trifft natürlich auch für $\bar{\delta}^*(\mathfrak{A}) = \alpha$ zu.

Satz 1 ist offensichtlich der Spezialfall $g = 2$ des folgenden Satzes über Ziffernverteilungen (E. BOREL [1]; siehe auch WIRSING [1]).

Satz 2a. *Ist $a = 0, f_0 f_1 \cdots$ eine g-adisch ($g \geqq 2$) entwickelte reelle Zahl, f eine beliebige g-adische Ziffer, und bezeichnet $A_f(x)$ die Anzahl der Ziffern f_i ($0 \leqq i \leqq [x]$) die gleich f sind, so ist für fast alle $a \in \langle 0; 1\rangle$*

$$\underline{\lim}_{x=1,2,\ldots} \frac{A_f(x)}{x} = \overline{\lim}_{x=1,2,\ldots} \frac{A_f(x)}{x} = \frac{1}{g}.$$

Dieser Satz läßt sich natürlich auf jedes andere Intervall an Stelle von $\langle 0, 1\rangle$ übertragen.

Beweis: Wegen

$$A_0(x) + A_1(x) + \cdots + A_{g-1}(x) = [x+1] \tag{1}$$

genügt es, für fast alle a

$$\underline{\lim}_{x=1,2,\ldots} \frac{A_f(x)}{x} \geqq \frac{1}{g} \tag{2}$$

nachzuweisen. Es sei $\varrho(\varepsilon)$ die Menge aller Zahlen $a \in \langle 0; 1\rangle$ mit $\underline{\lim}_{x=1,2,\ldots} \frac{A_f(x)}{x} < \frac{1}{g} - \varepsilon$ $\left(0 < \varepsilon < \frac{1}{g}\right)$, und ϱ_i bezeichne die Gesamtheit der a mit $\frac{A_f(i)}{i} < \frac{1}{g} - \varepsilon$. Dann erkennt man mühelos

$$\varrho(\varepsilon) \subseteqq \bigcap_{i_0=1}^{\infty} \bigcup_{i=i_0}^{\infty} \varrho_i \subseteqq \bigcup_{i=i_0}^{\infty} \varrho_i, \quad \bar{L}(\varrho(\varepsilon)) \leqq \lim_{i_0\to\infty} \sum_{i=i_0}^{\infty} \bar{L}(\varrho_i),$$

wobei $\bar{L}$ das äußere LEBESGUEsche Maß bedeute. Um $L(\varrho(\varepsilon)) = 0$ zu bestätigen, ist augenscheinlich die Konvergenz von $\sum_{i\geqq 1} \bar{L}(\varrho_i)$ hinreichend. Der Grenzübergang $\varepsilon \to 0$ liefert dann sofort (2) und damit die Behauptung des Satzes. Das Intervall $\langle 0; 1\rangle$ wird durch die n-stelligen Zahlen $0, f_0 f_1 \cdots f_{n-1}$ in genau g^n *Grundintervalle* der Länge g^{-n} aufgespalten. ϱ_n ist nun offenbar die Vereinigung von gewissen dieser Grundintervalle. Ihre Anzahl läßt sich folgendermaßen ermitteln. Man fasse für jedes ganze ν, $0 \leqq \nu < \left(\frac{1}{g} - \varepsilon\right) n$, die a mit $A_f(n) = \nu$ zu Klassen zusammen. Gäbe es außer f nur noch eine weitere

Ziffer, so gäbe es nur genau $\binom{n}{\nu}$ solcher n-stelligen Zahlen a mit $A_f(n) = \nu$; da aber für die restlichen $n - \nu$ Stellen noch $g - 1$ Ziffern zur Verfügung stehen, und das ergibt $(g-1)^{n-\nu}$ Möglichkeiten, so besteht die zu ν gehörige Klasse aus $\binom{n}{\nu}(g-1)^{n-\nu}$ Grundintervallen; mithin

$$L(\varrho_n) = \bar{L}(\varrho_n) = g^{-n} \sum_{\nu=0}^{\left(\frac{1}{g}-\varepsilon\right)n} \binom{n}{\nu}(g-1)^{n-\nu}. \tag{3}$$

Die Summanden wachsen hierin monoton: aus $\nu < \frac{n}{g}$, d.h. $\frac{n}{\nu} > g$, folgt nämlich

$$\binom{n}{\nu}(g-1)^{n-\nu} = \binom{n}{\nu-1}(g-1)^{n-(\nu-1)} \frac{n-\nu+1}{\nu(g-1)} >$$

$$> \binom{n}{\nu-1}(g-1)^{n-\nu+1} \frac{\frac{n}{\nu}-1}{g-1} > \binom{n}{\nu-1}(g-1)^{n-\nu+1}.$$

Aus (3) ergibt sich daher $(n \geqq 1)$

$$L(\varrho_n) \leqq g^{-n}\, n \binom{n}{\gamma n}(g-1)^{n-\gamma n}, \quad \gamma =_{\mathrm{Df}} \frac{\left[\left(\frac{1}{g}-\varepsilon\right)n\right]}{n} \leqq \frac{1}{g} - \varepsilon.$$

Anwendung der STIRLING-Formel

$$m! \sim \sqrt{2\pi}\, m^{m+\frac{1}{2}} e^{-m} \tag{4}$$

liefert nach leichter Rechnung

$$L(\varrho_n) = O(1)\sqrt{n}\left(\frac{(g-1)^{1-\gamma}}{g\gamma^\gamma(1-\gamma)^{1-\gamma}}\right)^n \quad (n \geqq 0;\ \gamma^\gamma =_{\mathrm{Df}} 1 \textit{ für } \gamma = 0).$$

Da ferner, wie leicht zu sehen, die Funktion

$$q(\gamma) = \frac{(g-1)^{1-\gamma}}{g\gamma^\gamma(1-\gamma)^{1-\gamma}}$$

in $\langle 0, g^{-1}\rangle$ streng monoton wächst, also in $\gamma = g^{-1}$ ihr Maximum mit dem Wert $q(g^{-1}) = 1$ erreicht, ist wegen $\gamma \leqq g^{-1} - \varepsilon$

$$L(\varrho_n) = O(1)\sqrt{n}\left(q\left(\frac{1}{g}-\varepsilon\right)\right)^n,$$

mithin $\sum_{n \geqq 1} L(\varrho_n)$ konvergent.

Es sei noch eine Verallgemeinerung von Satz 2a angefügt, die anschließend benötigt wird. Es bedeute $\mathfrak{z} = (z_1, z_2, \ldots, z_n)$ ein n-tupel von g-adischen Ziffern; $C_\mathfrak{z}(x)$ gebe an, wie oft $\mathfrak{z}$ bezüglich $c = 0, f_0 f_1 \ldots$ unter den n-tupeln

$$(f_0, f_1, \ldots, f_{n-1}),\ (f_1, f_2, \ldots, f_n), \ldots, (f_{[x]-n+1}, f_{[x]-n+2}, \ldots, f_{[x]})$$

auftritt; dann gilt (E. BOREL [1]; vgl. auch WIRSING [1]):

Satz 2b. *Ist $\mathfrak{z}$ ein beliebiges g-adisches Ziffern-n-tupel, so ist für fast alle $c \in \langle 0; 1\rangle$*

$$\underline{\lim}_{x=1,2,\ldots} \frac{C_{\mathfrak{z}}(x)}{x} = \overline{\lim}_{x=1,2,\ldots} \frac{C_{\mathfrak{z}}(x)}{x} = \frac{1}{g^n}.$$

Satz 2a ist offensichtlich der Spezialfall $n = 1$ von Satz 2b.

Beweis: Man entwickle die n Zahlen $c^{(\nu)} = c\, g^{\nu}$ $(\nu = 0, 1, \ldots, n-1)$ jetzt g^n-adisch. Da jedes g-adische Ziffern-n-tupel als g^n-adische Ziffer aufgefaßt werden kann, erhält man für die $c^{(\nu)}$ die g^n-adischen Darstellungen

$$c^{(\nu)} \doteq f_0 f_1 \cdots f_{\nu-1}, f_\nu f_{\nu+1} \cdots f_{\nu-1+n} \cdots \tag{5}$$

Bezeichnet man mit $C_z^{(\nu)}(y)$, wie oft die g^n-adische Ziffer $z = z_1 z_2 \cdots z_n$ in $c^{(\nu)}$ bis zur y-ten Stelle vorkommt, so liest man aus (5) ab:

$$\begin{aligned} C_{\mathfrak{z}}(x) &= C_z^{(0)}\left(\frac{x}{n}\right) + C_z^{(1)}\left(\frac{x-1}{n}\right) + \cdots + C_z^{(n-1)}\left(\frac{x-n+1}{n}\right) \\ &= \sum_{\nu=0}^{n-1} C_z^{(\nu)}\left(\frac{x}{n}\right) + O(1). \end{aligned}$$

Nach Satz 2a ist aber für fast alle $c^{(\nu)}$

$$C_z^{(\nu)}\left(\frac{x}{n}\right) = \frac{1}{g^n}\frac{x}{n} + o(x) \quad (\nu = 0, 1, \ldots, n-1;\ x \to \infty),$$

also für fast alle $c \in \langle 0; 1\rangle$

$$C_{\mathfrak{z}}(x) = \frac{n}{g^n}\frac{x}{n} + o(x) + O(1) = \frac{x}{g^n} + o(x) \quad (x \to \infty),$$

und das ist die Behauptung.

Da es nur abzählbar viele endlich-stellige Ziffernfolgen gibt, erhält man noch unmittelbar die Verschärfung

Satz 2c. *In fast allen $c \in \langle 0; 1\rangle$ gilt für alle endlich-stelligen g-adischen Ziffernfolgen $\mathfrak{z}$ simultan*

$$\lim_{x\to\infty} \frac{C_{\mathfrak{z}}(x)}{x} = g^{-n},$$

wobei $n = n(\mathfrak{z})$ jeweils die Stellenzahl von $\mathfrak{z}$ bedeute.

Wendet man Satz 2c mit $g = 2$ speziell auf alle aus lauter Einsen bestehenden Ziffernfolgen an und betrachtet die den c zugeordneten Mengen $\mathfrak{A} \in \Sigma$, so ergibt sich unmittelbar

Satz 3. *Fast alle $\mathfrak{A} \in \Sigma$ enthalten für jedes $k \geqq 1$ unendlich viele k-gliedrige Ketten; oder etwas schwächer ausgedrückt* (VOLKMANN [1]); daselbst auf anderem Weg bewiesen): *Fast alle $\mathfrak{A} \in \Sigma$ enthalten beliebig* *lange Ketten. Alle $\mathfrak{A} \in \Sigma$ mit Ketten beschränkter Länge bilden also eine Nullmenge.*

Bezeichnet speziell Γ_k die Gesamtheit aller $\mathfrak{A} \in \Sigma$, die höchstens k-gliedrige Ketten enthalten, so gestattet der eingangs erklärte HAUSDORFF-sche Dimensionsbegriff eine feinere Aussage; nach Satz 3 ist ja jedes Γ_k lediglich Nullmenge. Nach VOLKMANN [1] gilt nämlich

Satz 4. *Es sei γ_k die* (nach der CARTESischen Zeichenregel einzige) *positive Nullstelle von*

$$x^{k+1} - x^k - x^{k-1} - \cdots - 1 = 0.$$

Dann ist

$$\dim \Gamma_k = \frac{\log \gamma_k}{\log 2}, \quad k \geqq 0.$$

Der Satz ist offenbar auch noch für $k = 0$ richtig, da Γ_0 nur die leere Menge enthält.

Es bestehe $(0 \leqq \zeta \leqq 1)$

$\Gamma_*(\zeta)$ *aus allen $\mathfrak{A} \in \Sigma$, deren natürliche Dichte $\delta_*(\mathfrak{A}) = \zeta$ ist,*

$\Gamma^*(\zeta)$ *aus allen $\mathfrak{A}$ mit $\delta^*(\mathfrak{A}) = \zeta$,*

$\bar{\Gamma}^*(\zeta)$ *aus allen $\mathfrak{A}$ mit $\bar{\delta}^*(\mathfrak{A}) = \zeta$,*

$\Gamma(\zeta)$ *aus allen $\mathfrak{A}$, für die ζ Häufungspunkt von $\frac{A(x)}{x}$ $(x = 1, 2, \ldots)$ ist.*

Weiter sei

$$d(\zeta) = \begin{cases} \dfrac{\zeta \log \zeta + (1-\zeta)\log(1-\zeta)}{\log \frac{1}{2}} & \textit{für } 0 < \zeta < 1 \\ 0 \textit{ für } \zeta = 0 \textit{ und } \zeta = 1. \end{cases}$$

Schließlich bedeute noch $\tilde{\mathfrak{m}}$ die aus der Punktmenge $\mathfrak{m}$ durch Spiegelung am Punkt $\frac{1}{2}$ hervorgehende Menge. Hiermit bestätigt man leicht

Satz 5. *Es ist*

$$\varrho\big(\Gamma(\zeta)\big) = \tilde{\varrho}\big(\Gamma(1-\zeta)\big) \quad (0 \leqq \zeta \leqq 1) \tag{6}$$

sowie

$$\varrho\big(\Gamma^*(\zeta)\big) = \tilde{\varrho}\big(\bar{\Gamma}^*(1-\zeta)\big). \tag{7}$$

Eine Verfeinerung von Satz 1 ist

Satz 6 (VOLKMANN [1]). *Ist*

$$\Theta(\zeta) = \bigcup_{\eta} \Gamma(\eta),$$

$$\eta \in \left\{ \begin{matrix} \langle 0; \zeta\rangle \cup \langle 1-\zeta; 1\rangle, \textit{ falls } \zeta \leqq \frac{1}{2}, \\ \langle 0; 1-\zeta\rangle \cup \langle \zeta; 1\rangle, \textit{ falls } \zeta \geqq \frac{1}{2}, \end{matrix} \right\} \textit{d. h. } \left|\eta - \frac{1}{2}\right| \geqq \left|\zeta - \frac{1}{2}\right|, \tag{8}$$

so gilt:

$$\Gamma_*(\zeta) \subseteqq \Lambda(\zeta) \subseteqq \Theta(\zeta) \frown \dim \Lambda(\zeta) = d(\zeta) \quad (0 \leqq \zeta \leqq 1). \tag{9}$$

Satz 6 umfaßt als Spezialfall den

Satz 7. *Es ist*

$$\dim \varrho\big(\Gamma_*(\zeta)\big) = \dim \varrho\big(\Gamma^*(\zeta)\big) = \dim \varrho\big(\overline{\Gamma}^*(\zeta)\big)$$
$$= \dim \varrho(\Gamma(\zeta)) = d(\zeta) \quad (0 \leqq \zeta \leqq 1) \tag{10}$$

sowie

$$\dim \bigcup_{0 \leqq \eta \leqq \zeta} \varrho\big(\Gamma^*(\eta)\big) = \dim \bigcup_{1-\zeta \leqq \eta \leqq 1} \varrho(\Gamma^*(\eta)) = d(\zeta) \text{ (Knichal [1])},$$

$$\dim \bigcup_{0 \leqq \eta \leqq \zeta} \varrho\big(\overline{\Gamma}^*(\eta)\big) = \dim \bigcup_{1-\zeta \leqq \eta \leqq 1} \varrho(\overline{\Gamma}^*(\eta)) = d(\zeta) \text{ (Besicovitsch [1])}.$$
$$\left(0 \leqq \zeta \leqq \frac{1}{2}\right) \tag{11}$$

Beweis: Offensichtlich ist für alle $\eta \leqq \zeta$ mit $0 < \zeta < \frac{1}{2}$ nach (8)

$$\Gamma_*(\eta) \subseteqq \left\{\begin{matrix}\Gamma^*(\eta)\\ \overline{\Gamma}^*(\eta)\end{matrix}\right\} \subseteqq \Gamma(\eta) \subseteqq \Gamma(\eta) \cup \Gamma(1-\eta) \subseteqq \Theta(\zeta),$$

so daß aus (9) in Verbindung mit (6) und (7) unmittelbar (10) und (11) folgen, da die Dimension einer Punktmenge gegenüber Spiegelungen invariant ist.

Bemerkung. (11) läßt sich, wie leicht ersichtlich, auch in der Form aussprechen, daß die Gesamtheit aller $\mathfrak{A} \in \Sigma$, für die es unendlich viele x mit $\frac{A(x)}{x} < \zeta$ gibt (bzw. für die $\bar{\delta}^*(\mathfrak{A}) \leqq \zeta$ ist), die Dimension $d(\zeta)$ besitzen (so die Originalfassungen). — Für $\zeta = \frac{1}{2}$ sind (9) und (11) wegen $d\left(\frac{1}{2}\right) = 1$ unmittelbare Folgen von Satz 1.

Einen interessanten Zusammenhang zwischen Dimension und Dichte gibt

Satz 8 (Volkmann [1]). *Bedeutet* $[\mathfrak{A}]$ *die Gesamtheit aller Teilmengen einer Menge* $\mathfrak{A}$, *so gilt*

$$\dim \varrho([\mathfrak{A}]) = \delta^*(\mathfrak{A}).$$

Für die Gesamtheit $\langle\mathfrak{A}\rangle$ *der Obermengen von* $\mathfrak{A}$ *gilt* (daher)

$$\dim \varrho(\langle\mathfrak{A}\rangle) = 1 - \bar{\delta}^*(\mathfrak{A}).$$

Siehe ferner Volkmann [2].

Satz 3 gestattet noch, eine Verallgemeinerung der rationalen Mengen in ihrer Gesamtheit als Nullmenge nachzuweisen.

Definition 1 (nach VOLKMANN [1]). *$\mathfrak{Q} \in \Sigma$ heißt pseudorational, wenn es zu jedem $\varepsilon > 0$ rationale Mengen $\mathfrak{R}_\varepsilon$ und $\mathfrak{R}^\varepsilon$ gibt, so daß*

$$\mathfrak{R}_\varepsilon \subseteqq \mathfrak{Q} \subseteqq \mathfrak{R}^\varepsilon \quad (\mathfrak{R}^\varepsilon \neq 0) \tag{12}$$

nebst

$$\bar{\delta}^* (\mathfrak{R}^\varepsilon - \mathfrak{R}_\varepsilon) < \varepsilon \tag{13}$$

gilt.

Untersuchungen von Mengensystemen, zu denen auch die pseudorationalen Mengen gehören, gehen bereits auf R. BUCK [1] und E. BUCK-R. BUCK [1] zurück.

Jede rationale Menge ist offenbar auch pseudorational. Überhaupt besteht ein enger Zusammenhang zwischen rationalen und pseudorationalen Mengen, was etwa darin zum Ausdruck kommt, daß sich die meisten Aussagen durch Grenzübergänge übertragen lassen. Hinsichtlich der Existenz nicht trivialer pseudorationaler Mengen siehe 8.2., Satz 10.

Satz 9 (VOLKMANN [1]). *Die Gesamtheit der pseudorationalen Mengen bildet eine Nullmenge.*

Beweis: Γ_1 bestehe aus allen pseudorationalen Mengen $\mathfrak{Q}$ mit $\bar{\delta}^* (\mathfrak{Q}) < 1$. Es sei $0 < \varepsilon < 1 - \bar{\delta}^* (\mathfrak{Q})$. Nach Definition existieren $\mathfrak{R}_\varepsilon$, $\mathfrak{R}^\varepsilon$ mit den Eigenschaften (12) und (13). Da in

$$\mathfrak{R}^\varepsilon = \mathfrak{R}_\varepsilon \cup (\mathfrak{R}^\varepsilon - \mathfrak{R}_\varepsilon)$$

die beiden Terme rechter Hand elementfremde Mengen sind, erhält man

$$\bar{\delta}^* (\mathfrak{R}^\varepsilon) \leqq \bar{\delta}^* (\mathfrak{R}_\varepsilon) + \bar{\delta}^* (\mathfrak{R}^\varepsilon - \mathfrak{R}_\varepsilon) \leqq \bar{\delta}^* (\mathfrak{Q}) + \varepsilon < 1;$$

daher tritt in der Periode von $\varrho (\mathfrak{R}^\varepsilon)$ mindestens eine Null auf. Ist l die Gliederzahl (Länge) der Periode, so enthält mithin $\mathfrak{Q}$ höchstens $(l-1)$-gliedrige Ketten. Nach dem letzten Teil von Satz 3 ist somit $\varrho (\Gamma_1)$ Nullmenge. Für die verbleibenden pseudorationalen Mengen $\mathfrak{Q} \neq 0$ ist $\bar{\delta}^* (\mathfrak{Q}) = 1$, und nach Satz 1 bilden diese $\mathfrak{Q}$ ebenfalls eine Nullmenge.

Dem Beweis entnimmt man noch den

Zusatz. *Ist $\mathfrak{Q}$ pseudorational und $\bar{\delta}^* (\mathfrak{Q}) < 1$, so sind die Kettenlängen in $\mathfrak{Q}$ beschränkt.*

Hinsichtlich der Dichten rationaler und pseudorationaler Mengen s. 18.2.

Trivial ist

Satz 10. *Mit $\mathfrak{Q}$ sind für jedes ganze $a \geqq 1$ auch $\{a\} + \mathfrak{Q}$ und $a \times \mathfrak{Q}$ pseudorational.*

Satz 11 (VOLKMANN [1]). *Die Gesamtheit Σ_p der pseudorationalen Mengen bildet einen* BOOLE*schen Mengenverband.*

Beweis: Die leere Menge bzw. $\mathfrak{Z}$ bilden das Null- bzw. Einselement. Weiter gilt offenbar

$$\mathfrak{R}_\varepsilon \subseteqq \mathfrak{Q} \subseteqq \mathfrak{R}^\varepsilon \curvearrowright \overline{\mathfrak{R}^\varepsilon} \subseteqq \overline{\mathfrak{Q}} \subseteqq \overline{\mathfrak{R}_\varepsilon}\,;\ \mathfrak{R}^\varepsilon - \mathfrak{R}_\varepsilon = \overline{\mathfrak{R}_\varepsilon} - \overline{\mathfrak{R}^\varepsilon},$$

so daß auch die Komplementärmenge $\overline{\mathfrak{Q}}$ von $\mathfrak{Q}$ pseudorational ist. Ferner seien

$$\mathfrak{R}'_\varepsilon \subseteqq \mathfrak{Q}' \subseteqq \mathfrak{R}'^\varepsilon,\ \mathfrak{R}''_\varepsilon \subseteqq \mathfrak{Q}'' \subseteqq \mathfrak{R}''^\varepsilon \quad (\mathfrak{Q}', \mathfrak{Q}'' \in \Sigma_p)$$

Darstellungen gemäß (12) und (13). Dann erkennt man unmittelbar

$$\begin{aligned}(\mathfrak{R}'^\varepsilon \cup \mathfrak{R}''^\varepsilon) - (\mathfrak{R}'_\varepsilon \cup \mathfrak{R}''_\varepsilon) &\subseteqq \big((\mathfrak{R}'^\varepsilon - \mathfrak{R}'_\varepsilon) \cup \mathfrak{R}''^\varepsilon\big) - \mathfrak{R}''_\varepsilon \\ &\subseteqq (\mathfrak{R}'^\varepsilon - \mathfrak{R}'_\varepsilon) \cup (\mathfrak{R}''^\varepsilon - \mathfrak{R}''_\varepsilon)\,;\end{aligned}$$

also ist

$$\bar{\delta}^*\big((\mathfrak{R}'^\varepsilon \cup \mathfrak{R}''^\varepsilon) - (\mathfrak{R}'_\varepsilon \cup \mathfrak{R}''_\varepsilon)\big) \leqq \bar{\delta}^*(\mathfrak{R}'^\varepsilon - \mathfrak{R}'_\varepsilon) + \bar{\delta}^*(\mathfrak{R}''^\varepsilon - \mathfrak{R}''_\varepsilon) < 2\,\varepsilon$$

nebst

$$\mathfrak{R}'_\varepsilon \cup \mathfrak{R}''_\varepsilon \subseteqq \mathfrak{Q}' \cup \mathfrak{Q}'' \subseteqq \mathfrak{R}'^\varepsilon \cup \mathfrak{R}''^\varepsilon,$$

mithin $\mathfrak{Q}' \cup \mathfrak{Q}'' \in \Sigma_p$. Entsprechend ist

$$\mathfrak{R}'_\varepsilon \cap \mathfrak{R}''_\varepsilon \subseteqq \mathfrak{Q}' \cap \mathfrak{Q}'' \subseteqq \mathfrak{R}'^\varepsilon \cap \mathfrak{R}''^\varepsilon$$

sowie

$$\mathfrak{L} =_{\mathrm{Df}} (\mathfrak{R}'^\varepsilon \cap \mathfrak{R}''^\varepsilon) - (\mathfrak{R}'_\varepsilon \cap \mathfrak{R}''_\varepsilon) \subseteqq (\mathfrak{R}'^\varepsilon \cap \mathfrak{R}') \cup (\mathfrak{R}''^\varepsilon - \mathfrak{R}''_\varepsilon),$$

da jedes Element von $\mathfrak{L}$ auch rechts enthalten ist. Daher ist ebenfalls $\bar{\delta}^*(\mathfrak{L}) < 2\,\varepsilon$.

Satz 12 (Volkmann [1]). *Ist $\mathfrak{Q}$ pseudorational, $\mathfrak{R}$ rational, so ist $\mathfrak{Q} + \mathfrak{R}$ pseudorational.*

Beweis: Nach 1.5. (23) hat $\mathfrak{R}$ die Gestalt

$$\mathfrak{R} = \mathfrak{E} \cup \mathfrak{R}_l \quad (\mathfrak{E}\ \textit{endlich},\ \mathfrak{R}_l\ \textit{reinperiodisch}).$$

Hiermit wird, wenn $\mathfrak{E} = \{e_1, e_2, \ldots, e_s\}$, $s \geqq 0$, gesetzt wird,

$$\begin{aligned}\mathfrak{Q} + \mathfrak{R} &= \mathfrak{Q} + (\mathfrak{E} \cup \mathfrak{R}_l) = (\mathfrak{Q} + \mathfrak{E}) \cup (\mathfrak{Q} + \mathfrak{R}_l) \\ &= \bigcup_{\sigma=1}^{s} (\mathfrak{Q} + \{e_\sigma\}) \cup (\mathfrak{Q} + \mathfrak{R}_l).\end{aligned} \tag{14}$$

Aus der Verbandseigenschaft folgt unter Beachtung von Satz 10, daß der erste Term rechter Hand in (14) pseudorational ist, während $\mathfrak{Q} + \mathfrak{R}_l$ nach 1.6. Satz 33 sogar rational ist.

Jedoch ist die Summe zweier pseudorationaler Mengen nicht mehr notwendig pseudorational, wie das folgende Beispiel von Wirsing zeigt.

Ein ähnliches Beispiel gab etwa gleichzeitig M. KNESER (s. bei VOLKMANN [3]) an. Auf anderem Weg gab später auch ERDÖS [31] einen weiteren Beweis.

Es sei $m_1, m_2, \ldots, m_i, \ldots$ eine Folge natürlicher Zahlen mit den beiden Eigenschaften: Jede natürliche Zahl tritt unendlich oft auf; es ist sowohl $2^{i+1} \nmid m_i$ als auch $3^{i+1} \nmid m_i$ $(i = 1, 2, \ldots)$. — Ferner werde eine Folge $r_1 = 0, r_2, r_3, \ldots$ nichtnegativer ganzer Zahlen so bestimmt, daß in der Restklassenfolge $r_i \bmod m_i$ $(i = 1, 2, \ldots)$ für jedes natürliche n jede Restklasse $r \bmod n$ auftritt, und zwar unendlich oft. Setzt man noch $m_i = 2^\varkappa\, 3^\lambda\, m_i'$ mit $(m_i', 2) = (m_i', 3) = 1$, so ist $0 \leqq \varkappa, \lambda \leqq i$. Da für jedes $i \geqq 1$ das Simultansystem

$$a_i \equiv 0\ (2^i), \quad a_i \equiv r_i\ (3^\lambda)$$

offenbar lösbar ist, wähle man die a_i in den lösenden Restklassen so aus, daß $a_1 = 0 < a_2 < \cdots < a_i < \cdots$ ist. Nun bestimme man für jedes $i \geqq 1$ Zahlen b_i aus

$$b_i \equiv 0\ (3^i), \quad b_i \equiv r_i\ (2^\varkappa), \quad b_i \equiv r_i - a_i\ (m_i')$$

so, daß wiederum $b_1 = 0 < b_2 < \cdots < b_i < \cdots$ ist. Da aus $b_i \equiv 0\ (3^i)$ sofort $a_i + b_i \equiv a_i \equiv r_i\ (3^\lambda)$, und aus $a_i \equiv 0\ (2^i)$ noch $a_i + b_i \equiv r_i (2^\varkappa)$ folgt, ergibt sich in Verbindung mit $b_i \equiv r_i - a_i\ (m_i')$ noch

$$a_i + b_i \equiv r_i\ (m_i).$$

Sei $\mathfrak{A} = \{a_1, a_2, \ldots\}$, $\mathfrak{B} = \{b_1, b_2, \ldots\}$. Für alle $j \geqq i$ ist $a_j \equiv a_i \equiv 0 (2^i)$, also $\mathfrak{A}$ in der rationalen Menge $\{a_1, a_2, \ldots, a_{i-1}\} \cup \{0 \bmod 2^i\}$ enthalten, deren Dichte offenbar gleich 2^{-i} ist, also für genügend große i beliebig klein gemacht werden kann. Entsprechendes gilt für $\mathfrak{B}$, so daß $\mathfrak{A}$ und $\mathfrak{B}$ pseudorational sind. Wegen $a_i \geqq 2^i$, $b_i \geqq 3^i$ gilt offenbar $A\,(x) = O\,(\log x)$, $B\,(x) = O\,(\log x)$, mithin $(A + B)\,(x) \leqq A\,(x)\, B\,(x) = O\,(\log^2 x) = o\,(x)$, so daß $\delta_*\,(\mathfrak{A} + \mathfrak{B}) = 0$ ist. Da schließlich nach Konstruktion jede Restklasse $r \bmod n$ unendlich oft unter den $r_i \bmod m_i$ vorkommt, gibt es unendlich viele $a_i + b_i$ in $r \bmod n$, so daß jede rationale Obermenge von $\mathfrak{A} + \mathfrak{B}$ asymptotisch gleich $\mathfrak{Z}$ ist; wegen $\delta_*\,(\mathfrak{A} + \mathfrak{B}) = 0$ ist also $\mathfrak{A} + \mathfrak{B}$ nicht pseudorational.

Weiter gilt nach VOLKMANN [1]

Satz 13. *Sind $\mathfrak{A}$ und $\mathfrak{B}$ pseudorational, und ist*

$$\delta^*\,(\mathfrak{V} - \mathfrak{D}) < 1 \quad (\mathfrak{V} = \mathfrak{A} \cup \mathfrak{B},\ \mathfrak{D} = \mathfrak{A} \cap \mathfrak{B}),$$

so ist die durch

$$\varrho\,(\mathfrak{C}) \equiv \varrho\,(\mathfrak{A}) + \varrho\,(\mathfrak{B})\ (\overset{+}{\bmod}\ 1) \quad (0 < \varrho\,(\mathfrak{C}) \leqq 1)$$

eindeutig erklärte Menge $\mathfrak{C}$ pseudorational.

17.2. Ordnet man einem Mengen-n-tupel $(\mathfrak{A}_1, \mathfrak{A}_2, \ldots, \mathfrak{A}_n)$, $n \geqq 1$, im n-dimensionalen EUKLIDischen Raum den Punkt $(\varrho(\mathfrak{A}_1), \varrho(\mathfrak{A}_2), \ldots, \varrho(\mathfrak{A}_n))$ zu, so erhält man eine Abbildung der Produktmenge Σ^n auf den n-dimensionalen Einheitswürfel. In diesem Sinn gilt

Satz 14 (VOLKMANN [1]). *Für fast alle* $(\mathfrak{A}_1, \mathfrak{A}_2, \ldots, \mathfrak{A}_n)$ *mit* $n \geqq 2$ *gilt*

$$\delta_*(\mathfrak{A}_1 + \mathfrak{A}_2 + \cdots + \mathfrak{A}_n) = 1.$$

Beweis: Nach Satz 1 ist in fast allen n-tupeln

$$\delta_*(\mathfrak{A}_1) = \delta_*(\mathfrak{A}_2) = \cdots = \delta_*(\mathfrak{A}_n) = \frac{1}{2},$$

und nach Satz 3 besitzt in fast allen n-tupeln noch jedes $\mathfrak{A}_\nu$ $(\nu = 1, 2, \ldots, n)$ beliebig lange Ketten. Vermittels 12.1., Satz 7 ergibt sich daher für alle diese n-tupel

$$\delta^*(\mathfrak{A}_1 + \mathfrak{A}_2 + \cdots + \mathfrak{A}_n) \geqq \delta^*(\mathfrak{A}_1 + \mathfrak{A}_2) \geqq \delta_*(\mathfrak{A}_1) + \delta_*(\mathfrak{A}_2) = 1.$$

Über Satz 31 in 1.5. hinaus, ohne jedoch seinen ersten Teil zu enthalten, gilt

Satz 15 (WIRSING [1]). *Die Gesamtheit der reduziblen Mengen in* Σ *bildet eine Nullmenge. Fast alle Mengen sind sogar totalprimitiv (siehe* 1.1., *Definition* 5).

Beweis: Es sei P_e die Menge der reduziblen $\mathfrak{C} \in \Sigma$, die mindestens einen nicht trivialen endlichen Summanden besitzen:

$$\mathsf{P}_e = \underset{\mathfrak{C} \in \Sigma}{\in} [\mathfrak{C} = \mathfrak{A} + \mathfrak{B}, \mathfrak{A} \textit{ und } \mathfrak{B} \textit{ mindestens zweielementig}, \mathfrak{B} \textit{ endlich}].$$

Weiter sei

$$\mathsf{P}_5^+ = \underset{\mathfrak{C} \in \Sigma}{\in} [\mathfrak{C} = \mathfrak{A} + \mathfrak{B}, \delta^*(\mathfrak{A}, \mathfrak{B}) \geqq \frac{1}{5}, \mathfrak{A} \textit{ und } \mathfrak{B} \textit{ unendlich}],$$

$$\mathsf{P}_5 = \underset{\mathfrak{C} \in \Sigma}{\in} [\mathfrak{C} = \mathfrak{A} + \mathfrak{B}, \delta^*(\mathfrak{A}, \mathfrak{B}) < \frac{1}{5}, \mathfrak{A} \textit{ und } \mathfrak{B} \textit{ unendlich}].$$

$\mathsf{P}_e \cup \mathsf{P}_5^+ \cup \mathsf{P}_5$ ist offenbar die Gesamtheit aller reduziblen Mengen. Nach 1.5., Satz 31 ist P_e Nullmenge. Auch Satz 2a läßt dies rasch erkennen: für festes $\mathfrak{B}_1 = \{b_1, b_2, \ldots, b_k\}$ kann in $\mathfrak{A} + \mathfrak{B}_1$ die Ziffernfolge $(0, 0, \ldots, 0, 1, 0, \ldots, 0)$, in der links und rechts von der Eins genau $b_k - b_1$ Nullen stehen, wie leicht zu sehen, nicht auftreten, also ist $\varrho(\{\mathfrak{B}_1\} + \Sigma)$ nach Satz 2a Nullmenge; mithin ist, da es nur abzählbar viele endliche Mengen gibt, auch P_e Nullmenge. Um P_5^+ als Nullmenge nachzuweisen, genügt es nach Satz 2c (mit $g = 2$) offenbar, dies lediglich für die Teilmenge $\mathsf{P}_5^{+\prime}$ aller derjenigen $\mathfrak{C} \in \mathsf{P}_5^+$ zu bestätigen, in denen für jedes Ziffern-n-tupel $\mathfrak{z}$

$$C_{\mathfrak{z}}(x) = \frac{x}{2^n} + o(x) \quad (n = n(\mathfrak{z})) \tag{15}$$

gilt, da die Restmenge Nullmenge ist. Man nehme nun $\mathsf{P}_5^{+\prime} \neq 0$ an. Wegen

$$\frac{1}{5} \leqq \delta^* (\mathfrak{A}, \mathfrak{B}) \leqq \bar{\delta}^* (\mathfrak{A}, \mathfrak{B}) \leqq \bar{\delta}^* (\mathfrak{A}) + \bar{\delta}^* (\mathfrak{B})$$

kann ohne Einschränkung

$$\bar{\delta}^* (\mathfrak{A}) \geqq \frac{1}{10} \tag{16}$$

angenommen werden. Von $\varrho(\mathfrak{B}) = 0, f_1 f_2 \cdots f_r \cdots$ nehme man eine solche Näherung $0, f_1 f_2 \cdots f_r$, für die $\mathfrak{z}_1 = (f_1, f_2, \ldots, f_r)$ genau vier Einsen enthält, was wegen der vorausgesetzten Unendlichkeit von $\mathfrak{B}$ möglich ist. Ersetzt man in $\mathfrak{z}_1$ auf alle möglichen Arten beliebige Nullen durch Einsen, so erhält man insgesamt $m = 2^{r-4}$ Ziffern-n-tupel $\mathfrak{z}_1, \mathfrak{z}_2, \ldots, \mathfrak{z}_m$. Da nun $\mathfrak{C} = \mathfrak{A} + \mathfrak{B}$ ist, stimmt in $\varrho(\mathfrak{C}) = 0, f_1' f_2' \cdots$ für jedes $a \in \mathfrak{A}$ das r-tupel $(f_a', f_{a+1}', \ldots, f_{a+r-1}')$ mit einem solchen aus $\mathfrak{z}_1, \mathfrak{z}_2, \ldots, \mathfrak{z}_m$ überein; das ergibt für $\mathfrak{A}$ die Abschätzung

$$A(x) \leqq C_{\mathfrak{z}_1}(x + r - 1) + C_{\mathfrak{z}_2}(x + r - 1) + \cdots + C_{\mathfrak{z}_m}(x + r - 1);$$

mithin nach (15)

$$A(x) \leqq m \frac{x + r - 1}{2^r} + o(x) = 2^{-4}(x + r - 1) + o(x) = \frac{x}{16} + o(x)$$

$$(m = 2^{r-4}),$$

also $\bar{\delta}^* (\mathfrak{A}) \leqq \frac{1}{16}$ im Widerspruch zu (16). Mithin ist $\mathsf{P}_5^{+\prime}$ leer, und daher insgesamt $\varrho(\mathsf{P}_5^+)$ Nullmenge. Bleibt nunmehr noch P_5 zu untersuchen. Es sei

$$\mathsf{P}_{5,n} = \underset{\mathfrak{C} \in \mathsf{P}_5}{\in} \left[\mathfrak{C} = \mathfrak{A} + \mathfrak{B} \textit{ mit } \frac{A(-1, n-1) + B(-1, n-1)}{n} < \frac{1}{5}\right].$$

Dann ist offenbar

$$\mathsf{P}_5 \subseteqq \bigcap_{n_0 = 0}^{\infty} \bigcup_{n = n_0}^{\infty} \mathsf{P}_{5,n} \subseteqq \bigcup_{n = n_0}^{\infty} \mathsf{P}_{5,n},$$

also

$$\overline{L}(\varrho(\mathsf{P}_5)) \leqq \lim_{n_0 \to \infty} \overline{L}\left(\varrho\left(\bigcup_{n = n_0}^{\infty} \mathsf{P}_{5,n}\right)\right) \leqq \lim_{n_0 \to \infty} \sum_{n = n_0}^{\infty} \overline{L}(\varrho(\mathsf{P}_{5,n}));$$

es genügt daher, die Konvergenz von $\sum_{n=0}^{\infty} \overline{L}(\varrho(\mathsf{P}_{5,n}))$ zu beweisen. $\langle 0; 1\rangle$ wird durch die n-stelligen Zahlen $0, f_0 f_1 \cdots f_{n-1}$ in genau 2^n *Grundintervalle* der Länge 2^{-n} zerlegt. Die Anzahl der Grundintervalle, in denen ein $\varrho(\mathfrak{C})$, $\mathfrak{C} \in \mathsf{P}_{5,n}$ liegt, läßt sich durch die Anzahl der Intervallpaare, in denen die zulässigen Summanden $\mathfrak{A}, \mathfrak{B}$ liegen könnten. abschätzen: Es sei $A(-1, n-1) + B(-1, n-1) = \nu$ und ν fest. ν Einsen lassen sich auf die zusammen $2n$ Stellen von $\varrho(\mathfrak{A} \wedge [0, n-1])$ und

$\varrho(\mathfrak{B} \wedge [0, n-1])$ auf genau $\binom{2n}{\nu}$ Arten verteilen. $\varrho(\mathsf{P}_{5,n})$ läßt sich daher durch $\sum_{\nu=0}^{\frac{n}{5}} \binom{2n}{\nu}$ Grundintervalle der Länge 2^{-n} überdecken; mithin ist

$$\overline{L}\big(\varrho(\mathsf{P}_{5,n})\big) \leqq 2^{-n} \sum_{\nu=0}^{\frac{n}{5}} \binom{2n}{\nu} \leqq \left(\left[\frac{n}{5}\right] + 1\right) 2^{-n} \binom{2n}{\left[\frac{n}{5}\right]}.$$

Vermittels der STIRLING-Formel (4) erhält man weiter

$$\overline{L}\big(\varrho(\mathsf{P}_{5,n})\big) = O(1)\sqrt{n}\left(\frac{50\sqrt[5]{9}}{81}\right)^{n} \qquad (n \geqq 0);$$

aus $\frac{50\sqrt[5]{9}}{81} < 1$ folgt daher die behauptete Konvergenz. Die reduziblen Mengen bilden somit eine Nullmenge, d. h. fast alle Mengen sind primitiv. Daß auch die total primitiven Mengen diese Eigenschaft besitzen, erkennt man auf folgende Weise: Eine nicht totalprimitive Menge entsteht aus einer reduziblen Menge $\mathfrak{A}$ durch Ersetzung eines Anfangsstücks $\mathfrak{A} \wedge [0, x_0]$, $x_0 \geqq -1$. Da es aber nur abzählbar viele Ersetzungsmöglichkeiten gibt, gehen aus dem System aller reduziblen Mengen höchstens abzählbar viele neue Systeme hervor — die Nullmengeneigenschaft bleibt, wie leicht zu sehen, für jedes derselben erhalten —, die Vereinigung ist daher wieder Nullmenge.

Einen anderen Beweis von Satz 15 gab VOLKMANN [4]. — Siehe ferner ŠANIN [1], VOLKMANN [2].

Literaturverzeichnis.

Die in eckige Klammern eingeschlossenen Nummern stellen die Zahlen dar, unter denen innerhalb des Textes auf die entsprechende Arbeit verwiesen ist. Die Bezeichnung der Zeitschriften entspricht im wesentlichen der in den Referatenorganen (Jahrbuch der Fortschritte der Math., Mathematical Reviews, Zentralblatt für Math.) üblichen Notation. Unabhängig hiervon sind noch die folgenden Abkürzungen verwendet:

Crelle J. = CRELLES Journal für die reine u. angewandte Math.;
DMV = Jahresbericht der Deutschen Math.-Vereinigung;
Mh. = Monatshefte für Mathematik, Wien;
MZ. = Mathematische Zeitschrift;
J. = Journal;
M.S. = Mathematical Society (innerhalb von Zeitschriftennotationen);
Diss. = Dissertation.

AGRONOMOW, N.: [1] Über die Darstellung einer Zahl als Summe aufeinanderfolgender Zahlen. Math. Unterr. **2** (1912) 70—72.

AIGNER, A.: [1] Über die Möglichkeit von $x^4 + y^4 = z^4$ in quadratischen Körpern. D M V. **43** (1934) 226—228. — [2] Die Zerlegung einer arithmetischen Reihe in summengleiche Stücke. Dtsch. Math. **6** (1941) 77—89. — [3] Weitere Ergebnisse über $x^3 + y^3 = z^3$ in quadratischen Zahlkörpern. Mh. **56** (1952) 240—252. — [4] Ein zweiter Fall der Unmöglichkeit von $x^3 + y^3 = z^3$ in quadratischen Zahlkörpern mit durch 3 teilbarer Klassenzahl. Mh. **56** (1952) 335—338.

ALDER, H.: [1] The nonexistence of certain identies in the theory of partitions and compositions. Bull. Amer. M. S. **54** (1948) 712—722. — [2] Generalizations of the ROGERS-RAMANUJAN identities. Pacific J. Math. **4** (1954) 161—168.

APOSTOL, T.: [1] Asymptotic series related to the partition function. Ann. of Math. II. Ser. **53** (1951) 327—331.

ARCHIBALD, R.: [1] GOLDBACHS theorem I, II. Scripta math. **3** (1935) 44—50, 153—161.

ARTIN, E., u. P. SCHERK: [1] On the sum of two sets of integers. Ann. of Math. (2) **44** (1943) 138—142.

ATKIN, A., u. P. SWINNERTON-DYER: [1] Some properties of partitions. Proc. London M. S. (3) **4** (1954) 84—106.

ATKINSON, F.: [1] A summation formula for $p(n)$, the partition function. J. London M. S. **14** (1939) 175—184.

AULUCK, F.: [1] An asymptotic formula for $p_k(n)$. J. Indian M. S. (N. S.) **6** (1942) 113—114. — [2] On some new types of partitions associated with generalized FERRER's graphs. Proc. Cambr. Philos. Soc. **47** (1951) 679—686. — [3] On partitions of bipartite numbers. Proc. Cambr. Philos. Soc. **49** (1953) 72—83.

—, S. CHOWLA u. H. GUPTA: [1] On the maximum value of the number of partitions of n into k parts. J. Indian M. S. (N. S.) **6** (1942) 105—112.

— u. C. HASELGROVE: [1] On INGHAM's TAUBERian theorem for partitions. Proc. Cambr. Phil. Soc. **48** (1952) 566—570.

AULUCK, F., K. SINGWI u. B. AGARWALA: [1] On a new type of partition. Proc. Nat. Inst. Sci. India **16** (1950) 147—156.

AVAKUMOVIĆ, V.: [1] Über die Anzahl der Zahlen $\equiv -1(d)$, die keinen Primteiler derselben Form haben. Publ. math. Univ. Belgrade **6—7** (1938) 48—60. — [2] Neuer Beweis eines Satzes von HARDY und RAMANUJAN über das asymptotische Verhalten der Zerfällungskoeffizienten. Amer. J. Math. **62** (1940) 877—880.

AYOUB, R.: [1] On RADEMACHER's extension of the GOLDBACH-VINOGRADOV theorem. Trans. Amer. M. S. **74** (1953) 482—491.

BACHMANN, P.: [1] Analytische Zahlentheorie, Berlin-Leipzig 1894, XVIII + 494 S. — [2] Niedere Zahlentheorie. Teil 1, 402 S., Teil 2, 480 S. (1910). — [3] Das FERMAT-Problem in seiner bisherigen Entwicklung. Berlin, Verein wiss. Verl. VIII, (1919), 160 S.

BAILEY, W.: [1] On the simplification of some identies of the ROGERS-RAMANUJAN type. Proc. London M. S. (3) **1** (1951) 217—221. — [2] A note on two of RAMANUJAN's formulae. Quart. J. Math. Oxford Ser. (2) **3** (1952) 29—31. — [3] A further note on two of RAMANUJAN's formulae. Quart. J. Math. Oxford Ser. (2), **3** (1952) 158—160.

BANERJEE, D.: [1] On a theorem in the theory of partition. Bull. Calcutta M. S. **37** (1945) 113—114.

BARHAM, C., u. T. ESTERMANN: [1] On the representation of a number as the sum of four or more N-numbers. Proc. London M. S. (2) **38** (1934) 340—353.

BASU, N.: [1] A note on partitions. Bull. Calcutta M. S. **44** (1952) 27—30.

BEEGER, N.: [1] Sur la congruence $2^{p-1} \equiv 1(p^2)$ et le dernier théorème de FERMAT. Association Française, Liège (1924), 105—106. — [2] On the congruence $2^{p-1} \equiv 1(p^2)$ and FERMAT's last theorem. Messenger **55** (1925) 17—26. — [3] On the congruence $2^{p-1} \equiv 1(p^2)$ and FERMAT's last theorem. Nieuw. Arch. Wiskunde **20** (1939) 51—54.

BEHREND, F.: [1] Über numeri abundantes I, II. Sb. Akad. Berlin (1932) 322—328, (1933) 280—293. — [2] On sequences of numbers not divisible one by another. J. London M. S. **10** (1935) 42—44. — [3] On sequences of integers containing no arithmetic progression. Časopis Mat. Fis. Praha **67** (1938) 235—239. — [4] On obtaining an estimate of the frequency of the primes by means of the elementary properties of the integers. J. London M. S. **15** (1940) 257—259. — [5] On the frequency of the primes. J. Proc. Roy. Soc. New South Wales **75** (1942) 169—174. — [6] On sets of integers which contain no three terms in arithmetical progression. Proc. Nat. Acad. Sci. USA **32** (1946) 331—332.

BELL, E.: [1] Periodicities in the theory of partitions. Ann. of Math. **2**, 24 (1923) 1—22. — [2] A class of numbers connected with partitions. Amer. J. Math. **45** (1923) 73—82. — [3] Recurrences for certain functions of partitions. Amer. J. Math. **55** (1933) 667—670. — [4] Note on a conjecture of EULER. Bull. Amer. Math. Soc. **49** (1943) 393—394.

BERGMANN, S.: [1] Über eine Eigenschaft der additiven Zerfällungen der Zahlen. Mh. **29** (1918) 194—202.

BERNSTEIN, F.: [1] Über den zweiten Fall des letzten FERMATschen Lehrsatzes. Nachr. Ges. Wiss. Göttingen, math.-phys. Kl. FG 1 (1910) 507—516.

BESICOVITCH, A.: [1] On the sum of digits of real numbers represented in the dyadic System. Math. Ann. **110** (1934) 321—330. — [2] On the density of certain sequences of integers. Math. Ann. **110** (1934) 336—341.

— [3] On the density of the sum of two sequences of integers. J. London M. S. **10** (1935) 246—248.

BINI, U.: [1] La rinoluzione delle equazioni $x^n \pm y^n = M$ e l'ultimo teorema di FERMAT. Archimede **4** (1952) 50—57.

BIOCHE, C.: [1] Sur les systèmes de trois entiers de somme n. C. R. Soc. math. France **1937**, 29—31.

BIRMAN, A.: [1] Proof and examples that the equation of FERMAT's last theorem is solvable in integral quaternions. Riveon Lematematika **4** (1950) 62—64.

BLIJ, F.: [1] Die Function $\tau(n)$ von S. RAMANUJAN. Math. Student **18** (1951) 83—99.

BOREL, E.: [1] Les probabilités dénomerables et leurs applications arithmétiques. Rend. Circ. Mat. Palermo **27** (1909) 247—271.

BRAUER, A.: [1] Über die Dichte der Summe zweier Mengen, deren eine von positiver Dichte ist. MZ. **44** (1938) 212—232. — [2] On addition chains. Bull. Amer. M. S. **45** (1939) 736—739. — [3] On a problem of partitions. Amer. J. Math. **64** (1942) 299—312. — [4] A problem of additive number theory and its application in electrical engineering. J. Elisha Mitchell Sci. Soc. **61** (1945) 55—66.

—, u. B. M. SEELBINDER: [1] On a problem of partitions. II. Amer. J. Math. **76** (1954) 343—346.

BREUSCH, R.: [1] Another proof of the prime number theorem. Duke Math. J. **21** (1954) 49—53.

BRIGHAM, N.: [1] A general asymptotic formula for partition functions. Proc. Amer. M. S. **1** (1950) 182—191. — [2] On a certain weighted partition function. Proc. Amer. M. S. **1** (1950) 192—204.

BRODERICK, T.: [1] On proving certain properties of the primes by means of the methods of pure number theory. Proc. Irish. Acad. A **46** (1940) 17—24.

BROWN, O. u. H. DORWART: [1] The TARRY-ESCOTT problem. Amer. Math. Monthly **44** (1937) 613—626.

DE BRUIJN, N.: [1] On MAHLER's partition problem. Proc. Akad. Wet. Amsterdam **51** (1948) 659—669. — [2] On bases for the set of integers. Publ. Math. Debrecen **1** (1950) 232—242. — [3] On the number of uncancelled elements in the sieve of ERATHOSTHENES. Proc. Acad. Wet. Amsterdam **53** (1950) 803—812. — [4] On the number of positive integers $\leq x$ and free of prime factors $> y$. Nederl. Acad. Wetensch. Proc. Ser. A **54** (1951) 50—60.

BRUN, V.: [1] Le crible d'ERATHOSTÈNE et le théorème de GOLDBACH. Videnskaps-selskapets Skrifter, Mat. naturw. Klasse Nr. **3** (1920) 36 S.

BUCHŠTAB, A.: [1] Über ein Problem der additiven Zahlentheorie. Rec. math. Moscou **40** (1933) 190—195. — [2] Neue Verbesserungen in der Methode des ERATOSTHENischen Siebes. Rec. Math. Moscou (2) **4** (1938) 375—387. — [3] Sur la décomposition des nombres pairs en somme de deux composantes dont chacune est formée d'un nombre borné de facteurs premiers. C. R. Acad. Sci. URSS n. s. **29** (1940) 544—548. — [4] On an additive representation of integers. Mat. Sbornik n. Ser. **10** (52) (1942) 87—91. — [5] On an relation for the function $\Pi(x)$ expressing the number of primes that do not exeed x. Mat. Sbornik N. S. **12** (54) (1943) 152—160. — [6] On an asymptotic estimate of the number of numbers of an arithmetic progression which are not divisible by „relatively" small prime numbers. Mat. Sbornik N. S. **28** (70) (1951) 165—184.

Buck, E., u. R. Buck: [1] A note on finitely additive measures. Amer. J. Math. **69** (1947) 413—420.

Buck, R.: [1] The measure theoretic approach to density. Amer. J. Math. **68** (1946) 560—580.

Bulat, P.: [1] On asymptotic estimates of the average values of a fundamental function of the additive theory of numbers. Izvestiya Math. Mech. Inst. Univ. Tomsk **3** (1946) 104—110.

Bussi, C.: [1] Osservazione sull'ultimo teorema di Fermat. Boll. Un. mat. Ital. **2** (1943) 5, 42—43.

Carlitz, J.: [1] A note on partitions in $GF[q, x]$. Proc. Amer. M. S. **4** (1953) 464—469. — [2] Note on some partition identities. Proc. Amer. M. S. **4** (1953) 530—534. — [3] Some theorems on generalized Dedekind sums. Pacific J. Math. **3** (1953) 513—522. — [4] The reciprocity theorem for Dedekind sums. Pacific J. Math. **3** (1953) 523—527. — [5] Note on some partition formulae. Quart. J. Math. (Oxford Ser.) (2) **4** (1953) 168—172. — [6] A note on generalized Dedekind sums. Duke Math. J. **21** (1954) 399—403. — [7] Note on irregular primes. Proc. Amer. M. S. **5** (1954) 329—331. — [8] Dedekind sums and Lambert series. Proc. Amer. M. S. **5** (1954) 580—584.

Cauchy, A.: [1] Recherches sur les nombres. J. Ecole polytechn. **9** (1813) 99—116.

Chandler, E.: [1] Waring's theorem for fourth powers. Chicago, Private edition distributed by the University of Chicago Libraries 1933.

Chatrovski, L.: [1] Sur les bases minimales de suite des nombres naturels. Bull. Akad. Sci. URSS. Sér. math. **4** (1939) 335—340. — [2] A new generalization of Davenport s-Pillai's theorem on the addition of residue classes. Doklady Acad. Sci. URSS (N. S.) **45** (1944) 315—317. — [3] Sur le théorème de Erdös-Raikov. Izvestiya Akad. Nauk. SSSR. **9** (1945) 301—310.

Chaundy, T.: [1] The unrestricted plane partition. Quart. J. **3** (1932) 76—80. — [2] Plane partitions. Proc. London M. S. (2) **35** (1933) 14—22.

Cheo, L.: [1] On the density of sets of Gaussian integers. Amer. Math. Monthly **58** (1951) 618—620. — [2] A remark on the $\alpha + \beta$-theorem. Proc. Amer. M. S. **3** (1952) 175—177.

Chinčin (Khinchine), A.: [1] Über dyadische Brüche. MZ. **18** (1923) 109—116. — [2] Der große Fermatsche Satz. Moskau-Leningrad, Staatsverlag **76** (1927), Bericht. — [3] Zur additiven Zahlentheorie. Rec. math. Moscou, **39**, III (1932) 27—34. — [4] Über ein metrisches Problem der additiven Zahlentheorie. Rec. math. Moscou **40** (1933) 180—189. — [5] Sur la sommation des suites d'entiers positifs. Rec. math. Moscou (2) **6** (1939) 161—166. — [6] Drei Perlen der Zahlentheorie. Akademieverlag Berlin 1951, 62 S.

Chowla, I.: [1] A theorem on the addition of residue classes. Application to the number $\Gamma(k)$ in Waring's problem. Proc. Indian Acad. **2** (1935) 242—243. — [2] The representation of a positive integer as a sum of squares of primes. Proc. Indian Acad. **1** (1935) 451—453. — [3] A theorem in the additive theory of numbers. Proc. Indian Acad. Sci. A **8** (1938) 160—164.

Chowla, S.: [1] On abundant numbers. J. Indian M. S. (2) **1** (1934) 41—44. — [2] Congruence properties of partitions. J. London M. S. **9** (1934) 247. — [3] The representation of a number as a sum of four squares and a prime. Acta arith. **1** (1935) 115—122. — [4] Solution of a problem of Erdös and Turán in additive number theory. Proc. Nat. Acad. Sci.

India Sect. A **14** (1944) 1—2; Proc. Lahore Philos. Soc. **6** (1944) 13—14. — [5] Outline of a new method for proving results of elliptic function theory (such as identies of the RAMANUJAN-RADEMACHER-ZUCKERMANN type). Proc. Lahore Philos. Soc. **7** (1945), 3 S.

CHOWLA, S. u. A. MIAN: [1] On the B_2 sequences of SIDON. Proc. Nat. Acad. Sci. India Sect. A. **14** (1944) 3—4.

—, u. D. SINGH: [1] A perfect difference set of order 18. Math. Student **12** (1945) 85.

—, u. J. TODD: [1] The density of reducible integers. Canadian J. Math. **1** (1949) 297—299.

CHUNG, K. L.: [1] Two remarks on VIGGO-BRUN's method. Sci. Rep. nat. Tsing Hua Univ. A **4** (1940) 249—255. — [2] A generalization of an inequality in the elementary theory of numbers. Crelles J. **183** (1941) 193—196.

COHEN, E.: [1] A finite analogue of the GOLDBACH problem. Proc. Amer. M. S. **5** (1954) 478—483.

v. D. CORPUT, J.: [1] Sur l'hypothèse de GOLDBACH pour presque tous les nombres pairs. Acta arith. Warszawa **2** (1937) 266—290. — [2] Sur deux, trois ou quatre nombres premiers I, II, III, IV, V. Proc. Acad. Wet. Amsterdam **40** (1937) 846—891; **41** (1938) 25—36, 97—107, 217—226, 344—349. — [3] Sur l'hypothèse de GOLDBACH. Proc. Acad. Wet. Amsterdam **41** (1938) 76—80. — [4] Contribution à la théorie additive des nombres. I, II, III, IV, V, VI. Proc. Acad. Wet. Amsterdam **41** (1938) 227—237, 350—361, 442—453, 556—567; **42** (1939) 2—12; 336 bis 345. — [5] Über Summen von Primzahlen und Primzahlquadraten. Math. Ann. **116** (1938) 1—50. — [6] Propriétés additives. I. Acta arith. Warszawa **3** (1939) 180—234. — [7] On sets of integers I, II, III. Proc. Akad. Wet. Amsterdam **50** (1947) 252—261, 340—350, 429—435. — [8] Démonstration élémentaire du théorème sur la distribution des nombres premiers. Script. Math. Centr. Amsterdam **1948**, Nr. 1, 32 S. (hektogr.). — [9] Über eine Vermutung von DE POLIGNAC. Simon Stevin, wis. natuurk. Tijdschr. **27** (1950) 99—105. — [10] On sums of integers. Math. Centrum, Amsterdam, Scriptum no. **7** (1954) 31 S.

—, u. J. KEMPERMANN: [1] The second pearl of the theory of numbers I. Proc. Akad. Wet. Amsterdam **52** (1949) 696—704; II. **52** (1949) 801—809; III. **52** (1949) 927—937.

CSORBA, G.: [1] Über die Partitionen der ganzen Zahlen. Math. Ann. **35** (1914) 545—568.

ČUDAKOV, N.: [1] On the density of the set of even numbers which are not representable as a sum of two odd primes. Bull. Acad. Sci. URSS, Moscou, Cl. Sci. math. naturw. Sér. math. 1938, 25—40. — [2] On the function $\zeta(s)$ and $\pi(x)$. C. R. Acad. Sci. URSS. **2** (1938) 21, 421—422. — [3] Sur les zéros des L-fonctions de DIRICHLET. Doklady Acad. Sci. URSS (N. S.) **49** (1945) 89—91. — [4] On GOLDBACH-VINOGRADOV's theorem. Ann. Math. Princeton II. s. **48** (1947) 515—545 — [5] On the limits of variation of the function $\psi(x, k, l)$. Izvestiya Akad. Nauk. SSSR. Ser. Mat. **12** (1948) 31—46. — [6] On the difference between two neighbouring prime numbers. Rec. Math. Moscou (2) **1** (1936) 799—814.

CUGIANI, M.: [1] Sull'arithmetica additiva dei numeri liberi da Potenze. Revista Mat. Univ. Parma **2** (1951) 403—416. — [2] Un problema di arithmetica. Periodico Mat., IV. Ser. **29** (1951) 212—219. — [3] Sulla rappresentazione degli interi come somme di una potenza e di un numero libero da potenze. Ann. Mat. Pura Appl. (4) **33** (1952) 135—143. — [4]

Sugli intervalli fra i valori dell' argomento pei quali un polinomio risulta libero da potenze. Rivista Mat. Univ. Parma **4** (1953) 95—103. — [5] Sui valori di un polinomio che risultano liberi da potenze. Ann. Mat. Pura Appl. (4) **35** (1953) 291—298. — [6] Sulle „catene" di numeri primi consecutivi a differenza limitata Ann. Mat. pura appl., IV. Ser. **36** (1954) 121—132.

ČUTANOVSKIJ, J.: [1] Einige Abschätzungen, die mit der neuen Methode SELBERGS in der elementaren Zahlentheorie zusammenhängen. Doklady Acad. Nauk. SSSR. II. S. **63** (1948) 491—494.

DAVENPORT, H.: [1] Über numeri abundantes. S. B. Akad. Berlin, 1933, 830—837 — [2] On the addition of residue classes. J. London M. S. **10** (1935) 30—32. — [3] A Historical Note. J. London Math. Soc. **22** (1947) 100—101.

—, u. P. ERDÖS: [1] On sequences of positive integers. Acta arith. Warszawa **2** (1937) 147—151. — [2] On sequences of positive integers. J. Indian M. S. (N. S.) **15** (1951) 19—24.

—, u. H. HEILBRONN: [1] Note on a result in the additive theory of numbers. Proc. London M. S. (2) **43** (1937) 142—151.

DELANGE, H.: [1] Sur le théorème TAUBERian de IKEHARA. C. R. Acad. Sci. Paris **232** (1951) 465—467. — [2] Quelques formules asymptotiques de la théorie des nombres. C. R. Acad. Sci. Paris **232** (1951) 1392—1393. — [3] Sur le nombre des diviseurs premiers de n. C. R. Acad. Sci. Paris **237** (1953) 542—544.

DÉNES, P.: [1] Über den ersten Fall des letzten FERMATschen Satzes. Mh. **54** (1950) 161—174. — [2] Über die Unlösbarkeit der DIOPHANTischen Gleichung $x^{np} + y^{np} = p^m z^{np}$ in ganzen x, y, z, m, n, wenn p eine reguläre Primzahl ist und $p > 3$. Mh. **54** (1950) 175—182. — [3] An extension of LEGENDRE's criterion in connection with the first case of FERMAT's last theorem. Publ. Math. Debrecen **2** (1951) 115—120. — [4] Beweis einer VANDIVERschen Vermutung bez. des 2. Falles des letzten FERMATschen Satzes. Acta Sci. Math. Szeged **14** (1952) 197—202. — [5] Über die DIOPHANTische Gleichung $x^l + y^l = c z^l$. Acta Math. **88** (1952) 241—251.

DICKMANN, H.: [1] On maximiantalet konsecutiva summander till et helt tal. 8. Skand. Mat. Kongr. Stockholm 1934, 385—388.

DICKSON, L.: [1] Lower limit for the number of sets of solutions of $x^p + y^p + z^p \equiv 0(q)$. Crelle J. **135** (1909) 181—188. — [2] Proof of a WARING theorem on fifth powers. Bull. Amer. M. S. **37** (1931) 549—553. — [3] Recent progress on WARING's theorem and its generalization. Bull. Amer. M. S. **39** (1933) 701—727. — [4] Solution of WARING's problem. Amer. J. Math. **58** (1936) 530—535. — [5] The WARING problem and its generalization. Bull. Amer. M. S. **42** (1936) 833—842. — [6] All integers except 23 and 239 are sums of eight cubes. Bull. Amer. M. S. **45** (1939) 588—591. — [7] History of the theory of numbers. 3 Bde. Washington 1919, 1920, 1923.

DIRAC, G.: [1] Note on a problem in additive number theory. J. London M. S. **26** (1951) 312—313.

DIRICHLET, P.: [1] Vorlesungen über Zahlentheorie. Braunschweig 1897, 657 S.

DOETSCH, G.: [1] Handbuch der LAPLACE-Transformation. Lehrb. u. Monogr., Math. Reihe 14 (1950), 581 S.

DRAZIN, M.: [1] A result concerning sequences of integers. Math. Gaz. **36** (1952) 251—253.

Duarte, F.: [1] Sur les équations Diophantiennes $x^2 + y^2 + z^2 = t^2$, $x^3 + y^3 + z^3 = t^3$. Enseignement **33** (1934) 78—87. — [2] Sur l'équation $\xi^3 + \eta^3 + \zeta^3 = 0$. Am. Soc. Sci. Bruxelles, Sér. I, **65** (1951) 87—92.

Duparc, H., u. A. v. Wijngaarden: [1] A remark on Fermat's last theorem. Nieuw. Arch. Wiskunde (3) **1** (1953) 123—128. — [2] Note on a previous paper on Fermat's last theorem. Nieuw. Arch. Wiskunde (3) 2 (1954) 40—41.

Dyson, F.: [1] A theorem on the densities of sets of integers. J. London M. S. **20** (1945) 8—14.

Eichler, M.: [1] Quadratische Formen u. orthogonale Gruppen. Grundl. d. Math. Wiss. **63** (1952), 220 S.

Erdös, P.: [1] On the density of abundant numbers. J. London M. S. **9** (1934) 278—282. — [2] On primitive abundant numbers. J. London M. S. **10** (1935) 49—58. — [3] On the density of some sequences of numbers. J. London M. S. **10** (1935) 120—125. — [4] Note on sequences of integers no one of which is divisible by any other. J. London M. S. **10** (1935) 126—128. — [5] Note on consecutive abundant numbers. J. London M. S. **10** (1935) 128—131. — [6] The representation of an integer as the sum of the square of a prime and of a squarefree integer. J. London M. S. **10** (1935) 243—245. — [7] On the arithmetical density of the sum of two sequences one of which forms a basis for the integers. Acta arith. Warszawa **1** (1936) 197—200. — [8] A generalization of a theorem of Besicovitch. J. London M. S. **11** (1936) 92—98. — [9] On a problem of Chowla and some related problems. Proc. Cambr. philos. Soc. **32** (1936) 530—540. — [10] On the sum and difference of squares of primes I, II. J. London M. S. **12** (1937) 133—136, 168—171. — [11] On the density of some sequences of numbers II, III. J. London M. S. **12** (1937) 7—11, **13** (1938) 119—127. — [12] On additive properties of squares of primes I. Proc. Acad. Wet. Amsterdam **41** (1938) 37—41. — [13] On the asymptotic density of the sum of two sequences one of which forms a basis for the integers II. Trav. Inst. math. Tbilissi **3** (1938) 217—224. — [14] On sequences of integers no one of which divides the product of two others and on some related problems. Mitt. Forsch. Inst. Math. Mech. Kujbyschew, Univ. Tomsk 2_1 (1938) 74—82. — [15] On the easier Waring problem for powers of primes I, II. Proc. Cambr. philos. Soc. **33** (1937) 6—12; **35** (1939) 149—165. — [16] On the smoothness of the asymptotic distribution of additive arithmetical functions. Amer. J. Math. **61** (1939) 722—725. — [17] On the integers of the form $x^k + y^k$. J. London M. S. **14** (1939) 250—254. — [18] On the asymptotic density of the sum of two sequences. Ann. Math. Princeton (2) **43** (1942) 65—68. — [19] On an elementary proof of some asymptotic formulas in the theory of partitions. Ann. of Math. (2) **43** (1942) 437—450. — [20] On a problem of Sidon in additive number theory and on some related problems. Addendum. J. London M. S. **19** (1944) 208. — [21] On some asymptotic formulas in the theory of partitions. Bull. Amer. M. S. **52** (1946) 185—188. — [22] Some remarks about additive and multiplicative functions. Bull. Amer. M. S. **52** (1946) 527—537. — [23] Some remarks and corrections to one of my papers. Bull. Amer. M. S. **53** (1947) 761—763. — [24] Some asymptotic formulas in number theory. J. Indian M. S. (N. S.) **12** (1948) 75—78. — [25] On the integers having exactly k prime factors. Ann. Math. Princeton II, **49** (1948) 53—66. — [26] On the density of some sequences of integers. Bull. Amer. M. S. **54** (1948) 685—692. — [27] On a Tauberian theorem connected with the new proof of the prime number theorem. J. Indian M. S. n. S. **13** (1949) 131—144. — [28] Supplementary note. J. Indian M. S. n. S. **13** (1949) 145—147. — [29] A new method in elementary number theory,.... Proc. Nat. Acad. USA **35** (1949) 374—384. — [30] On integers of the form $2^k + p$ and some related problems. Summa Brasil. Math. **2** (1950) 113—123. — [31] Some results on additive number theory. Proc. Amer. M. S. **5** (1954) 847—853. — [32] The difference of consecutive primes. Duke Math. J. **6** (1940) 438—441. — [33] Problems and results on the differences of consecutive primes. Publ. Math. Debrecen **1** (1949) 33—37. — [34] On a problem of SIDON in additive number theory. Acta Sci. Math. Szeged **15** (1954) 255—259.

ERDÖS, P., u. J. GÁL: [1] On the representation of 1, 2, . . ., N by differences. Proc. Acad. Wet., Amsterdam **51** (1948) 1155—1158 (= Indagationes math. **10** (1948) 379—382).

—, u. M. KAC: [1] The GAUSSian law of errors in the theory of additive number theoretic functions. Amer. J. Math. **62** (1940) 738—742.

—, u. J. LEHNER: [1] The distribution of the number of summands in the partition of a positive integer. Duke Math. J. **8** (1941) 335—345.

—, u. K. MAHLER: [1] On the number of integers which can be represented by a binary form. J. London M. S. **13** (1938) 134—139.

—, u. I. NIVEN: [1] The $\alpha + \beta$-hypothesis and related problems. Amer. Math. Monthly **53** (1946) 314—317.

—, u. A. RENYI: [1] Some problems and results on consecutive primes. Simon Stevin **27** (1950) 115—125.

—, u. G. SZEKERES: [1] Über die Anzahl der ABELschen Gruppen gegebener Ordnung und über ein verwandtes zahlentheoretisches Problem. Acta Szeged **7** (1934) 95—102.

—, u. P. TURÁN: [1] Ein zahlentheoretischer Satz. Mill. Univ. Tomsk **1** (1935) 101—103. — [2] On some sequences of integers. J. London M. S. **11** (1936) 261—264. — [3] On a problem of SIDON in additive number theory, and some related problems. J. London M. S. **16** (1941) 212—215.

—, u. A. WINTNER: [1] Additive arithmetical functions and statistical independence. Amer. J. Math. **61** (1939) 713—721.

ERRERA, A.: [1] Sur le théorème de M. M. KHINTCHINE (CHINČIN) et MANN. Akad. Belgique Bull. Cl. Sci. V. s. **32** (1947) 300—306. — [2] Sur la démonstration de M. M. ARTIN et SCHERK du théorème de M. MANN. Mathematica Timisoara **23** (1948) 70—75.

ESTERMANN, TH.: [1] Vereinfachter Beweis eines Satzes von KLOOSTERMANN. Hambg. Abh. **7** (1929) 82—98. — [2] Einige Sätze über quadratfreie Zahlen. Math. Ann. **105** (1931) 654—662. — [3] On the representations of a number as the sum of two numbers not divisible by k-th powers. J. London M. S. **6** (1931) 37—40. — [4] On the representation of a number as the sum of a prime and a quadratfrei number. J. London M. S. **6** (1931) 219—221. — [5] Eine Darstellung und neue Anwendungen der VIGGO BRUNschen Siebmethode. Crelle J. **168** (1932) 106—116. — [6] Proof that every large integer is the sum of two primes and a square. Proc. London M. S. (2) **42** (1937) 501—516. — [7] A new result in the additive prime number theory. Quart J. **8** (1937) 32—38. — [8] On GOLDBACH's problem: Proof that almost all even positive integers are sums of two primes. Proc. London M. S. (2) **44** (1938) 307—314. — [9] On sums of squares of square-free numbers. Proc. London M. S. II, Ser. **53** (1951) 125—137. — [10] Introduction to modern prime number theory. Cambr. Tracts. Nr. **41** (1952), 75 S.

EVANS, T., u. H. MANN: [1] On simple difference sets. Sankhya **11** (1951) 357—364.

EVELYN, C., u. E. LINFOOT: [1] On a problem in the additive theory of numbers I. MZ. **30** (1929) 433—448; [2] II. Crelle J. **164** (1931) 131 bis 140; [3] III. MZ. **34** (1932) 637—644; [4] IV. Ann. of Math. (**2**) (1931). 261—270; [5] V. Quart. J. **3** (1932) 152—160; [6] VI. Quart. J. **4** (1933). 309—314.

FELL, J.: [1] Elementare Beweise des großen FERMATschen Satzes für einige besondere Fälle. Dtsch. Math. **7** (1943) 184—186.

FELLER, W., u. E. TORNIER: [1] Mengentheoretische Untersuchungen von Eigenschaften der Zahlenreihe. Math. Ann. **107** (1932) 188—232.

FLECK, A.: [1] Miszellen zum großen FERMATschen Problem. S. B. Berlin. math. Ges. **8** (1909) 133—148.

FLESCHENHAAR, A.: [1] Die Gleichung $x^p + y^p + z^p \equiv 0(p^2)$. Zeitschr. f. math. u. naturw. Unterricht **40**, (1909) 265—275.

FOGELS, E.: [1] On an elementary proof of the prime number theorem. Latrijas PSR Zinātnu Akad. Fiz. Mat. Inst. Raksti. **2** (1950) 14—45. — [2] Ein Analogon des Satzes von BRUN-TITCHMARSH. Akad. Nauk Latvijskoj SSR, Trudy Inst. Fiz. Mat. **2** (1950) 46—58.

FÖLDES, J.: [1] On the GOLDBACH Hypothesis concerning the prime numbers of an arithmetical progression. C. R. du Premier Congrès des Math. Hongrois, 27 Août — 2 Sept. 1950, 473—492. Akad. Kiadó Budapest 1952.

FORD, W.: [1] Two theorems on the partition of numbers. Amer. Math. Monthly **38** (1931) 183—184.

FRANKLIN, F.: [1] Sur le développement du produit infinie $(1 - x)$ $(1 - x^2)$ $(1 - x^3)\ldots$. C. R. **92** (1881) 448—450.

FREJMAN, G.: [1] Über die Dichtigkeit von Folgen. Izvestiya Akad. Nauk SSSR, Ser. mat. **16** (1952) 385—388.

FROBENIUS, G.: [1] Über den FERMATschen Satz III. Berlin. Ber. (1914) 653—681.

FUETER, R.: [1] Die DIOPHANTische Gleichung $\xi^3 + \eta^3 + \zeta^3 = 0$. Heidelbg. Akad. S. B. **13** (1913) 255.

FURTWÄNGLER, PH.: [1] Letzter FERMATscher Satz und EISENSTEINsches Reziprozitätsprinzip. Wien. Ber. **121** (1912) 589—592.

GEGENBAUER, L.: [1] Asymptotische Sätze der Zahlentheorie. Denkschr. d. kaiserl. Akad. d. Wissensch. Wien, math. naturw. Kl. **49** (1885) Abt. 1, 37—80.

GERMAIN, SOPHIE: [1] Œuvres philosophiques. Paris (1879) 298—302.

GIGLI, D.: [1] Sulle somme di n addendi diversi presi fra i numeri $1, 2 \ldots m$. Palermo Rend. **16** (1902) 280—285.

GILLIS, J.: [1] Sequences of positive integers. J. London M. S. **21** (1946) 93—98.

GLAISHER, J.: [1] On the number of partitions of a number into a given number of parts. Quart. J. **40** (1908) 57—143. — [2] Formulae for partitions into given elements derived from SYLVESTER's theorem. Quart. J. **40** (1909) 275—348. — [3] Formulae for the number of partitions of a number into the elements $1, 2 \ldots n$ up to $n = 9$. Quart. J. **41** (1909) 94—112.

GLEISSBERG, W.: [1] Über einen Satz von Herrn J. SCHUR. MZ. **28** (1928) 372—382.

GLENN, J.: [1] On FERMAT's last theorem. Amer. Math. Monthly **41** (1934) 419—424.

GLODEN, A.: [1] Mehrgradige Gleichungen. Groningen 1944, 104 S.

—, u. G. PALAMÀ: [1] Bibliographie des Multigrades avec quelques notices biographiques. Luxembourg 1948, IV + 64 S.

GLÖSEL, K.: [1] Über die Zerfällung der ganzen Zahlen. Mh. Math. u. Phys. **7** (1896) 133—141, 290.

GOLUBEN, W.: [1] On the representation of numbers as sums of figurate numbers. Amer. Math. Monthly **48** (1941) 543—544.

GOTTSCHALK, E.: [1] Zum FERMATschen Problem. Math. Ann. **115** (1938) 157—158.

GRAVE, D.: [1] Sur un théorème d'EULER. Kiev Bull. Ac. Soc. **1** (1922/23) 1—3.

GREY, L.: [1] A note on FERMAT's last theorem. Math. Mag. **27** (1954) 274—277.

GROSSMANN, H.: [1] Applications of an operator to algebra and the number theory with comments on the TARRY-ESCOTT-problem. Nat. Math. Mag. **19** (1945) 385—390.

GRÜN, O.: [1] Zur FERMATschen Vermutung. Crelle J. **170** (1934) 231—234. — [2] Eine Kongruenz für BERNOULLIsche Zahlen DMV **50** (1940) 111—112.

GUPTA, H.: [1] Decompositions into squares of primes. Proc. Indian Acad. **1** (1935) 789—794. — [2] Decomposition into cubes of primes. J. London M. S. **10** (1935) 275; Math. Student **3** (1935) 71; [3] II. Proc. Indian Acad. Sci. A **4** (1936) 216—221. — [4] A table of partitions. Proc. London M. S. (2) **39** (1935) 142—149; [5] II. (2) **42** (1937) 546—549; [6] VI, Madras, Indian M. S. (1939) 81. — [7] On a conjecture of RAMANUJAN. Proc. Indian Acad. Sci. A **4** (1936) 625—629. — [8] On partitions of n. J. London M. S. **11** (1936) 278—280. — [9] Decompositions into cubes of primes. Tôhoku math. J. **43** (1937) 11—16. — [10] WARING's problem for powers of primes II. J. Indian M. S. (N. S.) **4** (1940) 71—79. — [11] On a table of values of $L(n)$. Proc. Indian Acad. Sci. Sect. A **12** (1940) 407—409. — [12] A formula in partitions. J. Indian M. S. (N. S.) **6** (1942) 115—117. — [13] An inequality in partitions. J. Univ. Bombay **11** (1942) 16—18. — [14] On an asymptotic formula in partitions. Proc. Indian Acad. Sci. Sect. A **16** (1942) 101—102. — [15] On the maximum values of $p_k(n)$ and $\Pi_k(n)$. J. Indian M. S. (N. S.) **7** (1943) 72—75. — [16] A note on the parity of $p(n)$. J. Indian M. S. (N. S.) **10** (1946) 32—33. — [17] An asymptotic formula in partitions. J. Indian M. S. (N. S.) **10** (1946) 73—76. — [18] A generalization of the partition function. Proc. Nat. Inst. Sci. India **17** (1951) 231—238.

GUSTIN, W.: [1] An operatorial characterization of certain partition polynomials. Proc. Amer. M. S. **3** (1925) 31—35.

GUT, M.: [1] EULERsche Zahlen u. großer FERMATscher Satz. Comm. Math. Helvetici **24** (1950) 73—99.

HABERZETLE, M.: [1] On some partition functions. Amer. J. Math. **63** (1941) 589—599.

HADAMARD, J.: [1] Sur la distribution des zéros de la fonction $\zeta(s)$ et ses conséquences arithmétiques. Bull. Soc. math. France **24** (1896) 199—220.

HAENTZSCHEL, E.: [1] Über die Kongruenz $12^{109\cdot} \equiv 1\ (1093^2)$. DMV. **34** (1925) 184.

HALBERSTAM, H.: [1] Representation of integers as sums of a square, a positive cube, and a fourth power of a prime. J. London M. S. (2) **52**

(1950) 158—168. — [2] On the representation of large numbers as sums of squares, higher powers, and primes. Proc. London M. S. (2) **53** (1951) 363—380. — [3] Representation of integers as sums of a square of a prime, a cube of a prime, and a cube. Proc. London M. S. (2) **52** (1951) 455—466.

HALBERSTAM, A., u. K. ROTH: [1] On the gaps between consecutive k-free integers. J. London M. S. **26** (1951) 268—273.

HARDY, G.: [1] „RAMANUJAN" Twelve lectures on subjects suggested by his life and work. Cambr. Univ. Press (1940), VII + 236 S. — [2] Divergent series. Oxford, at the Clarendon press 1949, 396 S.

—, u. J. LITTLEWOOD: [1] Some problems of partitio numerorum I, II, III, IV, V, VI, VIII. Nachr. Wiss. Göttingen, math.-phys. Kl. FG 1, 1920, 33—54; MZ. **9** (1921) 14—27; Acta math. **44** (1922) 1—70; MZ. **12** (1922) 161—188; Proc. London M. S. (2) **22** (1923) 46—56; MZ. **23** (1925) 1—37; Proc. London M. S. **28** (1928) 518—542.

—, u. S. RAMANUJAN: [1] Asymptotic formulae in combinatory analysis. Proc. London. M. S. (2) **17** (1918) 75—115.

—, u. E. WRIGHT: [1] An introduction to the theory of numbers. Oxford, Clarendon Press 1938, 403 S. und 1954, 419 S.

HÄRTTER, E., Diss. Univ. Mainz 1955.

HASSE, H.: [1] Über den algebraischen Funktionenkörper der FERMATschen Gleichung. Acta Scientarium Mathematicarium **13** (1950) 195—207. — [2] Zahlentheorie, Berlin 1949, XII + 468 S.

HAUSDORFF, F.: [1] Grundzüge der Mengenlehre. 1. Aufl. (1914). — [2] Dimension und äußeres Maß. Math. Ann. **79** (1918) 157—179.

HAUSSNER, R.: [1] Über die Kongruenzen $2^{p-1} \equiv 1\ (p^2)$ für die Primzahlen $p = 1093$ und 3511. Arch. für Math. og Naturvidensk. **39**, Nr. 5 (1926) 75.

HECKE, E.: [1] Analytische Arithmetik der positiven quadratischen Formen. Danske Vid. Selsk., math. fysiske Medd. **17**, Nr. 12, København 1940, 134 S. — [2] Herleitung des EULER-Produktes der ζ-Funktion u. einiger L-Reihen aus ihrer Funktionalgleichung. Math. Ann. **119** (1944) 266—287.

HEILBRONN, H.: [1] On an inequality in the theory of numbers. Proc. Cambr. philos. Soc. **33** (1937) 207—209.

—, E. LANDAU u. P. SCHERK: [1] Alle großen ganzen Zahlen lassen sich als Summe von höchstens 71 Primzahlen darstellen. Časopis Mat. Fys., Praha **65** (1936) 117—141.

HELLUND, E.: [1] On the unrestricted partitions of a positive integer. Amer. Math. Monthly **42** (1935) 91—93.

HERBRAND, J.: [1] Sur les classes des corps circulaires. J. de Math. **9** (1932) 11, 417—441.

HILBERT, D.: [1] Die Theorie der algebraischen Zahlkörper. DMV **4** (1897) 175—546. — [2] Beweis für die Darstellbarkeit der ganzen Zahlen durch eine feste Anzahl n-ter Potenzen (WARINGsches Problem). Math.-Ann. **67** (1909) 281—300.

HOHEISEL, G.: [1] Primzahlprobleme in der Analysis. S. B. Akad. Berlin **1930**, 580—588.

HOLZER, L.: [1] TAKAGIsche Klassenkörpertheorie, HASSEsche Reziprozitätsformel und FERMATsche Vermutung. Crelle J. **173** (1935) 114—124.

HORNFECK, B.: [1] Zur Struktur gewisser Primzahlsätze. Diss. Freie Univ. Berlin 1954; Crelle J. (im Druck). — [2] Zur Dichte der Menge der vollkommenen Zahlen. Arch. Math. **6** (1955) 442—443. — [3] Basen mit paarweise teilerfremden Elementen. Arch. Math. (im Druck). — [4] Dichtentheoretische Sätze der Primzahltheorie. Mh. **60** (1956) (im Druck). — [5] Verallgemeinerte Primzahlsätze. Mh. **60** (1956) (im Druck).

HUA, L. K.: [1] On representation of numbers as the sums of the powers of primes. MZ. **44** (1938) 335—346. — [2] On the number of partitions of a number into unequal parts. Trans. Amer. M. S. **51** (1942) 194—201. — [3] Additive Primzahltheorie. Akad. Nauk SSSR, Trudy mat. Inst. Steklov **22** (1947) 179 S. — [4] An improvement of VINOGRADOV's mean-value theorem and several applications. Quart. J. Math. (Oxford Ser.) **20** (1949) 48—61.

HURWITZ, A.: [1] Über die Kongruenz $a\,x^e + b\,y^e + c\,z^e \equiv 0\ (p)$. Crelle J. **136** (1909) 272—292.

HUSIMI, H.: [1] Partitio numerorum as occuring in a problem of nuclear physics. Proc. phys.-math. Soc. Japan (3) **20** (1938) 912—925.

IKEHARA, S.: [1] An extension of LANDAU's theorem in the analytical theory of numbers. J. Math. Physics., Massachusetts **10** (1931) 1—12.

INGHAM, A.: [1] A TAUBERian theorem for partitions. Amer. of Math. (2) **42** (1941) 1075—1090. — [2] On the difference between consecutive prime numbers. Quart. J. (Oxford ser.) **8** (1937) 255—266.

INKERI, K.: [1] Untersuchungen über die FERMATsche Vermutung. Ann. Acad. Sci. Fennicae, Ser. A. I. Math.-Phys. Nr. **33** (1946), 60 S. — [2] Some extensions of criteria concerning singular integers in cyclotomic fields. Ann. Acad. Sci. Fennicae, Ser. A I, Math.-Phys. Nr. **49** (1948), 15 S. — [3] On the second case of FERMAT's last theorem. Ann. Acad. Sci. Fennicae, Ser. A I, Math.-Phys. Nr. **60** (1949), 32 S. — [4] Abschätzungen für eventuelle Lösungen der Gleichung im FERMATschen Problem. Ann. Univ. Turku, Ser. A **16**, Nr. 1 (1953), 9 S.

ISEKI, K.: [1] Ein Theorem der Zahlentheorie. Tôhoku math. J. **48** (1941) 60—63. — [2] A remark on the GOLDBACH-VINOGRADOV theorem. Proc. Japan Acad. **25** (1949) 185—187. — [3] A proof of a transformation formula in the theory of partitions. J. Math. Soc. Japan **4** (1952) 14—26.

JAMES, G.: [1] A higher upper limit to the parameters in FERMAT's equation. Amer. Math. Monthly **45** (1938) 439—444.

JAMES, R.: [1] The distribution of integers represented by quadratic forms. Amer. J. Math. **60** (1938) 737—744. — [2] A problem in additive number theory. Trans. Amer. M. S. **43** (1938) 296—302. — [3] On the sieve method of VIGGO BRUN. Bull. Amer. M. S. **49** (1943) 422—432. — [4] Recent progress in the GOLDBACH problem. Bull. Amer. M. S. **55** (1949) 246 bis 260.

—, u. H. WEYL: [1] Elementary note on prime number problems of VINOGRADOV's type. Amer. J. Math. **64** (1942) 539—552.

JENSEN, K.: [1] Om talteoretiske Egenskaber ved de BERNOULLIske Tal. Nyt Tidsskr. for Math. **26** (1915) 73—83.

KAC, M.: [1] Note on the distribution of values of the arithmetic function $d(m)$. Bull. Amer. M. S. **47** (1941), 815—817. — [2] Probability methods in some problems of analysis and number theory. Bull. Amer. M. S. **55** (1949) 641—665.

KAMKE, E.: [1] Verallgemeinerungen des WARING-HILBERTschen Satzes. Math. Ann. **83** (1921) 85—112 (Diss.). — [2] Bemerkung zum allgemeinen WARING-Problem. MZ. **15** (1922) 188—194.

KANOLD, H.: [1] Über die Dichte gewisser Zahlenmengen. Crelle J. **193** (1954) 250—252. — [2] Über die Dichte der vollkommenen und befreundeten Zahlen. MZ. **61** (1954) 180—185. — [3] Über zahlentheoretische Funktionen. Crelle J. (im Druck). — [4] Über mehrfach vollkommene Zahlen. Crelle J. **194** (1955) 218–220.

KANTZ, G.: [1] Zerfällung einer Zahl in Summanden. Dtsch. Math. **5** (1941) 476—481.

KAPFERER, H.: [1] Über die DIOPHANTische Gleichung $z^3 - y^2 = 3^3\, 2^\lambda\, x^{\lambda+2}$ und deren Abhängigkeit von der FERMATschen Vermutung. S. B. Heidelberg, Nr. **2** (1933) 32—37. — [2] Über ein Kriterium zur FERMATschen Vermutung. Comm. Helvetici **23** (1949) 64—75.

KASCH, F.: [1] Abschätzung der Dichte von Summenmengen I, II. MZ. **62** (1955) 368–387 (II. im Druck). — [2] Wesentliche Komponenten bei Gitterpunktmengen (im Druck).

KEMPERMANN, J., u. P. SCHERK: [1] Complexes in ABELian groups. Canad. J. Math. **6** (1954) 230—237. — [2] On sums of sets of integers. Canad. J. Math. **6** (1954) 238—252.

KEMPNER, A.: [1] Über das WARING-Problem u. einige Verallgemeinerungen. Diss. Göttingen 1911/12, 56 S. — [2] The development of partitio numerorum with particular reference to the work of Messrs. HARDY, LITTLEWOOD and RAMANUJAN. Amer. Math. Monthly **30** (1923) 354—369, 416—425.

KENDALL, D., u. R. RANKIN: [1] On the number of ABELian groups of a given order. Quart. J. Math. (Oxford Ser.) **18** (1947) 197—208.

KHINCHINE, A. siehe CHINČIN, A.

KLOOSTERMANN, H.: [1] On the representation of numbers in the form $a\,x^2 + b\,y^2 + c\,z^2 + dt^2$. Acta Math. **49** (1926) 407—464. — [2] Asymptotische Formeln für die FOURIER-Koeffizienten ganzer Modulformen. Hambg. Abh. **5** (1927) 337—352. — [3] The behavior of general theta-functions under the modular group and the characters of binary modular congruence groups I, II. Ann. of Math. (2) **47** (1946) 317—447. — [4] Partitions. Euclides Groningen **21** (1946) 67—77.

KLÖTER, H.: [1] Über wesentliche Komponenten in der additiven Zahlentheorie. Diss. Köln 1948, 26 S.

—, u. A. STÖHR: [1] Wesentliche Komponenten und asymptotische Dichte. Crelle J. **194** (1955) (im Druck).

KNESER, M.: [1] Abschätzungen der asymptotischen Dichte von Summenmengen. MZ. **58** (1953) 459—484. — [2] Ein Satz über ABELsche Gruppen und Anwendungen auf die Geometrie der Zahlen. MZ. **61** (1955) 429—434.

KNICHAL, V.: [1] Dyadische Entwicklungen und HAUSDORFFsches Maß. Mém. Soc. Roy. Sci. Bohême, Classe des Sciences 1933, Nr. 14, 19 S.

KNÖDEL, W.: [1] Sätze über Primzahlen. Mh. **55** (1951) 62–75. — [2] Über Zerfällungen. Mh. **55** (1950) 20—27. — [3] Reduzible Zahlen. Mh. **54** (1950) 308—312. — [4] CARMICHAELsche Zahlen. Math. Nachr. **9** (1953) 343—350. — [5] Eine obere Schranke für die Anzahl der CARMICHAELschen Zahlen kleiner als x. Arch. Math. **4** (1953) 282—284.

KNOPP, K.: [1] Asymptotische Formeln der additiven Zahlentheorie. Schriften Königsbg. **2** (1925) 45—74. — [2] Mengentheoretische Behandlung einiger Probleme d. DIOPHANTischen Approximation und der transfiniten Wahrscheinlichkeiten. Math. Ann. **95** (1925) 409—426.

—, u. I. SCHUR: [1] Elementarer Beweis einiger asymptotischer Formeln der additiven Zahlentheorie. MZ. **24** (1925) 559—574.

KRASNER, M.: [1] Sur le premier cas du théorème de FERMAT. C. R. Acad. Sci., Paris **199** (1934) 256—258. — [2] Sur le théorème de FERMAT. C. R. Acad. Sci., Paris **210** (1940) 92—94. — [3] A propos du critère de SOPHIE GERMAIN-FURTWÄNGLER pour le premier cas du théorème de FERMAT. Mathematica, Cluj **16** (1940) 109—114.

KREČMAR, W.: [1] Sur les propriétés de la divisibilité d'une fonction additive. Bull. Acad. Sc. URSS (**7**) (1933) 763—800.

KRUBECK, E.: [1] Über Zerfällungen in paarweise ungleiche Polynomwerte. MZ. **59** (1953) 255—257.

KRUYSWIJK, D.: [1] On some well known properties of the partition function $p(n)$ and EULER's infinite product. Nieuw. Arch. Wiskunde, II. Ser. **23** (1950) 97—107.

KUMMER, E.: [1] Allgemeiner Beweis des FERMATschen Satzes, daß.... Crelle J. **40** (1850) 130—138. — [2] Zwei besondere Untersuchungen über die Klassenanzahl und über die Einheiten der aus λ-ten Wurzeln der Einheit gebildeten komplexen Zahlen. Crelle J. **40** (1850). — [3] Über die Ergänzungssätze zu den allgemeinen Reziprozitätsgesetzen. Crelle J. **44** (1852) 93—146; **56** (1859) 270—279. — [4] Einige Sätze über die aus den Wurzeln $a^\lambda = 1$ gebildeten komplexen Zahlen. Math. Abh. Akad. Wiss. Berlin (1857) 41—74.

LAGRANGE, J.: [1] Démonstration d'un Théorème d'Arithmétique. Nouvelles Mémoires de l'Académie royale des Sciences et Belles-Lettres de Berlin 1770, 122—133; Œuvres de LAGRANGE **3**, 189—201.

LAHIRI, D.: [1] On a type of series involving the partition function with applications to certain congruence relations. Bull. Calcutta M. S. **38** (1946) 125—132. — [2] Some non-RAMANUJAN congruence properties of the partition function. Proc. Nat. Inst. Sci. India **14** (1948) 337—338. — [3] Further non-RAMANUJAN congruence properties of the partition function. Science and culture **14** (1949) 336—337.

LANDAU, E.: [1] Bemerkungen zu Herrn D. N. LEHMER's Abhandlung in Bd. 22 dieses Journals. Amer. J. Math. **26** (1904) 209—222. — [2] Über den Zusammenhang einiger neuerer Sätze der analytischen Zahlentheorie. S. B. Akad. Wiss. Wien, math.-naturw. Kl. IIa, **115**, Abt. 2a (1906) 589—632. — [3] Lösung des LEHMERschen Problems. Amer. J. Math. **31** (1909) 86—102. — [4] Handbuch der Lehre von der Verteilung der Primzahlen. Bd. 1 und 2 (1909). — [5] Über die Verteilung der Zahlen, welche aus r Primfaktoren zusammengesetzt sind. Nachr. Ges. Wiss. Göttingen, math.-phys. Kl. FG **1** (1911) 362—381. — [6] Über die Wurzeln der ζ-Funktion. MZ. **20** (1924) 98—104. — [7] Über die ζ-Funktion und die L-Funktionen. MZ. **20** (1924) 105—125. — [8] Vorlesungen über Zahlentheorie. Bd. 1—3 (1927). — [9] Die GOLDBACHsche Vermutung und der SCHNIRELMANNsche Satz. Nachr. Ges. Wiss. Göttingen, math.-phys. Kl. FG **1** (1930) 255—276. — [10] Über den WIENERschen neuen Weg zum Primzahlensatz. S. B. Preuss. Akad. Wiss., Phys.-math. Kl., Berlin 1932, 514—521. — [11] Verschärfung eines ROMANOFFschen Satzes. Acta arithm. **1** (1935) 43—61. — [12] Über einige neuere Fortschritte der additiven Zahlentheorie. Cambr. Tracts. No. 35 (1937), 94 S.

LARSEN, O.: [1] Auf wieviel Arten kann ein beliebiger Betrag in Kleingeld gewechselt werden? Mat. Tidskr. A. København **1947**, 45—62; [2] **1948**, 72—79.

LEHMER, D. H.: [1] A note on FERMAT's last theorem. Bull. Amer. M. S. **38** (1932) 723—724. — [2] On a conjecture of RAMANUJAN. J. London M. S.

11 (1936) 114—118. — [3] On the HARDY-RAMANUJAN series for the partition function. J. London M. S. **12** (1937) 171—176. — [4] An application of SCHLÄFLI's modular equation to a conjecture of RAMANUJAN. Bull. Amer. M. S. **44** (1938) 84—90. — [5] On the series for the partition function. Trans. Amer. M. S. **43** (1938) 271—295. — [6] On the remainders and convergence of the series for the partition function. Trans. Amer. M. S. **46** (1939) 362—370. — [7] Two nonexistence theorems on partitions. Bull. Amer. M. S. **52** (1946) 538—544. — [8] A triangular number formula for the partition function. Scripta Math. **17** (1951) 17—19.

LEHMER, D. H., u. E. LEHMER: [1] On the first case of FERMAT's last theorem. Bull. Amer. M. S. **47** (1941) 139—142.

—, —, u. H. VANDIVER: [1] An application of high-speed computing to FERMAT's last theorem. Proc. Nat. Acad. Sci. USA **40** (1954) 25—33.

LEHMER, D. N.: [1] Asymptotic evaluation of certain totient sums. Amer. J. Math. **22** (1900) 293—335.

LEHMER, E.: [1] On a resultant connected with FERMAT's last theorem. Bull. Amer. M. S. **41** (1935) 864—867.

LEHNER, J.: [1] A partition function connected with the modulus five. Duke Math. J. **8** (1941) 631—655. — [2] RAMANUJAN identies involving the partition function for the mudoli 11^α. Amer. J. Math. **65** (1943) 492—520. — [3] Proof of RAMANUJAN's partition congruence for the modulus 11^3. Proc. Amer. M. S. **1** (1950) 172—181.

LEPSON, B.: [1] Certain best possible results in the theory of SCHNIRELMANN density. Proc. Amer. M. S. **1** (1950) 592—594.

LINDENBAUM, A.: [1] Sur les ensembles dans lequels toutes les équations ⋯. Fundam. Math. Warszawa **20** (1933) 1—29.

LINNIK, J.: [1] Das große Sieb. Doklady Akad. Nauk SSSR. II. s. **30** (1941) 292—294. — [2] On ERDÖS's theorem on the addition of numerical sequences. Mat. Sbornik N. S. **10** (52) (1942) 67—78. — [3] On a sequence which does not form the binary basis. Doklady Acad. Sci. URSS (N. S.) **36** (1942) 163—165. — [4] Elementary solution of the problem of WARING by SCHNIRELMANN's method. Mat. Sbornik, N. S. **12** (54) (1943) 225—230. — [5] On the possibility of a unique method in certain problems of „additive" and „distributive" prime number theory. Doklady Acad. Nauk Sci. URSS (N. S.) **49** (1945) 3—7. — [6] A new proof of the GOLDBACH-VINOGRADOV theorem. Mat. Sbornik n. S. **19** (1946) 3—8. — [7] Primzahlen und Potenzen ein und derselben Zahl Trudy Mat. Inst. Steklov, v. **38** (1951) 152—169. Izdat. Akad. Nauk SSSR, Moscow. — [8] Einige, das binäre GOLDBACH-Problem betreffende bedingte Sätze. Izvestija Akad. Nauk SSSR. Ser. mat. **16** (1952) 503—520. — [9] Die Summe von Primzahlen und Potenzen ein und derselben Zahl. Mat. Sbornik n. Ser. **32** (74) (1953) 3—60.

LIVINGOOD, J.: [1] A partition function with the prime numbers $P > 3$. Amer. J. Math. **67** (1945) 194—198.

LORENTZ, G.: [1] Multiplicity of representation of integers by sums of elements of two given sets. J. London M. S. **28** (1953) 464—467. — [2] On a problem of additive number theory. Proc. Amer. M. S. **5** (1954) 838—841.

LUCKEY, P.: [1]. Auf wieviel verschiedene Arten läßt sich ein Geldbetrag in kleiner Münze ohne und mit Benutzung des 4-Pfg.-Stücks auszahlen? Unterr. Bl. **39** (1933) 50—52.

MACBEATH, A.: [1] On measure of sum sets. Proc. Cambr. Phil. Soc. **49** (1953) 40—43.

MACDONNELL, J.: [1] New criteria assoziated with FERMAT's last theorem. Bull. Amer. M. S. **36** (1930) 553—558.

MACMAHON, P.: [1] Combinatory analysis. Bd. 1, Cambr. Univ. Press 1915; Bd. 2, 1916, XIX + 340 S. — [2] Divisors of numbers and their continuations in the theory of partitions. Proc. Lond. M. S. (2) **19** (1920) 75—113. — [3] Note on the number which enumerates the partitions of a number. Proc. Cambr. Phil. Soc. **20** (1921) 281—283. — [4] The theory of modular partitions. Proc. Cambr. Phil. Soc. **21** (1922) 197—204. — [5] The partitions of infinity with some arithmetic and algebraic consequences. Proc. Cambr. Phil. Soc. **21** (1923) 642—650. — [6] The enumeration of the partitions of multipartite numbers. Proc. Cambr. **22** (1925) 951—963. — [7] The parity of $p(n)$, the number of partitions of n, when $n \leq 1000$. J. London M. S. **1** (1926) 225—226.

MAHLER, K.: [1] Über die Darstellung einer Zahl als Summe von drei Biquadraten. Mathematica, Tijdschrift voor Studeerenden **3** (1934) 69—72. — [2] On a special functional equation. J. London M. S. **15** (1940) 115—123.

MAILLET, E.: [1] Sur l'équation indéterminée $a\,x^{\lambda*} + b\,y^{\lambda*} = c\,z^{\lambda*}$. Assoc. Franç. St. Etienne **26** (1897) 156—168; Annali di Mat. (3) **12** (1905) 145—178.

MAJUMDAR, K.: [1] On the parity of the partition function $p(n)$. J. Indian M. S., n. S. **13** (1949) 23—24.

MANN, H.: [1] A proof of the fundamental theorem on the density of sums of sets of positive integers. Ann. of Math. (2) **43** (1942) 523—527. — [2] On the number of integers in the sum of two sets of positive integers. Pacific J. Math. **1** (1951) 249—253. — [3] On products of sets of groups elements. Canad. J. Math. **4** (1952) 64—66. — [4] An addittition theorem for sets of elements of ABELian groups. Proc. Amer. M. S. **4** (1953) 423.

MARDŽANIŠVILI, K.: [1] Sur un problème additif de la théorie des nombres. Bull. Acad. Sci. URSS, Sér. math. **4** (1940) 193—214. — [2] Sur la démonstration du théorème de GOLDBACH-VINOGRADOV. C. R. Acad. Sci. URSS (2) **30** (1941) 687—689. — [3] On a asymptotic formula of the additive theory of prime numbers. Soobščeniya Akad. Nauk Gruzin. SSR. **8** (1947) 597—604. — [4] On some additive problems with prime numbers. Uspehi Matem. Nauk (N. S.) **4**, no. 1 (29) (1949) 183—185. — [5] Untersuchungen zur Anwendung trigonometrischer Summen auf additive Probleme. Uspehi Matem. Nauk **5**, Nr. 1 (35) (1950) 236—240. — [6] Über ein System von Gleichungen in Primzahlen. Doklady Akad. Nauk. SSSR, n. S. **70** (1950) 381—383. — [7] Über einige additive Probleme der Zahlentheorie. Acta Math. Acad. Sci. Hungar. **2** (1951) 223 bis 227. — [8] On the simultaneous representation of pairs of numbers by sums of prime numbers and their squares. Akad. Nauk Gruzin. SSR. Trudy Mat. Inst. Razmadze **18** (1951) 183—208. — [9] Application de la méthode de J. VINOGRADOV aux systèmes d'équations DIOPHANTiques avec des nombres premiers. Dodatch Rocznika polsk. Towarz. mat. **22** (1951) 33—36. — [10] On some nonlinear systems of equations in integers. Mat. Sbornik N. S. **33** (75) (1953) 639—675.

MASSOUTIÉ, L.: [1] Sur le dernier théorème de FERMAT. C. R. **193** (1931) 502—504.

MEINARDUS, G.: [1] Partitionenprobleme. Diplomarbeit Univ. Heidelberg 1951.— [2] Über das Partitionenproblem eines reellquadratischen Zahlenkörpers. Math. Ann. **126** (1953) 343—361. — [3] Asymptotische Aussagen über Partitionen. MZ. **59** (1954) 388—398. — [4] Über Partitionen mit Differenzenbedingungen. MZ. **61** (1954/1955) 289—302.

MEISSNER, M.: [1] Über die Teilbarkeit von $2^{p-1} - 2$ durch das Quadrat der Primzahl $p = 1093$. Berl. Ber. 1913., 663—667.

MILEIKOWSKY, E.: [1] Elementarer Beitrag zur FERMATschen Vermutung. Crelle J. **166** (1931) 116—117.

MILLER, J.: [1] The sum of the integral parts in an arithmetical progression. Math. Gaz. **36** (1952) 234—243.

MIN, S.: [1] On the order of $\zeta(\frac{1}{2} + i\,t)$. Trans. Amer. M. S. **65** (1949) 448 bis 472.

MIRIMANOFF, D.: [1] L'équation indéterminée $x^l + y^l + z^l = 0$ et le criterium de KUMMER. Crelle J. **128** (1904/05) 45—68. — [2] Sur le dernier théorème de FERMAT. C. R. **150** (1910) 204—206; Crelle J. **139** (1911) 309—324.

MIRSKY, L.: [1] Note on an asymptotic formula connected with r-free integers. Quart. J. Math. (Oxford Ser.) **18** (1947) 178—182. — [2] On the number of representations of an integer as the sum of three r-free integers. Proc. Cambr. Phil. Soc. **46** (1947) 433—441. — [3] A property of squarefree integers. J. Indian M. S., n. S. **13** (1948) 1—3. — [4] On a problem in the theory of numbers. Simon Stevin, wis. natuurk. Tijdschr. **26** (1948) 25—27. — [5] The additive properties of integers of a certain class. Duke math. J. **15** (1948) 513—533. — [6] On a theorem in the additive theory of numbers due to EVELYN and LINFOOT. Proc. Cambr. Phil. Soc. **44** (1948) 305—312. — [7] Generalization of a problem of PILLAI. Proc. R. Soc. Edinburgh A **62** (1948) 460—469. — [8] Arithmetical pattern problems relating to divisibility by r-th powers. Proc. London M. S. II. S. **50** (1949) 497—508. — [9] The number of representations as the sum of a prime and a k-free integer. Amer. Math. Monthly **56** (1949) 17—19. — [10] On the distribution of integers having a prescribed number of divisors. Simon Stevin wis. natuurk. Tijdschr. **26** (1949) 168—175. — [11] Generalization of some results of EVELYN-LINFOOT and PAGE. Nieuw. Arch. Wiskunde, II. S. **23** (1950) 111—116. — [12] A theorem on sets of coprime integers. Amer. Math. Monthly **57** (1950) 8—14.

MORIMOTO, S.: [1] Über einen Satz von KHINCHINE (CHINČIN) über eine Summenfolge. Tôhoku math. J. **43** (1937) 1—3.

MORISHIMA, T.: [1] Über den FERMATschen Quotienten. Japanese J. of Math. **8** (1931) 159—173. — [2] Über die FERMATsche Vermutung. VII, Proc. Acad. Tokyo **8** (1932) 63—66. — [3] XI, Japanese J. of Math. **11** (1935) 241—252. — [4] XIII, Trans. Amer. M. S. **72** (1952) 67—81.

MORIYA, M.: [1] Über die FERMATsche Vermutung. Crelle J. **169** (1933) 92—97.

MOSER, L.: [1] On sets of integers which contain no three in arithmetical progression; Part I. Univ. of North Carolina, Ph. D. Diss. 1950. — [2] On non-averaging sets of integers. Canadian J. Math. **5** (1953) 245—252.

MOTZKIN, TH.: [1] Ordered and cyclic partitions. Riveon Lematematica **1** (1947) 61—67.

NAGELL, T.: [1] Zur Arithmetik der Polynome. Abh. Hamburg **1** (1922) 179—194. — [2] Bemerkung zu einer Arbeit von T. ESTERMANN „Einige Sätze über quadratfreie Zahlen". Math. Ann. **106** (1932) 616. — [3] Introduction to number theory. New York 1951, 309 S.

NATUCCI, A.: [1] Osservazioni sul problema di FERMAT. Boll. Un. Mat. Ital. **3** (1951) 245—248.

NEČAEV, V.: [1] WARING's problem for polynomials. Trudy Mat. Inst. Steklov, v. 38, Izdat. Akad. Nauk. SSSR. Moscou 1951, 190—243.

NEMYCKIJ, V.: [1] Sur quelques classes d'ensembles linéaires avec applications aux séries trigonométriques. Mat. Sbornik **33** (1926) 5—32.

NEWMAN, D.: [1] The evaluation of the constant in the formula for the number of partition of n. Amer. J. Math. **73** (1951) 599—601.

NICOL, CH.: [1] On restricted partitions and a generalization of the EULER φ number and the MÖBIUS function. Proc. Nat. Acad. Sci. USA **39** (1953) 963—968.

—, u. H. VANDIVER: [1] On generating functions for restricted partitions of rational integers. Proc. Nat. Acad. Sci. USA **41** (1955) 37—42. — [2] A VON STERNECK arithmetical function and restricted partitions with respect to a modulus. Proc. Nat. Acad. Sci USA **40** (1954) 825—835.

NIEDERMEIER, F.: [1] Ein elementarer Beitrag zur FERMAT-Vermutung. Crelle J. **185** (1943) 111—112. — [2] Zwei Erweiterungen eines KUMMERschen Kriteriums für die FERMATsche Gleichung. Dtsch. Math. **7** (1944) 518—519.

NIEWIADOMSKI, R.: [1] Sur la grandeur absolue et relation mutuelle des nombres entiers qui peuvent résoudre l'équation $x^p + y^p = z^p$. Wiadóm. mat. Warszawa **44** (1938).

NIVEN, I.: [1] On a certain partition function. Amer. J. Math. **62** (1940) 353—364. — [2] An unsolved case of the WARING problem. Amer. J. Math. **66** (1944) 137—143. — [3] The asymptotic density of sequences. Bull. Amer. M. S. **57** (1951) 420—434.

OBLÁTH, R.: [1] Untere Schranken für Lösungen der FERMATschen Gleichung. Portugalliae Math. **11** (1952) 129—132. — [2] Sur le problème de GOLDBACH. Mathesis **61** (1952) 179—183.

ORE, Ö.: [1] FERMAT's last theorem. Norsk. Math. Tidsskrift **7** (1925) 1—10.

OSTMANN, H.: [1] Über die Dichte der Summe zweier Zahlenmengen. Dtsch. Math. **5** (1940) 177—212. — [2] Beweis einer Vermutung über die asymptotische Dichte und Verschärfung einer Abschätzung über die Dichte der Summe zweier Zahlenmengen. Dtsch. Math. **6** (1941) 213—247. — [3] Gegenbeispiel zu einer Frage über Basismengen in der additiven Zahlentheorie. Crelle J. **185** (1943) 63—64. — [4] Untersuchungen über den Summenbegriff in der additiven Zahlentheorie. Math. Ann. **120** (1948) 165—196. — [5] Über die Dichten additiv komponierter Zahlenmengen. Arch. Math. **1** (1948) 393—401. — [6] Verfeinerte Lösung der asymptotischen Dichtenaufgabe. Crelle J. **187** (1949) 183—188. — [7] Über die Anzahl der Elemente von Summenmengen. Crelle J. **187** (1950) 222—230. — [8] Über eine Rekursionsformel in der Theorie der Partitionen. Math. Nachr. **13** (1955) 157—160.

OZIGOVA, E.: [1] Modification of the method of the sieve of ERATOSTHENES given by A. SELBERG. Uspehi Matem. Nauk (N. S.) **8**, no. 3 (55) (1953) 119—124.

PAGE, A.: [1] An asymptotic formula in the theory of numbers. J. London M. S. **7** (1932) 24—27. — [2] On the number of primes in an arithmetic progression. Proc. London M. S. (2) **39** (1935) 116—141.

PALAMÀ, G.: [1] Saggio di una nuova trattazione delle multigrade. Boll. Un. Mat. Ital. (3) **3** (1948) 263—278.

PALL, G.: [1] The distribution of integers represented by binary quadratic forms. Bull. Amer. M. S. **49** (1943) 447—449.

PENNINGTON, W.: [1] On MAHLER's partition problem. Ann of. Math. (2) **57** (1953) 531—546.

PEREZ-CACHO, L.: [1] FERMAT's last theorem and the MERSENNE numbers. Revista Acad. Ci. Madrid **40** (1946) 39—57.

PETERSSON, H.: [1] Theorie der automorphen Formen beliebiger reeller Dimension und ihre Darstellung durch eine neue Art POINCARÉscher Reihen. Math. Ann. **103** (1930) 396—436. — [2] Automorphe Formen als metrische Invarianten I. Math. Nachr. **1** (1948) 158—212. — [3] Konstruktion der Modulformen.... S. B. Akad. Heidelberg 1950, 415—495. — [4] Über Modulfunktionen und Partitionsenprobleme. Abhandl. Dtsch. Akad. d. Wiss. Berlin **1954**, 59 S.

PHILLIPS, E.: [1] The zeta-function of RIEMANN: Further developments of VAN DER CORPUT's method. Quart. J. (Oxford ser.) **4** (1933) 209—225.

PIERRE, CH.: [1] Sur le théorème de FERMAT $a^n + b^n = c^n$. C. R. Acad. Sci., Paris **217** (1943) 37—39. — [2] Remarques arithmétiques en connexion avec le dernier théorème de FERMAT. C. R. Acad. Sci. Paris **218** (1944) 23—25.

PILLAI, S.: [1] On sets of square-free numbers. J. Indian M. S. (2) **2** (1936) 116—118. — [2] Generalization of a theorem of DAVENPORT on the addition of residue classes. Proc. Indian Acad. Sci. A **6** (1937) 179—180. — [3] On the addition of residue classes. Proc. Indian Acad. Sci. A **7** (1938) 1—4. — [4] On WARING's problem with powers of primes. Proc. Indian Acad. Sci. A **9** (1939) 29—34. — [5] On the number of representations of a number as the sum of the square of a prime and a square-free integer. Proc. Indian Acad. Sci. A **10** (1939) 390—391. — [6] On numbers which are not multiples of any other in the set. Proc. Indian Acad. Sci. A **10** (1939) 392—394. — [7] Generalization of a theorem of MANGOLDT. Proc. Indian Acad. Sci. Sect. A **11** (1940) 13—20. — [8] On WARING's problem $g(6) = 73$. Proc. Indian Acad. Sci. Sect. A **12** (1940) 30—40. — [9] On WARING's problem with powers of primes. Proc. Indian Acad. Sci. A **12** (1940) 202—204. — [10] On a congruence property of the divisor function. J. Indian M. S. (N. S.) **6** (1942) 118—119. — [11] On numbers of the form $2^a\,3^b$, I. Proc. Indian Acad. Sci. Sect. A **15** (1942) 128—132. — [12] On WARING's problem with powers of primes. J. Indian M. S. (N. S.) **8**)1944) 18—20.

—, u. A. GEORGE: [1] On numbers of the form $2^a\,3^b$, II. Proc. Indian Acad. Sci. Sect. A **15** (1942) 133—134.

PIPPING, N.: [1] Die GOLDBACHsche Vermutung und der GOLDBACH-VINOGRADOVsche Satz. Acta Acad. Aboensis, Math. Phys. **11** Nr. 4 (1938) 25 S. — [2]GOLDBACHsche Spaltungen der geraden x für $x = 60000$ bis 99998. Acta Acad. Aboensis, Math. Phys. **12**, Nr. 11 (1940) 18 S.

PITT, H.: [1] General TAUBERian Theorems. Proc. London M. S. (2) **44** (1938) 243—288.

PLEMELJ, J.: [1] Die Unlöslichkeit von $x^5 + y^5 + z^5 = 0$ im Körper $\mathfrak{K}(\sqrt{5})$ Monatsh. Math. u. Phys. **23** (1912) 305—308.

POLLACZEK, F.: [1] Über den großen FERMATschen Satz. Wien. Ber. **126** (1917) 45—59. — [2] Relations entre les dérivées logarithmiques de KUMMER et les logarithmes π-adiques. Bull. Sci. math. Fr. **70** (1946) 199—218.

POLYA, G.: [1] Zur arithmetischen Untersuchung der Polynome. MZ. **1** (1918) 143—148.

POLYA, G., u. G. SZEGÖ: [1] Aufgaben u. Lehrsätze aus der Analysis, 2. Bd., 1953.

POMEY, L.: [1] Sur le dernier théorème de FERMAT. Journ. de Math. (9) **4** (1925) 1—22. — [2] Nouvelles remarques relatives au dernier théorème de FERMAT. C. R. **193** (1931) 563—564.

PRACHAR, K.: [1] Über einen Satz der additiven Zahlentheorie. Mh. **56** (1952) 101—104. — [2] Über Primzahldifferenzen I, II. Mh. **56** (1952) 304—306; 307—312. — [3] Über ein Problem vom WARING-GOLDBACHschen Typ. I, II. Mh. **57** (1953) 66—74; 113—116. — [4] On integers having many representations as a sum of two primes. J. London M. S. **29** (1954) 347—350. — [5] Bemerkung zu einer Arbeit von ERDÖS und RÉNYI und Berichtigung. Mh. **58** (1954) 117.

RADEMACHER, H.: [1] Beiträge zur VIGGO BRUNschen Methode in der Zahlentheorie. Hamburger Abh. **3** (1923/24) 12—30. — [2] On the partition function. Proc. London M. S. (2) **43** (1937) 241—254. — [3] A convergent series for the partition function. Proc. nat. Acad. Sci. USA **23** (1937) 78—84. — [4] The FOURIER coefficients of the modular invariant $J(\tau)$. Amer. J. Math. **60** (1938) 501—512. — [5] FOURIER expansions of modular forms and problems of partition. Bull. Amer. M. S. **46** (1940) 59—73. — [6] The RAMANUJAN identities under modular substitutions. Trans. Amer. M. S. **51** (1942) 609—636. — [7] On the expansion of the partition function in a series. Ann. of Math. (2) **44** (1943) 416—422. — [8] Additive algebraic number theory. Proc. of the Intern. Congress of Math. 1950, I, 356—362. — [9] Generalization of the reziprocity formula for DEDEKIND sums. Duke Math. J. **21** (1954) 391—397.

—, u. A. WHITEMAN: [1] Theorems on DEDEKIND sums. Amer. J. Math. **63** (1941) 377—407.

—, u. H. ZUCKERMANN: [1] On the FOURIER coefficients of certain modular forms of positive dimensions. Ann. Math. Princeton (2) **39** (1938) 433—462. — [2] A new proof of two of RAMANUJAN's identities. Ann. Math. Princeton (2) **40** (1939) 473—489.

RAIKOV, D.: [1] Über Basen der natürlichen Zahlenreihe. Rec. math. Moscou (2) **2** (1937) 595—597. — [2] Generalization of the IKEHARA-LANDAU-Satz. Rec. math. Moscou (2) **3** (1938) 559—568. — [3] On multiplicative bases for the natural series. Rec. math. Moscou (2) **3** (1938) 569—576. — [4] On the distribution of numbers the prime factors of which belong to a given arithmetical progression. Rec. math. Moscou (2) **4** (1938) 563—570. — [5] On the addition of pointsets in the sense of SCHNIRELMANN. Rec. math. Moscou (2) **5** (1939) 425—440. — [6] Beweis des SCHNIRELMANNschen Satzes über die Dichte der arithmetischen Summe von Mengen. Uspehi mat. nauk. **1940** Nr. 7, 97—101.

RAMANATHAN, K.: [1] Identities and congruences of the RAMANUJAN type. Canadian J. Math. **2** (1950) 168—178.

RAMANUJAN, S.: [1] Congruence properties of partitions. Proc. Lond. M. S. (2) **18** (1920); MZ. **9** (1921) 147—153. — [2] Collected papers. Cambr. Univ. Press. 1927, XXXVI + 355 S.

RAMSAY, F.: [1] On a problem of formal logic. Proc. London M. S. (2) **30** (1930) 260—286.

RANDOLPH, J.: [1] Distances between points of the CANTOR set. Amer. Math. Monthly **47** (1940) 549—551. — [2] Some properties of sets of the CANTOR type. J. London M. S. **16** (1941) 38—42.

RANGA CHARIAR, V.: [1] On certain sequences of integers no one of which is divisible by any other. Patna Univ. J. **1** (1944) 22—29.

RANKIN, R.: [1] The difference between consecutive prime numbers. IV. Proc. Amer. M. S. **1** (1950) 143—150.

RAO, S.: [1] On the representation of a number as the sum of the k-th power of a prime and l-th power-free integer. Proc. Indian Acad. Sci. A **11** (1940) 429—436. — [2] Generalization of a theorem of PILLAI-SELBERG. Proc. Indian Acad. Sci. A **11** (1940) 502—504.

RÉDEI, L., u. A. RÉNYI: [1] On the representation of the numbers 1, 2, . . ., N by means of differences. Mat. Sbornik N. S. **24** (= 66) (1949) 385—389.

RÉNYI, A.: [1] Über die Darstellung der geraden Zahlen als Summe einer Primzahl und einer Fastprimzahl. Izvestiya Akad. Nauk SSSR, Ser. mat. **12** (1948) 57—78. — [2] Un nouveau théorème concernant les fonctions indépendantes et ses applications à la théorie des nombres. J. Math. Pures Appl. (9) **28** (1949) 137—149. — [3] On the large sieve of J. V. LINNIK. Compositio Math. **8** (1950) 68—75.

RÉNYI, K.: [1] The distribution of numbers not divisible by a k-th power of an integer greater that one in the set of values of a polynomial having rational roots. C. R. du premier Congrès des Math. Hongrois, 27 Août — 2. Sept. 1950, 493—506. Akad. Kiadó, Budapest 1952.

RICCI, G.: [1] Sull' aritmetica additiva degl' interi liberi da potenze. Tôhoku math. J. **41** (1935) 20—26. — [2] Sulla consettura di GOLDBACH e la constante di SCHNIRELMANN I, II. Ann. Scoula norm. sup. Pisa (2) **6** (1937) 71—90; 91—116. — [3] Recenti risultati nel campo dell'aritmetica. Il problema di GOLDBACH. Rend. Sem. mat. fis. Milano **13** (1941) 204—226. — [4] Problemi secolari e risposte recenti nel campo dell'aritmetica. Atti Convegno Mat. Roma **1942** (1945) 91—131. — [5] La differenza di numeri primi consecutivi. Univ. Politec. Torino, Rend. Sem. mat. **11** (1952) 149—200. — [6] Sul coefficiente di VIGGO BRUN. Ann. Scuola Norm. Super Pisa (3) **7** (1953) 133—151.

RICHERT, H.: [1] Über Zerfällungen in ungleiche Primzahlen. MZ. **52** (1949) 342—343. — [2] Über Zerlegungen in paarweise verschiedene Zahlen. Norsk. Mat. Tidsskr. **31** (1949) 120—122. — [3] Aus der additiven Primzahltheorie. Crelle J. **191** (1953) 179—198. — [4] Über die Anzahl ABELscher Gruppen gegebener Ordnung I, II. MZ. **56** (1952) 21—32; **58** (1953) 71—84. — [5] Verschärfung der Abschätzung beim DIRICHLETschen Teilerproblem. MZ. **58** (1953) 204—218. — [6] Über quadratfreie Zahlen mit genau r Primfaktoren in einer arithmetischen Progression. Crelle J. **192** (1953) 180—203. — [7] On the difference between consecutive squarefree numbers. J. London M. S. **29** (1954) 16—20.

RIEGER, G.: [1] Über eine Verallgemeinerung des WARINGschen Problems. MZ. **58** (1953) 281—283. — [2] Zur HILBERTschen Lösung des WARINGschen Problems: Abschätzung von $g(n)$. Arch. Math. **4** (1953) 275—281. — [3] Zur LINNIKschen Lösung des WARINGschen Problems: Abschätzung von $g(n)$. MZ. **60** (1954) 213—234.

RODOSSKIĬ, K.: [1] On the distribution of prime numbers in short arithmetic progressions. Izvestiya Akad. Nauk SSSR. Ser. Mat. **12** (1948) 123 bis 128.

ROGERS, L.: [1] On the expansion of some infinite products. Proc. London M. S. **24** (1893) 337—352.

—, u. S. RAMANUJAN: [1] Proof of certain identities in combinatory analysis. Proc. Cambr. Phil. Soc. **19** (1919) 211—216.

ROHRBACH, H.: [1] Ein Beitrag zur additiven Zahlentheorie. MZ. **42** (1936) 1—30. — [2] Beweis einer zahlentheoretischen Ungleichung. Crelle J. **177** (1937) 193—196. — [3] Einige neuere Untersuchungen über die

Dichte in der additiven Zahlentheorie. DMV **48** (1939) 199—236. — [4] Anwendung eines Satzes der additiven Zahlentheorie auf eine gruppentheoretische Frage MZ. **42** (1937) 538—542.

ROHRBACH, H., u. B. VOLKMANN: [1] Zur Konvergenz von Mengenfolgen. Math. Ann. **124** (1952) 298—302. — [2] Zur Theorie der asymptotischen Dichte. Crelle J. **192** (1953) 102—112. — [3] Verallgemeinerte asymptotische Dichten. Crelle J. **194** (1955) 195–209.

ROMANOV, N.: [1] Über zwei Sätze der additiven Zahlentheorie I. Rec. math. Moscou **40** (1933) 514—520. II. Math. Ann. **109** (1934) 668—678. — [2] Über die additiven Eigenschaften der allgemeinen Zahlenfolgen. Mitt. Forsch. Inst. Math. Mech. Kujbyschew, Univ. Tomsk **1** (1937) 190 bis 204. — [3] Bestimmung des quadratischen Mittelwertes der Fundamentalfunktion der additiven Zahlentheorie. Mitt. Forsch. Inst. Math. Mech. Kujbyschew, Univ. Tomsk **21** (1938) 13—37. — [4] Über die Bestimmung der höheren Mittelwerte der Fundamentalfunktion der additiven Zahlentheorie. Izvestiya Math. Mech. Inst. Univ. Tomsk **3** (1946) 128—144. — [5] Zur Frage der Verteilung der Primzahlen in Restklassen. Mat. Sbornik II. S. **23** (1948) 259—278.

ROSSER, B.: [1] A new lower bound for the exponent in the first case of FERMAT's last theorem. Bull. Amer. M. S. **46** (1940) 299—304. — [2] An additional criterium for the first case of FERMAT's last theorem. Bull. Amer. M. S. **47** (1941) 109—110. — [3] Explicit bounds for some functions of prime numbers. Amer. J. Math. **63** (1941) 211—232.

ROTH, K.: [1] A theorem involving squarefree numbers. J. London M. S. **22** (1947) 231—237. — [2] On the gaps between squarefree numbers. J. London M. S. **26** (1951) 263—268. — [3] On WARING's problem for cubes. Proc London M. S. (2) **53** (1951) 268—279. — [4] Sur quelques ensembles d'entiers. C. R. Acad. Sci. Paris **234** (1952) 388—390. — [5] On certain sets of integers. J. London M. S. **28** (1953) 104—109.

RUBUGUNDAY, R.: [1] On $g(k)$ in WARING's problem. J. Indian M. S. (N. S.) **6** (1942) 192—198.

RUSHFORTH, J.: [1] Congruence properties of the partition function and associated functions. Proc. Cambr. Philos. Soc. **48** (1952) 402—413.

RUSSEL, A., u. C. GWYTHER: [1] The partitions of cubes. Math. Gaz. London **21** (1937) 33—35.

SALEM, R., u. D. SPENCER: [1] On sets which contain no three terms in arithmetic progression. Proc. Nat. Acad. Sci. USA **28** (1942) 561—563. — [2] On the influence of gaps on density of integers; Duke Math. J. **9** (1942) 855—872. — [3] On sets which do not contain a given number of terms in arithmetical progression. Nieuw. Arch. Wisk. II. S. **23** (1950) 133—143.

SALIÉ, H.: [1] Über die KLOOSTERMANNschen Summen. MZ. **34** (1932) 91—109. — [2] Zur Abschätzung der FOURIER-Koeffizienten ganzer Modulformen. MZ. **36** (1933) 263—278.

SANDHAM, H.: [1] Five series of partition. J. London M. S. **27** (1952) 107—115. — [2] Two identities due to RAMANUJAN. Quart. J. Math. (Oxford Ser.) (2), **3** (1952) 179—182.

ŠANIN, N.: [1] Über die Teilmengen der natürlichen Zahlenreihe, die eine Dichte besitzen. Mat. Sbornik n. Ser. **31** (73) (1952) 367—380.

ŠAPIRO-PJATECKIJ, I.: [1] Über eine asymptotische Formel für die Anzahl der ABELschen Gruppen, deren Ordnung n nicht übersteigt. Mat. Sbornik, n. Ser. **26** (68) (1950) 479—486. — [2] On a variant of the WARING-GOLDBACH problem. Mat. Sbornik n. S. **30** (72) (1952) 105—120.

SATHE, L.: [1] On a congruence property of the divisor function I. J. Indian M. S. (N. S.) **7** (1943) 143—145; [2] II. 146—151. — [3] On a congruence property of the divisor function. Amer. J. Math. **67** (1945) 397—406. — [4] On a problem of HARDY on the distribution of integers having a given number of prime factors I, II. J. Indian M. S. (N. S.) **17** (1953) 63—82, 83—141.

SCHERK, P.: [1] Eine Bemerkung über Mengen natürlicher Zahlen. Časopis Mat. Fysik, Praha **68** (1938) 31—32. — [2] Bemerkungen zu einer Note von BESICOVITCH. J. London M. S. **14** (1939) 185—192. — [3] Two estimates connected with the (α, β)-hypothesis. Ann. Math. Princeton (2) **42** (1941) 538—546.

SCHNIRELMANN, L.: [1] Über additive Eigenschaften von Zahlen. Ann. Inst. polytechn. Novočerkask **14** (1930) 3—28 und Math. Ann. **107** (1933) 649—690. — [2] On addition of sequences and sets. Rec. math. Moscou (2) **5** (1939) 211—215. — [3] Prime numbers. Moskau-Leningrad, Gostechizdat, 1940, 60 S.

SCHOLZ, A.: [1] DMV **45** (1935) 110 kurs., Aufg. 207. — [2] DMV **47** (1937), 41 kurs., Aufg. 253.

SCHÖNBERG, I.: [1] On asymptotic distributions of arithmetical functions. Trans. Amer. M. S. **39** (1936) 315—330.

SCHOENFELD, L.: [1] A transformation formula in the theory of partitions. Duke Math. J. **11** (1944) 873–887.

v. SCHRUTKA, L.: [1] Zur additiven Zahlentheorie. Wien. Ber. **126** (1917) 1081—1163.

SCHUR, I.: [1] Über die Kongruenz $x^m + y^m \equiv z^m (p)$. DMV **25** (1916) 114—117. — [2] Ein Beitrag zur additiven Zahlentheorie und zur Theorie der Kettenbrüche. Berl. Ber. **1917**, 302—321. — [3] Zur additiven Zahlentheorie. S. B. Akad. Berlin **1926**, 488—495. — [4] Über den Begriff der Dichte in der additiven Zahlentheorie. S. B. Preuß. Akad. Wiss. Phys. Math. Kl. **1936**, 269—297.

SCHWINDT, H.: [1] Eine Bemerkung zu einem Kriterium von H. S. VANDIVER. DMV **43** (1934) 229—231.

SCORZA, G.: [1] Osservazioni varie sulla teoria delle sostituzioni e sulle partizioni di numeri interi in numeri interi. Palermo Rend. **36** (1913) 163—170.

SÉGAL, D.: [1] On some problems of the additive theory of numbers. Ann. of Math. (2) **36** (1935) 507—520. — [2] A note on FERMAT's last theorem. Amer. Math. Monthly **45** (1938) 438—439. — [3] Trigonometric sums and some of their applications.... Uspehi Matem. Nauk (N. S.) **1**, no. 3—4 (13—14) (1946) 147—193.

SELBERG, A.: [1] Über einige arithmetische Identitäten. Avhl. Norske Vidensk. Akad. Oslo I, **1936**, Nr. 8, 23 S. — [2] On an elementary method in the theory of primes. Norske Vid. Selsk. Forh. Trondhjem **19**, no 18 (1947) 64—67. — [3] An elementary proof of DIRICHLET's theorem about primes in an arithmetic progression. Ann. Math. Princeton II. Ser. **50** (1949) 297—304. — [4] An elementary proof of the prime number theorem. Ann. Math. Princeton II. Ser. **50** (1949) 305—313. — [5] On elementary methods in prime number theory and their limitations. Den 11te Skand. Mat.-Kongress Trondheim 1949, 13—22. — [6] An elementary proof of the prime number theorem for arithmetic progression. Canadian J. Math. **2** (1950) 66—78. — [7] The general sieve-method and its place in prime number theory. Proc. of the International Congress of Math. Cambr. Mass. 1950, Bd. 1, 286—292, Amer. M. S. Providence R. J. (1952).

SELBERG, S.: [1] Zur Theorie der quadratfreien Zahlen. MZ. **44** (1938) 306—318. — [2] Ein elementarer Satz über den größten Primfaktor einer quadratfreien Zahl, die aus einer gegebenen Anzahl von Primfaktoren zusammengesetzt ist. Ann. Math. og. Naturvid. B **45** (1941) Nr. 4, 1—8. — [3] Über die Verteilung einiger Klassen quadratfreier Zahlen, die aus einer gegebenen Anzahl von Primfaktoren zusammengesetzt sind. Skr. Norske. Vid. Akad. Oslo, I (1942) Nr. 5, 49 S. — [4] On the distribution of the positive integers of the form $p\,p_1^{\alpha_1}\cdots p_n^{\alpha_n}$. Norske Vid. Selsk. Forh. Trondhjem **16**, no 24 (1943) 87—90. — [5] The number of cancelled elements in the sieve of ERATOSTHENES. Norsk. Mat. Tidskr. **26** (1944) 79—84. — [6] Note on a metrical problem in the additive theory of numbers. Arch. Math. Naturvid. **7**, no 8 (1944) 111—118. — [7] An asymptotic formula for the distribution of the two factorial integers. 10. Skandinavischer Math. Kongr. København 1946, 59—64 (1947). — [8] Eine obere Schranke für die Anzahl der nichtgestrichenen Zahlen beim Sieb des ERATOSTHENES. Norsk. Vid. Selsk. Forhdl. **19**, Nr. 2 (1947) 3—6. — [9] Eine Übersicht über einige neuere Resultate in der additiven Zahlentheorie. Mat. Tidsskr. A, København (1949) 1—15. — [10] Note on distribution of the integers $ax^2 + by^2 + c^{z^2}$. Arch. Math. Naturvid. **50**, no. 2 (1949) 65—69. — [11] A theorem in analytic number theory. Norske Vid. Selsk. Forhdl. **23**, Nr. 1 (1951) 1—2.

SELMER, E.: [1] Eine neue asymptotische Formel für die Anzahl der GOLDBACHschen Spaltungen einer geraden Zahl und eine numerische Kontrolle. Arch. Math. Naturvid. **46**, no. 1 (1943) 1—18. — [2] Eine numerische Untersuchung über die Darstellung der natürlichen Zahlen als Summe einer Primzahl u. einer Quadratzahl. Arch. Math. Naturvid. **46**, no. 2 (1943) 21—39.

—, u. G. NESHEIM: [1] Die GOLDBACHschen Zwillingsdarstellungen der durch 6 teilbaren Zahlen 196302—196596. Norske Vid. Selsk. Forh. Trondhjem **15**, no. 28 (1942) 107—110.

SHAH, S.: [1] An inequality for the arithmetical function $g(x)$. J. Indian M. S. **3** (1939) 316—318.

SHANKS, D.: [1] A short proof of an identity of EULER. Proc. Amer. M. S. **2** (1951) 747—749.

SHAPIRO, H.: [1] Some assertions equivalent to the prime number theorem for arithmetic progressions. Commun. Pure Appl. Math., New York **2** (1949) 293—308. — [2] Power-free integers represented by linear forms. Duke Math. J. **16** (1949) 601—607. — [3] On a theorem of SELBERG and generalization. Ann. Math. Princeton II. S. **51** (1950) 485—497. — [4] On primes in arithmetic progressions I, II. Ann. Math. Princeton II. S. **52** (1950) 217—230, 231—243.

—, u. J. WARGA: [1] On the representation of large integers as sums of primes I. Commun. pure appl. Math., New York **3** (1950) 153—176.

SHEPHERDSON, J.: [1] On the addition of elements of a sequence. J. London M. S. **22** (1947) 85—88.

SIDON, S.: [1] Ein Satz über trigonometrische Polynome und seine Anwendung in der Theorie der FOURIER-Reihen. Math. Ann. **106** (1932) 536—539.

SIEGEL, C. L.: [1] Über die Klassenanzahl quadratischer Zahlkörper. Acta arithmetica **1** (1935) 83—86.

SIERPIŃSKI, W.: [1] Sur une propriété des nombres premiers. Bull. Soc. Roy. Sci. Liége **21** (1952) 537—539.

SIMONS, W.: [1] Congruences involving the partition function $p(n)$. Bull. Amer. M. S. **50** (1944) 883—892.

SINGER, J.: [1] A theorem in finite projective geometry and some applications to number theory. Trans. Amer. M. S. **43** (1938) 377—385.

SKOLEM, T.: [1] Nogen additiv tallteoretiske betraktninger. Norsk. mat. Tidsskr. **17** (1935) 97—121. — [2] DIOPHANTische Gleichungen. Ergebnisse d. Math. (1938), IX+130 S. — [2] Einiges über die Aufspaltung natürlicher Zahlen in Summen von zwei Quadraten. Norsk. mat. Tidsskr. **21** (1939) 49—55.

SLATER, L.: [1] A new proof of ROGERS' transformations of infinity series. Proc. London M. S. (2) **53** (1951) 460—475. — [2] Further identities of the ROGERS-RAMANUJAN type. Proc. London M. S. (2) **54** (1952) 147 bis 167.

SPERNER, E.: [1] Ein Satz über Untermengen einer endlichen Menge. MZ. **27** (1928) 544—548.

SPRAGUE, R.: [1] Über Zerlegungen in n-te Potenzen mit lauter verschiedenen Grundzahlen. MZ. **51** (1948) 466—468. — [2] Über additive Zerlegungen in lauter verschiedene Glieder einer Teilfolge der natürlichen Zahlenreihe. MZ. **56** (1952) 258—260.

STALLEY, R.: [1] A modified SCHNIRELMANN density. Pacific J. Math. **5** (1955) 119—124.

STEINHAUS, H.: [1] Eine neue Eigenschaft der Menge von G. CANTOR. Wektor, Warszawa **7** (1917).

STERN, M.: [1] Eine Bemerkung über Divisorensummen. Acta Math. **6** (1885) 327—328.

v. STERNECK, R.: [1] Über die Anzahl der Zerlegungen einer ganzen Zahl in 6 Summanden. Arch. d. Math. u. Phys. (3) **3** (1902) 195—216. — [2] Ein Analogon zur additiven Zahlentheorie I. Wien. Ber. **111** (1902) 1567—1601; [3] II. **113** (1904) 326—340. — [4] Über ein Analogon zur additiven Zahlentheorie. DMV **12** (1903) 110—113. — [5] Geometrische Ableitung des Satzes von DE MORGAN-SYLVESTER und seines Analogons für 4 Summanden. Palermo Rend. **32** (1911) 88—94. — [6] Zum EULER-LEGENDREschen Satz der additiven Zahlentheorie. Wien. Ber. **126** (1917) 1345—1354.

STÖHR, A.: [1] Eine Basis h-ter Ordnung für die Menge aller natürlichen Zahlen. MZ. **42** (1937) 739—743. — [2] Bemerkungen zur additiven Zahlentheorie I. Mittlere Ordnung. Crelle J. **183** (1941) 168—174; [3] II. Eine Modifikation des Dichtebegriffes. Crelle J. **185** (1943) 6—62; III. Vereinfachter Beweis eines Satzes von A. BRAUER. Crelle J. (im Druck). — [4] Anzahlabschätzung einer bekannten Basis h-ter Ordnung. MZ. **47** (1942) 778—787. — [5] Gelöste und ungelöste Fragen über Basen der natürlichen Zahlenreihe I. Crelle J. **194** (1955) 40—65; [6] II. Crelle J. **194** (1955) 111—140.

—, u. E. WIRSING: [1] Beispiele von wesentlichen Komponenten, die keine Basen sind. Crelle J. (im Druck).

SZEKERES, G.: [1] An asymptotic formula in the theory of partitions I, II. Quart. J. Math. (Oxford Ser.) (2) **2** (1951) 85—108; **4** (1953) 96—111.

TANAKA, M.: [1] An elementary proof of the prime number theorem. Sugaku (Math.) **3** (1951) 136—143.

TANTURRI, A.: [1] Della partizioni dei numeri. Ambi, terni, quaterne, e cinquine di data somma. Torino Atti **52** (1916—1917) 902—918.

TATUZAWA, T.: [1] On the number of primes in an arithmetic progression. Jap. J. Math. **21** (1951) 93—111 (1952).

TATUZAWA, T. u. K. ISEKI: [1] On SELBERG's elementary proof of the prime-number theorem. Proc. Japan Acad. **27** (1951) 340—342.

TIETZE, H.: [1] Über die GLAISHERsche Verallgemeinerung eines EULERschen Satzes über Partitionen. Crelle J. **191** (1953) 64—68.

TITCHMARSH, E.: [1] On the order of $\zeta(\frac{1}{2} + i\,t)$. Quart. J. (Oxford ser.) **13** (1942) 11—17.

TODD, J.: [1] A theorem in arithmetic. Math. Gaz. London **21** (1937) 423—424. — [2] A table of partitions. Proc. London M. S. (2) **48** (1943) 229—242.

TRICOMI, F.: [1] Sul numero delle partizioni di un intero dato. Bulletino V. M. I, **7** (1928) 243—245.

TROST, E.: [1] Ein wichtiger Begriff der additiven Zahlentheorie. Elemente der Math. **1** (1946) 57—60. — [2] Primzahlen. Basel, 1953, 95 S.

TSCHAKALOFF, L.: [1] Unmöglichkeitsbeweis der Gleichung $\alpha^5 + \beta^5 = \eta\,\gamma^5$ im quadratischen Körper $K(\sqrt{5})$. Tôhoku math. J. **27** (1926) 189—198.

TURÁN, P.: [1] On the remainder term of the prime-number formula I, II. Acta Math. Acad. Sci. Hungar. **1** (1950) 48—63, 155—166. — [2] A note on FERMAT's conjecture. J. Indian M. S. (N. S.) **15** (1951) 47—50.

UTZ, W.: [1] A note on the SCHOLZ-BRAUER-Problem in addition chains. Proc. Amer. M. S. **4** (1953) 462—463.

VAHLEN, TH.: [1] Beiträge zu einer additiven Zahlentheorie. Crelle J. **112** (1893) 1—36. — [2] Zur Partition der Zahlen. S. B. Akad. Berlin (1929) 394—400.

DE LA VALLÉE POUSSIN, CH.: [1] Recherches analytiques sur la théorie des nombres premiers. Ann. Soc. Sci. Bruxelles **20** B (1896) 183—256, 281—397.

VANDIVER, H.: [1] Extension of the criteria of WIEFERICH and MIRIMANOFF in connection with FERMAT's last theorem. Crelle J. **146** (1914) 314—317. — [2] A new type of criterial for the first case of FERMAT's last theorem. Ann. of Math. 2, **26** (1924) 88—94. — [3] Summary of results and proofs concerning FERMAT's last theorem IV, V. Proc. USA Acad. **15** (1929) 108 bis 109; **16** (1930) 298—304. — [4] On FERMAT's last theorem. Trans. Amer. M. S. **31** (1929) 613—642 (Berichtigung dazu: **33** (1931) 998). — [5] Note on the divisors of the numerators of BERNOULLI's numbers. Proc. Nat. Acad. Sci. USA **18** (1932) 594—597. — [6] On BERNOULLI's number and FERMAT's last theorem II. Duke Math. J. **5** (1939) 418—427. — [7] Note on EULER number criteria for the first case of FERMAT's last theorem. Amer. J. Math. **62** (1940) 79—82. — [8] FERMAT's last theorem. Its history and the nature of the known results concerning it. Amer. Math. Monthly **53** (1946) 555—578. — [9] New types of congruences involving BERNOULLI numbers and FERMAT's quotient. Proc. Nat. Acad. Sci. USA. **34** (1948) 103—110. — [10] A supplementary note to a 1946 article on FERMAT's last theorem. Amer. Math. Monthly **60** (1953) 164—167. — [11] New types of trinomial congruence criteria applying to FERMAT's last theorem. Proc. Nat. Acad. Sci. USA **40** (1954) 248—252. — [12] The relation of some data obtained from rapid computing machines to the theory of cyclotomic fields. Proc. Nat. Acad. Sci. USA **40** (1954) 474—480. — [13] Examination of methods of attack on the second case of FERMAT's last theorem. Proc. Nat. Acad. Sci. USA **40** (1954) 732—735.

—, u. G. WAHLIN: [1] Algebraic numbers II. Bull. Nat. Res. Council no. **62** (1928) 28—111 (Bull. series).

LE VEQUE, J.: [1] On the size of certain number-theoretic functions. Trans. Amer. M. S. **66** (1949) 440—463. — [2] On representations as a sum of consecutive integers. Canadian J. Math. **2** (1950) 399—405.

VINOGRADOV, I.: [1] On WARING's problem. Ann. of Math. (2) **36** (1935) 395—405. — [2] Some theorems concerning in the theory of primes. Rec. math. Moscou (2) **2** (1937) 179—195. — [3] Zwei Sätze aus der analytischen Zahlentheorie. Acad. Sci. URSS, Fil. Géorgienne, Trav. Inst. math. Tbilissi **5** (1937) 153—180. — [4] Eine neue Methode in der analytischen Zahlentheorie. Acad. Sci. URSS, Trav. Inst. math. Steklov **10** (1937) 122 S. — [5] Einige allgemeine Primzahlsätze. Acad. Sci. URSS. Fil. Géorgienne, Trav. Inst. math. Tbilissi **3** (1938) 1—67. — [6] Additive Probleme der Primzahltheorie. Akad. Nauk SSSR, Jubil. Sbornik **1** (1947) 65—79. — [7] Die Methode der trigonometrischen Summen in der Zahlentheorie. Akad. Nauk SSSR, Trudy mat. Inst. Steklov **23** (1947) 110 S. — [8] An elementary proof of the theorem from the theory of prime numbers. Izvestiya Akad. Nauk SSSR Ser. Mat. **17** (1953) 3—12.

VOLKMANN, B.: [1] Über Klassen von Mengen natürlicher Zahlen. Crelle J. **190** (1952) 199—230. — [2] Über die HAUSDORFFschen Dimensionen von Mengen, die durch Zifferneigenschaften charakterisiert sind I, II, III, IV. MZ. **58** (1953) 284—287; **59** (1953) 247—254; **59** (1953) 259—270; **59** (1953) 425—433. — [3] Zwei Bemerkungen über pseudorationale Mengen. Crelle J. **193** (1954) 126—128. — [4] Über die Klasse der Summenmengen. Arch. Math. **6** (1955) 200—207.

WACHS, S.: [1] Sur un problème de la théorie des fonctions solidaire du théorème de FERMAT. Rev. Sci. Paris **78** (1940) 297—298. — [2] Sur certains aspects analytiques du théorème de FERMAT. C. R. Acad. Sci. Paris **211** (1940) 55—57.

V. D. WAERDEN, B.: [1] Beweis einer BAUDETschen Vermutung. Nieuw. Arch. Wiskunde **15** (1927) 212—216. — [2] Einfall und Überlegung in der Mathematik III. Der Beweis der Vermutung von BAUDET. Elemente Math. **9** (1954) 49—56.

WALFISZ, A.: [1] Zur additiven Zahlentheorie. Acta arith. **1** (1935) 123—160; [2] II. MZ. **40** (1935) 592—607; [3] III, IV. Acad. Sci. URSS, Fil. Géorgienne, Trav. Inst. math. Tbilissi **3** (1938) 69—111, 121—192; [4] VII. Mitt. Acad. Wiss. Georg. SSR **2** (1941) 7—14, 221—226; [5] IX, Trav. Inst. Math. Tbilissi **9** (1941) 75—96.

WARD, M.: [1] EULER's three biquadrates problem. Proc. Nat. Acad. Sci. USA **31** (1945) 125—127. — [2] EULER's problem on sums of three fourth powers. Duke Math. J. **15** (1948) 827—837.

WATSON, G.: [1] A new proof of the ROGERS-RAMANUJAN identies. J. London M. S. **4** (1929) 4—9. — [2] Two tables of partitions. Proc. London M. S. (2) **42** (1937) 550—556. — [3] RAMANUJANS Vermutung über Zerfällungszahlen. Crelle J. **179** (1938) 97—128. — [4] On integers n relatively prime to $[\alpha n]$. Canad. J. Math. **5** (1953) 451—455.

WESTPHAL, H.: [1] Über die Nullstellen der RIEMANNschen ζ-Funktion im kritischen Streifen. Schr. math. Sem. Inst. angew. Math. Univ. Berlin **4** (1938) 1—31.

WHITEMAN, A.: [1] A note on KLOOSTERMANN sums. Bull. Amer. M. S. **51** (1945) 373—377. — [2] A sum connected with the partition function. Bull. Amer. M. S. **53** (1947) 598—603.

WIDDER, D.: [1] The LAPLACE Transformation. Princeton 1946, 406 S.

WIEFERICH, A.: [1] Beweis des Satzes, daß sich eine jede ganze Zahl als Summe von höchstens neun positiven Kuben darstellen läßt. Math. Ann. **66** (1909) 95—101. — [2] Zum letzten FERMATschen Theorem. Crelle J. **136** (1909) 293—302.

WIENER, N.: [1] A new method in TAUBERian theorems. J. Math. Physics. Massachusetts **7** (1928) 161—184. — [2] TAUBERian Theorems. Ann. of Math. (2) **33** (1932) 1—100. — [3] The FOURIER integral and certain of its applications. Cambridge, 1933, 201 S.

WINTNER, A.: [1] On the prime number theorem. Amer. J. Math. **64** (1942) 320—326. — [2] On an harmonical analysis of the irregularities in GOLDBACH's problem. Revista Ci., Lima **45** (1943) 175—182. — [3] ERATHOSTENian Averages. Baltimore Md. 1943, 81 S. (Monogr.). — [4] The theory of measure in arithmetical semigroups. Baltimore Md. 1944, 56 S. (Monogr.) — [5]. On restricted partitions with a basis of uniqueness. Rev. Un. mat. Argentina **13** (1948) 99—105.

WIRSING, E.: [1] Ein metrischer Satz über Mengen ganzer Zahlen. Arch. Math. **6** (1953) 392—398.

WRIGHT, E.: [1] Asymptotic partition formulae I, II, III. Quart. J. **2** (1931) 177—189; Proc. London M. S. (2) **36** (1933) 117—141; Acta math. **63** (1934) 143—191. — [2] The elementary proof of the prime number theorem. Proc. Roy. Soc. Edinburgh, Sect. A **63** (1952) 257—267.

ZELLER, CHR.: [1] Zu EULERS Rekursionsformel für Divisorensummen. Acta Math. **4** (1884) 415—416.

ZIAUD, D.: [1] On formulae in partitions and divisors of a number, derived from symmetrical functions. Proc. Nat. Acad. Sci. India, Sect. A **13** (1943) 221—224.

ZUCKERMANN, H.: [1] Identities analogous to RAMANUJAN's identities involving the partition function. Duke Math. J. **5** (1939) 88—110.

ZULAUF, A.: [1] Beweis der Erweiterung des Satzes von GOLDBACH-VINOGRADOV. Crelle J. **190** (1952) 169—198. — [2] Über den dritten HARDY-LITTLEWOODschen Satz zur GOLDBACHschen Vermutung. Crelle J. **192** (1953) 117—128. — [3] Über die Darstellung natürlicher Zahlen als Summen von Primzahlen aus gegebenen Restklassen und Quadraten mit gegebenen Koeffizienten I, II, III. Crelle J. **192** (1953) 210—229; **193** (1954) 39—53; 54—64.

Autorenverzeichnis.

Sachregister.

Offsetnachdruck: Offsetdruckerei Julius Beltz, Weinheim/Bergstr.

Ergebnisse der Mathematik und ihrer Grenzgebiete

Lieferbare Bände:

1. Bachmann: Transfinite Zahlen. DM 38,—; US $ 9.50
4. Samuel: Méthodes d'Algèbre Abstraite en Géométrie Algébrique. DM 26,—; US $ 6.50
5. Dieudonné: La géométrie des groupes classiques. DM 38,—; US $ 9.50
6. Roth: Algebraic Threefolds with Special Regard to Problems of Rationality. DM 19,80; US $ 4.95
8. Wittich: Neuere Untersuchungen über eindeutige analytische Funktionen. DM 25,60; US $ 6.40
10. Suzuki: Structure of a Group and the Structure of its Lattice of Subgroups. DM 24,—; US $ 6.00
11. Ostmann: Additive Zahlentheorie. 2. Teil: Spezielle Zahlenmengen. DM 22,—; US $ 5.50
13. Segre: Some Properties of Differentiable Varieties and Transformations. With Special Reference to the Analytic and Algebraic Cases. DM 36,—; US $ 9.00
14. Coxeter/Moser: Generators and Relations for Discrete Groups. DM 32,—; US $ 8.00
15. Zeller: Theorie der Limitierungsverfahren. DM 36,80; US $ 9.20
16. Cesari: Asymptotic Behavior and Stability Problems in Ordinary Differential Equations. DM 36,—; US $ 9.00
17. Severi: Il teorema di Riemann-Roch per curve. Superficie e varietà questioni collegate. DM 23,60; US $ 5.90
18. Jenkins: Univalent Functions and Conformal Mapping. DM 34,—; US $ 8.50
19. Boas/Buck: Polynomial Expansions of Analytic Functions. DM 16,—; US $ 4.00
20. Bruck: A Survey of Binary Systems. DM 36,—; US $ 9.00
21. Day: Normed Linear Spaces. DM 17,80; US $ 4.45
22. Hahn: Theorie und Anwendung der direkten Methode von Ljapunov. DM 28,—; US $ 7.00
24. Kappos: Strukturtheorie der Wahrscheinlichkeitsfelder und -räume. DM 21,80; US $ 5.45
25. Sikorski: Boolean Algebras. DM 38,—; US $ 9.50
26. Künzi: Quasikonforme Abbildungen. DM 39,—; US $ 9.75
27. Schatten: Norm Ideals of Completely Continuous Operators. DM 23,60; US $ 5.90
28. Noshiro: Cluster Sets. DM 36,—; US $ 9.00
29. Jacobs: Neuere Methoden und Ergebnisse der Ergodentheorie. DM 49,80; US $ 12.45
30. Beckenbach/Bellman: Inequalities. DM 30,—; US $ 7.50
31. Wolfowitz: Coding Theorems of Information Theory. DM 27,—; US $ 6.75
32. Constantinescu/Cornea: Ideale Ränder Riemannscher Flächen. DM 68,—; US $ 17.00
33. Conner/Floyd: Differentiable Periodic Maps. DM 26,—; US $ 6.50
34. Mumford: Geometric Invariant Theory. DM 22,—; US $ 5.50
35. Gabriel/Zisman: Calculus of Fractions and Homotopy Theory. DM 38,—; US $ 9.50
36. Putnam: Commutation Properties of Hilbert Space Operators and Related Topics. DM 28,—; US $ 7.00
37. Neumann: Varieties of Groups. DM 46,—; US $ 11.50
38. Boas: Integrability Theorems for Trigonometric Transforms. DM 18,—; US $ 4.50
39. Sz.-Nagy: Spektraldarstellung linearer Transformationen des Hilbertschen Raumes. DM 18,—; US $ 4.50
40. Seligman: Modular Lie Algebras. DM 39,—; US $ 9.75
41. Deuring: Algebren. Etwa DM 20,—; etwa US $ 5.00
42. Schütte: Vollständige Systeme modaler und intuitionistischer Logik. Etwa DM 24,—; etwa US $ 6.00
43. Smullyan: First-Order Logic. Approx. DM 36,—; approx. US $ 9.00